(a) 网格上的信号　　　　　　(b) 频谱滤波结果　　　　　　(c) 扰动域

图 2-29　域扰动下光谱滤波器的不稳定性

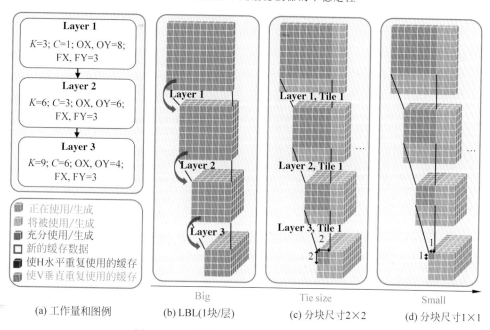

(a) 工作量和图例　　　(b) LBL(1块/层)　　　(c) 分块尺寸2×2　　　(d) 分块尺寸1×1

图 3-2　DF 设计空间的第 1 个轴：分块尺寸

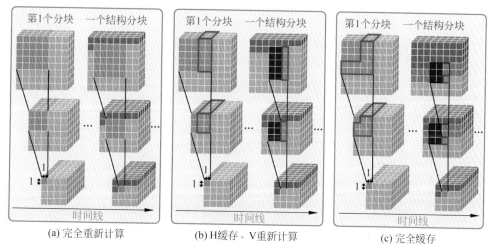

(a) 完全重新计算　　　　　(b) H缓存、V重新计算　　　　　(c) 完全缓存

图 3-3　DF 设计空间的第 2 个轴：重叠存储模式

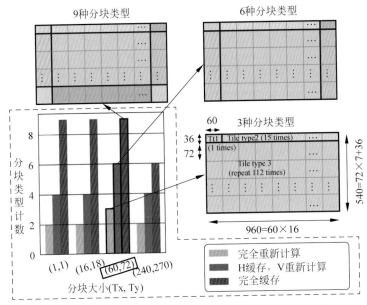

图 3-6　不同分块大小和重叠存储模式的分块类型计数

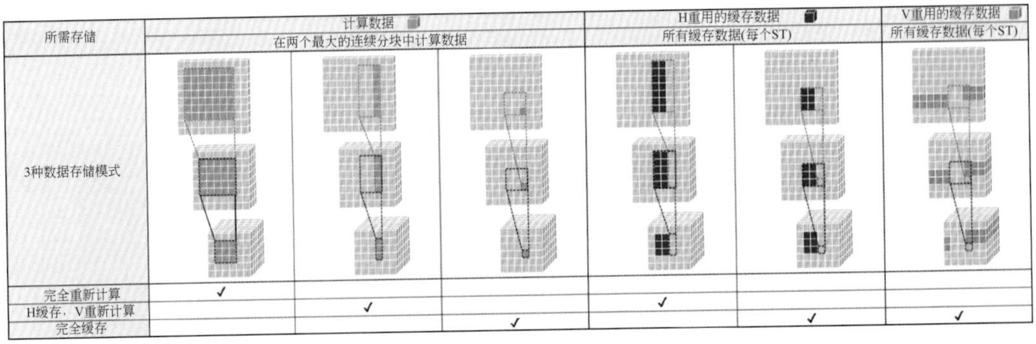

图 3-7　不同重叠存储模式所需的数据存储

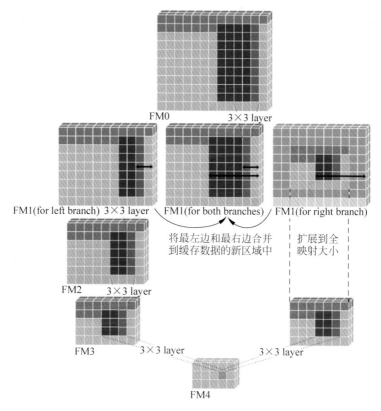

图 3-8　DeFiNES 对分支的处理

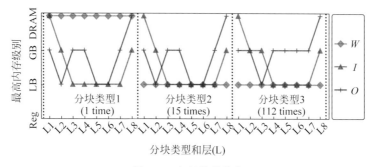

图 3-9　内存排列分布

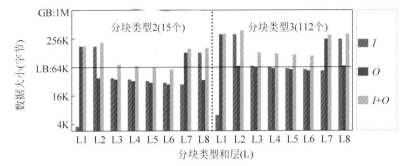

图 3-10 图 3-9 中分块类型 2 和 3 中激活数据大小的可视化

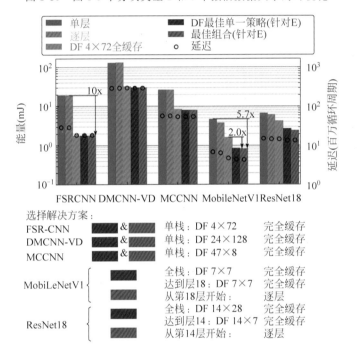

图 3-16 不同的工作负载导致不同的最佳解决方案

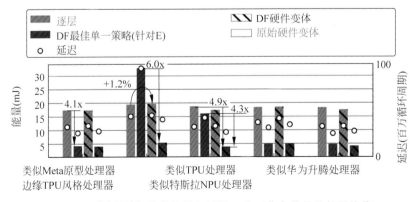

图 3-17 不同硬件架构的能量和延迟(5 个工作负载的几何平均值)

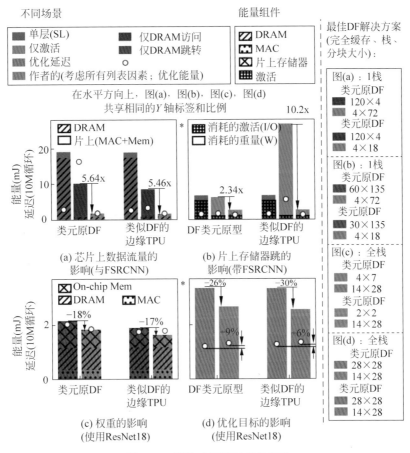

图 3-19 评估表不同因素的实验

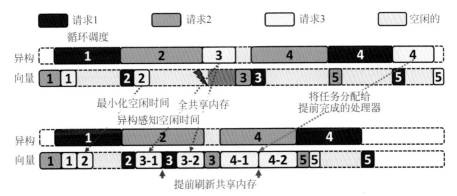

图 3-22 异构感知调度算法示例

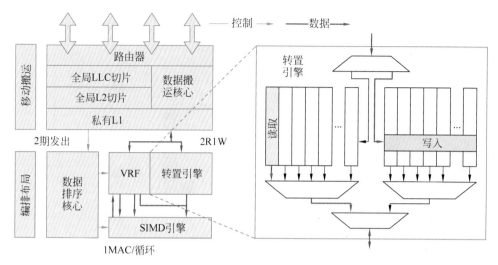

图 3-31　紫色分块的组织

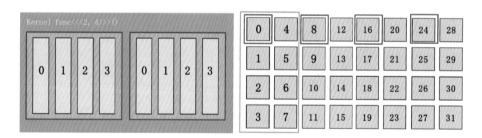

图 4-17　数据过大的线程分配方式

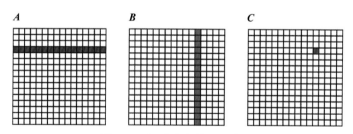

图 4-32　矩阵内积算法示意图

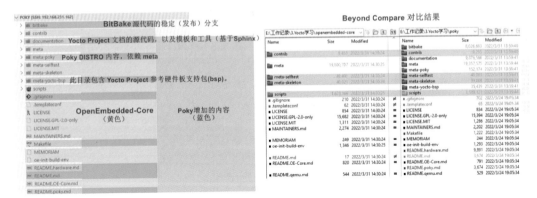

图 7-14　Yocto 项目源码结构

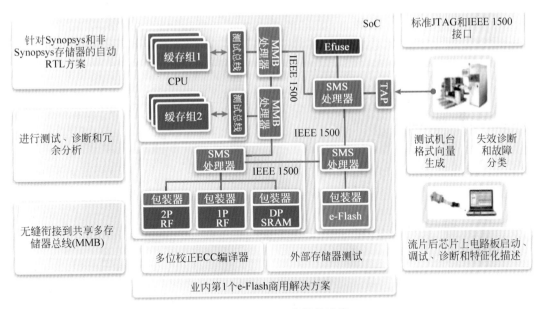

图 10-31　STAR 存储器系统

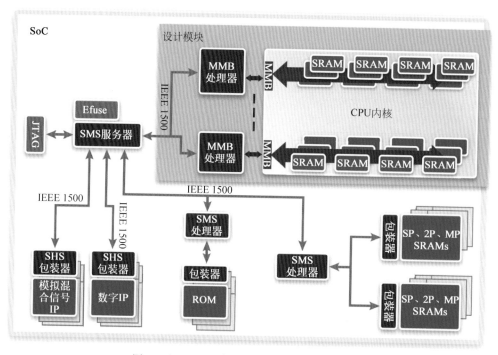

图 10-37　STAR 存储器系统 MMB 使用模型

(a) 心轴　　　　　　(b) 刻版掩模　　　　　(c) 生成图形后的结构

图 10-44　制造 FinFET 结构的不同关键阶段

集成电路
设计与实践丛书

AI芯片开发核心技术详解

吴建明　吴一昊 ◎ 编著

清华大学出版社

北京

内 容 简 介

本书力求将 AI 芯片基础理论与开发案例融合在一起,帮助读者理解芯片相关模块的开发原理,提高应用开发技术与实践能力。本书包含大量翔实的示例和代码片段,可为具体开发提供参考。

全书共 10 章,包括 RISC-V 技术分析;GPU 渲染架构与优化技术;NPU 开发技术分析;CUDA 原理与开发示例;PCIE、存储控制与总线的技术分析;U-Boot 开发分析;Linux 开发分析;卷积与矩阵相乘编译部署分析;光刻机技术分析;芯片制造技术分析。

本书适合从事硬件设计、微电子技术、软件开发、编译器开发、人工智能、算法等方向的企业工程技术人员使用,也适合高校师生、科研工作人员、技术管理人员参考阅读。

图书在版编目(CIP)数据

AI 芯片开发核心技术详解 / 吴建明,吴一昊编著. -- 北京:清华大学出版社,2024. 11.
(集成电路设计与实践丛书). -- ISBN 978-7-302-67614-0

Ⅰ. TN430.5

中国国家版本馆 CIP 数据核字第 2024NQ8638 号

责任编辑:赵佳霓
封面设计:吴　刚
责任校对:郝美丽
责任印制:丛怀宇

出版发行:清华大学出版社
　　　　　网　　　址:https://www.tup.com.cn,https://www.wqxuetang.com
　　　　　地　　　址:北京清华大学学研大厦 A 座　　　　　　邮　　编:100084
　　　　　社　总　机:010-83470000　　　　　　　　　　　　邮　　购:010-62786544
　　　　　投稿与读者服务:010-62776969,c-service@tup.tsinghua.edu.cn
　　　　　质量反馈:010-62772015,zhiliang@tup.tsinghua.edu.cn
　　　　　课件下载:https://www.tup.com.cn,010-83470236
印　装　者:三河市天利华印刷装订有限公司
经　　　销:全国新华书店
开　　　本:186mm×240mm　　印　张:27.25　　插　页:4　　字　　数:626 千字
版　　　次:2024 年 12 月第 1 版　　　　　　　　　　　　　　印　　次:2024 年 12 月第 1 次印刷
印　　　数:1~2000
定　　　价:109.00 元

产品编号:097807-01

前 言
PREFACE

芯片已应用到社会生活的各个领域,不仅计算机设备,就连生活中不可或缺的手机、汽车、家用电器以及各种机器设备等也离不开芯片。

以大数据、云计算为支撑,人们正在逐步实现各种机器的智能化。这些机器具有人的感知,能收集、加工各种信息,主动地进行某种目的的操作,经过学习训练(机器学习)还能从事技术含量更高的工作等,而这一切都是以各种芯片为基础的。

芯片产业正在日新月异地发展。尽管目前已有减速的迹象,但信息化、多媒体化、数字化、智能化的进程仍在继续。所有这些都有赖于电子技术及作为其核心的芯片技术的持续进展。

芯片是信息革命的核心技术和主要推动力,可以说,信息产业的进步离不开芯片的发展。特别是目前的移动互联网和人工智能时代,表面上看是智能手机、人工智能(AI)、互联网公司 App 大行其道,但其背后都是许多芯片在支撑海量数据的计算、处理、传输和通信。

目前,一方面芯片技术正日益广泛、深入和快速地应用到现代社会的各个领域;另一方面,很多人对芯片技术的了解、对其本质的认识却一知半解,人云亦云。由于芯片涉及大量尖端技术,设计与制造难度极高,即使专业人士也很难了解其中的奥妙。同时,由于多学科交叉,即使某一学科的专家,也难以做到一专百通。面对涉及面广、发展快、内容新而又相当深奥的半导体技术和芯片技术,迫切需要一本深入浅出、通俗易懂、内容广泛、学科交叉,既考虑专业深度,又兼顾通俗性,同时,照顾到实际开发应用的书提供帮助。

本书正是基于以上目的编写,其主要特点如下:

(1) 非常重要。在多年的工作中,笔者深感芯片技术的重要性。本书不是单单从某一种芯片、某一家公司或某一种体系结构出发,而是考虑 AI 芯片应用的多个领域,介绍当今 AI 芯片的主流、可以用于 AI 芯片的重要模块、芯片制造工艺、芯片设备光刻机的技术分析等。

(2) 内容全面。芯片涉及的知识非常庞杂,需要非常深厚的理论基础与实践经验,因此很多技术人员对芯片望而生畏。本书涉及的知识点包括电子、半导体、芯片制造、光刻机、接口通信、底层驱动、操作系统、系统软件、应用软件、AI 算法、算子理论、AI 框架、汇编预言、C/C++、Python 语言等。

(3) 以引领入门与动手开发为宗旨。很多工程师对芯片设计无从下手,也不知道从哪里学起,更不清楚如何开发芯片。本书重点介绍如何学习芯片设计、制造与应用技术的知识点,如何动手开发,如何优化性能,并介绍了很多典型开发示例。

资源下载提示

素材(源码)等资源:扫描目录上方的二维码下载。

在本书的写作过程中得到了家人的全力支持,在此,对他们表示深深的感谢。也感谢清华大学出版社的编辑们,因为有了他们的辛勤劳作和付出,本书才得以顺利出版。

由于编者技术能力有限,书中难免存在疏漏,还望广大读者不吝赐教。

编 者

2024 年 8 月

目 录

CONTENTS

本书源码

第 1 章　RISC-V 技术分析 ··· 1

1.1　初识 RISC-V ··· 1

　　1.1.1　什么是 RISC-V ································· 1

　　1.1.2　指令集架构 ISA ································· 1

　　1.1.3　开源指令集 RISC-V ························· 2

　　1.1.4　RISC-V 概述 ··································· 3

　　1.1.5　RISC-V 处理器及 Roadmap ··············· 5

　　1.1.6　RISC-V 相关背景 ···························· 7

1.2　MCU 构成及其运行原理 ······························ 10

　　1.2.1　MCU 概念 ···································· 10

　　1.2.2　MCU 构成 ···································· 10

　　1.2.3　模拟 MCU 运行 ······························ 10

　　1.2.4　MCU 模拟运行 ······························ 11

1.3　RISC-V 编译过程分析 ································· 14

　　1.3.1　预处理 ··· 14

　　1.3.2　编译 ··· 15

　　1.3.3　汇编 ··· 15

　　1.3.4　连接 ··· 15

　　1.3.5　ELF、HEX、BIN 文件说明 ··············· 15

1.4　RISC-V 启动文件分析 ································· 17

1.5　RISC-V 的 LD 连接脚本说明 ························· 21

　　1.5.1　LD 连接脚本 ·································· 21

　　1.5.2　LD 连接脚本的主要内容 ·················· 21

　　1.5.3　常用关键字及命令 ·························· 23

　　1.5.4　示例：完整 LD 连接脚本 ·················· 25

1.5.5　示例：从 C 文件中读取 LD 中的全局变量 ············· 29

1.6　RISC-V MCU 栈机制 ································· 30

1.6.1　栈 ··· 30

1.6.2　栈的作用 ······························· 30

1.6.3　栈大小定义 ····························· 30

1.6.4　压栈出栈过程 ··························· 32

1.6.5　malloc 使用注意事项 ···················· 33

1.7　RISC-V 全局指针寄存器说明 ···················· 34

1.8　最易变的关键字 volatile ························· 35

1.8.1　volatile 关键字 ························· 35

1.8.2　Demo ································· 35

1.9　RISC-V 将常量定义到 Flash 地址 ················· 37

1.9.1　编辑 LD 连接文件，添加 SECTIONS 段 ······ 38

1.9.2　函数中使用__attribute__((section(".xxx")))定义常量 ····· 38

第 2 章　GPU 渲染架构与优化技术 ······················ 41

2.1　渲染架构及 GPU 优化技巧 ······················ 41

2.1.1　GPU 图渲染概述 ······················· 41

2.1.2　即时模式架构 ··························· 41

2.1.3　基于平铺的渲染 ························· 43

2.1.4　两种渲染架构对比 ······················ 45

2.2　IMR 与 TBR 的对比 ····························· 45

2.2.1　IMR 渲染的优势 ························ 45

2.2.2　IMR 渲染的劣势 ························ 45

2.2.3　TBR 解决带宽功耗问题 ··················· 46

2.2.4　TBR 渲染的劣势 ························ 47

2.2.5　前向像素消除 ··························· 48

2.3　传统延迟渲染和 TBDR ·························· 49

2.3.1　延迟渲染 ······························· 49

2.3.2　延迟渲染原理介绍 ······················ 49

2.3.3　传统延迟渲染 ··························· 49

2.3.4　单着色器延迟渲染 ······················ 50

2.3.5　TBDR 架构原理 ························· 52

2.4　光栅顺序组 ··································· 53

2.4.1　光栅顺序组的作用 ······················ 53

2.4.2　多倍光栅顺序组 ························· 54

2.4.3　图像块 ……………………………………………… 55

2.5　延迟渲染源码分析 …………………………………………… 57

2.6　示例：图渲染 ………………………………………………… 58

2.6.1　图分割示例 ………………………………………… 58

2.6.2　几何深度学习示例 …………………………………… 59

2.7　小结 …………………………………………………………… 62

第 3 章　NPU 开发技术分析 ………………………………………… 63

3.1　NPU 加速器建模设计 ………………………………………… 63

3.1.1　NPU 加速器建模概述 ……………………………… 63

3.1.2　加速器架构的设计空间探索 ………………………… 64

3.2　异构系统：向量体系结构 …………………………………… 80

3.2.1　异构稀疏向量加速器的总体架构 …………………… 80

3.2.2　稀疏矩阵 ……………………………………………… 82

3.2.3　示例：异构感知调度算法 …………………………… 84

3.2.4　外部内存访问调度 …………………………………… 84

3.2.5　仿真框架 ……………………………………………… 85

3.2.6　位片跳转架构与数据管理方面的硬件挑战 ………… 86

3.2.7　有符号位片表示及其编码单元 ……………………… 87

3.2.8　用于输入和输出跳转的零数据跳转单元 …………… 88

3.2.9　片上异构网络 ………………………………………… 88

3.2.10　指令集体系结构 …………………………………… 90

3.2.11　广义深度学习的架构式编排、变换和布局 ……… 90

3.3　示例：NPU 开发 ……………………………………………… 92

3.3.1　NPU 硬件概述 ……………………………………… 92

3.3.2　gxDNN 概述 ………………………………………… 92

3.3.3　编译器使用 …………………………………………… 95

3.3.4　编译模型 ……………………………………………… 97

3.3.5　调用 API 流程与 MCU API 代码 …………………… 98

3.3.6　NPU 使用示例 ……………………………………… 103

3.4　TPU2 机器学习集群 ………………………………………… 106

3.4.1　TPU2 概述 …………………………………………… 106

3.4.2　TPU2 设计方案 ……………………………………… 107

第 4 章　CUDA 原理与开发示例 …………………………………… 115

4.1　CUDA 平台的 GPU 硬件架构 ……………………………… 115

4.1.1　CPU 内核组成 ……………………………………… 115

4.1.2 GPU 内核组成 ………………………………………………… 116

4.1.3 GPU 组成示例 ………………………………………………… 116

4.2 CUDA 原理概述 ………………………………………………… 118

4.2.1 异构计算 ………………………………………………………… 118

4.2.2 CUDA 程序编写 ………………………………………………… 119

4.2.3 CUDA 程序编译 ………………………………………………… 120

4.2.4 NVPROF ………………………………………………………… 122

4.3 CUDA 线程结构 ………………………………………………… 122

4.3.1 CUDA 线程索引 ………………………………………………… 122

4.3.2 线程分配 ………………………………………………………… 124

4.4 CUDA 存储单元及矩阵乘法 …………………………………… 125

4.4.1 GPU 的存储单元 ………………………………………………… 125

4.4.2 GPU 存储单元的分配与释放 …………………………………… 126

4.4.3 矩阵相乘样例 …………………………………………………… 127

4.5 CUDA 错误检测与事件 ………………………………………… 130

4.5.1 CUDA 运行时的错误检测函数 ………………………………… 130

4.5.2 CUDA 中的事件 ………………………………………………… 131

4.6 多种 CUDA 存储单元 …………………………………………… 133

4.7 CUDA 流技术 …………………………………………………… 135

4.7.1 CUDA 流概念 …………………………………………………… 135

4.7.2 CUDA 流详解 …………………………………………………… 136

4.8 CUDA 矩阵乘法算法分析 ……………………………………… 140

4.8.1 CUDA 矩阵乘法概述 …………………………………………… 140

4.8.2 示例：CUDA 中矩阵乘法的优化 ……………………………… 140

4.9 通用 GPU 架构及基础知识 ……………………………………… 150

4.9.1 常用芯片架构概述 ……………………………………………… 150

4.9.2 GPU 体系结构 …………………………………………………… 151

4.9.3 英伟达 CUDA 通用并行计算 …………………………………… 153

4.9.4 AMD GPU ……………………………………………………… 154

4.9.5 GPU 与显存(VRAM)的关系 …………………………………… 159

4.9.6 GPGPU 特定架构的汇编 ……………………………………… 160

第 5 章 PCIE、存储控制与总线的技术分析 ………………………… 162

5.1 PCIE 开发技术分析 ……………………………………………… 162

5.1.1 PCIE 开发简介 …………………………………………………… 162

5.1.2 TLP 包的组装 …………………………………………………… 165

5.1.3 PCIE 开发 TLP 类型 ··· 166

5.1.4 PCIE 开发的 TLP 路由 ·· 171

5.1.5 PCIE 开发系统配置和设备枚举 ································ 175

5.2 PCIE 开发设备热插拔 ·· 179

5.2.1 PCIE 设备的热插拔功能 ·· 179

5.2.2 热插拔软件部分与硬件部分 ····································· 181

5.2.3 热插拔的两种状态 ··· 183

5.2.4 热插拔关闭和打开插槽的具体流程 ·························· 184

5.2.5 热插拔移除和插入设备的具体流程 ·························· 184

5.3 PCIE 寄存器与关系图 ·· 186

5.3.1 PCIE 寄存器 ··· 186

5.3.2 PCIE 架构关系图 ··· 187

5.4 示例：芯片存储器与控制器测试 ·· 188

5.4.1 存储器的分类 ·· 188

5.4.2 DDR 总线的设计、调试和验证 ································· 193

5.4.3 DDR4 信号特性 ·· 196

5.4.4 M-PHY 物理层的主要特点 ····································· 198

5.5 系统总线技术与示例 ··· 199

5.5.1 总线的基本概念 ··· 199

5.5.2 英特尔体系结构中特指的系统总线 ·························· 200

5.5.3 系统总线的组成 ··· 201

5.5.4 总线设计要素 ·· 201

5.5.5 总线仲裁分类 ·· 202

5.5.6 菊花链总线仲裁 ··· 203

5.5.7 计数器定时查询仲裁 ·· 203

5.5.8 三种仲裁方式 ·· 204

5.5.9 三种总线通信方式 ··· 205

5.5.10 特定总线通信方式 ·· 207

5.6 拆分总线事务 ·· 208

5.6.1 拆分总线事务简介 ··· 208

5.6.2 拆分总线事务分类 ··· 208

5.7 示例：总线开发 ·· 208

5.8 关于 I/O 总线标准 ·· 211

5.8.1 I/O 总线概述 ·· 211

5.8.2 PCI 总线标准的信号线与 PCI 命令 ························· 211

5.8.3 I/O 总线、I/O 控制器与 I/O 设备的关系 ················ 214

5.9 PC组成：I/O操作、I/O总线和I/O接口 ·········· 216

  5.9.1 I/O操作 ·········· 216

  5.9.2 I/O总线的各个模块 ·········· 217

  5.9.3 I/O接口 ·········· 218

  5.9.4 I/O总线、I/O控制器、I/O接口与I/O设备的关系 ·········· 220

  5.9.5 系统总线小结 ·········· 220

第6章 U-Boot 开发分析 ·········· 222

6.1 U-Boot 开发基础介绍 ·········· 222

  6.1.1 U-Boot 运行环境 ·········· 222

  6.1.2 Image 镜像 ·········· 223

  6.1.3 Image 使用 ·········· 225

  6.1.4 设备树 ·········· 227

6.2 移植过程 ·········· 228

  6.2.1 存储映射 ·········· 229

  6.2.2 未为时钟索引4实现 set_rate ·········· 234

6.3 U-Boot 调试修改 ·········· 237

  6.3.1 开启调试选项 ·········· 237

  6.3.2 配置 Kconfig ·········· 237

  6.3.3 Kbuild&&Kconfig ·········· 238

6.4 构建过程 ·········· 241

6.5 一些重要的构建模块 ·········· 245

  6.5.1 Kconfig 内核配置 ·········· 245

  6.5.2 Kbuild 编译过程 ·········· 250

6.6 启动阶段 ·········· 255

  6.6.1 启动入口 ·········· 256

  6.6.2 架构特定初始化 ·········· 263

6.7 重定位 ·········· 268

  6.7.1 为什么要重定位 ·········· 269

  6.7.2 重定位到哪里 ·········· 269

  6.7.3 实现技术 ·········· 269

  6.7.4 通用初始化 ·········· 270

  6.7.5 对比其他架构 ·········· 274

第7章 Linux 开发分析 ·········· 276

7.1 嵌入式 Linux 环境 ·········· 276

  7.1.1 完整的嵌入式 Linux 环境模块 ·········· 276

      7.1.2 Linux 构建过程 ·· 278

      7.1.3 CPU 体系架构 ·· 278

      7.1.4 (交叉)编译工具链 ····································· 282

      7.1.5 (交叉)编译工具链组成部分 ·························· 285

      7.1.6 构建工具 ·· 290

  7.2 Linux 内核 Yocto、OpenEmbedded、BitBake 详解 ···· 295

      7.2.1 构建过程 ·· 295

      7.2.2 Yocto 项目 ·· 295

      7.2.3 Poky 项目 ··· 295

      7.2.4 Yocto 项目源码 ······································· 295

      7.2.5 Poky 文档 ··· 298

      7.2.6 使用方法 ·· 299

      7.2.7 关于 source 命令 ···································· 300

      7.2.8 其他工具 ·· 301

      7.2.9 OpenEmbedded ······································ 303

      7.2.10   BitBake ··· 305

第 8 章 卷积与矩阵相乘编译部署分析 ·························· 312

  8.1 深度学习中的各种卷积 ·································· 312

      8.1.1 卷积与互相关 ·· 312

      8.1.2 深度学习中的卷积 ··································· 313

      8.1.3 3D 卷积 ··· 315

      8.1.4 1×1 卷积 ··· 316

      8.1.5 2D 卷积算法 ·· 316

      8.1.6 转置卷积 ·· 317

      8.1.7 扩展卷积 ·· 318

      8.1.8 可分离卷积 ··· 320

  8.2 LLVM 中矩阵的实现分析 ································ 323

      8.2.1 背景说明 ·· 323

      8.2.2 功能实现 ·· 323

      8.2.3 举例说明 ·· 329

第 9 章 光刻机技术分析 ······································· 332

  9.1 光刻机基本原理 ·· 332

  9.2 光刻机核心设备 ·· 333

      9.2.1 光刻机整机 ··· 333

9.2.2 光刻机发展历程 ……………………………………… 334

9.2.3 光刻机系统架构 ……………………………………… 335

9.2.4 光刻机三大巨头市场格局 …………………………… 336

9.2.5 上海微电子产品管线 ………………………………… 337

9.3 掩模版光刻过程的核心耗材 ……………………………… 337

9.3.1 掩模版微电子制造的图形转移母版 ……………… 337

9.3.2 光刻技术是掩模版制造的重要环节 ……………… 338

9.3.3 光刻机材料与掩模版结构 …………………………… 340

9.3.4 光刻机掩模版厂商市场格局 ………………………… 340

9.3.5 EUV 光刻机 …………………………………………… 341

9.4 光刻是芯片制造最核心环节 ……………………………… 341

9.4.1 光刻设备工艺流程 …………………………………… 341

9.4.2 光刻技术：从接触式到接近式 …………………… 342

9.4.3 光刻技术：从接近式到投影式 …………………… 342

9.4.4 光刻技术：干法光刻和浸润式光刻 ……………… 343

9.4.5 光刻机的技术决定集成电路的发展 ……………… 344

9.4.6 多重曝光亦可实现更小线宽,但工艺难度大 …… 344

9.5 光刻机是人类科技之巅 …………………………………… 346

9.5.1 光刻机结构 …………………………………………… 346

9.5.2 光刻机分辨率由光源波长、数值孔径、光刻工艺因子决定 …… 347

9.6 光源系统：能量的来源,光刻工艺的首要决定项 ……… 349

9.6.1 光源波长与可见光谱 ………………………………… 349

9.6.2 EUV 光源 …………………………………………… 351

9.6.3 EUV 光源参数 ……………………………………… 351

9.7 曝光系统：照明系统＋投影物镜 ………………………… 352

9.7.1 照明系统：光源高质量加工的关键 ……………… 353

9.7.2 衍射光与环形光成像 ………………………………… 354

9.7.3 衍射与微反射镜的光瞳整型技术 ………………… 354

9.8 投影物镜系统：精准成像,对线宽起重要作用 ………… 355

9.8.1 像差与光刻机成像过程 ……………………………… 356

9.8.2 从双腰到单腰、引入非球面镜片与反射式镜片 … 356

9.8.3 工艺精密要求 ………………………………………… 356

9.9 双工作台系统：精确对准＋光刻机产能的关键 ………… 357

9.10 芯片制造核心设备应用概述：光刻机 …………………… 358

9.10.1 EUV 光刻机工作原理分析 ……………………… 358

9.10.2 EUV 光刻机制造工艺难点与优势 …………… 359

　　　9.10.3　前道制程光刻机主流产品分析对比 ……………………… 360

　9.11　部分光刻机配套设备 …………………………………………… 361

　　　9.11.1　光刻胶 ………………………………………………… 361

　　　9.11.2　EUV 反射：原子级平整度 ………………………………… 362

　9.12　自研光刻机与光刻机技术分析 …………………………………… 363

　　　9.12.1　自研光刻机背景分析 ……………………………………… 363

　　　9.12.2　自研光刻机技术分析 ……………………………………… 364

第 10 章　芯片制造技术分析 ………………………………………… 367

　10.1　芯片制造系列全流程：设计、制造、封测 ………………………… 367

　　　10.1.1　芯片制造全流程概述 ……………………………………… 367

　　　10.1.2　芯片设计 …………………………………………………… 368

　　　10.1.3　芯片制造 …………………………………………………… 371

　　　10.1.4　封装测试 …………………………………………………… 375

　10.2　半导体全景 ……………………………………………………… 379

　　　10.2.1　芯片简介 …………………………………………………… 379

　　　10.2.2　半导体简介 ………………………………………………… 380

　　　10.2.3　芯片产业链 ………………………………………………… 382

　10.3　芯片封测技术 …………………………………………………… 385

　　　10.3.1　2.5D/3D 集成技术 ………………………………………… 386

　　　10.3.2　晶圆级封装技术 …………………………………………… 386

　　　10.3.3　系统级封装技术 …………………………………………… 387

　　　10.3.4　倒装封装技术 ……………………………………………… 389

　　　10.3.5　焊线封装技术 ……………………………………………… 389

　　　10.3.6　MEMS 与传感器 …………………………………………… 390

　10.4　FinFET 存储器的设计、测试和修复方法 ………………………… 391

　　　10.4.1　FinFET 存储器介绍 ………………………………………… 391

　　　10.4.2　STAR 存储器系统 ………………………………………… 393

　　　10.4.3　生成测试序列 ……………………………………………… 397

　　　10.4.4　使用 STAR 存储器系统检测并修复故障 …………………… 398

　　　10.4.5　维修故障 …………………………………………………… 399

　　　10.4.6　3D SoC/IC ………………………………………………… 401

　　　10.4.7　STAR 层次化系统 ………………………………………… 401

　　　10.4.8　小结 ………………………………………………………… 402

　10.5　基于 FinFET 的设计：机遇与挑战 ……………………………… 402

　　　10.5.1　FinFET 器件的拓扑结构 …………………………………… 402

10.5.2　FinFET：器件 ·· 403

10.5.3　制造 FinFET 结构的关键阶段 ······················ 404

10.5.4　FinFET 设计挑战 ··· 405

10.5.5　TCAD 和 EDA 工具的就绪程度 ····················· 406

10.5.6　小结 ··· 408

10.6　光刻的基本原理 ··· 409

10.6.1　光刻过程概述 ··· 409

10.6.2　核心的光源系统 ··· 409

10.6.3　光刻机与制程流程 ·· 413

10.6.4　什么是芯片 ··· 417

参考文献 ·· 419

第1章

RISC-V 技术分析

1.1 初识 RISC-V

RISC 是由美国加州大学伯克利分校 David Patterson 团队发明的。当前，RISC-V 空前火爆，被誉为国人在芯片领域和操作系统领域实现大跃进的关键突破口。

1.1.1 什么是 RISC-V

RISC-V(读作 Risk-five)表示第 5 代精简指令集，起源于 2010 年加州大学伯克利分校并行计算实验室的一位教授和两个研究生的一个项目(该项目也由 David Patterson 指导)，希望选择一款指令集用于科研和教学，该项目曾经在 x86、ARM 等指令集架构中徘徊，最终决定自己设计一个全新的指令集，RISC-V 由此诞生。RISC-V 的最初目标是实用、开源、可在学术上使用，并且在任何硬件或软件设计部署时无须版税。

了解 RISC-V 之前先熟悉一个概念——指令集架构(Instruction Set Architecture，ISA)。

1.1.2 指令集架构 ISA

还记得用 C 语言编写的 hello world 程序吗？代码如下：

```
//第 1 章/hello world.c
void main()
{
  printf("Hello, World!");
}
```

该程序在 PC、8 位 MCU、32 位 MCU 这些不同的平台上都能正常运行，这是为什么呢？

答案就是有一套标准规范，正因为编译器和芯片设计时都遵循这套规范，所以使用高级语言编写的程序，经指定编译器编译后，能直接运行在对应的芯片上。

这套标准规范就是指令集架构 ISA。ISA 主要分为复杂指令集(Complex Instruction Set Computer，CISC)和精简指令集(Reduced Instruction Set Computer，RISC)，典型代表见表 1-1。

表 1-1　复杂指令集和精简指令集典型代表

类　型	名　　称	特　点	应 用 领 域
CISC	x86	性能高 速度快 兼容性好	PC 服务器
RISC	ARM	生态成熟 非离散 需授权	移动设备 嵌入式设备
	RISC-V	开源 模块化 简洁 可拓展	物联网 人工智能 边缘计算

ISA 是底层硬件电路面向上层软件程序提供的一层接口规范,即机器语言程序所运行的计算机硬件和软件之间的桥梁。ISA 主要定义了以下内容:

(1) 基本数据类型及格式(Byte、Int、Word、……)。

(2) 指令格式、寻址方式和可访问地址空间大小。

(3) 程序可访问的通用寄存器的个数、位数和编号。

(4) 控制寄存器的定义。

(5) I/O 空间的编址方式。

(6) 异常或中断的处理方式。

(7) 机器工作状态的定义和切换。

ISA 规定了机器级程序的格式和行为,即 ISA 具有软件看得见(能感觉到)的特性,因此,用机器指令或汇编指令编写机器级程序时,必须熟悉对应平台的 ISA。不过程序员大多使用高级语言(C/C++、Java)编写程序,由工具链编译转换为对应的机器语言,不需要了解 ISA 和底层硬件的执行机理。

1.1.3　开源指令集 RISC-V

2015 年,为了更好地推动 RISC-V 在技术和商业上的发展,3 位创始人做了如下安排:

(1) 成立 RISC-V 基金会,维护指令集架构的完整性和非碎片化。

(2) 成立 SiFive 公司,推动 RISC-V 商业化。

2019 年,RISC-V 基金会宣布将总部迁往瑞士,改名为 RISC-V 国际基金会。作为全球性非营利组织,已在全球 70 多个国家拥有 2000 多成员,包括华为、中兴、阿里巴巴等众多国内企业。

通过十多年的发展,RISC-V 这一星星之火已有燎原之势。未来 RISC-V 很可能发展成为世界主流 CPU 指令集之一,从而在 CPU 领域形成英特尔(x86)、ARM、RISC-V 三分天下的格局。

1.1.4 RISC-V概述

1. 模块化的指令子集

RISC-V指令集采用模块化的方式进行组织设计,由基本指令集和扩展指令集组成,每个模块用一个英文字母表示。

其中,整数(Integer)指令集用字母 I 表示,这是 RISC-V 处理器最基本,也是唯一强制要求实现的指令集,其他指令集均为可选模块,即可自行选择是否支持。

RISC-V 指令模块描述见表 1-2。

表 1-2　RISC-V 指令模块描述

类　型	指　令　集	指　令　数	状　　态	描　　述
基本指令集	RV32I	47	批准	32 位地址与整数指令 支持 32 个通用寄存器
	RV32E	47	草稿	RV32I 的子集 支持 16 个通用寄存器
	RV64I	59	批准	64 位地址与整数指令集及 部分 32 位整数指令 支持 32 个通用寄存器
	RV128I	71	草稿	128 位地址与整数指令集及 部分 64 位和 32 位整数指令 支持 32 个通用寄存器
扩展指令集	M	8	批准	乘法(Multiplication)与除法(Division)指令
	A	11	批准	存储器原子(Automic)操作指令
	F	26	批准	单精度(32 位)浮点(Float)运算指令
	D	26	批准	双精度(64bit)浮点(Double)运算指令
	C	46	批准	压缩(Compressed)指令,指令长度为 16 位
	Zicsr	6	批准	控制(Control)和状态寄存器访问(Access)指令

表 1-2 基于 20191213 版非特权指令集规范手册,最新指令模块说明可参考官网 https://riscv.org/technical/specifications/。

通常把模块 I、M、A、F 和 D 的特定组合 IMAFD 称为通用组合(General),用字母 G 表示。例如,用 RV32G 表示 RV32IMAFD。

2. 可配置的寄存器

RV32I 支持 32 个通用寄存器 x0～x31,每个寄存器的长度均为 32 位,其中寄存器 x0 恒为 0,剩余 31 个为任意读/写的通用寄存器。

为了增加汇编程序的可阅读性,汇编编程时通常采用应用程序二进制接口(Application Binary Interface,ABI)协议定义的寄存器名称。RV32I 通用寄存器的功能参数说明见表 1-3。

表1-3　RV32I通用寄存器的功能参数说明

寄存器名称	ABI名称	说　　明	存储名称
x0	zero	读取时总为0,写入时不起任何效果	N/A
x1	ra	程序返回地址	Caller
x2	sp	栈空间指针	Callee
x3	gp	全局变量指针(基地址)	
x4	tp	线程变量指针(基地址)	
x5～x7	t0～t2	临时寄存器	Caller
x8	s0/fp	保存寄存器/帧指针(配合栈指针界定函数栈)	Callee
x9	s1	保存寄存器(被调用函数使用时需备份并在退出时恢复)	Callee
x10～x11	a0～a1	函数参数寄存器(用于函数参数/返回值)	Caller
x12～x17	a2～a7	函数参数寄存器(用于函数参数)	Caller
x18～x27	s2～s11	保存寄存器(被调用函数使用时需备份并在退出时恢复)	Callee
x28～x31	t3～t6	临时寄存器	Caller

调用与被调用函数的关系,如图1-1所示。其中,来访者简单来讲就是打电话的,即调用函数的函数;被访者简单来讲就是接电话的,即被调用函数。

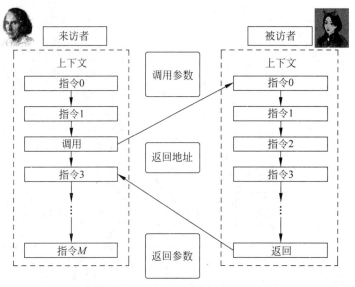

图1-1　调用与被调用函数的关系

由图1-1可以得到以下结论:

(1) 寄存器的宽度由ISA指定,如RV32的通用寄存器的宽度为32位,RV64的通用寄存器的宽度为64位。

(2) 如果支持浮点指令,则需额外支持32个浮点(Float Point)寄存器。

(3) 不同于ARM,RISC-V中PC指针是独立的,不占用通用寄存器,程序在执行中自动变化,无法通过通用寄存器访问和修改PC值。

此外,RISC-V还定义了一组控制和状态寄存器(Control and Status Registers,CSR),用于记录内核运行状态。

3. 特权级别

RISC-V 规定了如下 4 个特权级别（Privilege Level），见表 1-4。

表 1-4 RV32I 特权级别

等　　级	编　　码	名　　称	缩　　写
0	00	用户模式	U
1	01	管理员模式	S
2	10	保留	
3	11	机器模式	M

RISC-V 特权级别可分为以下 3 种模式。

（1）机器模式（M）：RISC-V 处理器在复位后自动进入机器模式，因此，机器模式是所有 RISC-V 处理器唯一必须实现的特权模式。此模式下运行的程序权限最高，支持处理器的所有指令，可以访问处理器的全部资源。

（2）用户模式（U）：可选，权限最低。此模式下仅可访问限定的资源。

（3）管理员模式（S）：可选，旨在支持 Linux、Windows 等操作系统。管理员模式可访问的资源比用户模式多，但比机器模式少。

通过不同特权模式的组合，可设计面向不同应用场景的处理器，见表 1-5。

表 1-5 不同特权模式的组合设计处理器

模 式 数 量	支 持 模 式	目 标 应 用
1	M	简单嵌入式系统
2	M、U	安全嵌入式系统
3	M、S、U	支持 UNIX、Linux、Windows 等操作系统

1.1.5 RISC-V 处理器及 Roadmap

1. 自研 RISC-V 处理器

关注并研究 RISC-V 开源指令集的 32 位 MCU 架构，针对快速中断响应、高带宽数据 DMA 进行优化，自定义压缩指令，研发设计硬件压栈（Hardware Prologue/Epilogue，HPE），并创新性提出免查表中断（Vector Table Free，VTF）技术，即免查表方式中断寻址技术，同时引入了两线仿真调试接口。

已形成了侧重于低功耗或高性能等，多个版本的 RISC-V 处理器，其特点见表 1-6。

表 1-6 多个版本的 RISC-V 处理器

Core	支持指令	流水线	特权模式	中断嵌套	硬件压栈	免表中断	整数除法周期	内存保护
V2A	RV32EC	2 级	M	2 级	0	2 路		无
V3A	RV32IMAC	3 级	M+U	2 级	2 级	4 路	17	无
V4A	RV32IMAC	3 级	M+U	2 级	2 级	4 路	17	RV 标准 PMU
V4B	RV32IMAC	3 级	M+U	2 级	2 级	4 路	9	无
V4C	RV32IMAC	3 级	M+U	2 级	2 级	4 路	5	RV 标准 PMU
V4F	RV32IMAFC	3 级	M+U	8 级	3 级	4 路	5	RV 标准 PMU

2. RISC-V 系列 MCU

结合多年 USB、低功耗蓝牙、以太网等接口的设计经验,基于多款自研 RISC-V 处理器,并基于 32 位通用 MCU 架构外加 USB 高速 PHY、蓝牙收发器、以太网 PHY 等专业接口模块,推出增强版 MCU＋系列产品,如图 1-2 所示。

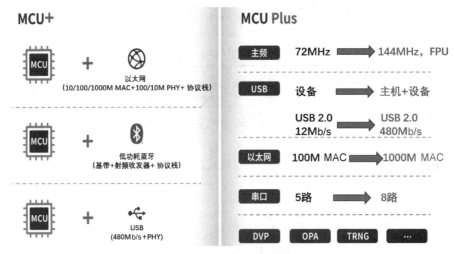

图 1-2　增强版 MCU＋系列产品图示

RISC-V 系列 MCU 路线图,如图 1-3 所示。

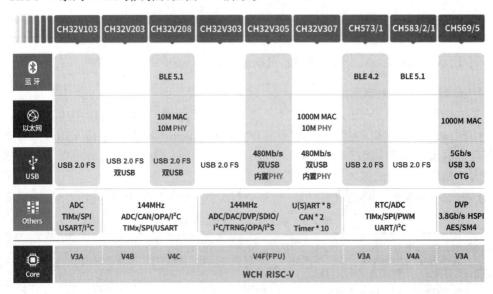

图 1-3　RISC-V 系列 MCU 路线图

3. 工业级互联型 MCU CH32V307

基于工业级互联型 RISC-V MCU CH32V307,通过介绍 RISC-V 常用汇编指令,分析 CH32V307 的每个外设功能及使用方法,配合详细的示例代码,以便熟悉 RISC-V 平台的嵌入式开发。

CH32V307配备了硬件栈区、快速中断入口,在标准RISC-V的基础上大大提高了中断响应速度。加入单精度浮点指令集,扩充栈区,具有更高的运算性能。将串口UART数量扩展到8组,将电机定时器扩展到4组。提供USB 2.0高速接口(480Mb/s)并内置了PHY收发器,将以太网MAC升级到千兆并集成了10M-PHY模块,详细参数信息,如图1-4所示。

图1-4　RISC-V MCU CH32V307详细参数

1.1.6　RISC-V相关背景

1. ARM授权费

从技术的角度来看,以RISC为架构体系的ARM指令集的指令格式统一、种类少、寻址方式少,简单的指令意味着相应硬件线路可以尽量做到最佳化,从而提高执行速率,而RISC-V指令集,也是基于RISC原理建立的开放指令集架构(ISA)。两者的主要区别如下:

(1)ARM标准授权方式只能根据自身需求,调整产品频率和功耗,不可以更改原有设计,以至于ARM架构文档冗长,指令数目复杂。

(2)RISC-V规避了这个缺点,架构文档页数仅有200多页,指令数目少,自由定制,操作方便。

一旦成为行业标准,垄断态势便会出现。ARM的技术授权模式会要求客户选择一种特定的芯片设计方案,并且支付许可费,这笔费用可能会达到上百万美元,芯片投产以后,再按照芯片量缴纳授权费。对于大型公司来讲,在实力允许范围内,可一次性支付大笔许可费;对于小型公司而言,许可费便会牵制住其前进的脚步。ARM新的收费模式,允许芯片厂商支付一笔适量的预付款,这样便可以获得需要的所有芯片技术组合,这个组合会包括SoC设计所需的基本知识产权和工具,芯片生产时再支付授权费和专利费。有人说,ARM推出新的授权方式是迫于RISC-V开源架构带来的市场压力,其实有一定道理。

2. RISC-V 的发展历史

2010 年,加州大学伯克利分校的一个研究团队准备设计 CPU 的背景是,在选择指令集时遇到了困难,英特尔严防死守、ARM 授权费太高。无奈之下,花费了四年时间完成了 RISC-V 的指令集开发,并且该指令集彻底开放。正是因为 RISC-V 选择了对商业公司非常友好的 BSD 开源协议,以及 RISC-V 兼具精简和灵活等优点,众多商业公司纷纷关注 RISC-V。

在为新项目选择指令集时,x86 指令集被英特尔控制得死死的,ARM 指令集的授权费又非常高,MIPS、SPARC、PowerPC 也存在知识产权问题。在这种情况下,研究团队决定从零开始设计一套全新的指令集。在外人看来,这是一件令人望而却步的工作,但事实上,加州伯克利分校的研究团队只用了 3 个月的时间,就完成了 RISC-V 指令集的开发工作。虽然看似非常轻松,但其实是有前提的。RISC-V 之所以是个 V(Five),是因为它之前已经有过 I、II、III、IV。负责带队研制这些 RISC 指令集的,不是别人,正是伯克利分校的 David Patterson 教授,他是 RISC 指令集的真正创始人。当年那篇正式提出精简指令集设计思想的开创性论文《精简指令集计算机概述》,就是他和另一位名叫 Ditzel 的学者共同发表的。正是因为有相关的技术沉淀,加州伯克利分校的团队才能在短期内做出了 RISC-V。

RISC-V 指令集非常精简和灵活。它的第 1 个版本只包含了不到 50 条指令,可以用于实现一个具备定点运算和特权模式等基本功能的处理器。如果用户需要,则可以根据自己的需求自定义新指令。

研究团队本身确实没钱没人去维护,所以在做出 RISC-V 指令集之后,便将它彻底开放,使用 BSD(Berkeley Software Distribution)许可开源协议。BSD 开源协议是一个自由度非常高的协议。它允许使用者修改和重新发布开源代码,也允许基于开源代码开发商业软件进行发布和销售。这就意味着,任何人都可以基于 RISC-V 指令集进行芯片设计和开发,然后到市场销售,而不需要支付授权费用,因此,大批公司开始加入对 RISC-V 的研究和二次开发之中。

3. RISC-V 的风险

ARM 公司就专门建了一个域名为 riscv-basics.com 的网站,里面的内容主题为设计系统芯片之前需要考虑的五件事,从成本、生态系统、碎片化风险、安全性和设计保证上对 RISC-V 进行攻关。

尽管 RISC-V 在这场短暂的竞争中获胜,但 ARM 提出的那五方面的质疑,也不是完全没有道理的。尤其是碎片化问题,作为开源技术,RISC-V 的确很难规避。RISC-V 允许用户自己任意添加新的指令,但照此趋势发展下去,可能以后很多芯片厂商开发出的 RISC-V 架构处理器,尽管都归属于同一 RISC-V 体系,但在实际应用搭配时,却不能适配同样版本的软件。

4. 指令集

RISC-V 是一个典型的操作数、加载、存储形式的 RISC 架构,包括 4 个基本指令集和 6 个扩展指令集,其中 RV32E 是 RV32I 的子集,不单独计算,见表 1-7。

表 1-7 RISC-V 的指令集组成

指 令 集	名 称	指 令 数	说 明
基本指令集	RV32I	47	整数指令，包含算术、分支、访存。32 位寻址空间，32 个 32 位寄存器
	RV32E	47	指令与 RV32I 一样，只是寄存器数量变为 16 个，用于嵌入式环境
	RV64I	59	整数指令，64 位寻址空间，32 个 64 位寄存器
	RV128I	71	整数指令，128 位寻址空间，32 个 128 位寄存器
扩展指令集	M	8	包含 4 条乘法、2 条除法、2 条余数操作指令
	A	11	包含原子操作指令，例如读-修改-写、比较-交换等
	F	26	包含单精度浮点指令
	D	26	包含双精度浮点指令
	Q	26	包含 4 倍精度浮点指令
	C	46	压缩指令集，其中的指令长度是 16 位，主要目的是减少代码大小

基本指令集名称的后缀 I 表示 Integer(整数)，任何一款采用 RISC-V 架构的处理器都要实现一个基本指令集，根据需要，可以实现多种扩展指令集，例如，如果实现了 RV32IM，则表示实现了 32 位基本指令集和乘法除法扩展指令集；如果实现了 RV32IMAFD，则可以使用 RV32G，表示实现了通用标量处理器指令集。这里只介绍 RV32I 的基本情况。

RV32I 指令集有 47 条指令，能够满足现代操作系统运行的基本要求，47 条指令按照功能可以分为以下几类。

（1）整数运算指令用于实现算术、逻辑、比较等运算。

（2）分支转移指令用于实现条件转移、无条件转移等运算，并且没有延迟槽。

（3）加载存储指令用于实现字节、半字、字的加载与存储操作，全部采用寄存器相对寻址方式。

（4）控制与状态寄存器访问指令用于实现对系统控制与状态寄存器的原子读-写、原子读-修改、原子读-清零等操作。

（5）系统调用指令用于实现系统调用、调试等功能。

模块化的 RISC-V 架构能够使用户灵活地选择不同的模块组合，以满足不同的应用场景。譬如针对小面积低功耗嵌入式场景，用户可以选择 RV32IC 组合的指令集，仅使用机器模式，而在高性能应用操作系统场景，则可以选择譬如 RV32IMFDC 的指令集，使用机器模式与用户模式两种模式，而它们共同的部分则可以相互兼容。

ARM 的架构分为 A、R 和 M 共 3 个系列，分别针对应用操作系统、实时和嵌入式 3 个领域，彼此之间并不兼容。

1.2　MCU构成及其运行原理

1.2.1　MCU概念

微控制单元(Microcontroller Unit,MCU)又称单片微型计算机(Single Chip Microcomputer)或者单片机,是把中央处理器(Central Processing Unit,CPU)的频率与规格适当地进行缩减,并将内存(Memory)、计数器(Timer)、USB、A/D转换、UART、PLC、DMA等周边接口加上LCD驱动电路都整合在单一芯片上,形成芯片级的计算机,以便不同的应用场合做不同组合的控制。

1.2.2　MCU构成

MCU系统架构图如图1-5所示。

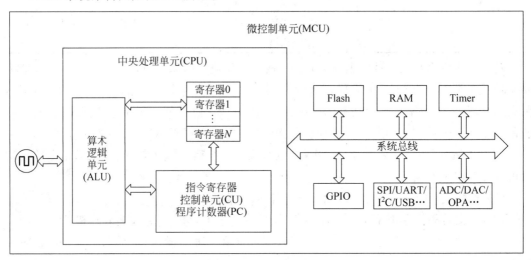

图1-5　MCU系统架构图

MCU一般由以下几部分组成。

(1) CPU:运算和控制核心,这是信息处理、程序运行的最终执行单元。

(2) 内存(Flash/RAM):内存存储器,又称为主存,是用来直接寻址和存储的空间。

(3) 系统总线:数据总线、地址总线和控制总线。

(4) 外部设备:系统输入、输出设备、外存储器的统称。

1.2.3　模拟MCU运行

1. 准备工作

与图灵机类似,在模拟MCU运行时,需要做一些前期准备工作。

(1) 准备一段程序,将程序存储在内存中。

（2）准备一组数据，将数据同样存储在内存中。

（3）设置 PC 指针，指向地址 0 处。

MCU 中 CPU 的控制单元负责取指（Fetch）、译码（Decode）、执行（Execute）这样的循环运行。

CPU 从内存取得指令，进行指令译码识别，并执行对应的操作，以便 CPU 能够识别写操作，见表 1-8。

表 1-8　CPU 中指令操作的规则

指　　令	指 令 描 述	操作码	操 作 数
xxxx-00-01	从地址中加上数据并保存到寄存器 0 中	LOAD：01	Register_0：00 地址：xxxx
xxxx-01-01	从地址中加上数据并保存到寄存器 1 中	LOAD：01	Register_1：01 地址：xxxx
NN-01-00-11	将 Register_0 和 Register_1 中的数据相加，将得到的结果保存在 Register_0 中	ADD：11	Register_0：00 Register_1：01
xxxx-00-10	将 Register_0 中的值存储到地址中	STORE：10	Register_0：00 地址：xxxx

1.2.4　MCU 模拟运行

根据上面的准备工作，MCU 当前模拟运行的状况如图 1-6 所示。

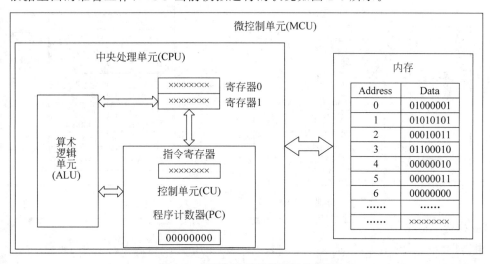

图 1-6　MCU 当前模拟运行的状况

1. 取指

PC 指针指向地址 0 处，取得指令 01000001 示例，如图 1-7 所示。

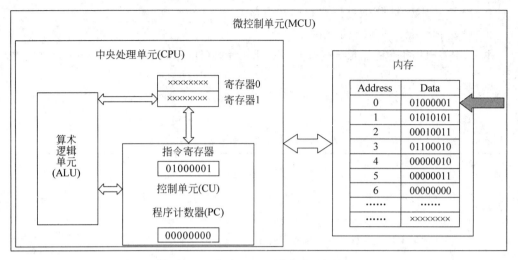

图 1-7　PC 指向地址 0,取指令 01000001

2．译码

根据上面的规定,01000001 指令代表的含义为将地址 4 中的数据取出,存放到寄存器 0 中,如图 1-8 所示。

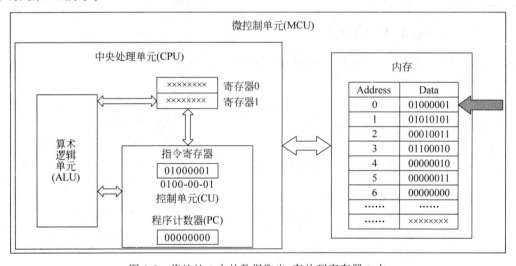

图 1-8　将地址 4 中的数据取出,存放到寄存器 0 中

3．执行

根据指令译码的结果,将地址 4 中的数据 00000010 存放到寄存器 0 中,如图 1-9 所示。

接着执行下一条指令,重复上面的操作,每步执行如下:

PC 指向地址 1,取得指令 01010101,译码执行,将地址 5 中的数据存放到寄存器 1 中,如图 1-10 所示。

PC 指向地址 2,取得指令 00010011,译码执行,将寄存器 0 和寄存器 1 中的数据相加,

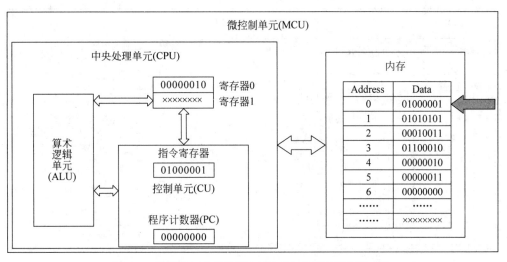

图 1-9 将地址 4 中的数据 00000010 存放到寄存器 0 中

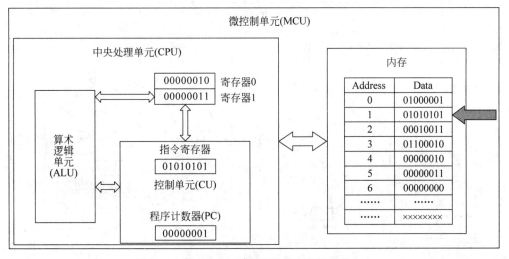

图 1-10 译码执行后,将数据存放到寄存器 1 中

将结果存放到寄存器 0 中,如图 1-11 所示。

PC 指向地址 3,取得指令 01100010,译码执行,将寄存器 0 中的数据存放到地址 6 中,如图 1-12 所示。

至此,MCU 完成了一段程序的执行,计算了 3+2,并将得到的结果 5 保存在内存中。

虽然顺利地完成了 MCU 的模拟运行,但是其中的一些问题还需要思考:

(1) 程序中的指令是自己定义的,而目前实际的 MCU 产品中运行的都是什么样的指令?

(2) 程序中都是 0 和 1 这样的数据,在实际编程开发中是写 0、1 这样的数据吗?

(3) 当前程序是从地址 0、地址 1、地址 2、地址 3 这样依次执行的,在实际应用中会不会一直按这样的顺序执行呢?

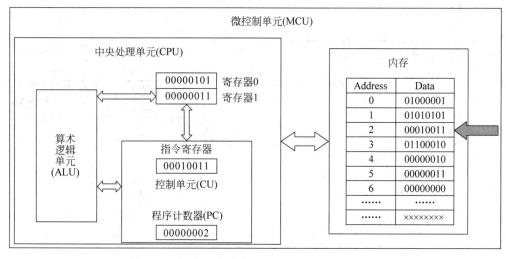

图 1-11 译码执行,将数据相加,结果存放到寄存器 0 中

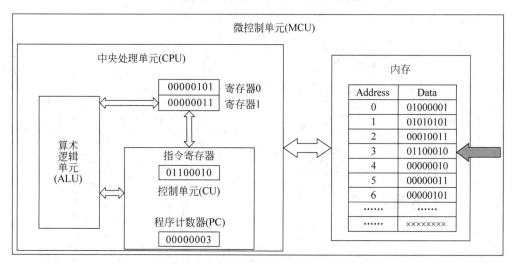

图 1-12 译码执行,将数据存放到地址 6 中

1.3 RISC-V 编译过程分析

将.c 文件转换成最终的.elf、.hex 或.bin 目标文件,需要经过预处理、编译、汇编、链接这 4 个步骤。编译过程如图 1-13 所示。

1.3.1 预处理

预处理主要包括宏定义(♯define)、文件包含(♯include)、条件编译(♯ifdef)三部分。

检查预处理指令的语句和宏定义,接着对其进行响应和替换,并删除程序中的注释和多余空白字符,最后会生成.i 文件。

图 1-13 编译过程的 4 个步骤：预处理、编译、汇编、连接

1.3.2 编译

编译器会对预处理完的.i 文件进行一系列的语法分析，并通过优化后生成对应的汇编代码，并生成.s 文件。

RISC-V MCU 的工程采用 GCC 编译。当然，各厂家会根据自家的内核设计，修改对应的工具链以支持其特色功能，如 RISC-V MCU 所特有的 HPE 硬件压栈和 VTF 免表中断技术，需要在中断服务函数中增加指令 __attribute__((interrupt(WCH-Interrupt-fast)))，然后在编译时会识别并省略软件压栈的过程。

1.3.3 汇编

通过汇编器将编译器生成的.s 汇编程序汇编为机器语言或指令，即机器可以执行的二进制程序，生成.o 文件。

1.3.4 连接

根据 *.ld 连接文件，将多个目标文件(.o)和库文件(.a)输入文件连接成一个可执行的输出文件(.elf)。涉及对空间和地址的分配，以及符号解析与重定位。

1.3.5 ELF、HEX、BIN 文件说明

使用 MRS 编译时，最终生成的可执行文件为 ELF、HEX 或 BIN 文件，这些文件之间的联系如下。

1. ELF 文件

可执行与可链接格式(Executable and Linkable Format，ELF)是一种用于二进制文件、可执行文件、目标代码、共享库和核心转储格式的文件。这是 UNIX 系统实验室(USL)作为应用程序二进制接口(Application Binary Interface，ABI)而开发和发布的，也是 Linux 的主要可执行文件格式。

ELF 文件记录的信息更多、更复杂。主要包含以下内容：

(1) ELF 头(ELF Header)：描述文件的类型、CPU 架构、入口地址、现有部分的大小和偏移等主要特性。

(2) 程序头表(Program Header Table)：列举了所有有效的段(Segments)及其属性。

程序头表需要加载器,将文件中的节加载到虚拟内存段中。

（3）节头表（Section Header Table）：包含对节（Sections）的描述。

2. HEX 文件

HEX 格式文件是由英特尔制定的一种十六进制标准文件格式,一种 ASCII 文本文件。文件的每行都包含一个十六进制记录。这些记录是由一些代表机器语言代码和常量的十六进制数据组成的。英特尔十六进制文件常用来传输要存储在 ROM 或者 EPROM 中的程序和数据。大部分 EPROM 编程器和 Flash 能使用英特尔十六进制文件。

十六进制格式信息见表 1-9。

表 1-9　十六进制格式信息

行　开　始	数 据 长 度	地　　　址	数 据 类 型	数　　　据	校　　　验
:	BB	AAAA	TT	D···D	CC
	1 字节	2 字节	1 字节	n 字节	1 字节

表 1-9 中变量所代表的意义如下:

（1）冒号（:）代表行开始。

（2）BB 代表 Bytes,即数据长度。

（3）AAAA 代码地址,表示这行数据的存储地址。

（4）TT 代表 Type,表示数据类型（标识）。

00：数据标识。

01：文件结束标识。

02：扩展段地址。

03：开始段地址。

04：线性地址。

05：线性开始地址。

（5）D···D 代表 Data（有效数据）。

（6）CC 代表 CheckSum（校验和）。

3. BIN 文件

BIN 是 binary 的缩写,即二进制文件,全是 0 或 1 的文件,是最底层的可执行的机器码。只包含程序数据。BIN 文件的大小直接反映所占 Flash 内存的大小。

4. 转换关系

因为 BIN、十六进制都只是用于记录数据的,但 ELF 类型不仅可以记录数据还有程序描述,所以 ELF 文件通过 GCC 中的目标复制,可转换成十六进制或 BIN 文件,十六进制文件也可转换成 BIN 文件,但反之不可。

5. 小结

BIN 文件最小最简单,但是安全性差,功能性差,HEX 文件包含头尾和检验,有很好的安全性,但是比 BIN 文件大,功能没有 ELF 文件强大；ELF 文件功能多,但是文件最大。

在使用工程编译结果后,最好有 BIN 或者 HEX 文件的同时具有 ELF 文件,ELF 文件用于仿真和调试,但输出到设备的文件可以使用 HEX 和 BIN。

1.4　RISC-V 启动文件分析

启动文件由汇编语言编写,这是 MCU 上电复位后执行的第 1 个程序。主要执行以下内容:

(1) 初始化 GP(Global Pointer)全局指针寄存器、SP(Stack Pointer)栈指针寄存器。

(2) 将数据从 Flash 中加载至 RAM 中。

(3) 清空 bss 段数据。

(4) 初始化中断向量表。

(5) 配置系统时钟。

(6) 从机器模式切换到用户模式,进入 main 函数运行。

CH32V103 启动文件命令,代码如下:

```
//第 1 章/ CH32V103 boot command.com
    .section .init,"ax",@progbits          /*将 section 声明为.init*/
    .global _start                         /*将标签_start 的属性指明为全局性的*/
    .align 1
_start:                                     /*标签_start 处*/
    j        handle_reset                   /*跳转至 handle_reset 处*/
    .word 0x00000013                        /*内核设计需要,不用关注*/
    .word 0x00000013
    .word 0x00000013
    .word 0x00000013
    .word 0x00000013
    .word 0x00000013
    .word 0x00000013
    .word 0x00000013
    .word 0x00000013
    .word 0x00000013
    .word 0x00000013
    .word 0x00100073
    .section    .vector,"ax",@progbits
    .align 1
_vector_base:                               /*中断向量表*/
    .option norvc;
        j   _start
    .word  0
        j   NMI_Handler                     /*NMI 控制器*/
        j   HardFault_Handler               /*硬故障处理程序*/
    .word  0
    .word  0
    .word  0
    .word  0
    .word  0
```

```
    .word   0
    .word   0
    .word   0
    j   SysTick_Handler                        /*SysTick 处理程序*/
    .word   0
    j   SW_handler                             /*SW Handler*/
    .word   0
/*外部中断*/
    j   WWDG_IRQHandler                        /*Window 看门狗*/
    j   PVD_IRQHandler                         /*通过 EXTI 线检测的 PVD*/
    j   TAMPER_IRQHandler                      /*TAMPER*/
    j   RTC_IRQHandler                         /*RTC*/
    j   FLASH_IRQHandler                       /*Flash*/
    j   RCC_IRQHandler                         /*RCC*/
    j   EXTI0_IRQHandler                       /*EXTI Line 0*/
    j   EXTI1_IRQHandler                       /*EXTI Line 1*/
    j   EXTI2_IRQHandler                       /*EXTI Line 2*/
    j   EXTI3_IRQHandler                       /*EXTI Line 3*/
    j   EXTI4_IRQHandler                       /*EXTI Line 4*/
    j   DMA1_Channel1_IRQHandler               /*DMA1 Channel 1*/
    j   DMA1_Channel2_IRQHandler               /*DMA1 Channel 2*/
    j   DMA1_Channel3_IRQHandler               /*DMA1 Channel 3*/
    j   DMA1_Channel4_IRQHandler               /*DMA1 Channel 4*/
    j   DMA1_Channel5_IRQHandler               /*DMA1 Channel 5*/
    j   DMA1_Channel6_IRQHandler               /*DMA1 Channel 6*/
    j   DMA1_Channel7_IRQHandler               /*DMA1 Channel 7*/
    j   ADC1_2_IRQHandler                      /*ADC1_2*/
    .word   0
    .word   0
    .word   0
    .word   0
    j   EXTI9_5_IRQHandler                     /*EXTI Line 9..5*/
    j   TIM1_BRK_IRQHandler                    /*TIM1 Break*/
    j   TIM1_UP_IRQHandler                     /*TIM1 Update*/
    j   TIM1_TRG_COM_IRQHandler                /*TIM1 触发器与通信*/
    j   TIM1_CC_IRQHandler                     /*TIM1 采集比较*/
    j   TIM2_IRQHandler                        /*TIM2*/
    j   TIM3_IRQHandler                        /*TIM3*/
    j   TIM4_IRQHandler                        /*TIM4*/
    j   I2C1_EV_IRQHandler                     /*I2C1 Event*/
    j   I2C1_ER_IRQHandler                     /*I2C1 Error*/
    j   I2C2_EV_IRQHandler                     /*I2C2 Event*/
    j   I2C2_ER_IRQHandler                     /*I2C2 Error*/
    j   SPI1_IRQHandler                        /*SPI1*/
    j   SPI2_IRQHandler                        /*SPI2*/
    j   USART1_IRQHandler                      /*USART1*/
    j   USART2_IRQHandler                      /*USART2*/
    j   USART3_IRQHandler                      /*USART3*/
    j   EXTI15_10_IRQHandler                   /*EXTI Line 15..10*/
```

```
         j    RTCAlarm_IRQHandler                    /* RTC EXTI 线路报警 */
         j    USBWakeUp_IRQHandler                   /* USB 从挂起唤醒 */
         j    USBHD_IRQHandler                       /* USBHD */

    .option rvc;

    .section    .text.    , "ax", @progbits          /* 中断服务程序弱定义 */
    .weak    NMI_Handler
    .weak    HardFault_Handler
    .weak    SysTick_Handler
    .weak    SW_handler
    .weak    WWDG_IRQHandler
    .weak    PVD_IRQHandler
    .weak    TAMPER_IRQHandler
    .weak    RTC_IRQHandler
    .weak    FLASH_IRQHandler
    .weak    RCC_IRQHandler
    .weak    EXTI0_IRQHandler
    .weak    EXTI1_IRQHandler
    .weak    EXTI2_IRQHandler
    .weak    EXTI3_IRQHandler
    .weak    EXTI4_IRQHandler
    .weak    DMA1_Channel1_IRQHandler
    .weak    DMA1_Channel2_IRQHandler
    .weak    DMA1_Channel3_IRQHandler
    .weak    DMA1_Channel4_IRQHandler
    .weak    DMA1_Channel5_IRQHandler
    .weak    DMA1_Channel6_IRQHandler
    .weak    DMA1_Channel7_IRQHandler
    .weak    ADC1_2_IRQHandler
    .weak    EXTI9_5_IRQHandler
    .weak    TIM1_BRK_IRQHandler
    .weak    TIM1_UP_IRQHandler
    .weak    TIM1_TRG_COM_IRQHandler
    .weak    TIM1_CC_IRQHandler
    .weak    TIM2_IRQHandler
    .weak    TIM3_IRQHandler
    .weak    TIM4_IRQHandler
    .weak    I2C1_EV_IRQHandler
    .weak    I2C1_ER_IRQHandler
    .weak    I2C2_EV_IRQHandler
    .weak    I2C2_ER_IRQHandler
    .weak    SPI1_IRQHandler
    .weak    SPI2_IRQHandler
    .weak    USART1_IRQHandler
    .weak    USART2_IRQHandler
    .weak    USART3_IRQHandler
    .weak    EXTI15_10_IRQHandler
    .weak    RTCAlarm_IRQHandler
    .weak    USBWakeUp_IRQHandler
    .weak    USBHD_IRQHandler

    .section .text.handle_reset,"ax",@progbits
```

```
        .weak      handle_reset
        .align     1
handle_reset:                    /* handle_reset 起始位置 */
.option push
.option        norelax
    la gp, __global_pointer$     /* 将 LD 文件中的标签__global_pointer 所处的地址值赋给 gp 寄存器 */
.option        pop
1:
    la sp, _eusrstack            /* 将 LD 文件中的标签_eusrstack 所处的地址值赋给 sp 寄存器 */
2:
    /* 将数据段从闪存加载到 RAM */
    la a0, _data_lma
    la a1, _data_vma
    la a2, _edata
    bgeu a1, a2, 2f
1:
    lw t0, (a0)
    sw t0, (a1)
    addi a0, a0, 4
    addi a1, a1, 4
    bltu a1, a2, 1b
2:
    /* 清除 bss 部分 */
    la a0, _sbss
    la a1, _ebss
    bgeu a0, a1, 2f
1:
    sw zero, (a0)
    addi a0, a0, 4
    bltu a0, a1, 1b
2:
    /* 所有中断有用 */ /* csrs,根据寄存器中每个为 1 的位,把 CSR 寄存器对应置位 */
 li t0, 0x88
    csrs mstatus, t0             /* 状态寄存器 mstatus 赋值为 0x88,打开所有中断,将 MPP 值设置为 00 */
    la t0, _vector_base
 ori t0, t0, 1
    csrw mtvec, t0               /* 将中断向量表的首地址赋值给 mtvec 寄存器(中断发生时 PC 的地址) */

    jal  SystemInit              /* 设置 MCU 系统时钟 */
    la t0, main
    csrw mepc, t0
    mret

/*
mret 返回指令(M 模式特有的指令),调用该指令会进行如下操作:

- 将 PC 指针设置为 mepc 的值
- 将 mstatus 的 MPIE 域复制到 MIE 来恢复之前的中断使能
- 将权限模式设置为 mstatus 的 MPP 域中的值。

芯片上电默认进入的是机器模式,通过将 mstatus 中的 MPP 值设置为 00(00: User, 01: Supervisor,
11: Machine),并将 main 函数的地址赋值给 mepc,调用 mret,使用户在进入 main 函数运行时芯片由机
器模式切换为用户模式。
*/
```

1.5 RISC-V 的 LD 连接脚本说明

1.5.1 LD 连接脚本

通常,程序编译的最后一步就是连接,此过程根据 *.ld 连接文件将多个目标文件(.o)和库文件(.a)输入文件连接成一个可执行的输出文件(.elf)。涉及对空间和地址的分配,以及符号解析与重定位。

LD 连接脚本控制整个连接过程,主要用于规定各输入文件中的程序、数据等内容段,以及输出文件中的空间和地址如何分配。通俗地讲,连接脚本用于描述输入文件中的段,将其映射到输出文件中,并指定输出文件中的内存分配,示例如图 1-14 所示。

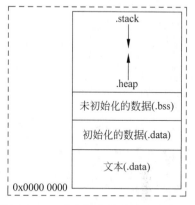

图 1-14　LD 连接脚本控制整个连接过程

1.5.2 LD 连接脚本的主要内容

1. 连接配置(可选)

常见的配置有入口地址、输出格式、符号变量的定义等,代码如下:

```
//第1章/entry.c
ENTRY(_start)                              /*入口地址*/
__stack_size = 2048;                       /*定义栈大小*/
PROVIDE(_stack_size = __stack_size);       /*定义_stack_size符号,类似于全局变量*/
```

2. 内存布局定义

对 MCU 的 Flash 及 RAM 空间进行分配,其中以 ORIGIN 定义地址空间的起始地址,以 LENGTH 定义地址空间的长度。

内存布局定义的代码如下:

```
//第1章/memory.c
MEMORY
{
    name[(attr)] : ORIGIN = origin, LENGTH = length
    ...
}
这里的attr只能由以下特性组成:
'R' - Read-only section,只读部分
'W' - Read/write section,读/写部分
'X' - Executable section,可执行部分
```

'A' - Allocatable section,可分配部分
'I' - Initialized section,初始化部分
'L' - Same as I,与I一样
'!' - Invert the sense of any of the attributes that follow,反转后面任何属性的意义

3. 段连接定义

用于定义目标文件(.o)的文本、数据、bss 等段的连接分布。段连接分布语法的代码如下:

```
//第1章/sections.o
SECTIONS
{
    section [address] [(type)] :
    [AT(lma)]
    [ALIGN(section_align) | ALIGN_WITH_INPUT]
    [SUBALIGN(subsection_align)]
    [constraint]
    {
        output - section - command
        output - section - command
        ...
    } [> region] [AT > lma_region] [:phdr :phdr ...] [ = fillexp] [,]

    ...
}

/* 大多数的段仅使用了上述部分属性,可以简写成如下形式 */
SECTIONS
{
    ...
    secname :
    {
        output - section - command
    }
    ...
}
```

连接脚本本质上就是描述输入和输出。secname 表示输出文件段,而 output-section-command 用来描述输出文件段信息,即输入目标文件(.o)和库文件(.a)。

Section 分为 loadable(可加载)和 allocatable(可分配)两种类型。不可加载也不可分配的内存段,通常包含一些调试信息等。

(1) loadable:程序运行时,该段应该被加载到内存中。

(2) allocatable:该段内容被预留出,同时不应该加载任何其他内容(在某些情况下,这些内存必须归零)。

(3) loadable 和 allocatable 的字段都有两个地址:VMA 和 LMA。

(4) VMA(The Virtual Memory Address):运行输出文件时,该字段的地址。这是可

选项,可不配置。

（5）LMA(Load Memory Address)：加载字段时的地址。

在大多数情况下,这两个地址是相同的,但有些情况下,需将代码从 Flash 中加载至 RAM 中运行,此时 Flash 的地址为 LAM,RAM 的地址为 VMA,代码如下：

```
//第 1 章/ram lma vma.data
.data :
    {
        * (.data .data. * )
        . = ALIGN(8);
        PROVIDE(__global_pointer $ = . + 0x800);
        * (.sdata .sdata. * )
        * (.sdata2. * )
        . = ALIGN(4);
        PROVIDE(_edata = .);
    } > RAM AT > FLASH

# include < stdio. h >
# include < conio. h >
void main(){
int sum = 0, i = 1;        //定义两个变量
while(i < = 100){           //循环
sum = sum + i;             //求和
i++;
}
printf("1 + 2 + 3 + … + 100 = % d", sum);
}
```

在上述示例中,. data 段的内容会放在 Flash 中,但是运行时会加载至 RAM 中(通常为初始化全局变量),即. data 段的 VMA 为 RAM,LMA 为 Flash。

1.5.3　常用关键字及命令

1. ENTRY 指令

ENTRY(Symbol)为程序中要执行的第 1 个指令,也称入口点,代码如下：

```
//第 1 章/entry point.com
/ * 入口点 * /
ENTRY(_start)/ * CH32V103 为启动文件 j handle_reset 指令 * /
```

2. PROVIDE 指令

PROVIDE(Symbol＝expression)用于定义一个可被引用的符号,类似于全局变量,代码如下：

```
//第 1 章/provide.c
PROVIDE(end = .);
```

3. HIDDEN 指令

HIDDEN(Symbol＝expression)对于 ELF 目标端口,符号将被隐藏且不被导出,代码如下:

```
//第 1 章/hidden.c
HIDDEN(mySymbol = .);
```

4. PROVIDE_HIDDEN 指令

PROVIDE_HIDDEN(Symbol＝expression)是 PROVIDE 和 HIDDEN 的结合体,类似于局部变量,代码如下:

```
//第 1 章/provide hidden.c
PROVIDE_HIDDEN(__preinit_array_start = .);
```

5. 点位符号

“.”表示当前地址,它是一个变量,总是代表输出文件中的一个地址(根据输入文件字段的大小不断地增加,不能倒退,并且只用于 SECTIONS 指令中)。它可以被赋值,可以赋值给某个变量;可进行算术运算,用于产生指定长度的内存空间,代码如下:

```
//第 1 章/stack sections.c
PROVIDE(end = .);              /* 将当前地址赋值给 end 符号 */

.stack ORIGIN(RAM) + LENGTH(RAM) - __stack_size :
{
    . = ALIGN(4);
    PROVIDE(_susrstack = .);
    . = . + __stack_size;  /* 当前地址加上 __stack_size 长度,产生 __stack_size 长度的空间 */
    PROVIDE(_eusrstack = .);
} > RAM
```

6. KEEP 指令

当连接器使用('--gc-sections')进行垃圾回收时,KEEP 指令可以使被标记段的内容不被清除,代码如下:

```
//第 1 章/init keep.c
.init :
{
    _sinit = .;
    . = ALIGN(4);
    KEEP( * (SORT_NONE(.init)))
    . = ALIGN(4);
    _einit = .;
} > FLASH AT > FLASH
```

7. ASSERT 指令

ASSERT(exp,message)确保 exp 是非零值,如果为 0,则以错误码的形式退出连接文件,并输出 message。主要用于添加断言、定位问题。

1.5.4　示例：完整 LD 连接脚本

以 RISC-V MCU CH32V307 的连接脚本为例，代码如下：

```
//第1章/link script.c
/*程序主入口,_start,具体内容在启动文件中定义*/
ENTRY(start)

/*将栈大小定义为 2048 Bytes*/
__stack_size = 2048;

/*定义一个名为_stack_size的变量,在后面的.stack段中会用到*/
PROVIDE(_stack_size = __stack_size);

/*
    内存分布声明
    定义 Flash、RAM 的大小、起始位置

    Flash 的起始地址为 0x00000000,长度为 192KB
    RAM 的起始地址为 0x20000000,长度为 128KB

    ...
    其中 Flash 的起始位置设定为虚拟的 0x0000000,MCU 内部做了 0x00000000 到 0x08000000 的
映射。
    内核启动始终从 0 地址开始取值,即 PC = 0;所以 LD 文件中将 Flash 的虚拟地址设定为
0x00000000 是可以的。

    如果需要将 Flash 的起始地址设定为实际地址 0x08000000,则考虑到启动文件中第 1 条指令为
j handle_reset,j handle_reset 为跳转指令,把 PC 设为当前 PC 值 + 偏移地址,偏移地址的范围为
2^21 = 2MB = ±1MB,启动时 PC = 0,而 handle_reset 的地址在 0x0800xxxx 处,远远超过 ±1MB 的
范围。
    此时需要手动偏移 PC,把 PC 值偏移到 handle_reset ±1MB 的跳转范围内,方法如下:
    在 j handle_reset 前面加上两条指令

    lui t0, 0x08000   ♯t0 赋值为 0x08000000
    jr  8(t0)         ♯跳转至 t0 + 8 = 0x08000008 位置,即 PC = 0x08000008

    以上两条指令占了 8 字节,所以 0x08000008 的位置刚好是 j handle_reset 指令的位置,此时 PC
值为 0x08000008,可以完成跳转

    特别地,当把 Flash 的起始地址设置为实际地址,即 0x08000000,当用 wch-link 仿真调试时,需
要修改 MRS 安装目录下的 wch-riscv.cfg 文件
    文件位置为.\MounRiver_Studio\toolchain\OpenOCD\bin\wch-riscv.cfg
    将文件中的 wlink_set_address 0x00000000 修改为 wlink_set_address 0x08000000
*/
MEMORY
{
    FLASH(rx): ORIGIN = 0x00000000, LENGTH = 192K
    RAM(xrw) : ORIGIN = 0x20000000, LENGTH = 128K
}
```

```
/* 段声明 */
SECTIONS
{
    /* 初始化段,程序的入口 _start 存放在该段 */
    .init:
    {
        _sinit = .;
        . = ALIGN(4);
        KEEP( * (SORT_NONE(.init)))
        . = ALIGN(4);
        _einit = .;
    } > FLASH AT > FLASH

    /* 存放中断向量表 */
    .vector :
    {
        * (.vector);
        . = ALIGN(64);
    } > FLASH AT > FLASH

    /* 代码段 */
    .text :
    {
        . = ALIGN(4);
        * (.text)
        * (.text. * )
        * (.rodata)
        * (.rodata * )
        * (.gnu.linkonce.t. * )
        . = ALIGN(4);
    } > FLASH AT > FLASH

    .fini:
    {
        KEEP( * (SORT_NONE(.fini)))
        . = ALIGN(4);
    } > FLASH AT > FLASH

    PROVIDE(_etext = .);
    PROVIDE(_eitcm = .);

    .preinit_array:
    {
        PROVIDE_HIDDEN(__preinit_array_start = .);
        KEEP( * (.preinit_array))
        PROVIDE_HIDDEN(__preinit_array_end = .);
    } > FLASH AT > FLASH

    .init_array:
    {
        PROVIDE_HIDDEN(__init_array_start = .);
```

```
        KEEP( * (SORT_BY_INIT_PRIORITY(.init_array. * )SORT_BY_INIT_PRIORITY(.ctors. * )))
        KEEP( * (.init_array EXCELUDE_FILE( * crtbegin.o * crtbegin?.o * crtend.o * crtend?.o).
ctors))
        PROVIDE_HIDDEN( __init_array_end = .);
    } > FLASH AT > FLASH


    .fini_array:
    {
        PROVIDE_HIDDEN( __fini_array_start = .);
        KEEP( * (SORT_BY_INIT_PRIORITY(.fini_array. * )SORT_BY_INIT_PRIORITY(.dtors. * )))
        KEEP( * (.fini_array EXCELUDE_FILE( * crtbegin.o * crtbegin?.o * crtend.o * crtend?.o).
dtors))
        PROVIDE_HIDDEN( __fini_array_end = .);
    } > FLASH AT > FLASH


    .ctors:
    {
        /* GCC 使用 crtbbegin.o 来查找构造函数的开始,需要确保它是第 1 个。因为这是一个通
配符,所以用户是否真的没有连接到 crtbbegin.o; 连接器不会查找与通配符匹配的文件。通配符还
意味着,不管 crtbeggin.o 在哪个目录中并不重要。 */
        KEEP( * crtbegin.o(.ctors))
        KEEP( * crtbegin?.o(.ctors))
        /* 在排序的 ctor 之后,才希望包含 crtend.o 文件中的.ctor 部分。
crend 文件中的.ctor 部分包含 ctors 结束标记,它必须是最后一个 */
        KEEP( * (EXCELUDE_FILE( * crtend.o * crtend?.o).ctors))
        KEEP( * (SORT(.ctors. * )))
        KEEP( * (.ctors))
    } > FLASH AT > FLASH


    .dtors:
    {
        KEEP( * crtbegin.o(.dtors))
        KEEP( * crtbegin?.o(.dtors))
        KEEP( * (EXCELUDE_FILE( * crtend.o * crtend?.o).dtors))
        KEEP( * (SORT(.dtors. * )))
        KEEP( * (.dtors))
    } > FLASH AT > FLASH


    /*
        该段定义了全局变量 _data_vma,
        因为从该段开始第 1 次声明保存在 RAM 中的段,
        所以_data_vma 变量的地址为 RAM 的起始地址 0x20000000
    */
    .dalign:
    {
        . = ALIGN(4);
        PROVIDE(_data_vma = .);
    } > RAM AT > FLASH


    /*
        该段定义了全局变量_data_lma,
```

```
        此段位于前面各段的末尾,用于存放 data 段中的保存在 Flash 中的数据
        程序运行时会从该地址将 data 段数据加载到 RAM 中
*/
.dlalign:
{
    . = ALIGN(4);
    PROVIDE(_data_lma = .);
} > FLASH AT > FLASH

.data:
{
    * (.gnu.linkonce.r.*)
    * (.data .data.*)
    * (.gnu.linkonce.d.*)
    . = ALIGN(8);
    PROVIDE(__global_pointer$ = . + 0x800);
    * (.sdata .sdata.*)
    * (.sdata2.*)
    * (.gnu.linkonce.s.*)
    . = ALIGN(8);
    * (.srodata.cst16)
    * (.srodata.cst8)
    * (.srodata.cst4)
    * (.srodata.cst2)
    * (.srodata .srodata.*)
    . = ALIGN(4);
    PROVIDE(_edata = .);                        /* _edata 代表 data 段结尾地址 */
} > RAM AT > FLASH

.bss:
{
    . = ALIGN(4);
    PROVIDE(_sbss = .);                         /* _sbss 代表 bss 段起始地址 */
    * (.sbss*)
    * (.gnu.linkonce.sb.*)
    * (.bss*)
    * (.gnu.linkonce.b.*)
    * (COMMON*)
    . = ALIGN(4);
    PROVIDE(_ebss = .);                         /* _ebss 代表 bss 段结尾地址 */
} > RAM AT > FLASH

PROVIDE(_end = _ebss);                          /* 堆起始地址 */
PROVIDE(end = .);

/*
    stack 栈段
    起始地址为  ORIGIN(RAM) + LENGTH(RAM) - __stack_size
*/
.stack ORIGIN(RAM) + LENGTH(RAM) - __stack_size :
{
```

```
        PROVIDE(_heap_end = .);
/*堆结束 ORIGIN(RAM) + LENGTH(RAM) - __stack_size */
        . = ALIGN(4);
        PROVIDE(_susrstack = .);
/*栈底 ORIGIN(RAM) + LENGTH(RAM) - __stack_size */
        . = . + __stack_size;
        PROVIDE(_eusrstack = .); /*栈顶,即 ORIGIN(RAM) + LENGTH(RAM) */
    } > RAM

}
```

1.5.5　示例：从 C 文件中读取 LD 中的全局变量

以读取栈顶_eusrstack 和栈底_susrstack 变量为例,代码如下:

```
//第1章/eusrstack susrstack.c
int main(void)
{
    Delay_Init();
    USART_Printf_Init(115200);
    printf("ch32v307 hello world\r\n");

    extern uint32_t _eusrstack;        /*声明外部变量 _eusrstack */
    printf("_eusrstack address = 0x%08x\r\n",&_eusrstack);

    extern uint32_t _susrstack;        /*声明外部变量 _susrstack */
    printf("_susrstack address = 0x%08x\r\n",&_susrstack);

    while(1)
    {
        ;
    }
}

.init:
{
    _sinit = .;
    . = ALIGN(4);
    KEEP( * (SORT_NONE(.init)))
    . = ALIGN(4);
    _einit = .;
} > FLASH AT > FLASH
```

输出结果如图 1-15 所示。

通过以上 LD 文件分析可知:

(1) 栈底_susrstack 的地址为 ORIGIN(RAM)＋LENGTH(RAM)－__stack_size＝0x2000000＋128K－2048＝0x2001f800。

(2) 栈顶_eusrstack 的地址为 ORIGIN(RAM)＋LENGTH(RAM)＝0x2000000＋

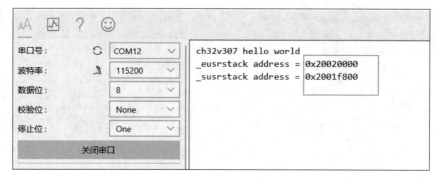

图 1-15　从 C 文件中读取 LD 中的全局变量示例

128K＝0x20020000。

读取的结果符合预期。

1.6　RISC-V MCU 栈机制

1.6.1　栈

在嵌入式的世界里,严格来讲,堆栈分为堆(Heap)和栈(Stack)。

(1) 栈(Stack):一种顺序数据结构,满足后进先出(Last In First Out,LIFO)的原则,由编译器自动分配和释放。使用一级缓存,调用完立即释放。

(2) 堆(Heap):类似于链表结构,可对任意位置进行操作,通常由程序员手动分配,使用后需及时释放,不然容易造成内存泄漏,这里使用二级缓存。

1.6.2　栈的作用

函数调用时,如果函数参数和局部变量很多,寄存器放不下,则需要开辟栈空间存储。

中断发生时,栈空间用于存放当前执行程序的现场数据(下一条指令地址、各种缓存数据),以便中断结束后恢复现场。

1.6.3　栈大小定义

RISC-V MCU 的栈大小,通常在 LD 连接脚本中定义,代码如下:

```
//第1章/stack size link script.c
ENTRY(_start)/*入口地址*/

__stack_size = 2048;               /*定义栈大小*/
PROVIDE(_stack_size = __stack_size);  /*定义_stack_size符号,类似于全局变量*/

MEMORY
{
```

```
    FLASH(rx): ORIGIN = 0x00000000, LENGTH = 0x10000
    RAM(xrw): ORIGIN = 0x20000000, LENGTH = 0x5000
}
/ *
...
中间省略
...
* /

.stack ORIGIN(RAM) + LENGTH(RAM) - __stack_size :
/ * 分配栈空间 0x20004800 ~ 0x20005000,共 2KB * /
{
    . = ALIGN(4);
    PROVIDE(_susrstack = .);
    . = . + __stack_size;
    PROVIDE(_eusrstack = .);
} > RAM


int main(void)
{

    Delay_Init();
    USART_Printf_Init(115200);
    printf("ch32v307 hello world\r\n");

    extern uint32_t _eusrstack;                     / * 声明外部变量 _eusrstack * /
    printf("_eusrstack address = 0x % 08x\r\n",&_eusrstack);

    extern uint32_t _susrstack;                     / * 声明外部变量 _susrstack * /
    printf("_susrstack address = 0x % 08x\r\n",&_susrstack);

    while(1)
    {
        ;
    }
}

.init:
{
    _sinit = .;
    . = ALIGN(4);
    KEEP( * (SORT_NONE(.init)))
    . = ALIGN(4);
    _einit = .;
} > FLASH AT > FLASH
```

　　以 RISC-V MCU CH32V103 为例,在其 LD 连接脚本中定义了__stack_size 符号,值为 2048B,后面使用该值在.stack 段中分配栈空间,可更改此值以调整栈空间大小。

　　CH32V103 的 RAM 共 20KB,除去程序用到的数据、bss 段,剩下空间即为动态数据段,供栈动态使用。

在 LD 连接脚本中没有明确定义堆的大小,按照其定义,对于动态数据段,除了栈占用外,剩下的都可用于堆,可通过 malloc 进行动态管理。

1.6.4　压栈出栈过程

以 CH32V103 的 printf 函数调用为例,其反汇编程序,代码如下:

```
//第 1 章/disassembly code.s
000007a4 < iprintf >:
    7a4:    7139                    addi    sp, sp, - 64
#调整栈指针 sp,分配 64 字节的栈空间
    7a6:    da3e                    sw      a5, 52(sp)
#压栈,保存 a5 寄存器的值
    7a8:    d22e                    sw      a1, 36(sp)
#压栈,按需保存相应的寄存器
    7aa:    d432                    sw      a2, 40(sp)
    7ac:    d636                    sw      a3, 44(sp)
    7ae:    d83a                    sw      a4, 48(sp)
    7b0:    dc42                    sw      a6, 56(sp)
    7b2:    de46                    sw      a7, 60(sp)
    7b4:    80818793                addi    a5, gp, - 2040    #20000078 <_impure_ptr >
    7b8:    cc22                    sw      s0, 24(sp)        #压栈,保存帧指针 fp(s0)
    7ba:    4380                    lw      s0, 0(a5)
    7bc:    ca26                    sw      s1, 20(sp)
    7be:    ce06                    sw      ra, 28(sp)
#压栈,保存返回地址(ra 寄存器)
    7c0:    84aa                    mv      s1, a0
    7c2:    c409                    beqz    s0, 7cc < iprintf + 0x28 >
    7c4:    4c1c                    lw      a5, 24(s0)
    7c6:    e399                    bnez    a5, 7cc < iprintf + 0x28 >
    7c8:    8522                    mv      a0, s0
    7ca:    2315                    jal     cee <__sinit >
    7cc:    440c                    lw      a1, 8(s0)
    7ce:    1054                    addi    a3, sp, 36
    7d0:    8626                    mv      a2, s1
    7d2:    8522                    mv      a0, s0
    7d4:    c636                    sw      a3, 12(sp)
    7d6:    167000ef                jal     ra, 113c <_vfiprintf_r >
    7da:    40f2                    lw      ra, 28(sp)
#出栈,恢复返回地址(ra 寄存器)
    7dc:    4462                    lw      s0, 24(sp)
#出栈,恢复帧指针 fp(s0)
    7de:    44d2                    lw      s1, 20(sp)
#出栈,按需恢复相应的寄存器
    7e0:    6121                    addi    sp, sp, 64
#释放栈空间
    7e2:    8082                    ret
#函数返回,根据 ra 寄存器地址返回
```

1.6.5 malloc 使用注意事项

在 CH32V103 的默认工程中,堆只有起始地址,没有结束地址约束,这样最终会导致 malloc 永远都不会返回 NULL。

如果使用 malloc,则需进行如下操作。

(1) 重写 _sbrk 函数,放在工程的任意位置,推荐放在 debug.c 文件中。_sbrk 包括代码原型,代码如下:

```
//第1章/sbrk.c
void * _sbrk(ptrdiff_t incr)
{
    extern char _end[];
    extern char _heap_end[];
    static char * curbrk = _end;

    if((curbrk + incr < _end)||(curbrk + incr > _heap_end))
    return NULL - 1;

    curbrk += incr;
    return curbrk - incr;
}
```

(2) 修改 LD 连接脚本,定义 heap 的大小。

第一,在默认 RAM 中除去数据、bss、栈等外,剩余的部分都为堆空间。增加 PROVIDE (_heap_end=.)定义与位置信息,代码如下:

```
//第1章/Exceluding data - bss - stack.c
PROVIDE(_end = _ebss);
PROVIDE(end = .);                       /* 定义 heap 的起始位置 */

.stack ORIGIN(RAM) + LENGTH(RAM) - __stack_size :
    {
        PROVIDE(_heap_end = .);      /* 定义 heap 的结束位置,默认到栈底结束 */

        . = ALIGN(4);
        PROVIDE(_susrstack = .);
        /* ASSERT((. > 0x20005000),"ERROR:No room left for the stack"); */
        . = . + __stack_size;
        PROVIDE(_eusrstack = .);
    } > RAM
```

第二,指定堆大小的修改方式如下:

(1) 增加 PROVIDE(_heap_end=.＋0x400)定义与位置信息。

(2) 增加 PROVIDE(_heap_end=.)定义与位置信息。

代码如下：

```
//第1章/heap modify.c
PROVIDE(_end = _ebss);
PROVIDE(end = .);                      /*定义heap的起始位置*/

.stack ORIGIN(RAM) + LENGTH(RAM) - __stack_size :
    {
        PROVIDE(_heap_end = .);        /*定义heap的结束位置,默认到栈底结束*/

        . = ALIGN(4);
        PROVIDE(_susrstack = .);
        /* ASSERT((. > 0x20005000),"ERROR:No room left for the stack"); */
        . = . + __stack_size;
        PROVIDE(_eusrstack = .);
    } > RAM
```

1.7 RISC-V 全局指针寄存器说明

全局指针（Global Pointer，GP）寄存器是 RISC-V 32 个寄存器之一，其作用是优化 ±2KB 内全局变量的访问。

GP 寄存器在启动代码中被加载为__global_pointer$ 的地址，并且之后不能被改变。

linker 时使用__global_pointer$ 来比较全局变量的地址，如果在范围内，则替换掉 lui 或 puipc 指令的 absolute/pc-relative 寻址，变为 gp-relative 寻址，使代码效率更高。该过程称为连接器松弛（Linker Relaxation），也可以使用-Wl,--no-relax 命令关闭此功能。

例如，需要读取全局变量 tao_global 的值，地址为 0x20000100，GP 寄存器地址为 0x20000800。普通调用方式的代码如下：

```
//第1章/tao global.s
lui a5,0x20000    /*将0x20000100高20位0x20000左移12位赋给a5寄存器*/
lw  a5,256(a5)   /*将a5+256(0x100,0x20000100低12位)的值加载至a5寄存器*/
```

gp 指针优化调用方式的代码如下：

```
//第1章/load gp-1792.s
lw a5,-1792(gp)  /*将gp-1792地址处的值加载至a5,即0x20000100处的值*/
```

通过 GP 寄存器访问其值±2KB，即 4KB 范围内的全局变量，可以节约一条指令。

4KB 区域可以位于寻址内存中的任意位置，但是为了使优化更有效率，最好覆盖最频繁使用的 RAM 区域。对于标准的 newlib 应用程序，这是分配 .sdata 部分的区域，因为它包含了诸如_impure_ptr、malloc_sbrk_base 等变量，因此，定义应该被放在 .sdata 部分之前。以 RISC-V MCU CH32V103 ld 文件为例，代码如下：

```
//第 1 章/newlib gp.data
.data :
    {
    * (.gnu.linkonce.r.*)
    * (.data .data.*)
    * (.gnu.linkonce.d.*)
            . = ALIGN(8);
    PROVIDE(__global_pointer$ = . + 0x800);
/* __global_pointer 地址 */
    * (.sdata .sdata.*)
            * (.sdata2.*)
    * (.gnu.linkonce.s.*)
    . = ALIGN(8);
    * (.srodata.cst16)
    * (.srodata.cst8)
    * (.srodata.cst4)
    * (.srodata.cst2)
    * (.srodata .srodata.*)
    . = ALIGN(4);
            PROVIDE(_edata = .);
    } > RAM AT > FLASH
```

通常情况下,GP 寄存器定义在数据区,有时为了优化代码密度,可以根据实际情况修改 GP 寄存器的位置,如在工程中定义了大量的初始化值 0,或将未初始化的全局数组作为缓冲区,可以将 gp 指针的位置定义到 bss 段。

1.8　最易变的关键字 volatile

1.8.1　volatile 关键字

volatile 是易变的、不稳定的意思。与 const 一样是一种类型修饰符,对于由 volatile 关键字修饰的变量,编译器对访问该变量的代码不再进行优化,从而可以提供对特殊地址的稳定访问。

记录在开发 RISC-V MCU 过程中未用 volatile 修饰的标志位变量,由编译器进行优化,导致程序运行异常。

1.8.2　Demo

在主循环中根据中断中修改的标志位运行不同的功能,代码如下:

```
//第 1 章/demo flag.data
# include "debug.h"

uint8_t flag_interrupt = 0;

int main(void)
```

```
{
    USART_Printf_Init(115200);
    printf("SystemClk:% d\r\n", SystemCoreClock);

    EXTIO_INT_INIT();

    while(1)
    {
            if(flag_interrupt == 1)
            {
            flag_interrupt = 0;
            printf("do something\r\n");
            }
    }
}

/* 外部中断服务函数 */
__attribute__((interrupt("WCH - Interrupt - fast")))
void EXTIO_IRQHandler(void)
{
    if(EXTI_GetITStatus(EXTI_Line0) == SET)        //EXTI_GetITStatus 用于获取中断标志位状态
    {
            flag_interrupt = 1;
            printf("Run at EXTI\r\n");
            EXTI_ClearITPendingBit(EXTI_Line0);//清除中断标志位
    }
}
```

进入中断服务函数，改变了 flag_interrupt 的值，但是主函数仍然没有运行相应的程序。检查反汇编代码才发现编译器对 flag_interrupt 变量的访问进行了优化，如图 1-16 所示。

```
while(1)
{
    if(flag_interrupt == 1)
    26a:    4905            li    s2,1
    {
        flag_interrupt = 0;
        printf("do something\r\n");
    26c:    000024b7        lui   s1,0x2
    if(flag_interrupt == 1)
    270:    8101c703        lbu   a4,-2032(gp) # 20000080 <_edata>
    274:    81018793        addi  a5,gp,-2032 # 20000080 <_edata>
    278:    01271063        bne   a4,s2,278 <main+0x34>
        printf("do something\r\n");
    27c:    b4448513        addi  a0,s1,-1212 # 1b44 <_sbrk+0x42>
        flag_interrupt = 0;
    280:    00078023        sb    zero,0(a5)
        printf("do something\r\n");
    284:    77e000ef        jal   ra,a02 <puts>
    288:    b7e5            j     270 <main+0x2c>

0000028a <EXTIO_IRQHandler>:
}
```

图 1-16　编译器对 flag_interrupt 变量的访问进行优化

278:01271063 bne a4,s2,278 <main+0x34>表示编译器对 flag_interrupt 变量的访问进行了优化,没有重新到 0x20000080 位置进行取值,而是每次都用 a4 寄存器的值与 s2 寄存器的值(值为 1)进行比较,如果不相等,则跳回本条语句的位置,重复运行,从而导致即使在中断中改变了其值,主循环中也不能运行对应的功能。这时就需要使用 volatile 关键字对 flag_interrupt 进行修饰,代码如下:

```
//第 1 章/flag interrupt decorate.c
volatile uint8_t flag_interrupt = 0;
```

查看反汇编代码,编译器未对 flag_interrupt 变量进行优化,而是每次去源地址 0x20000080 处取值访问。反汇编示例如图 1-17 所示。

```
while(1)
{
  if(flag_interrupt == 1)
  26a:    4905                li s2,1
  {
    flag_interrupt = 0;
    printf("do something\r\n");
  26c:    00002437            lui s0,0x2
  if(flag_interrupt == 1)
  270:    81018793            addi a5,gp,-2032 # 20000080 <_edata>
  274:    0007c703            lbu a4,0(a5)
  278:    fee91ce3            bne s2,a4,270 <main+0x2c>
    printf("do something\r\n");
  27c:    b6040513            addi a0,s0,-1184 # 1b60 <_sbrk+0x56>
    flag_interrupt = 0;
  280:    00078023            sb zero,0(a5)
    printf("do something\r\n");
  284:    786000ef            jal ra,a0a <puts>
  288:    b7e5                j 270 <main+0x2c>

0000028a <EXTI0_IRQHandler>:
}
```

图 1-17　查看反汇编代码

1.9　RISC-V 将常量定义到 Flash 地址

当使用 Keil MDK 开发 ARM 内核的 MCU 时,将常量定义到指定的 Flash 地址中,使用 __attribute__(at(绝对地址))即可,代码如下:

```
//第 1 章/mcu attribute.c
const u32 myConstVariable_1[128] __attribute__((at(0x08001000))) = {0x12345678,0x22221111};
//定位在 Flash 中,将其他 Flash 补充为 0
```

RISC-V MCU 通过 MounRiver Studio(MRS)开发时,暂时不支持__attribute__(at(绝对地址))命令。可通过以下几个步骤实现。

1.9.1 编辑 LD 连接文件,添加 SECTIONS 段

编辑连接文件,示例代码如下:

```
//第1章/flash_test_address.c
.flash_test_address:
    {
        . = ALIGN(4);                    /*4字节对齐*/
        . = ORIGIN(FLASH) + 0x1000;
/* ORIGIN(FLASH) 为 MEMORY 定义的 FLASH 的起始地址(CH32V103 为
0x08000000),指定到从 FLASH 起始的 0x1000 长度的位置 */
        KEEP( * (SORT_NONE(.test_address_1)))
/* 连接时 * KEEP()可以使被标记段的内容不被清除 */
        . = ALIGN(4);
    } > FLASH AT > FLASH
```

如果需将变量定义到 Flash 的最后,将此段添加到 . text 段后面,则需注意指定的 Flash
地址要大于程序编译大小。

1.9.2 函数中使用__attribute__((section(".xxx")))定义常量

1. 定义单字节常量

定义单字节常量,示例代码如下:

```
//第1章/single byte.c
const uint8_t myConstVariable_1 __attribute__((section(".test_address_1"))) = 0x11;
                                                       /*地址为 0x00001000 */
```

查看映射文件的常量地址,如图 1-18 所示。

```
*(SORT_NONE(.test_address_1))
.test_address_1
            0x0000000000001000        0x8 ./User/main.o
            0x0000000000001000                  myConstVariable_1
            0x0000000000001040                  . = (ORIGIN (FLASH) + 0x1040)
*fill*      0x0000000000001008        0x38
*(SORT_NONE(.test_address_2))
.test_address_2
            0x0000000000001040        0x4 ./User/main.o
            0x0000000000001040                  myConstVariable_2
```

图 1-18 查看映射文件的常量地址

在 sections. flash_test_address 段中以 4 字节对齐,其余 3 字节补 0。

二进制 BIN 文件 0x1000 地址信息如图 1-19 所示。

```
00000ff0: 00 00 00 00 00 00 00 00 00 00 00 00 00 00 00 00   ................
00001000: 11 22 33 44 00 00 00 00 00 00 00 00 00 00 00 00   ."3D............
00001010: 00 00 00 00 00 00 00 00 00 00 00 00 00 00 00 00   ................
00001020: 00 00 00 00 00 00 00 00 00 00 00 00 00 00 00 00   ................
00001030: 00 00 00 00 00 00 00 00 00 00 00 00 00 00 00 00   ................
00001040: 55 66 00 00                                       Uf..
```

图 1-19 二进制 BIN 文件 0x1000 地址信息

2. 定义连续的多个单字节常量

定义多个连续单字常量,示例代码如下:

```
//第1章/multi continuous byte.c
const uint8_t myConstVariable_1 __attribute__((section(".test_address_1"))) = 0x11;
                                              /* 地址为 0x00001002 */
const uint8_t myConstVariable_2 __attribute__((section(".test_address_1"))) = 0x22;
                                              /* 地址为 0x00001001 */
const uint8_t myConstVariable_3
__attribute__((section(".test_address_1"))) = 0x33; /* 地址为 0x00001000 */
```

在 LD 文件中 flash_test_address 段默认从指定地址开始为其分配连续的地址,查看映射文件的常量地址,如图 1-20 所示。

```
*(SORT_NONE(.test_address_1))
.test_address_1
            0x0000000000001000        0x8 ./User/main.o
            0x0000000000001000               myConstVariable_1
            0x0000000000001040               . = (ORIGIN (FLASH) + 0x1040)
*fill*      0x0000000000001008        0x38
*(SORT_NONE(.test_address_2))
.test_address_2
            0x0000000000001040        0x4 ./User/main.o
            0x0000000000001040               myConstVariable_2
```

图 1-20 查看映射文件 flash_test_address 段的常量地址

3. 定义多个不连续的常量

此时需要修改 LD 文件,示例代码如下:

```
//第1章/multi discontinuous.c
.flash_test_address :
    {
            . = ALIGN(4);                 /* 4 字节对齐 */
            . = ORIGIN(FLASH) + 0x1000;
/* ORIGIN(FLASH) 为内存定义的 FLASH 的起始地址(CH32V103 为
0x08000000),指定到从 FLASH 起始的 0x1000 长度的位置 */
            KEEP( * (SORT_NONE(.test_address_1)))
/* 连接时 * KEEP()可以使被标记段的内容不被清除 */
            . = ORIGIN(FLASH) + 0x1040;
/* ORIGIN(FLASH) 为 MEMORY 定义的 FLASH 的起始地址(CH32V103 为
0x08000000),指定到从 FLASH 起始的 0x1040 长度的位置 */
            KEEP( * (SORT_NONE(.test_address_2)))
/* 连接时 * KEEP()可以使被标记段的内容不被清除 */
            . = ALIGN(4);
    } > FLASH AT > FLASH
```

在函数中定义两个指定地址的常量,代码如下:

```
//第1章/two specified addresses.c
const uint8_t myConstVariable_1[8] __attribute__((section(".test_address_1"))) = {0x11,
0x22,0x33,0x44};        /* 首地址为 0x00001000 */
const uint8_t myConstVariable_2[4] __attribute__((section(".test_address_2"))) = {0x55,
0x66};                /* 首地址为 0x00001040 */
```

查看 MAP 文件可得常量的地址信息,如图 1-21 所示。

```
*(SORT_NONE(.test_address_1))
.test_address_1
                0x0000000000001000      0x8 ./User/main.o
                0x0000000000001000              myConstVariable_1
                0x0000000000001040              . = (ORIGIN (FLASH) + 0x1040)
*fill*          0x0000000000001008      0x38
*(SORT_NONE(.test_address_2))
.test_address_2
                0x0000000000001040      0x4 ./User/main.o
                0x0000000000001040              myConstVariable_2
```

图 1-21　查看 MAP 文件可得常量的地址信息

由于这样指定的方式会造成中间段浪费,有 56 字节的 Flash 无法分配内容,因此不建议这样指定,如果实在要这样做,则需要严格把控,可根据间隔的大小,将编译后小于该间隔的函数存储指定到该 Flash 块。

指定函数 Delay_Init 编译后,存放在 test_address_1 块内,紧跟在定义的常量之后。存储地址的示例代码如下:

```
//第 1 章/save addresses.c
__attribute__((section(".test_address_1")))void Delay_Init(void)
{
    p_us = SystemCoreClock/8000000;
    p_ms = (uint16_t)p_us×1000;
}
```

Delay_Init 函数编译后的大小为 0x2a 的 MAP 文件如图 1-22 所示。

```
*(SORT_NONE(.test_address_1))
.test_address_1
                0x0000000000001000      0x8 ./User/main.o
                0x0000000000001000              myConstVariable_1
.test_address_1
                0x0000000000001008      0x2a ./Debug/debug.o
                0x0000000000001008              Delay_Init
                0x0000000000001040              . = (ORIGIN (FLASH) + 0x1040)
*fill*          0x0000000000001032      0xe
*(SORT_NONE(.test_address_2))
.test_address_2
                0x0000000000001040      0x4 ./User/main.o
                0x0000000000001040              myConstVariable_2
```

图 1-22　Delay_Init 函数编译后的大小为 0x2a 的 MAP 文件

二进制 BIN 文件 0x1000 地址信息如图 1-23 所示。

```
00000ff0: 00 00 00 00 00 00 00 00 00 00 00 00 00 00 00 00  ................
00001000: 11 22 33 44 00 00 00 00 B7 07 00 20 83 A7 07 00  ."3D.......'..
00001010: 37 17 7A 00 13 07 07 20 B3 D7 E7 02 93 F7 F7 0F  7.z.....3Wg..ww.
00001020: 23 85 F1 80 13 07 80 3E B3 87 E7 02 23 94 F1 80  #.q....>3.g.#.q.
00001030: 82 80 00 00 00 00 00 00 00 00 00 00 00 00 00 00  ................
00001040: 55 66 00 00 00 A2 4A 04 00 00 00 00              Uf..."J.....
```

图 1-23　二进制 BIN 文件 0x1000 地址信息

GPU 渲染架构与优化技术

2.1 渲染架构及 GPU 优化技巧

GPU 概括来讲就是由显存与许多计算单元组成的。显存（Global Memory）主要指的是在 GPU 主板上的 DRAM，类似于 CPU 的内存，其特点是容量大，但是速度慢，CPU 和 GPU 都可以访问。计算单元通常是指流多处理器（Stream Multiprocessor，SM），这些 SM 在不同的显卡上的组织方式不太一样。作为执行计算的单元，其内部还有自己的控制模块、寄存器、缓存、指令流水线等部件。

渲染技术总是伴随着显卡硬件的升级而发展的，从最初的 GeForce 256 开始支持 T&L 到 RTX 支持光线追踪的过程中，硬件和渲染技术都在不断更新。

2.1.1 GPU 图渲染概述

目前主要采用平铺渲染（基于图块的 GPU 架构）架构，这是主流的渲染架构。本节先主要介绍基于平铺的渲染（Tile Based Rendering，TBR）的优缺点，并将 ARM Mali 基于图块的 GPU 架构设计与通常在台式机或控制台中的更传统的即时模式 GPU 进行比较。

Mali GPU 使用基于图块的渲染架构。这意味着，GPU 将输出帧缓冲区渲染为几个不同的较小子区域，称为图块，然后它会在完成后将每个图块写到内存中。Mali GPU 的图块都很小，每个图块仅 16×16 像素。

目前常用的两种 GPU 渲染架构都是基于图块的平铺渲染的 GPU 架构。还有一种是即时模式（Immediate Mode）GPU，即传统的台式机 GPU 架构。

2.1.2 即时模式架构

1. 简单介绍

即时模式架构也就是全屏，因为它不去分模块。传统的台式机 GPU 架构通常称为即时模式架构，即时模式架构将渲染处理为严格的命令流，在每个绘图调用中的每个图元上依次执行顶点和片段着色器。伪代码如下：

```
//第 2 章/render imr.c
for 对于在 renderPass 中绘制:
for 对于绘图中的图元:
for 对于基元中的顶点:
execute_vertex_shader(vertex)if 未剔除基本图元:
for 基元中的片段:
execute_fragment_shader(fragment)
```

2. 优点

硬件数据流和内存交互如图 2-1 所示。

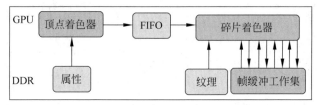

图 2-1　硬件数据流和内存交互

顶点着色器及其他与几何相关的着色器的输出可以保留在 GPU 内部的芯片中。着色器的输出可以存储在 FIFO 缓冲区中,直到流水线的下一个阶段准备使用数据为止。GPU 很少使用外部存储器带宽,以便存储和检索中间几何结果(备注:DDR 为数据流,FIFO 为队列)。

IMR 的优势分析如图 2-2 所示。

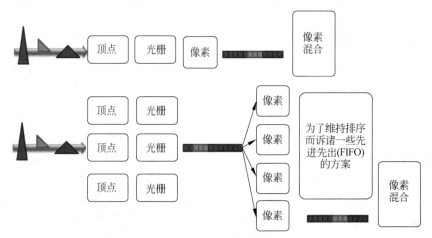

图 2-2　IMR 的优势分析

IMR 的优势是每个图元直接提交渲染。管道没有中断,渲染速度快。当管道并行起来时,每个光栅核心只要负责渲染器分给它的图元即可,无须其他控制逻辑。只需在像素渲染器后,对光栅输出的像素进行排序。

3. 缺点

(1) 如果有很大的图形(主要是三角形)需要被渲染,则帧缓存就会很大。例如,对于整个屏幕的颜色渲染,或者深度渲染就会消耗很多存储资源,但是,片上是没有这么多资源的,因此就要频繁地读取DDR。很多与当前帧有关的操作(例如,混合、深度测试或者模板测试)都需要读取这个工作装置。由于存储器上的带宽负载可能会非常高,并且这样能耗也很高,因此这种方式很不利于设备运行。

(2)z测试与混合都要频繁地从帧缓存里读数据,毕竟帧缓存是位于内存上的,带宽压力和功耗自然就高。

(3)透支的问题。例如,应用在一帧里,先画了一棵树,然后画了一面墙,这面墙刚好遮住了树。在IMR下,树仍然要在像素着色器里采样纹理,而纹理也被放在内存中,从而使访存功耗大。

2.1.3　基于平铺的渲染

1. 平铺的渲染说明

基于图块渲染也称基于瓦片渲染,或基于小方块渲染。这是一种在光学空间中通过规则的网格细分计算机图形图像并分别渲染网格(Grid)或图块(Tile)各部分的过程。这种设计的优点在于,与立即渲染整个帧的立即模式的渲染系统相比,它减少了对内存和带宽的消耗。这使图块渲染系统的使用,特别常见于低功耗硬件设备。图块渲染有时也被称为中置排序(Sort Middle)架构,因为它在绘图流水线中间排序,而不是接近结束时进行几何排序。

2. 以Mali GPU为例

Mali GPU采用了不同的方法来处理渲染过程,这就是所谓的基于图块的渲染方法。此方法旨在最大限度地减少片段着色期间GPU需要访问的外部存储器的数量。

基于图块的渲染将屏幕分成小块,并对每个小图块进行着色,直到将其写到内存中为止。为了使这项工作有效,GPU必须预先知道哪些几何图形有助于每个图块,因此基于图块的渲染器将每个渲染过程分为两个处理过程。

(1)第一遍执行所有与几何相关的处理,并生成图块列表数据结构,该结构指示哪些图元对每个屏幕图块起作用。

(2)第二遍将逐块执行所有片段处理,并在完成后将切片写回内存中。需要注意的是,Mali GPU渲染16×16的图块。伪代码如下:

```
//第2章/graph colorize.c
#Pass one
for 在 renderPass 中绘制:
for 绘图中的图元:
for 图元中的顶点:
execute_vertex_shader(顶点)if 未剔除基本体:
append_tile_list(图元)#Pass two
for renderPass 中的平铺分块:
for 平铺中的基元:
for 基元中的片段:
execute_fragment_shader(片段)
```

硬件数据流及与内存的交互的变换模式如图 2-3 所示。

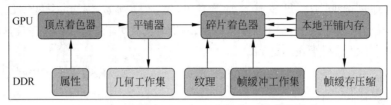

图 2-3　硬件数据流及与内存的交互的变换模式

3. 优点

Mali GPU 的优点是解决了传统模型的带宽问题。因为碎片着色器每次只读取一个小块放在片上,不需要频繁地读取内存,直到最后操作完成,再写入内存。甚至还能够通过压缩平铺的方法,进一步减少对于内存的读写。另外,在图像有一些区域固定不动时,通过调用函数判断平铺是否相同,以便减少重复的渲染。

TBR 的优势如图 2-4 所示。

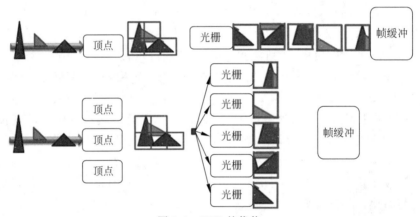

图 2-4　TBR 的优势

对于 IMR 所有读 z 帧缓存,到了 TBR 都不需要。TBR 只需渲染完分块后把片上的像素写到帧缓存器(不需要写 z,因为下一帧不需要用到前一帧的 z 和颜色)。这个好处在于 TBR 将屏幕平铺,因此,每次渲染的区域都会变小,小到可以把 z 帧缓存搬到片上,从而达到了既快又省电的效果。

另外,还有两个优点:

(1) TBR 给消除透支提供了机会,PowerVR 用了隐面剔除(Hidden Surface Removal,HSR)技术,Mali 用了前向像素消除技术,它们的目标一样,就是要最大限度地减少被遮挡像素的纹理和着色。

(2) TBR 主要是缓存友好,在缓存里的速度要比全局内存的速度快得多,以有可能降低渲染率的代价达到了既降低带宽,又省电的效果。

4. 缺点

(1) 这个操作需要在顶点阶段之后将输出的几何数据写入 DDR,然后才被碎片着色器读取。这也就是分块写入 DDR 的开销、碎片着色器渲染和读取 DDR 开销的平衡。另外，还有一些操作(例如镶嵌)，也不适用于 TBR。

（2）如果某些三角形被叠加在数个图块(透支)，则需要渲染数次。这意味着，总渲染时间将高于即时渲染模式。

2.1.4　两种渲染架构对比

IMR 渲染与 TBR 渲染架构的对比如图 2-5 所示。

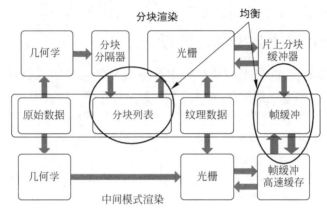

图 2-5　IMR 渲染与 TBR 渲染架构的对比

（1）IMR 的管道畅通无干扰，排序简单，TBR 的排序较复杂，但也给低功耗优化提供了灵活的选择。

（2）首先实现几何图的转换和场景的平铺，然后往内存里写入几何图的数据和每个分块所要渲染的几何图，相对来讲，多了内存消耗。

（3）PC 屏幕大，PC 游戏场景复杂，对分块列表压力大，另外 PC 追求帧率，所以很少用TBR，即使用了，遇到复杂游戏场景估计会切换到 IMR。

2.2　IMR 与 TBR 的对比

2.2.1　IMR 渲染的优势

早期的渲染方式都是 IMR。IMR 的优势是每个图元被直接提交渲染，管道没有中断，渲染速度快。当管道并行起来时，每个光栅核心只要负责渲染分给它的图元即可。无须其他控制逻辑，只需在像素着色器后对光栅输出的像素进行排序。

2.2.2　IMR 渲染的劣势

渲染的劣势在于带宽压力和功耗较大。

（1）z 测试与混合都要频繁地从帧缓存里读数据，毕竟帧缓存位于内存上，带宽压力和功耗自然高。

（2）透支的问题，例如应用在一帧里先画了一棵树，然后画了一面墙，这面墙刚好遮住了树，在 IMR 下树仍然要在像素着色器里采样纹理，而纹理也是放在内存中，从而使访存功耗大。

正因为这种劣势，许多 GPU 转向 TBR，例如 Imagination 的 PowerVR，ARM 的 Mali，高通的 Adreno（从 AMD 的 Imageon 收购过来的），其实 PC 也尝试过 TBR，但最终或失败或取消，如微软的 Talisman、PowerVR 的 Kyro、英特尔的 Larrabee 都失败了，英伟达的 PC GPU 和 Maxwell 据说用了 TBR 进行优化（但英伟达的 GPU Tegra 采用的是 IMR）。

2.2.3 TBR 解决带宽功耗问题

为什么 GPU 要转向 TBR 呢？因为 TBR 为解决带宽功耗大的两个源头：

（1）对于 IMR 所有读 z 帧缓存，到了 TBR 通通不需要。TBR 只需渲染完分块后把片上的像素写到帧缓存器（不需要写 z，因为下一帧不需要用到前一帧的 z 和颜色）。

这个好处在于 TBR 将屏幕平铺。这样，每次渲染的区域都会变小，小到可以把 z 帧缓存搬到片上，这样不仅快，还可省电。

分块也意味着延迟：要延迟到整个场景的图元都收到后，才能开始做光栅。为什么？试想一下，刚获得整个场景一半的图元，就开始做光栅了，那么渲染结束后，z 缓存区就必须写回帧缓存，然后当另一半的图元开始做光栅时，还必须把 z 帧缓存从内存读回来，这样一来就大打折扣了。

（2）TBR 给消除透支提供了机会。PowerVR 使用了 HSR 技术，Mali 使用了前向像素消除技术，它们目标一样，都要最大限度地减少被遮挡像素的纹理和着色。

分块要求推延，把管道提前打断，从并行渲染的角度看，IMR 与 TBR 是居中排序和最后排序的区别。

居中排序如图 2-6 所示，最后排序如图 2-7 所示。

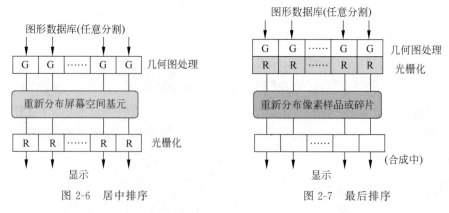

图 2-6　居中排序　　　　　　　　图 2-7　最后排序

但凡并行渲染都希望从顶点直接找空闲的着色器、光栅等资源执行。当输出数据时，每个硬件资源之间不用互相通信，结果不需要统筹，但图形 API 的渲染是有顺序的，例如，混合时,三角形的顺序决定混合像素的先后,而并行的渲染快慢不同。最终,必须有个阶段做个排序(Sort)。使用 IMR 到了像素着色后才排序,这样做比较简单;使用 TBR 在几何图变化后并在光栅前进行排序,这样做比较复杂,但有优化空间。

2.2.4　TBR 渲染的劣势

再介绍 TBR 的劣势,比较 IMR 和 TBR 两者的管道内存访问。

TBR 的管道被分成两部分:

(1) 第一部分处理几何图的变换和场景的平铺,然后往内存里写入几何图的数据和每个分块所要渲染的几何图。与 IMR 比起来,多了内存的开销与读写,这个是权衡折中的结果,没有绝对好坏。总之,这是机会,优化做得好就更佳。例如分块大小,就是个权衡折中技术,大分块意味着更少的分块,重复构建的图元(一个图元覆盖多个分块)更少,但也意味着,每个分块有更多的三角形,片上分块缓冲器更大。

不过分块列表需要把每个渲染的状态信息和所有图元数据都保存起来,当场景大时,内存会溢出,溢出的问题可以优化。例如,选择一部分分块(PowerVR 的宏分块)做渲染(这时需要读写内存上的 z 帧缓存,但会牺牲一些带宽和功耗),然后释放这部分分块的内存。

PC 屏幕大,PC 游戏场景复杂,对分块列表压力大。另外,PC 追求帧率,所以很少用 TBR,即使用了,当遇到复杂游戏场景时,估计也会切换到 IMR。

(2) 第二部分是平铺光栅、HSR 与前向像素删除,也就是在这个阶段进行优化。PowerVR 的整体架构如图 2-8 所示。

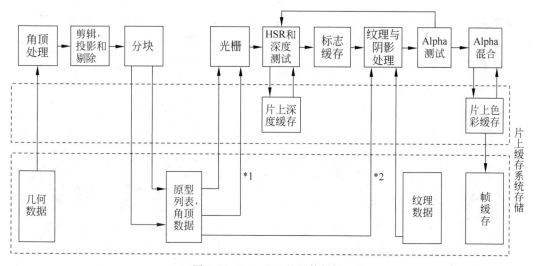

图 2-8　PowerVR 的整体架构

HSR 完成覆盖每个分块的、每个图元的、每个像素的 z 测试。保留最近的像素(如果有混合,则需要保留透明半透明的像素),最终每个像素位置只有一个像素进行着色(如果无混合),如图 2-9 所示。

（1）贴图延迟渲染（Tile Based Deferred Rendering，TBDR）。

（2）HSR 表示去除隐藏表面。

（3）对每个投影射线中的所有目标进行排序。

（4）使用平铺缩小数据集大小。

（5）只需绘制最近的不透明的和更近的透明目标对象。

（6）剩余片段可以被杀死或不被提取。

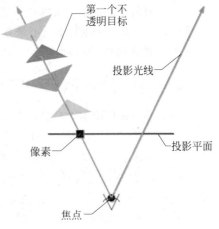

图 2-9　HSR 完成各个基元覆盖的测试

2.2.5　前向像素消除

前向像素消除会让图元覆盖到的每个像素都进入着色器线程（准确来讲是四边形，因为像素着色器是以四边形为单位的），Mali 用 FPK 逻辑和 FPK 缓存完成前向像素消除，其输入为每个通过 z 测试的四边形（意味着每个输入的四边形是已收到的，对应同一位置的所有四边形中，以及时显示的是距离眼睛最近的那个四边形），如图 2-10 所示。

（1）如果光栅新产生的四边形通过测试，并且四边形的 4 像素被完全覆盖，那就把与该四边形具有相同位置的，以及更早的（意味着更远）那些线程全终止（它们可能还在 FPK 缓冲器中，或已经进入碎片着色器了）。

（2）当四边形被两个较近的三角形组合覆盖到时，较远的三角形对应位置的四边形也不需要做着色，因此为进一步优化，Mali 保存了整个分块所有四边形最近一次的覆盖，如果 FPK 新近的四边形不是全覆盖，但与该四边形最近的一次覆盖相同，或后是全覆盖，则类似（1），需要把更早的线程全终止，即发出终止信号，如图 2-11 所示。

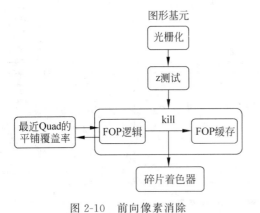

图 2-10　前向像素消除

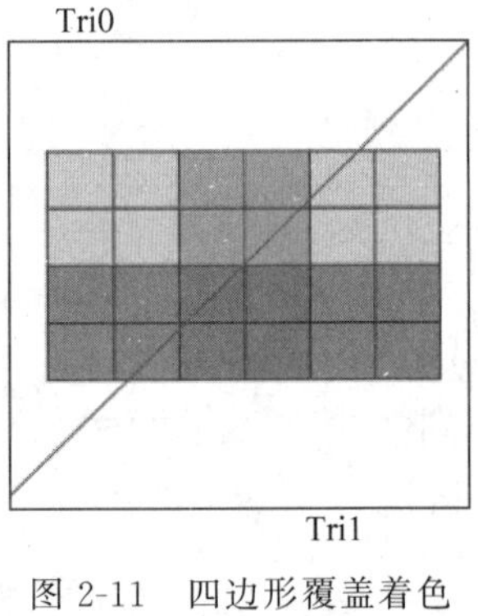

图 2-11　四边形覆盖着色

TBR 和 TBDR 是两个很容易被混淆的概念，因为各家厂商用的术语不一样，其实在 ARM 看来，TBR 延迟了渲染（第 1 个阶段的整个场景被平铺后），所以认为 TBR 跟 TBDR（基于平铺的延迟渲染）是同一个概念。

而在 Imagination 看来,PowerVR 的 HSR 把纹理和着色也延迟了(剔除不可见像素之后),认为 TBR+HSR 才是真正意义的 TBDR。

所以可以看出,IMR 的管道畅通无干扰,排序简单。TBR 的排序较复杂,但也给低功耗优化提供了灵活的选择。另外,TBR 管道的分割被管道中断了,并有各种推延,与 IMR 比起来,速度也可能会进一步被影响而变慢。

总结一下,TBR 用增大内存资源,以及(有可能)降低渲染率的代价,获得了降低带宽和功耗的效益。

2.3　传统延迟渲染和 TBDR

2.3.1　延迟渲染

针对延迟渲染,官方给出了一个 Demo,分别实现了传统的双着色器延迟渲染,以及利用 Metal 的特性实现的单一着色器延迟渲染。单着色器延迟渲染,主要依靠 iOS 和 tvOS 平台的基于分块特性实现。这里主要根据官方的延迟渲染 Demo 分析两种延迟渲染的原理区别,扩展可编程混合特性,以便实现延迟渲染和图像块实现延迟渲染进行优化的原理,挖掘并总结所用到的 Metal 引擎特性和相关知识点。

2.3.2　延迟渲染原理介绍

延迟渲染相比于前向渲染,可以更加高效地渲染大量的光源场景。在前向渲染中,对于场景中通过深度测试的每个物体,要依次针对每个光源进行光照计算。当场景复杂、光源数量增多时,计算量就会急剧增加,效率低下。

而在延迟渲染中,光照计算被推延到第 2 步,对于每个光源场景,在屏幕空间只进行一次光照计算,光源的增加对计算量影响是线性的。

延迟渲染的实现方式,目前依托不同的硬件结构有两种。像 macOS 等 PC 平台,由于 GPU 采用的是 IMR 架构,延迟渲染的实现至少需要两个着色器,而 iOS 等平台的 GPU 支持 TBDR 架构,利用分块内存可以实现在一个着色器中进行延迟渲染,减少了 CPU 和 GPU 之间的数据带宽,从而提高了渲染效率。

2.3.3　传统延迟渲染

如图 2-12 所示,传统的延迟渲染一般分成两个步骤(两个着色器):

(1) 第 1 个着色器:渲染 G-缓存。渲染一遍场景,经过顶点着色器模型坐标变换,加上片段着色器,计算色彩(Diffuse)、法线(Normal)、高光(Specular)、深度(Depth)、阴影(Shadow)等,并把结果通过 MRT 缓存到内存中备用。

(2) 第 2 个着色器:延迟光照计算及颜色合成。第 1 个着色器缓存的 G-缓存分块会从 CPU 中传进第 2 个着色器,进一步地进行绘制。第 2 个着色器中会利用 G-缓存分块中的数据重构每个片段的位置信息,进行每个光源的光照计算。最后结果会叠加光照的计算结果和阴影等,输出最终的像素颜色。

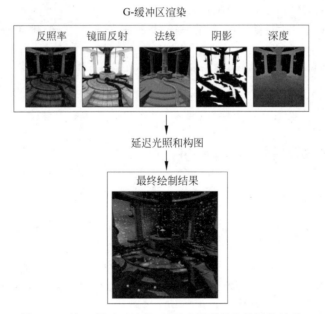

图 2-12 从 G-缓冲区渲染,延迟光照到最终构图的过程

2.3.4　单着色器延迟渲染

基于 TBDR 的 GPU 架构可以实现将渲染出的 G-缓存保存在分块内存中,不需要再写入系统内存中,这就避免了将 G-缓存从 GPU 写入 CPU,然后第 2 个着色器 GPU 又从 CPU 读取 G-缓存,从而降低了 CPU 和 GPU 之间的带宽消耗。

在 Metal 中控制 GPU 是否将分块内存中的分块数据写入 CPU 的系统内存,可配置 renderCommandEncoder 的存储操作和纹理分块的 storageMode。加载操作用来配置渲染开始时是否清空 RT 等动作。存储操作用来配置渲染结束后是否将渲染着色器的结果保存到设备中等动作。

1. 几种常用存储模式的含义

(1) MTLStorageModeShared:表示资源被保存在系统内存中,并且 CPU 和 GPU 都可以访问。

(2) MTLStorageModePrivate:表示资源只有 GPU 可以访问。

(3) MTLStorageMode 内存 less:表示资源只有 GPU 可以访问,并且生命周期只是临时存在于一个渲染着色器期间。

(4) MTLStorageModeManaged:表示 CPU 和 GPU 分别会维护一份资源的复制,并且资源具有可见性,即无论谁对资源进行了更改,CPU 和 GPU 都会进行更新同步。

如果将存储操作设置为 MTLStoreActionStore,则表示 RT 的结果会从 GPU 的分块内存写入 CPU 的系统内存,即在系统内存中保存 RT 的备份。如果渲染后期还需要用到系统内存中备份的 RT,则需要从系统内存中将备份的 RT 读取到 GPU 的分块缓存中,所以在传统的双着色器延迟渲染中需要在第 1 个着色器和第 2 个着色器期间将 G-缓存保存到系统内存中,代码如下:

```
//第 2 章/store action.c
_renderPassDescriptor.colorAttachments[AAPLRenderTargetAlbedo].storeAction =
MTLStoreActionStore;
GBufferTextureDesc.storageMode = MTLStorageModePrivate;
```

传统的双着色器延迟渲染过程如图 2-13 所示。

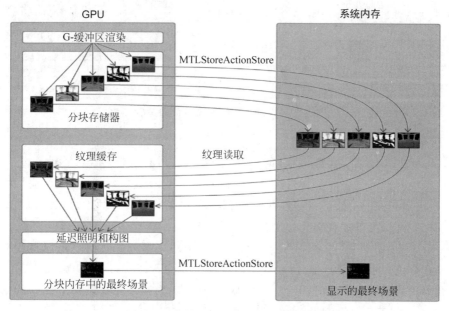

图 2-13　传统的双着色器延迟渲染过程

基于 TBDR 架构,GPU 可以随时从分块内存中读取数据,因此,而不需要等到从系统内存中读取 G-缓存,再进行光照计算,而是可以一步到位。紧接着读取分块内存中的数据 RT,进行延迟光照计算,并将最终的结果保存到系统内存中,用于显示即可,如图 2-14 所示。这样就不希望 GPU 再把 G-缓存保存到系统内存中,因此在 Metal 中可以将纹理的 storageMode 设为 MTLStorageMode 内存 less,存储操作的值可以设为 MTLStoreActionDontCare,代码如下:

```
//第 2 章/store action memory less.c
_renderPassDescriptor.colorAttachments[AAPLRenderTargetAlbedo].storeAction =
MTLStoreActionDontCare;

GBufferTextureDesc.storageMode = MTLStorageMode;
```

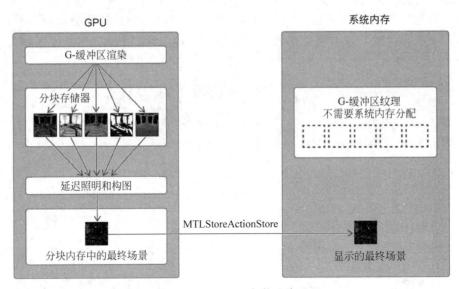

图 2-14　基于 TBDR 架构渲染过程

2. 两点说明

（1）基于 TBDR 架构允许 GPU 的 FS 片段着色器访问渲染 target（color[id]），进行混合计算的特性就是可编程混合。当然，基于 TBDR 下的 FS，也可以通过图像块特性访问同样的数据，实现同样的功能。可编程混合和 Metal2 的新特性图像块都可以实现一些类似的功能，但原理不同，可以重点研究并比较各自的特点。

（2）在基于分块着色中，G-缓存是被分成分块大小来保存的，因此，可以将所有物体一次性渲染到分块大小 G-缓存中，留在片上内存中。要注意，并不是仅仅 G-缓存不被保存到系统内存那么简单。实现的前提是基于分块，否则片上内存是无法装得下完整的屏幕大小的 G-缓存的。基于分块是由于平台计算性能有限的 GPU 架构。

2.3.5　TBDR 架构原理

在 TBDR 架构下，可以将 RT 保存在分块内存，降低 GPU 和 CPU 之间的带宽，但是，并没有讲清楚 TBDR 实现的原理和底层流程。这里强调一下，TBDR 架构的原理和 Metal 中启用 TBDR 架构的方法。

1. TBDR 原理

IMR 架构的意思是每次提交一个模型物体就进行单独渲染，最后把所有物体混合，而 TBDR 架构考虑到平台带宽压力，与 IMR 架构不同的是，TBDR 是等待场景所有物体都提交之后统一进行处理，然后将屏幕空间内的所有物体按照设置的分块大小将屏幕分割成小块后单独进行处理。这样，所有在同一分块上的几何图元会被同时渲染，不在分块内的片段会在光栅化之前被剔除。这样一个分块可以在 GPU 方面快速进行渲染，最后将结果放在 CPU 中，再拼成完整的一幅屏幕图像。

TBDR 架构采用的设计是牺牲些效率，换取带宽，从而降低能耗。在 GPU 上有一块缓存分块数据的缓存，一块分块的渲染需要的数据，可以直接从这块缓存上读取，在 GPU 上快速渲染，而不需要从系统内存来回传送数据。

2. Metal 使用平铺架构

事实上 Metal 并没有提供显式的方法去启用基于分块的内存，而是根据某些场景的代码实现和设置，提示 GPU 启用分块内存。例如，有如下两种启用的情况：

（1）加载、存储操作、存储模式的设置，当设置 RT 不保存到系统内存中且只给 GPU 访问时，GPU 就会启用基于分块的内存，将 RT 切成分块大小，保存在分块内存进行快速处理。这就是单着色器延迟渲染，启用基于分块的方法。

（2）仅基于分块着色，这种情况当有显式的启用方法时会有一个专门的描述 RenderPipelineState 的 MTLTileRenderPipelineDescriptor，可以指定采样规模和 tileFunction 等。例如，使用分块着色的描述方式，在基于分块的前向中剔除相位，代码如下：

```c
//第 2 章/Render discription.c
GBufferTextureDesc.storageMode = MTLStorageMode;
        MTLTileRenderPipelineDescriptor * tileRenderPipelineDescriptor =
[MTLTileRenderPipelineDescriptor new];
        tileRenderPipelineDescriptor.label = @"Light Culling";
        tileRenderPipelineDescriptor.rasterSampleCount = AAPLNumSamples;
        tileRenderPipelineDescriptor.colorAttachments[0].pixelFormat =
MTLPixelFormatBGRA8Unorm;
        tileRenderPipelineDescriptor.colorAttachments[1].pixelFormat =
MTLPixelFormatR32Float;
        tileRenderPipelineDescriptor.threadgroupSizeMatchesTileSize = YES;
        tileRenderPipelineDescriptor.tileFunction = lightCullingKernel;
```

2.4　光栅顺序组

2.4.1　光栅顺序组的作用

光栅顺序组（Raster Order Groups，ROG）准确地控制并行的碎片着色器线程访问同一像素的顺序。通俗地说，就是在渲染场景物体时，有些前后重叠遮挡的物体上的碎片着色器，可能会同时访问同一个坐标的像素数据，造成竞争，从而导致结果错误，而 ROG 就是用同步这些像素的访问次序的方法防止竞争的发生。

这样解释可能还是不够直观，这里来看官方给出的一个例子。

假设镜头场景中有两个重叠的三角形，开发者在代码中绘制这两个三角形时，对于这种透明物体会按照从后往前的顺序绘制。也就是先执行后面蓝色三角形的绘制调用，再执行前面绿色三角形的绘制调用。Metal 也会按照代码的顺序，去执行绘制调用指令，似乎这两次绘制调用是依次串行执行的，但实际上，并不是这样，GPU 上的运算过程是高度并行的，虽然 CPU 发出的指令是先绘制蓝色三角形，但在 GPU 上 Metal 并不能保证蓝色三角形的碎片着色器会比绿色三角形的抢先执行。

那么问题来了,混合虽然保证串行不重叠了,但是混合之前的读写操作并无法保证串行,蓝色三角形碎片着色器将混合后的结果写入像素的同时,可能绿色三角形的碎片着色器正在读取该像素的颜色,从而造成了竞争。ROG 就是用来解决这种数据读写冲突问题的。

ROG 解决读写冲突的方式为线程同步,即同步同一像素,或者采样点(单个采样着色模式)对应的线程。实现上,开发者只要用 ROG 属性,标记数据内存,这样当多个线程访问同一像素数据时,就会等待当前线程写入数据结束再访问。

光栅顺序组仅仅是用同步线程解决读写冲突的吗? 不仅如此,光栅顺序组在 Metal2 A11 上进行了扩展,作为新特性用于实现更多强大的功能,用途更广。

2.4.2　多倍光栅顺序组

多倍光栅顺序组对光栅顺序组进行了扩展,除了可以实现同步单通道图像块和线程组内存数据外,还支持多个 ROG 的定义使用,开发者可以更加细粒度地控制线程的同步,进一步减少线程的等待时间。

单着色器延迟渲染是多倍光栅顺序组优化渲染的典型例子,如图 2-15 所示。

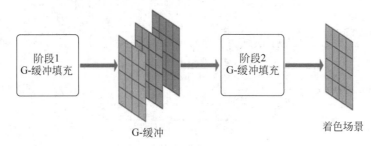

图 2-15　单着色器延迟渲染过程示例

传统的双着色器延迟渲染,第 1 个着色器渲染出 G-缓存并保存到系统内存中,然后由第 2 个着色器读取系统内存中的 G-缓存,进行延迟光照计算,由于 A11 的分块内存的存在,得以实现基于分块着色,使 G-缓存被分成分块大小,从而继续保存在 GPU 图像块内存中,直接继续进行延迟光照计算,在一个着色器中完成了延迟渲染,降低了数据带宽。

这里光栅顺序组是如何对单着色器延迟渲染进行性能优化的呢?

知道延迟渲染主要解决多光源场景渲染的效率问题,一般的 GPU 在进行多线程、多光源延迟光照计算时的过程是这样的,如图 2-16 所示。

图 2-16　一般的 GPU 在进行多线程、多光源延迟光照计算时的过程

第 2 个光源想要读取 G-缓存对当前像素进行光照计算时必须等待第 1 个光源计算并写入结束才能开始读取 G-缓存(光照计算结果和 G-缓存放在一起)。

现在可以通过定义多个光栅顺序组来优化这个问题,如图 2-17 所示。开发者只要将 G-缓存中的分块资源和光照计算结果分开,放到不同的光栅顺序组即可。例如,将光照计算结果放到第 1 组,将 G-缓存的反射率、法线、深度等放到第 2 组,这样 A11 就可以将这两组分开,第 2 个光源就可以随时读取第 2 组的 G-缓存数据,进行光照计算,只在写入第 1 组的光照计算结果时才进行同步等待。

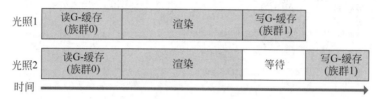

图 2-17 通过定义多个光栅顺序组来优化

在官方的延迟渲染单着色器的实现中已经实现了利用多倍光栅顺序组进行性能优化。

2.4.3 图像块

1. 图像块概述

(1) 图像块(ImageBlocks)特性是从 Metal2 开始在 iOS 上开始支持的,不支持 macOS。

(2) 图像块仅可用于 A11 上的分块函数和内核函数(被分块函数和内核函数共享),图像块被整合到了片段着色阶段和分块着色阶段,也可用于内核函数的计算。在分块函数中,只能访问当前分块位置对应的图像块像素数据,而在内核函数中,每个线程都可以访问所在的线程组对应的整个图像数据块。

实际上图像块在 iOS 设备上是一直存在的,只是到了 Metal2 在 A11 才向开发者开放,开发者可以灵活地自定义图像块的数据结构,可以通过 (x,y) 坐标和采样索引号定位访问图像块的数据。

2. 图像块结构

图像块是一个 $n \times m$ 的二维数据结构,有宽度和高度,还有像素深度。图像块中的每个像素都可包含多个成员,每个成员被保存在各自的切片当中。表示该图像块有 3 个切片,分别是反射率、镜面反射、法线,也就是每个像素都包含这 3 个成员,如图 2-18 所示。

图像块被分块函数和内核函数共享,另外,图像块的生命周期是跨越整个分块阶段的,并且不同的绘制、调用和分发是持续存在的。渲染流程和计算操作可以混合在一起,在一个着色器中完成,利用这一点,仅在 GPU 上便可实现很多经典的图形学算法,避免与 CPU

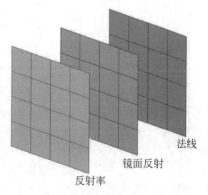

图 2-18 图像块的 3 个切片

频繁地来回传送数据,大大降低带宽。

3. 隐式图像块和显式图像块

隐式(Implicit)图像块其实就是默认从分块内存接收数据的图像块,这是在使用附件渲染时,通过加载操作和存储操作定义绑定的,隐式的图像块的数据组织与颜色附件的属性一致(实际上是 Metal 自动创建了一个隐式图像块,用来匹配颜色附件中的行为),每个成员的每个属性对应一个[[color(id)]],代码如下:

```c
//第2章/color data struct.c
typedef struct
{
    half4 lighting [[color(0)]];
    float depth[[color(1)]];
} ColorData;
```

显式(Explicit)图像块则是开发者可以在着色器中自定义图像块的布局结构。

实现 cull_lights 函数的代码示例如图 2-19 所示,这是在官方的带分块的前向增强光照着色源码中,在消隐灯光的内核函数中,简单用到了隐式图像块,以便访问深度预处理中的深度数据。

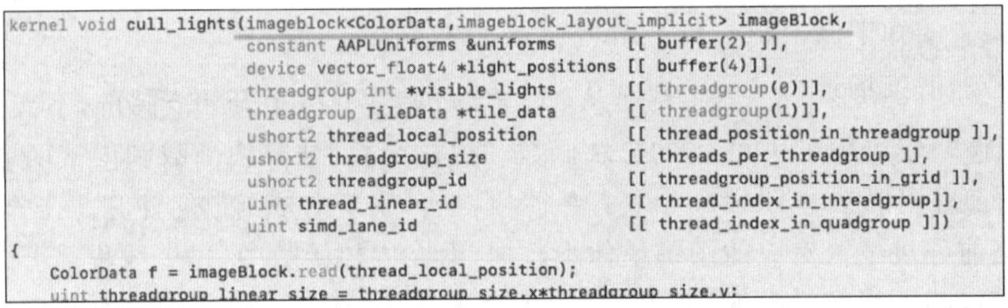

```
kernel void cull_lights(imageblock<ColorData,imageblock_layout_implicit> imageBlock,
                        constant AAPLUniforms &uniforms        [[ buffer(2) ]],
                        device vector_float4 *light_positions [[ buffer(4)]],
                        threadgroup int *visible_lights        [[ threadgroup(0)]],
                        threadgroup TileData *tile_data        [[ threadgroup(1)]],
                        ushort2 thread_local_position          [[ thread_position_in_threadgroup ]],
                        ushort2 threadgroup_size               [[ threads_per_threadgroup ]],
                        ushort2 threadgroup_id                 [[ threadgroup_position_in_grid ]],
                        uint thread_linear_id                  [[ thread_index_in_threadgroup]],
                        uint simd_lane_id                      [[ thread_index_in_quadgroup ]])
{
    ColorData f = imageBlock.read(thread_local_position);
    uint threadgroup_linear_size = threadgroup_size.x*threadgroup_size.y;
```

图 2-19　cull_lights 函数实现代码示例

在官方的 OrderIndependentTransparencyWithImageblocks 源码中,充分利用了内核函数中的显示图像块,代码如下:

```c
//第2章/color image block data.c
struct OITData
{
    static constexpr constant short s_numLayers = NUM_LAYERS;

    rgba8storage colors        [[raster_order_group(0)]] [NUM_LAYERS];
    half         depths        [[raster_order_group(0)]] [NUM_LAYERS];
    r8storage    transmittances [[raster_order_group(0)]] [NUM_LAYERS];
};

//图像块结构
template < int NUM_LAYERS >
struct OITImageblock
{
    OITData < NUM_LAYERS > oitData;
};
```

```
typedef struct
{
    half4 lighting [[color(0)]];
    float depth    [[color(1)]];
} ColorData;
```

OITClear_4Layer 函数的代码示例如图 2-20 所示。

```
kernel void OITClear_4Layer(imageblock<OITImageblock<4>, imageblock_layout_explicit> oitData,
                            ushort2 tid [[thread_position_in_threadgroup]])
{
    OITClear(oitData, tid);
}
```

图 2-20　OITClear_4Layer 函数的代码示例

官方单着色器延迟渲染,这是利用可编程混合在 FS 中,直接访问图形缓存实现的,实际上,也同样可以通过图像块在 FS 中访问图形缓存。

2.5　延迟渲染源码分析

有了以上的知识储备,现在再来分析官方的延迟渲染就没有理论障碍了。

基于延迟渲染场景实现了下面的步骤和效果:

(1) 阴影分块(Shadow Map)。

(2) 渲染图形缓存。

(3) 平行光计算(Directional Light)。

(4) 光照掩盖(Light Mask)。

(5) 点光源计算(Point Lights)。

(6) 天空盒渲染(Skybox)。

(7) 粒子绘制(Fairy Lights)。

在 iOS 和 tvOS 上由于 TBDR 架构的支持,得以在一个着色器中完成延迟渲染,因此可以依次连续地完成上面的步骤,如图 2-21 所示。

```
id <MTLRenderCommandEncoder> renderEncoder = [commandBuffer
    renderCommandEncoderWithDescriptor:_viewRenderPassDescriptor];
renderEncoder.label = @"Combined GBuffer & Lighting Pass";

[super drawGBuffer:renderEncoder];

[self drawDirectionalLight:renderEncoder];

[super drawPointLightMask:renderEncoder];

[self drawPointLights:renderEncoder];

[super drawSky:renderEncoder];

[super drawFairies:renderEncoder];
```

图 2-21　在一个着色器中完成延迟渲染示例

而 macOS 的 IMR GPU 架构只能实现双着色器延迟渲染,因此要先在一个着色器中渲染图形缓存,如图 2-22 所示。

```
id<MTLRenderCommandEncoder> renderEncoder = [commandBuffer
    renderCommandEncoderWithDescriptor:_GBufferRenderPassDescriptor];
renderEncoder.label = @"GBuffer Generation";

[super drawGBuffer:renderEncoder];

[renderEncoder endEncoding];
```

图 2-22   在一个着色器中渲染图形缓存

等命令缓存提交以后,再进行后面的延迟光照计算等步骤,如图 2-23 所示。

```
id<MTLRenderCommandEncoder> renderEncoder = [commandBuffer
    renderCommandEncoderWithDescriptor:_finalRenderPassDescriptor];
renderEncoder.label = @"Lighting & Composition Pass";

[self drawDirectionalLight:renderEncoder];

[super drawPointLightMask:renderEncoder];

[self drawPointLights:renderEncoder];

[super drawSky:renderEncoder];

[super drawFairies:renderEncoder];
```

图 2-23   进行后面的延迟光照计算

2.6   示例:图渲染

2.6.1   图分割示例

图分割是对图的每个组成部分、节点或边进行分类的任务,如图 2-24 所示。

图 2-24   图分割示例

从较大的语义分段数据集中提取出四足数据集,并显示此任务的真实标签。在这种情况下,每部分都有属于 5 种可能类别之一的标签:耳朵、头部、躯干、腿和尾巴。根据此局部级别的信息生成节点或边缘标签就变得很简单了。当前,这种直接在网格上工作的方法可以在基准上实现很好的最优效果(State of the Art,SOTA)性能。

2.6.2　几何深度学习示例

几何深度学习从对称性和不变性的角度尝试对一大类机器学习问题进行统一,因此,几何深度学习指的不是某个算法,而是在许多算法中找到一个共同点。

深度学习(表征学习)领域的现状让人想起19世纪的几何学情况:

(1) 在过去十年中,深度学习给数据科学带来了一场革命,使许多以前被认为是无法完成的任务成为可能。无论是计算机视觉、语音识别、自然语言翻译,还是下围棋。

(2) 现在有各种不同的神经网络架构,用于不同类型的数据,但很少有统一的原则。

因此,很难理解不同方法之间的关系,如图 2-25 所示。希望找到算法的共性,以此为框架,作为一种思想启发后人的算法结构设计。

图 2-25　深度学习的动物园组织,几乎没有统一的模型框架

这是一种具有可控 Ricci 曲率的异构嵌入式空间的构造,可以选择与图的曲率匹配的 Ricci 曲率,不仅可以更好地表示邻域(距离)结构,而且可以更好地表示三角形和矩形等高阶结构。这些空间被构造成对同构、旋转对称的流形的乘积,可以使用标准黎曼梯度下降方法进行有效优化,如图 2-26 所示。

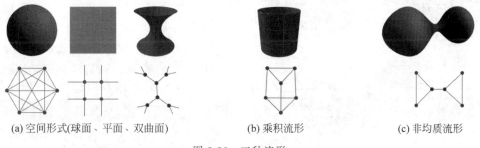

(a) 空间形式(球面、平面、双曲面)　　　(b) 乘积流形　　　(c) 非均质流形

图 2-26　三种流形

空间形式和乘积流形具有恒定的标量曲率,乘积流形边与三角形的乘积具有恒定的逐节点 Forman 曲率,非均匀流形具有非常标量曲率,其图对应物具有变化的逐节点 Forman 曲率。

位置编码可以看作域的一部分。将图看作连续流形的离散化,可以将节点位置坐标和特征坐标视为同一空间的不同维度。在这种情况下,图可以用来表示由这种嵌入引出的黎曼度规的离散类比,与嵌入相关的谐波能量是狄利克雷能量的非欧扩展,在弦论中称为 Polyakov 泛函。这种能量的梯度流是一个扩散型方程,它演化了位置坐标和特征坐标。在节点的位置上构建图是一种针对特定任务的图重连的形式,它也会在扩散迭代层中发生变化,如图 2-27 所示。

Beltrami流量,扩散时间=0

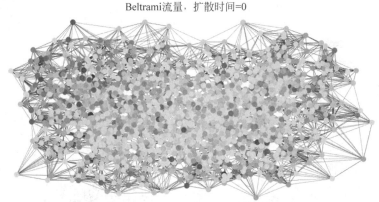

图 2-27　对 Cora 图的位置和特征分量进行演化的结果

绝大多数 GNN 遵循消息传递范式,使用可学习的非线性函数在图上扩散信息。多种流行的 GNN 架构,如 GCN 和 GAT,可以作为该方案的特定风格,并被视为几何深度学习的更通用框架的实例。

这是域的演化可替代图重连,如图 2-28 所示。作为一个预处理步骤,扩散方程可以应用于图的连通性,旨在改善信息流和避免过压缩。Klicpera 等提出了一种基于个性化页表排序的算法,这是一种图扩散嵌入。根据异构设定的缺陷,提出了一个受 Ricci 流启发过程的图重接的替代方案。这样的重连减少了负曲率造成的图瓶颈的影响。Ricci 流是流形的几何演化方程,非常类似于黎曼度规的扩散方程,这是微分几何中类流行且强大的技术(包括著名的 Poincaré 猜想的证明)。更广义地说,与其将图重连作为预处理步骤,还不如考虑一个演化过程的耦合系统:一个演化特征;另一个演化领域。

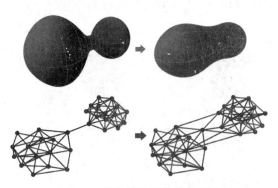

图 2-28　域的演化可替代图重连

图 2-31 中上图表示曲面上曲率的演变可能会减少瓶颈,下图展示了如何在图上进行同样的操作,以提高 GNN 的性能。

流形上的谱卷积公式如下:

$$(x * \theta)(u) = \sum_{k \geqslant 0} (\hat{x}_k \cdot \hat{\theta}_k) \varphi_k(u) \tag{2-1}$$

在式(2-1)中,展示了信号 x 和滤波器 θ 的傅里叶变换的乘积。

注意,这里使用的经典傅里叶变换的一个性质(卷积定理),可以作为一种定义非欧几里得卷积的方法。

由于其结构,谱卷积是内在的,因此也是等距不变量。由于拉普拉斯算子是各向同性的,因此它没有方向感;由于邻居的排列不变性,因此整体图上有聚合,如图 2-29 所示。

(a) 网格上的信号　　　　(b) 频谱滤波结果　　　　(c) 扰动域

图 2-29　域扰动下光谱滤波器的不稳定性(见彩插)

图 2-29(a)表示网格上的信号 $x\Omega$;图 2-29(b)表示拉普拉斯算子 Δon 本征基中的频谱滤波结果 Ω;图 2-29(c)表示应用于近似等距的扰动域,通过拉普拉斯算子 $\Delta\sim$ 的特征向量的相同频谱滤波器 $\Omega\sim$ 产生了非常不同的结果。

关于拉普拉斯特征函数的物理解释,如图 2-30 所示。前 4 个拉普拉斯特征函数 φ_0、欧几里得域(1D 线,(a))和非欧几里得域上的 φ_3(建模为 2D 流形的人形,(b);明尼苏达州道路图,(c))。在欧几里得域的情况下,结果是包括频率增加的正弦曲线的标准傅里叶基。在所有情况下,对应于零特征值的特征函数 φ_0 都是常数(DC)。

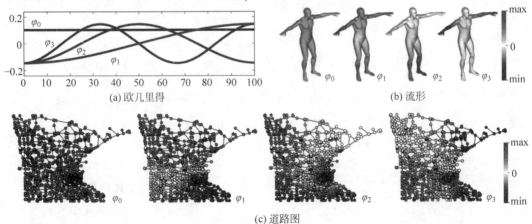

(a) 欧几里得　　　　　　　　　　　(b) 流形

(c) 道路图

图 2-30　拉普拉斯特征函数的物理解释

2.7　小结

本章以延迟渲染为背景,主要讲述以下几个重要内容。

(1) 延迟渲染的原理、基于 Metal 新特性和移动平台 TBDR 的 GPU 架构,实现单着色器延迟渲染、降低数据、基于光栅顺序组优化 TBDR 性能等。

(2) 图像块原理简介、应用场景和意义、隐式图像块和显式图像块的区别。

(3) Xcode 中 Metal 引擎渲染的基本调试方法。

(4) 延迟渲染源码的结构分析,以及知识点的应用。

NPU 开发技术分析

3.1 NPU 加速器建模设计

神经处理单元(Neural Processing Unit,NPU)是一种专门用于进行深度学习计算的芯片。它是近年来人工智能领域的热门技术之一,被广泛地应用于各种人工智能应用中,如自动驾驶、人脸识别、智能语音等领域。

3.1.1 NPU 加速器建模概述

对 NPU 进行建模的主要目的是快速评估不同算法、硬件、数据流下的时延、功耗开销,因此在架构的设计初期,可以评估性能瓶颈,方便优化架构。在架构和数据流确定后,建模可以快速评估网络在加速器上的执行效率。对其建模可以从算法维度和硬件维度进行。

(1)算法维度:以一定的方式表示需要加速的网络,如一些中间件描述,主要包括算子的类型、网络的层数及操作数精度等信息,这一部分可以由自定义的网络描述文件表示,也可以由编译器解析网络文件生成,其目的在于定量地描述工作负载。

(2)硬件维度:包括计算资源和存储资源两部分,不同的 NPU 具有不同数量的计算资源,加速不同算子的并行度,也会有所区别。不同 NPU 的存储层次结构也有很大区别,权重、特征是否共用同一片缓存,或者有各自独立的缓存,每一级存储的容量、带宽及相互之间的连接关系都是设计空间的一部分。

建模分析的主要问题是功耗、时延及访存。对功耗而言,通常具有统一的分析方法,通过每个操作的功耗,例如一次乘法,加载一个数据等需要的功耗,以及总的操作次数相乘后累加,就可以估算出整体的功耗。时延可以通过 RTL/FPGA 等精确的仿真得到,适用于架构与数据流确定的情况。另外有一些基于数学方法分析的建模方法,并不会实际执行网络,而是根据网络参数、硬件参数进行数学推导,估算时延。对访存的估计与需求有关,有些建模方法只关注于对 DRAM 的访问,有些则会同时考虑到片上不同存储单元间的数据移动。

建模越精确,其越贴近特定的架构,更有利于在特定硬件上评估算法的计算效率。建模越模糊,越具有普适性,有利于在加速器设计初期进行设计空间的探索。

3.1.2 加速器架构的设计空间探索

以下以最近的一篇论文为例,来分析加速器架构的设计空间探索,*DeFiNES*:*Enabling Fast Exploration of the Depth-first Scheduling Space for DNN Accelerators through Analytical Modeling* 中考虑了 PE 利用和内存层级结构,对于 PE 的利用,其主要是 PE 间的数据交互、排列和连接方式,并没有太大的探索空间,即计算和数据搬移的共同代价,在进行一些架构分析时,多集中于开关芯片,对内存层级关注较低,这里在深度优先的搜索加速器架构空间中,使用成本模型(Cost Model)原理找到最优架构模型。从以下 3 个层面分析:

(1) 逐次计算分块大小(会影响层间的输入和输出,位于哪个内存层级上,以及权重如何复用的问题,即权重访问的频次)。

(2) 数据复用模式(选择缓存已计算的数据,还是完全重新选择数据)。

(3) 层间融合(将层间存储在已知存储区内,完成上一层的输出,送入下一层的输入)。

依据以上 3 方面来探讨搜索空间与减少高层存储访问,需要一定的权衡折中。

成本模型一般考虑延迟和功耗两部分,尚未解决的问题是论文主要针对卷积进行的分析,以 Transform 为代表的大模型,计算模式则完成不同。在卷积计算中,权重复用、特征映射的滑动、感受野计算区域变化等,与 Transform 差距较大。

优点是详细的内存层级分布的探讨和不同容量层级的内存分布,值得借鉴;缺点是成本模型并未真正提及,对于卷积并没有关注到深度和点两种常见版本,对于 Transform 新的计算模式并未涉及。

1. 从单层一次调度到逐层调度,再到深度优先调度

层级从单层一次调度到逐层调度,再到深度优先调度,以保持较低的激活率内存级别,如图 3-1 所示。其中,L 表示神经网络层;T 表示分块;LB 表示本地缓冲区(小型片上存储器);GB 表示全局缓冲区(较大的片上存储器)。

2. 设计空间的第 1 个轴:分块尺寸

DF 设计空间的第 1 个轴:分块尺寸,可以进行图层标注,如图 3-2 所示。其中,K 表示输出通道;C 表示输入通道;OX 和 OY 是特性映射空间维度;FX 和 FY 是权重空间维度。

从图 3-2 可以看到,卷积的计算特点、权重给输入空间滑动带来了 3 个结果:

(1) 支持逐个模块的计算,即扩展跨层分块计算。

(2) 数据的生产者消费者模式,即步长与内核大小差异引起的数据复用,以及层间连接的数据交付。

(3) 计算模式导致的存储结构与权重在层内的复用,而分块大小影响了计算时与权重的访问频次。基于融合层感受野的影响(卷积的计算结构),较大的分块大小带来了较好的计算效率,对比图 3-3,可以看到 tile_size=$4×4$,最上层的输入为 $10×10$,tile_size 为 $1×1$,输入为 $7×7$。

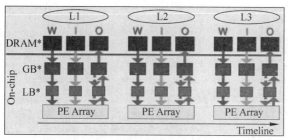

在图(a)单层(SL)的示例中,对所有图层,将每个层视为分离的工作负载:
(1) DRAM的输入(I)。
(2) DRAM的输出(O)。
(3) DRAM的重量(W)。
这里假定所有内存级别由W/I/O共享。

(a) 单层(SL)的示例

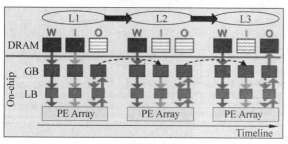

在图(b)逐层(LBL)的示例中,除最后一层外,考虑层之间的过渡:
(1) 如果合适,则层的输出可以留在芯片上作为下一层的输入(跳过DRAM)。
(2) 计算所有图层DRAM的权重。

(b) 逐层(LBL)的示例

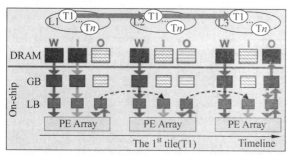

在图(c)深度优先(DF)/层融合的示例中,将每一层分割成小块,并首先跨层深度处理每一块分块。对于T1到Tn分块中的L1到L3层,计算层平铺:
(1) 如果合适,则层分块的输出可以保持在底层芯片上,成为下一层分块的输入(跳过DRAM和GB)。
(2) 计算DRAM中第1个分块(T1)的权重。

(c) 深度优先(DF)/层融合的示例

图 3-1　层级调度

3. 设计空间的第 2 个轴:重叠存储模式

DF 设计空间的第 2 个轴:重叠存储模式如图 3-3 所示。

工作量为图 3-2(a)中的第 2 层和第 3 层。

紫色的表示计算已经生成的数据,对于图 3-2(a)为完全每次都从第 1 层开始重新计算的模式,表示最后一层生成一个 $1 \times 1 \times c$ 绿色的数据,倒数第 2 层需要提供 $3 \times 3 \times c$ 绿色数据,第 1 层需要提供绿色 $5 \times 5 \times c$ 绿色数据,因为其属于完全重新计算,即没有数据复用,所以可以看到底层的 (c) 个数据需求,前两层分别需要用到 $9c$ 个和 $25c$ 个。图 3-2(b)属于 H 缓存、V 重新计算,即水平方向缓存、垂直方向计算,在最后一行中生成一个 $1 \times 1 \times c$ 绿色数据,对应上面一层需要 $3 \times 3 \times c$ 的数据块运算,其中需要复用缓存的红色 $2 \times 3 \times c$ 的数据,增加了绿色 $1 \times 3 \times c$ 的数据,新加入的 1×3 的绿色数据会被设置成 $1 \times 3 \times c$ 的新缓存数据,作为下一次的领域计算的缓存数据,如图 3-3 蓝色框所示,图 3-2(b)中新读入的 $1 \times 3 \times c$

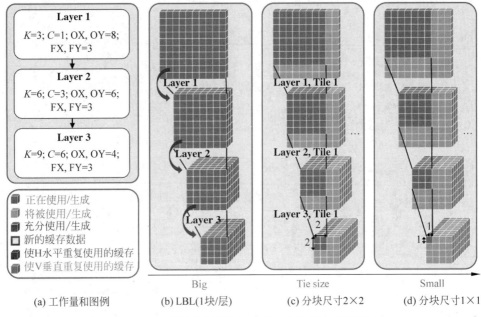

(a) 工作量和图例 　(b) LBL(1块/层) 　(c) 分块尺寸2×2 　(d) 分块尺寸1×1

图 3-2　DF 设计空间的第 1 个轴：分块尺寸（见彩插）

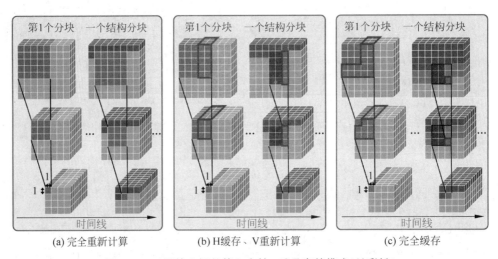

(a) 完全重新计算 　　　(b) H缓存、V重新计算 　　　(c) 完全缓存

图 3-3　DF 设计空间的第 2 个轴：重叠存储模式（见彩插）

数据，则对应最上层需要新缓存 $1×5×c$ 的数据，图 3-2(c)同理。

4. 分块尺寸（第 1 轴）和融合深度（第 3 轴）

分块尺寸（第 1 轴）和融合深度（第 3 轴）的影响，如图 3-4 所示。

ST 表示融合层栈。当一层一个栈时，每层的权重比较小，则将其放置在 LB 中，因为其栈很浅，所以每层的栈之间的 I/O 都会被写到最慢的 DRAM 中，而其每个栈的 I/O（上一层的输出传递到下一层的输入），也只能在低级别存储中传递，如图 3-4(a)所示。

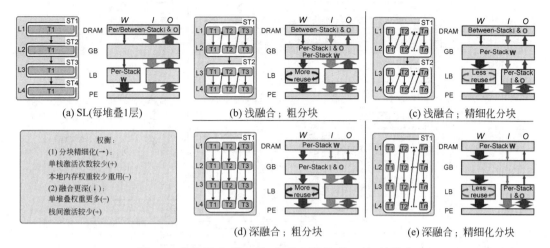

(a) SL(每堆叠1层)　　(b) 浅融合；粗分块　　(c) 浅融合；精细化分块

(d) 深融合；粗分块　　(e) 深融合；精细化分块

图 3-4　分块尺寸(第 1 轴)和融合深度(第 3 轴)的影响

图 3-4(b)与图 3-4(c)有相同之处,即都进行了融合,对比图 3-4(a)来讲,因为层融合了,栈变深,多层间累计的权重变大,权重从原本的 LB,被迫放在了 GB 中。对于图 3-4(b)与图 3-4(c),分块粒度变细后,其相应的执行次数变多,权重访问频次变高,图 3-4(c)重新使用的权重变少。

对于与图 3-4(a)比较,因为进行融合了,所以上一层的输出传递到下一层的输入,对于每个栈的 I/O,因为图 3-4(a)为单层执行,即每次结果需要放回 DRAM,所以栈之间的 I/O 被放在 DRAM,因为只有一层,所以其输出 I/O 和栈之间是一样的,从图 3-4(a)中的 DRAM 移动到了 GB 中或者 LB 中。因为分块粒度变小,所以图 3-4(c)的每个栈位于 LB 中,而图 3-4(b)的每个栈位于 GB 中,对于栈之间,无论是图 3-4(b)还是图 3-4(c)都被写入最外层 DRAM 中。对于图 3-4(b)和图 3-4(c)而言,融合层比较浅,对比可以看出,分块越细,每层的特征映射越小,每个栈的 I/O 越容易被放到高速缓存中。在图 3-4(c)中,每个栈的输入特征映射与输出特征映射集中在最底层的 LB 上,而在图 3-4(b)中,则放在 GB 中,即细分导致每栈激活次数较少,但是同时也带来了缺点,多个分块则意味着更多次的访问权重,即细分使较少的本地内存权重被重用,从图 3-4(c)中可以看到,W 较少被使用。

对比图 3-4(b)与图 3-4(d)可以看到,融合层数越多,即融合越深,每个栈包含的层数就越多,一个栈包含多层的权重也就越多,因此每栈权重越多。对应图 3-4(b),权重可以在 GB 中。在图 3-4(d)与图 3-4(e)中,权重数据量较多地集中在了 DRAM 上。融合更深的好处是,这些栈中逐层之间的激活,在高速存储中完成了交换(上一层的输出是下一层的输入),图 3-4(d)中的 DRAM 没有栈之间的 I/O,I/O 集中在下面的高速层,即栈间激活较少。

5. DeFiNES 概述

DeFiNES 的概述如图 3-5 所示。

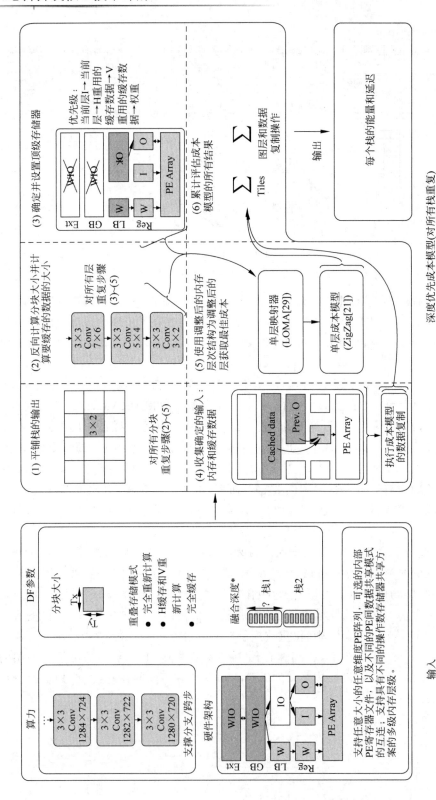

图 3-5　DeFiNES 概述（ ＊ 为可选输入，可自动设置）

因为第 1 行/列中的块还没有可用的缓存数据,同样,最后一列/行中的块也不必为它们的邻居存储重叠数据,因此不是所有的分块都是相同的。

6. 分块大小与分块类型计数

不同分块大小和重叠存储模式的分块类型计数如图 3-6 所示。

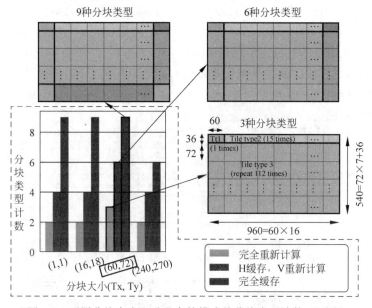

图 3-6　不同分块大小和重叠存储模式的分块类型计数(见彩插)

本例中使用的工作负载是 FSR-CNN,其最终输出特性映射的空间维度为 960×540。进一步使用 3 分块类型示例,如图 3-9 和图 3-10 所示。

7. 不同重叠存储模式所需的数据存储

不同重叠存储模式所需的数据存储可以利用高速缓存,以便进行邻居数据缓存,如图 3-7 所示。

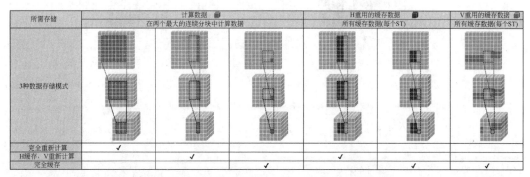

图 3-7　不同重叠存储模式所需的数据存储(见彩插)

8. DeFiNES 对分支的处理

反向计算分块大小对于每层中的每个分块计算要缓存的数据的大小。

根据栈中最后一个输出特征图的分块大小,计算最后一层输入所需的分块大小。接下来,计算上一层的待计算平铺大小。在没有缓存可重用的情况下,这只是等于最后一层输入所需的分块大小,然而,对于跨分块重用的缓存,并不是所有这些特性都需要计算,因为一些特性可以从缓存的数据中提取,如图 3-3(b)和图 3-3(c)所示。对栈中的所有层重复该过程,并且由此确定栈中的每个层的输入分块大小和计算输出分块大小。

在这个反向计算过程中,算法还跟踪每种类型的数据(包括早期或未来重叠分块)应该缓存多少,如图 3-7 所示。对分支情况的处理如图 3-8 所示,左分支和右分支需要缓存来自要素图中不同位置的要素。在这种情况下,通过组合到缓存区域的所有最外侧边缘,用以设置要缓存的特征的整个区域,以便所有分支始终具有在重叠缓存模式下操作的缓存特征,使 FM1 的中间组合可视化。

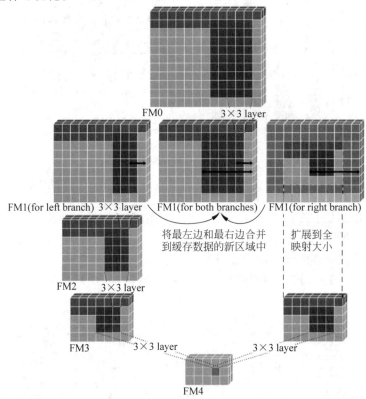

图 3-8 DeFiNES 对分支的处理(见彩插)

灰色像素对右侧分支没有贡献,FM 表示功能图。

9. 内存排列分布

内存排列分布如图 3-9 所示。

从图 3-6 可以看出,DF 调度取自 3 分块类型示例。HW 架构是表 3-1 中的 Idx2。

(1) 对于权重,第一分块的所有层从 DRAM 获取权重,而其他层分块组合从 LB 获取权重。

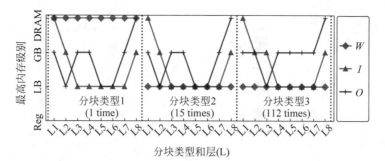

图 3-9　内存排列分布(见彩插)

(2) 对于输入和输出,所有分块的第 1 层从 DRAM 获得输入,所有分块最后一层写入。

从图 3-9 可以看到,图像被分割成了 3 种分块,分块 1 的数目为 1 个,其权重首次需要从 DRAM 逐层搬移进来。在分块类型 1 中,其权重位于 DRAM 中,在其后的 type2(15 个)和 type3(112 个)中权重是完全复用的,所以一直在 LB 结构中,对应于 5_step3 图中 W 位于 LB 中,而 I 因为有存储计算时的缓存存在,前一层生成的输出可能部分被缓存起来,或者使用更低的内存级别来作为下一层的输入。在每种类型切换时会从 DRAM 中读取一次数据,因此,数据从 DRAM 中读入后,以后每次使用时,一部分是新数据;另一部分是来源于缓存的数据。在 type2 和 type3 中,数据基本在 LB 中,而对于 O 只有类型切换和最终结果,并会写到 DRAM 中,如图 3-5 所示,从 step4 可以看到,预先的输出特征映射,在内存层级中更优先于高速缓存数据。

10. 激活数据大小的可视化

图 3-9 中的分块类型 2 和 3 中激活数据大小的可视化,如图 3-10 所示。

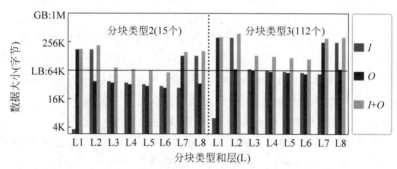

图 3-10　图 3-9 中分块类型 2 和 3 中激活数据大小的可视化(见彩插)

如图 3-9 和图 3-10 所示,LB 和 GB 的容量在 y 轴上标出,可得到如下信息:

(1) 当总激活大小(I+O)可以放入 LB(例如,分块类型 2-L6 时),LB 是 I/O 的顶部存储器。

(2) 当总激活大小(I+O)不能容纳 LB,而 I 或 O 可以容纳(例如,分块类型 3-L6)时,I 优先使用 LB 作为其最高内存级别,而 O 被推到 GB。

11. 芯片测量结果比较

对 DeFiNES 的结果与 DepFiN 芯片的测量结果进行比较,如图 3-11 所示。

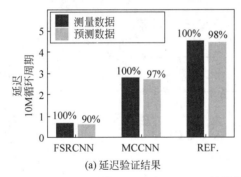
(a) 延迟验证结果

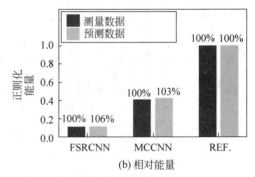
(b) 相对能量

图 3-11　对 DeFiNES 的结果与 DepFiN 芯片的测量结果进行比较

首先,延迟的验证结果如图 3-11(a)所示,这表明 DeFiNES 的预测在第 2 网络和第 3 网络的 3% 以内匹配。对于第 1 个网络 FSR-CNN,误差略高,仅为 10%。这是因为 DepFiN 的控制微处理器,由于 FSR-CNN 中发现的内核非常小,无法完全支持频繁的层切换,从而导致停滞。该控制流量限制未在 DeFiNES 中建模,其次,端到端匹配能源更具挑战性,因为它对几种精细的设计和布局非常敏感。

(1) 稀疏性:DepFiN 使用它来控制门控关闭逻辑活动以节省功耗。

(2) 地址和路线:导致数据传输要对比存储器读取/写入成本,并且还包括稀疏性相关效应。

(3) 工艺、电压和温度(PVT)变化。

尽管这些方面阻碍了准确预测绝对能源消耗,但是调度优化是相对建模精度最重要的能够选择的最佳选项。输出 3 个网络每次推理的相对能量如图 3-11(b)所示,归一化到参考网络的推理能量,以抵消排除 PVT 方面的影响,权重最大的是 MAC 的单位成本和每次访问能量中的 DeFiNES。

12. 5 种硬件架构

5 种硬件架构、DF-友好变体和(b)案例研究中使用的 5 种 DNN 工作负载,见表 3-1。

从表 3-1 中可以看到,当架构进行 DF 手动改造时,对于 Meta 原型 DF 处理器,本地缓存减少了权重的分配,增大了 I&O 的数量,并对 I&O 进行复用,增加 I&O 有助于融合的层次更深,支持更大一点的分块大小。对于类似 TPU 的 DF,减少了 Mac 组的寄存器的数目,增加了本地缓存中的 I&O;对于类似边缘 TPU 的 DF 处理器中,处理方式和 Meta 原型 DF 类似,即都减少了权重的 LB 的分配,增大了 I&O,可以用来在层间 I/O 传递。

13. Meta 原型 DF 架构和 FSR-CNN 作为工作负载

给定一个工作负载和架构,依据深度优先策略,使用 Meta 原型 DF 架构和 FSR-CNN 作为工作负载,如图 3-12 所示。

使用 FSR-CNN 与 Meta 原型 DF 分别作为目标工作负载和硬件架构。对于 3 个 DF 影响因子,包括分块大小、重叠存储模式、融合深度,其第 3 个轴融合深度固定在整个 DNN 上,因为 FSR-CNN 的总权重很小(15.6KB),因此所有权值都适合 Meta 原型 DF 架构的权重,可以全部放进片上的本地缓存(该架构的权重使用的本地缓存是 32KB),因此不把整个 DNN 融合成一个栈是没有好处的。

表 3-1　10 种硬件架构及 5 种 DNN 工作负载

(a) 10 个硬件架构(5 个基线设计及其 DF-友好变体)

Idx	硬件架构	空间展开(1024 个 MAC)	每个 MAC 或 MAC 组的注册表信息	本地缓冲区	二级 LB	全局缓冲区(最大:2MB)
1	Meta-proto-like	K 32|C 2|OX 4|OY 4	W:1B;O:2B	W:64KB;I:32KB	/	W:1MB;I&O:1MB
2	Meta-proto-like DF			W:32KB;I&O:64KB	/	
3	TPU-like	K 32|C 32	W:128B;O:1KB	/	/	I&O:2MB
4	TPU-like DF		W:64B;O:1KB	I&O:64KB	/	W:1MB;I&O:1MB
5	Edge-TPU-like	K 8|C 8|OX 4|OY 4	W:1B;O:2B	W:32KB	/	I&O:2MB
6	Edge-TPU-like DF			W:16KB;I&O:16KB	/	W:1MB;I&O:1MB
7	Ascend-like	K 16|C 16|OX 2|OY 2	W:1B;O:2B	W:64KB;I:64KB;O:256K	/	W:1MB;I&O:1MB
8	Ascend-like DF			W:64KB;I&O:64KB	I&O:256KB	
9	Tesla-NPU-like	K 32|OX 8|OY 4	W:1B;O:4B	W:1KB;I:1KB	/	W:1MB;I&O:1MB
10	Tesla-NPU-like DF			W:1KB;I:1KB	W:64KB;I&O:64KB	W:1MB;I&O:896KB

(b) 5 种 DNN 工作负载

Idx	工作量	平均值/最大特征图	总权重
1	FSRCNN	10.9MB/28.5MB	15.6KB
2	DMCNN-VD	24.1MB/26.7MB	651.3KB
3	MCCNN	21.8MB/29.1MB	108.6KB
4	MobileNetV1	760KB/3.8MB	4MB
5	ResNet18	895KB/5.9MB	11MB

1. Meta-proto-like: Meta 原型样处理器
2. Meta-proto-like DF: Meta 原型样 DF 处理器
3. TPU-like: 类似 TPU 处理器
4. TPU-like DF: 类似 TPU 的 DF 处理器
5. Edge-TPU-like: 边缘 TPU 风格处理器
6. Edge-TPU-like DF: 类似边缘 TPU 的 DF 处理器
7. Ascend-like: 类似华为升腾处理器
8. Ascend-like DF: 类似华为升腾的 DF 处理器
9. Tesla-NPU-like: 类似特斯拉 NPU 处理器
10. Tesla-NPU-like DF: 类似特斯拉 NPU 的 DF 处理器

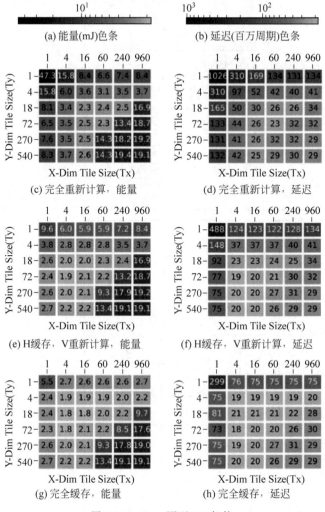

图 3-12　Meta 原型 DF 架构

不同计算模式下,它们的能量和延迟数(分别为 19.1 和 29)是相同的,因为此时的分块大小为 960×540,即全图,因此不存在分块,即已被转换为 LBL,因为不同的重叠存储模式对 LBL 没有影响。这种处理具有不同 DF 策略 FSR-CNN 的总能量和延迟。以下几个知识点需要说明:

(1) 考虑相同重叠存储模式下,即同一张图内比较,发现不同的分块尺寸,分块尺寸太小和太大都是次优的。分块尺寸过大会导致访问一些非常慢的存储层级,分块尺寸过小会导致大量访问权重,太大太小都不是最好的选择,最好是在中间分块尺寸。

(2) 考虑不同重叠存储模式下,在相同的分块大小的情况下,即对同一相对坐标下的步长进行比较,在大多数情况下,能耗顺序为完全缓存<(H 缓存,V 重新计算)<完全重新计算。这个也易于解释,适当的存储结构减少了大量的重复计算。

（3）不同的分块大小和模式会严重影响能量和延迟。

（4）完全重新计算比完全缓存，倾向于优先更大的分块大小。完全缓存倾向于小一些的分块。

14. 不同测向策略的 MAC 操作计数

分析器对角线对应的分块组合，其计算量如图 3-13 所示。图 3-13 和图 3-14 是从图 3-12 取出了所有对角调度特征点，并分别为贡献的层次结构（LB、GB 和 DRAM）中的每个内存级别，绘制了 MAC 操作计数和内存访问计数（以数据元素的数量为单位）。

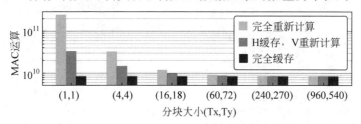

图 3-13　不同测向策略的 MAC 操作计数

从图 3-13 可以看到分块越小，计算量反而越大，因为数据复用比例较低，所以在完全重计算对应的 1×1 下，计算量最大。对于分块 1×1，顶层需要的计算为 7×7，而对于分块 2×2，需要的计算仅为 8×8，因此，分块大小并不是与计算量呈线性关系的，分块长和宽增大一倍，计算量并没有相应地增大，而是小于其增速。

因此，分块越小，计算量越大，对于 3 种存储模式都满足这个规律，只是完全缓存影响很小，统观全图，总的情况下满足完全重新计算>（H 缓存，V 重新计算）>完全缓存。随着分块大小的增大，高速缓存的数据（用于减少重复计算量）也会增加。通常为内核宽度−1 列（H 缓存，V 重新计算），或者（内核宽度×内核宽度−1）个（对应于完全缓存），但是相对于大的内核大小而言，缓存起来的数据占的比例在减小，因此，缓存数据的作用在降低，对于上一层输出的输出特征映射，比缓存数据更优先占用较快存储，随着分块大小的增大，例如，增加到 960×540 时，缓存也就没意义了（转换成了 LBL），因此，计算量也就一样了。

15. 不同内存级别的不同数据类型的内存访问

不同内存级别的不同数据类型的内存访问，用于元原型 DF 架构处理，具有不同 DF 策略的 FSR-CNN，如图 3-14 所示。

层的激活呈现了两个明显的趋势，DRAM 和 GB 访问不太依赖于所使用的模式，如图 3-14（a）所示。

对于层的权重，所有分块大小都具有相同的 DRAM 和 GB 访问，这是合理的，因为 FSR-CNN 的所有权重都可以适应权重 LB，如图 3-14（b）所示。

由数据复制操作引起的内存访问如图 3-14（c）所示，总的内存访问如图 3-14（d）所示。

这种结构用于具有不同 DF 策略的 FSR-CNN 的元原型 DF 架构处理。

16. 不同的工作负载导致不同的最佳解决方案

总的能量和延迟的可视化如图 3-15 所示，帮助读者更好地理解图 3-12 所示的热图。

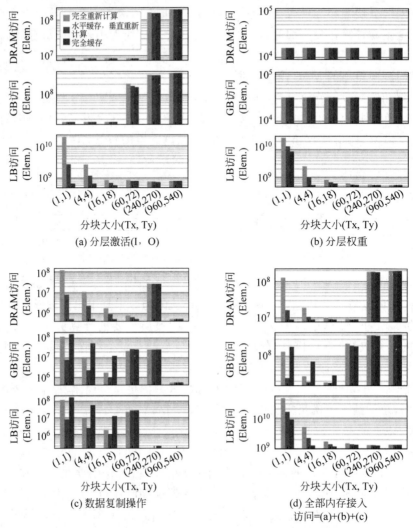

图 3-14 不同内存级别的不同数据类型的内存访问

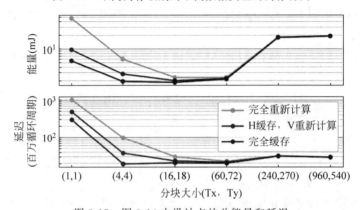

图 3-15 图 3-14 中设计点的总能量和延迟

不同的工作负载导致不同的最佳解决方案(在类似元原型的 DF 硬件上的所有结果),如图 3-16 所示。

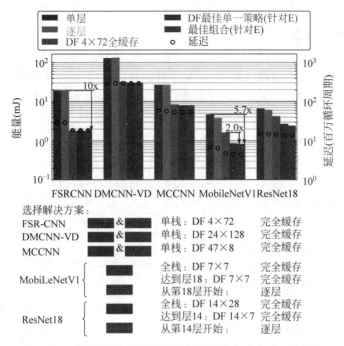

图 3-16　不同的工作负载导致不同的最佳解决方案(见彩插)

将深度优先应用于多个工作负载来分析其各自的性能,这里使用了如下的 5 种策略与 5 个网络,其中 FSR-CNN、DMCNN-VD、MCCNN 属于激活占主要的类的工作负载,而 MobiLeNetV1、ResNet18 则属于权重占主导的工作负载。

(1) 单层:一次对一个层进行完整评估,特征图始终存储到层之间的 DRAM 中,并从 DRAM 中提取。

(2) 逐层:逐层一次一个地被完全评估,这意味着没有分块,中间特征图被传递到它们所适应的最低内存级别的下一层。

(3) 完全缓存 d 采用 4×72 分块的 DF,这是案例研究中发现的最好的方案。

(4) 对所有融合层堆叠使用单一策略的最佳策略。

(5) 最佳组合,其中不同的栈,可以使用不同的 DF 策略。

这种解决方案在类似元原型的 DF 硬件上输出所有结果。FSR-CNN、DMCNN-VD、MCCNN 属于激活占主要的类的工作负载,这一类的特点是权重比较少,适合多层进行融合,权重通常多位于本地 SRAM 中,并且适合在进行层融合时栈的层次比较深。这 3 个网络的权重都在几十到几百千字节,适合融合深度与单个通道,因此对于单层是一种比较差的选择。这一类的另一个特点是激活占主要部分,适合对激活作分块处理。对于逐层也是一种比较差的选择,对应于 FSR-CNN 和 DMCNN-VD,MCCNN 使用单层/逐层时效果都比较差。相应地,这几种网络更适合选择完全缓存的分块,其多层融合的单一栈,对应于这3种网络,绿色DF 4×72完全缓存、红色DF最佳单一策略和紫色的最佳组合的效果都比较好。

17. 逐层应用或最佳DF调度策略

现在来看单一策略对不同网络的影响,单层对应图3-16中的蓝色条,即每层作为一个栈;逐层对应黄色条,无论哪种网络,其能量和延迟都比较高。因为其前者需要访问最慢的DRAM,后者无法分块,也需要访问较慢的存储结构。再来看DF最佳单一策略和最佳组合的两种情况下(红色条和紫色条),对前3个网络都选择了比较合适的单一栈,即所有的层总体融合一个单一栈,其分块选取了较为合适的4×72/24×128/47×8。数据存储都选择了数据存储性能为完全重新计算>H缓存,V重新计算>完全缓存。这3个网络都取得了不错的延迟和能量,绿色框DF分块采取相互适配的大小4×72,4×72模式也是对激活类型占优的网络找到的最优解,数据存储选取为完全缓存d。对于FSR-CNN、DMCNN-VD、MCCNN,其DF 4×72完全缓存,DF为最佳单一策略,最佳组合占优,而单层/逐层不占优。

对于MobiLeNetV1、ResNet18这样的模型文件,则属于权重占主导的工作负载,这一类的特点是激活相对比较少,因此,在红色的DF最佳单一策略和紫色的最佳组合中,栈采取了不同的方式。以MobiLeNetV1为例子,DF最佳单个策略(一个单一的策略用于所有的融合层栈)中每个栈选取了7×7的分块大小,数据存储为完全缓存d,而对于组合模式(不同的栈可以使用不同的DF策略),则不同层使用不同的模式,前面18层使用一个固定的分块大小,使用完全缓存,而对于后面的层,以MobiLeNetV1为例子,而MobiLeNetV1和ResNet18的权重占主导地位(特征图较小,并在各层之间逐渐减少),在18层后,特征映射已经变得比较小,即不再对特征映射进行分块处理,所以使用了逐层,总体来讲,更细粒度调度策略的紫色的最佳组合的效果最好。

通过逐层应用或最佳DF调度策略,产生不同硬件架构的能量和延迟(5个工作负载的几何平均值)如图3-17所示。

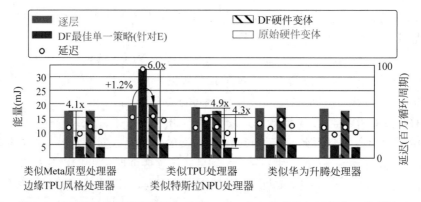

图3-17 不同硬件架构的能量和延迟(5个工作负载的几何平均值)(见彩插)

除了类 TPU,DF 在所有加速器架构上都优于 LBL,包括未调整的默认加速器,其最大增益为 4.1。由于缺乏片上权重缓冲器,类 TPU 对 DF 调度的支持较差。在 DF-友好变体中,添加了这样的缓冲区,DF 显著优于 LBL,这表明了在设计时考虑 DF 兼容性的重要性。DF-友好和默认型变体之间的总体比较进一步支持了这一发现,这表明 DF-友好变体在使用 DF 时,至少与默认值一样好,类 TPU 和类边缘 TPU 硬件的大增益,分别为 6.0 和 4.3,使用 LBL 时最大误差为 1.2%。

18. 相关 DF 建模框架比较与评估

相关 DF 建模框架比较如图 3-18 所示。

DF建模框架	重叠存储模式			芯片数据流量模型	支持多级存储跳转	模型权重流量	优化目标
	①	②	③				
DNNVM	✗	✓	✗	✓	✗	✓	La
Efficient-S	✓	✗	✗	✓	✗	✗	La
LBDF	✓	✗	✓	✗	✗	✗	DRAM
ConvFusion	✓	✗	✓	✗	✗	✓	DRAM
Optimus	✓	✗	✓	✗	✗	✓	DRAM
DNNFuser	✓	✗	✗	✗	✗	✓	DRAM, Mem
DeFiNES(自研)	✓	✓	✓	✓	✓	✓	En, La
可视化每个因素的影响	图与案例研究						

```
1  重叠存储模式(✓ 支持/✗ 无支持)
   ①完全重新计算;②H缓存,V重新计算;③完全缓存。
2  ✓  芯片上数据流量模型      ⇔  ✗  仅限型号/优化。DRAM存取。
3  ✓  支持多级存储跳转        ⇔  ✗  仅支持DRAM跳转。
4  ✓  模型权重流量            ⇔  ✗  仅限型号/优化,激活流量。
5  优化目标:DRAM:DRAM访问;Mem:片上存储器用法;
            La:总延迟;En:总能量。
```

图 3-18 相关 DF 建模框架比较

前文已经讲解了几种 DF 建模和探索框架,如 DNNVM、Efficient-S、LBDF、ConvFusion、Optimus 和 DNNFuser。图 3-18 所示的这些框架,有助于在给定硬件架构和 DNN 工作负载的情况下,对 DF 调度进行建模和优化。在优化部分,引入了许多创新的搜索算法,如 DNNVM 中的启发式子图同构算法、基于 DAG 的搜索算法。

硬件优化中的感知算子融合算法,以及 DNNFuser 中的基于转换器的映射器,在建模部分都缺少一些重要因素。

图 3-18 中不同因素的实验如图 3-19 所示。将 FSR-CNN 映射到两个硬件平台上的实验结果如图 3-19(a)所示。只有在考虑整个系统时,才能获得最佳测向解决方案(橙色条)。所找到的解决方案的参数显示,当对整体能量(橙色)进行优化时,与仅对 DRAM(红色)进行优化相比,该框架发现了更小的瓦片大小。

测试的工作负载硬件组合,观察到 17%～18% 的能量增益,如图 3-19(b)所示。这可能对整个系统的效率有害,如图 3-19(c)所示。在 SL 情况下,由激活的内存访问引起的能量

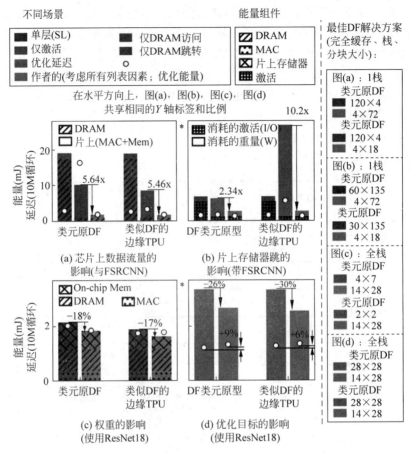

图 3-19　评估表不同因素的实验(见彩插)

部分(用方形阴影突出显示),贡献了大部分能量。粉色/橙色条分别是延迟/能量优化 DF 调度的能量(对应的点是延迟),如图 3-19(d)所示。

3.2　异构系统:向量体系结构

3.2.1　异构稀疏向量加速器的总体架构

异构稀疏向量(HSV)加速器的总体架构如图 3-20(a)所示,包括负载均衡器、稀疏向量(SV)集群、高带宽存储器(HBM)控制器和片上互连。在这个体系结构中,主机 CPU 对传入的机器学习进行编码。

将来自多个用户的推理请求转换为 UMF 分组,并通过 PCI Express(PCIE)将其发送到加速器,然后由负载均衡器对 UMF 分组进行解码,并向可用的 SV 集群执行高级工作负载分配。每个 SV 集群独立地执行分配的机器学习推理请求,并在完成任何一个请求时向负载均衡器发送信号。负载均衡器和 SV 集群可以通过完全连接的互连访问外部 HBM。

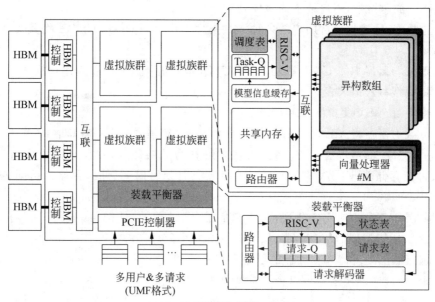

(a) 异构架构框图

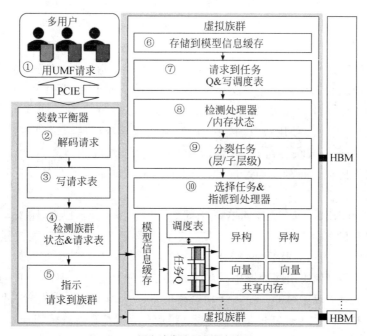

(b) 用户请求处理和调度流程

图 3-20　异构架构框图与用户请求处理和调度流程

HSV 架构的这些组件被设计为遵循用户请求处理流程,并为数据中心中多个 DNN-ML 工作负载的多用户请求提供高效的硬件。

在 HSV 加速器中,用户请求的整体处理流程如图 3-20(b)所示。

(1)主机 CPU 接收来自用户的各种 ML 推理工作负载,并通过 PCIE 将其发送到 UMF 中的加速器。

(2)负载均衡器中的 UMF 解码器,对 UMF 报头进行解码以获得用户描述。

(3)将模型写入请求表。

(4)检查每个 SV 集群状态和请求表。

(5)负载均衡器将 ML 推理请求分配给可用的 SV 集群并更新状态表。

(6)一旦分配的请求进入 SV 集群,就被解释为分层任务,并存储在模型信息缓冲器中。该缓冲器存储着 ML 模型信息,该信息用于估计执行时间、外部存储器访问、需要获取的数据大小。

(7)分层任务排队到任务队列,并将它们的信息(例如,估计值、事务 ID 等)写入调度表。该表包括用于调度的信息,例如层依赖性和每个处理器的状态。

(8)检查底层处理器和存储器的状态和可用资源。

(9)SV 集群中的调度器可以将请求划分为子层任务。

(10)任务队列中的这些任务被选择并分配给处理器,以最大限度地利用计算资源和外部存储器带宽。

3.2.2 稀疏矩阵

稀疏矩阵具有典型的二维稀疏设计,可实现高通量矩阵乘法和三维卷积运算,由控制器、处理元件(PE)的二维阵列,以及用于输入、权重和输出数据的片上缓冲器组成,如图 3-21(a)所示。控制器负责处理器中的整体数据移动,为输入和权重缓冲器生成地址,以将数据馈送到 PE 阵列。使用权重固定数据流,它将权重从缓冲器预加载到 PE。对于矩阵乘法,权重矩阵的每行被映射到 PE 阵列的每列。对于三维卷积运算,每个三维权重核被展平,并映射到 PE 阵列的每列。通过这种权重映射,输入向量的元素从左起穿过 PE 阵列的多行进行馈送。

从最上面一行开始,每个元素都有一个周期延迟。在每个 PE 中,输入与存储的权重相乘,并与上述 PE 的部分和相加。在单周期延迟的情况下,部分和不断地被累积到阵列的底部。累加单元存储来自阵列的中间部分,并通过用于大矩阵/卷积运算的多次迭代来累加它们。将最终结果存储到输出缓冲器中。为了提高 PE 阵列的利用率,对 PE 的片上存储器和内部寄存器都使用了双重缓冲。输入缓冲器预取下一个输入数据,输出缓冲器写入先前的结果,以保持 PE 阵列在不停滞的情况下运行。同样,每个 PE 在处理当前权重时,加载后续权重。通过交替读取寄存器,它可以无缝地利用 MAC 单元。

在 28nm CMOS 工艺中实现了稀疏矩阵。对于具有一对 16×2KB 输入/权重和 16×4KB 输出缓冲器的 16×16 PE 阵列,稀疏矩阵占用 $1620\mu m \times 1110\mu m$ 的芯片面积,经过后期放置和路线模拟,可达到 800MHz 的工作频率。

向量处理器的框图和布局,如图 3-21(b)所示。它是一个具有多个向量通道的有序单

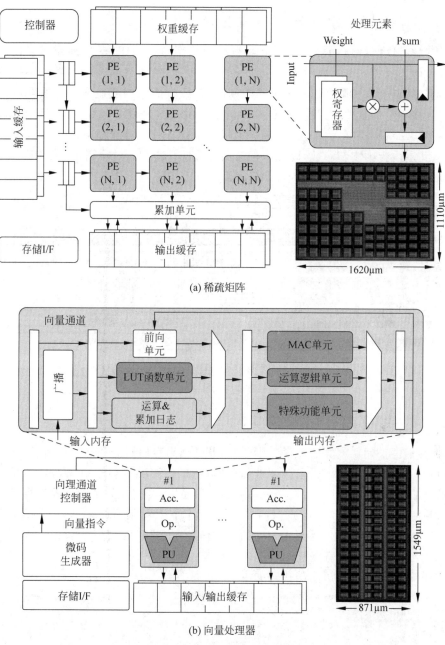

(a) 稀疏矩阵

(b) 向量处理器

图 3-21 使用 28nm 标准单元格库的稀疏矩阵与向量处理器

指令多数据(SIMD)处理器。它主要用于在 DNN 模型中运行非矩阵运算,如池化、非线性激活和元素向量运算。由于向量处理器还可以通过程序运行矩阵乘法或三维卷积运算,因此在任务调度中提供了更多选项。向量处理器由微码生成器、向量通道控制器、多个向量通道和用于直接存储器存取(DMA)的输入/输出缓冲器组成。

3.2.3　示例：异构感知调度算法

异构感知调度示例显示了单个 SV 集群中的调度场景，如图 3-22 所示。方框的颜色表示每个请求，方框中的数字表示请求中任务的顺序。橙色图案框表示处理器不执行任何计算的空闲时间。上面的调度显示了 RR 的调度结果，下面的调度显示了无法获取请求 2 的任务，并且在现有场景中，向量处理器等待请求 3 的第 3 个任务结束。在 HAS 中，通过将请求 3 的第 3 个任务划分为子任务，减少了每个子任务的内存容量需求。每当子任务完成时都会从共享内存中刷新参数，以减少片上内存资源开销。通过将请求 3 的第 4 个任务，分配给向量处理器，而不是稀疏矩阵，HAS 减少了稀疏矩阵的计算负载和总计算时间。

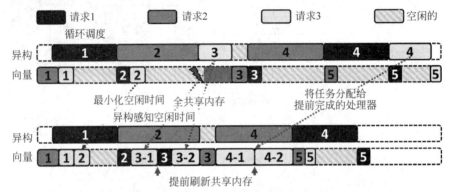

图 3-22　异构感知调度算法示例（见彩插）

3.2.4　外部内存访问调度

外部存储器访问调度算法在任务到达时，基于共享存储器的动态分析，调度从外部存储器读取和写入参数与激活。为了调度外部存储器访问，调度器参考调度表 S 和候选任务 T（需要服务的任务），用以计算参数和激活函数的准备时间 T。首先，调度器计算参数 p 的数据大小，并使用候选任务 T 的信息激活 a 大小，然后它获得最后一次从外部存储器 T 提取它的时间。如果所需的参数是预先调度的，并且存在于共享内存中，则处理器使用该值，而无须进行不必要的外部内存访问。

外部内存访问调度算法的伪代码如下：

```
//第 3 章/exter mem sched algo.c
算法 2：外部内存访问调度
输入：调度表 S,候选任务 T
输出：激活和参数准备时间 t
p 大小←getParamSize(T)
a 大小←getActSize(T)
t 存储←getLastMemFetchEndTime(S)
如果参数存在于共享存储器中,则
    t, F←getParamReadyTime(S, T), 0
否则
```

```
        t, F ← t 存储, p 大小
    如果激活需要从外部存储器读取, 则
        t ← t 存储
    如果 t = t 存储, 则
    R ← SM 大小 − getUsedMemSize(S)
    fetchParam(T, t, R, F)
    如果未完成 FetchParam(F), 则
        对于调度 T ∈ S, do
            如果 t ≤ getEndTime(sched T), 则
                updateTime(sched T, t)
                如果激活需要写入外部存储器, 则
                    t ← t + getActWriteTime(sched T)
                如果没有任务使用调度 T 的参数, 则
                    flushSM(sched T, R)
                fetchParam(T, t, R, F)
                如果 finishFetchParam(F), 则
                    break
        end
    t ← t + getActReadTime(a size)
```

3.2.5 仿真框架

为了评估所提出的可扩展异构体系结构和调度算法, 用 Python 构建了一个仿真框架, 其中包括 DNN 模型描述转换器、循环模拟器、性能分析器和时间线可视化器。使用仿真框架进行了设计空间探索, 以找出数据中心 DNN 工作负载的最佳配置和调度算法。模拟框架的高级概述, 如图 3-23 所示。仿真框架采用 4 种不同的信息作为输入: ONNX 格式的 DNN 模型描述、调度算法、硬件架构配置和物理硬件信息(频域、面积和功率)。

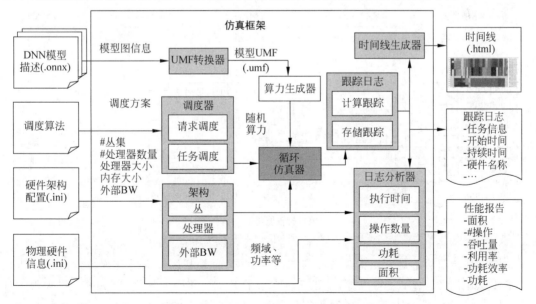

图 3-23 仿真框架概述

（1）UMF 转换器将模型信息从 ONNX 格式转换为 UMF 格式。

（2）调度算法和硬件配置文件确定调度方案和硬件架构（集群的数量、处理器的数量和大小、共享内存的大小等）。

（3）循环模拟器评估架构和算法，并将计算和内存跟踪记录在日志中。

（4）该框架基于跟踪日志和物理硬件信息，生成时间轴可视化和性能报告。

3.2.6　位片跳转架构与数据管理方面的硬件挑战

零跳转方法需要一个零数据跳转单元，该单元在没有任何延迟的情况下，预取非零输入并加载相应的权重，然而，如图 3-24 所示，由于与 8 位固定位宽 MAC 单元相比，4 位位片结构采用了×4 个 MAC 单元，因此需要×4 个零数据跳转单元，这增加了面积和功耗。在数据管理中，稀疏数据压缩通过将稀疏数据编码为非零数据及其索引，用来减少数据事务的数量和内存占用，然而，在对数据进行分解后，非零索引的位宽相对于非零数据变大，这将使位宽减半并使数字加倍。结果使压缩比低于固定位宽数据。

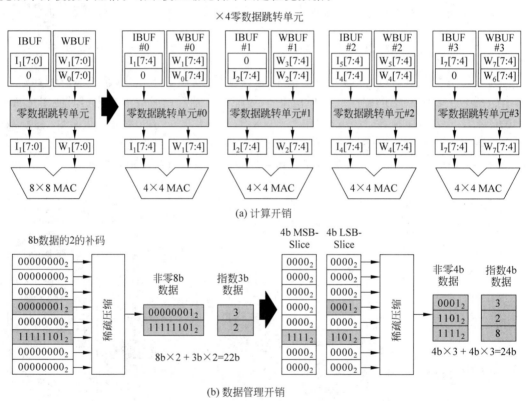

(a) 计算开销

(b) 数据管理开销

图 3-24　位片跳转架构

输出跳转架构不是利用稀疏的输入和权重数据，而是利用最大池化操作所呈现的输出稀疏性，如图 3-25 所示。特别地，基于三维点云的 DNN，利用大规模（例如 64-到-1）最大池化操作，用来提取最大特征，因此可以通过利用输出稀疏性来去除大量卷积操作，因此，输出跳转架构,通过高位片的预计算来推测这些冗余计算,并跳转它们以实现高能效,然而,由于补数在正和负之间的不平衡,推测通常是失败的。例如,通过传统的位片分解,1100111_2(-25)和0011001_2(25)的位片的高阶,分别为1100_2(-4)和0011_2(3)。那么,(-25)×(-25)等于9。

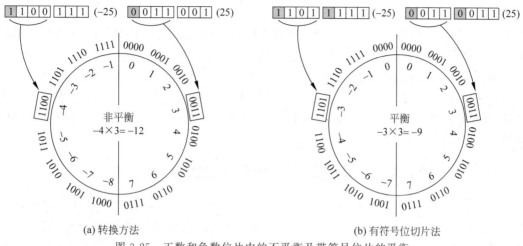

(a) 转换方法　　　　　　　　　　　　(b) 有符号位切片法

图 3-25　正数和负数位片中的不平衡及带符号位片的平衡

3.2.7　有符号位片表示及其编码单元

传统的位片表示,将 2 的补码定点数据,分解为作为有符号位片的 MSB 位片和作为无符号位片(Unsigned Bit slice)的较低片。在这项工作中,SBR 将符号位添加到每个无符号位片,用以产生有符号位片,并且如果数据为负值,则 SBR 通过从其低位片借用来添加 1 个值,如图 3-26(a)所示。例如,2 的补码数据的 1111101_2 被分解为有符号位片的 1111_2 和无

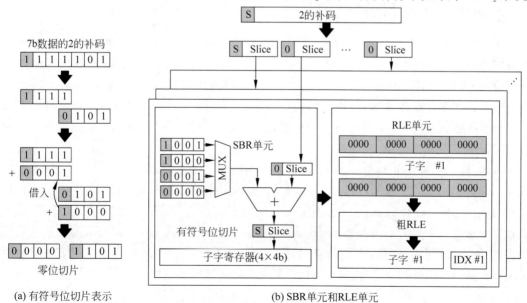

(a) 有符号位切片表示　　　　　　　　(b) SBR单元和RLE单元

图 3-26　有符号比特切片的概念

符号位片 101_2，然后 SBR 通过 0101_2 支持，使 101_2 变为 0101_2，并将 1 加为 1111_2。最后，它们变成 0000_2 和 1101_2。结果，SBR 使大部分 1111_2 位片在小负值处变为 0000_2 位片，并且有符号位片的稀疏性显著增加。

SBR 单元和游程长度编码（RLE）单元，如图 3-26(b)所示。SBR 单元在标记位片结构中的最大矩阵处理（MPU）核处理之前，对数据执行 SBR。它接收定点数据的位宽，并通过考虑位片的顺序和数据的符号来选择要相加的值。例如，位片的中间阶，可以从位片的较低阶借用 12，并将 1000_2 借给位片的较高阶。另外，MSB 位片仅借用 12，LSB 位片仅借出 1000_2。编码比特片的每个顺序被收集到子字(16b)寄存器。在收集了 4 个 4 位有符号位片之后，如果它们都为 0，则将它们发送到 RLE 单元并进行压缩，然后只有非零子字数据被传输到 MPU 核心。

3.2.8 用于输入和输出跳转的零数据跳转单元

带有零数据跳转单元的 PE 单元的数据路径，如图 3-27 所示，即使在非 ReLU 激活函数中，SBR 也会生成大量的 4 位零位切片，并且可以去除大量的计算。为了最小化细粒度零位片跳转单元的开销，有符号位片架构将 4 个空间上相邻的 4 位输入位片处理为子字数据，并且跳转零子字数据。PE 从输入缓冲器（IBUF）获取非零子字数据，并从索引缓冲器（IDXBUF）中获取其 RLE 索引。IBUF 将输入的子字数据广播到 4 个 MAC 阵列，并且 MAC 阵列通过将子字数据分割到 4 个 4 比特切片来将子字分配给 4 个带符号的 MAC 单元。同时，MAC 阵列通过零数据跳转单元处的 RLE 索引，计算权重缓冲器（WBUF）的下一个地址，用来加载相应的权重位片。

3.2.9 片上异构网络

采用异构 NoC 进行 DNN 工作负载的高效分配，如图 3-27 所示。对于输入、权重和输出数据传输，使用双向 Bi-NoC。数据管理单元（DMU）核心将输入和权重数据提供给矩阵处理单元（MPU）核心，并且 MPU 核心通过 Bi-NoC 将卷积输出传输给 DMU 核心。Bi-NoC 还灵活地将权重数据传输到 IBUF，并将输入数据传输到 WBUF，用以进行混合跳转。在通过路由器接收到数据后，NoC 进行交换机单播、多播，并将数据广播到具有数据可重用性的 PE 阵列。

例如，输入比特片 I[3:0]被多播到 PE♯0 和 PE♯1，权重比特片 W[3:0]，则被多播给 PE♯1 和 PE♯3，如图 3-28(a)所示，然后通过分配不同的权重输出通道，输入位片 I[3:0]被复用到图中的 4 个 PE，如图 3-28(b)所示。权重位片 W[3:0]被广播到 3 个 PE 阵列，用以计算图中输入位片的不同阶数，如图 3-28(c)所示。通过单播图中 3×3 权重的不同空间权重，将输入数据与 3 个 PE 阵列共享，如图 3-28(d)所示，因此，在有符号位片结构中利用了工作负载分配的各种组合，通过 Bi-NoC 实现了数据的可重用性。

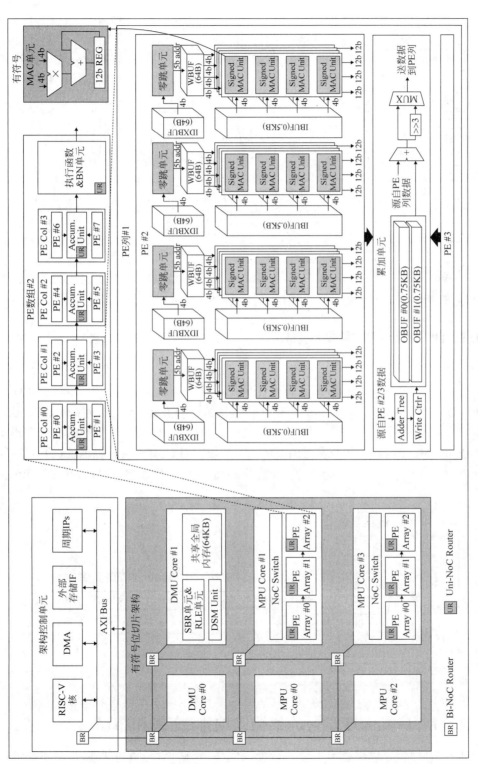

图 3-27　带符号位位芯片结构的总体结构及其控制单元

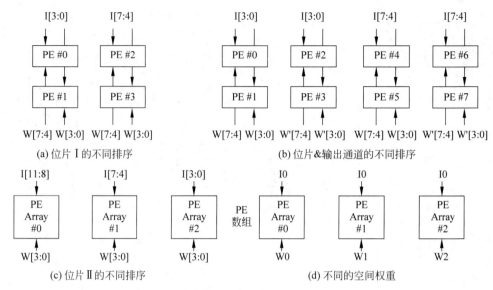

(a) 位片 I 的不同排序　　　　　　　　　　(b) 位片&输出通道的不同排序

(c) 位片 II 的不同排序　　　　　　　　　　(d) 不同的空间权重

图 3-28　利用数据可重用性的工作负载分配

3.2.10　指令集体系结构

CPU 的指令(例如 RISC-V ISA)与由大量迭代 MAC 操作组成的 DNN 执行不兼容。由于 CPU 忙于控制移动 SoC 中的其他硬件单元(例如 GPU、I/O),因此必须以 CPU 的最少参与来控制 NPU,因此,提供了用于有符号位片结构的专用 ISA 和分层指令解码器,如图 3-29 所示。带符号位片结构从 RISC-V 核心(1)获取指令,顶部指令解码器读取指令的高位 7 位,并将操作码和操作数发送到 DMU 核心,或 MPU 核心的目标地址(2),然后由目标单元内的指令解码器对剩余指令的 4 位操作码和 16 位操作数进行解码,并配置和激活内核(3)。

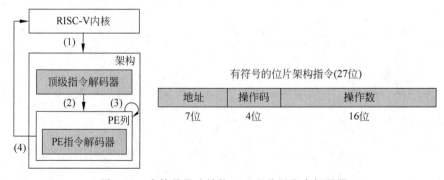

图 3-29　有符号位片结构 ISA 和分层指令解码器

3.2.11　广义深度学习的架构式编排、变换和布局

Violet(紫罗兰)芯片在逻辑上由并行处理元件、互联网络、存储系统 3 个主要组件组

成,如图 3-30 和图 3-31 所示。

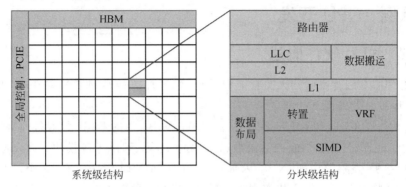

图 3-30　Violet 芯片架构概述

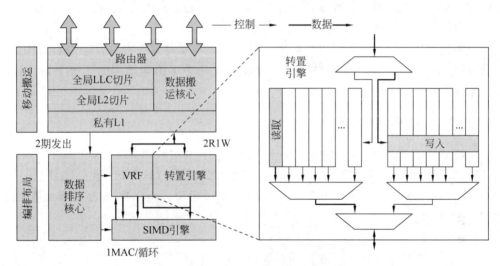

图 3-31　紫色分块的组织(见彩插)

在物理上,Violet 被划分为相同的分块,每个分块都包含一个数据编排核心,该核心与一个宽 SIMD 短向量数据路径耦合,该数据路径包括寄存器文件和组织为通道的算术单元。分块还包含与数据移动引擎相结合的 2D 网格 NoC 上的分布式存储器层次结构的切片。发现 ISA 的机制并不重要。该系统包括全局线程调度器,基于软件定义的工作位置,将工作传输到核心。它还包括主机接口控制器(类 PCIE 接口),以向运行 DL 栈的系统级部分的通用主机计算机提供高带宽、低时延通信。

最后,一个或多个存储器控制器和片上 PHY(从实现的角度来看,最好是 HBM)为 LLC 供电。LLC 的物理组织是直接的:通过静态地址映射分布在芯片上的切片。2D 网格互联网络在分块之间传输高速缓存线,并将高速缓存线传输到存储器和从存储器传输高速缓存行。

3.3　示例：NPU 开发

3.3.1　NPU 硬件概述

NPU 处理器专门为物联网人工智能而设计，用于加速神经网络的运算，解决传统芯片在神经网络运算时效率低下的问题。

在 GX8010 中，CPU 和 MCU 各有一个 NPU，MCU 中的 NPU 相对较小，习惯上称为 SNPU。NPU 处理器包括乘加、激活函数、二维数据运算、解压缩等模块。乘加模块用于计算矩阵乘加、卷积、点乘等功能，NPU 内部有 64 个 MAC，而 SNPU 有 32 个。激活函数模块采用最高 12 阶参数拟合的方式实现神经网络中的激活函数，NPU 内部有 6 个 MAC，而 SNPU 有 3 个。二维数据运算模块用于实现对一个平面的运算，如降采样、平面数据复制等，NPU 内部有一个 MAC，而 SNPU 有一个。

解压缩模块用于对权重数据进行解压。为了解决物联网设备中内存带宽小的特点，在 NPU 编译器中会对神经网络中的权重进行压缩，在几乎不影响精度的情况下，可以实现 6～10 倍的压缩效果。

3.3.2　gxDNN 概述

为了能将基于 TensorFlow 的模型用于 NPU 运行，需要使用 gxDNN 工具。

gxDNN 用于将用户生成的 TensorFlow 模型编译成可以被 NPU 硬件模块执行的指令，并提供了一套 API 让用户方便地运行 TensorFlow 模型。gxDNN 神经网络处理器的作用如图 3-32 所示。

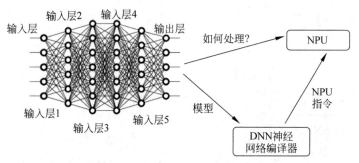

图 3-32　gxDNN 神经网络处理器的作用

gxDNN 包括 NPU 编译工具和 NPU 执行器。NPU 编译工具用于生成能够被 NPU 执行器执行的文件，该文件里包含了 NPU 执行指令和模型的描述信息。一般在 PC 上使用。NPU 执行器提供了一套 API，用于解析执行文件、加载模型、输入数据、运行模型、得到输出结果。它需要在有 NPU 硬件模块的机器上使用。

1．使用 gxDNN 的步骤

gxDNN 神经网络处理器的作用如图 3-33 所示。

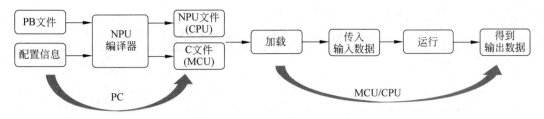

图 3-33　gxDNN 神经网络处理器的作用

（1）在 PC 上生成 TensorFlow 的 Graph（PB 文件）和 Variable（校验点文件）后将两者合并为一个 PB 文件。

（2）在 PC 上使用 gxDNN 的 NPU 编译器，将 PB 文件转换成能被 NPU 加载执行的指令文件，在 CPU 上该文件被称为 NPU 文件，在 MCU 上被称为 C 文件。

（3）芯片端调用 NPU API，导入模型，传入输入数据，运行模型，得到输出数据。

2．NPU 编译器简介

TensorFlow 的运算流程基于图（Graph），图的结点称为算子，算子对 0 个或多个输入数据进行计算，生成 0 个或多个输出数据。NPU 编译器的主要工作就是把一个个算子转变成可以被 NPU 硬件模块执行的命令。

针对 CPU 和 MCU 的不同特性，生成的指令文件格式也不相同。

3．NPU API 简介

用户使用 NPU 编译器生成 NPU 指令文件后需要调用 NPU 执行器的 API，让模型运行起来。

由于 CPU 和 MCU 的系统不同，所以提供的 API 也不同。

4．NPU 性能测试

NPU 与 SNPU 时间与内存大小对比（1），见表 3-2。

表 3-2　NPU 与 SNPU 时间与内存大小对比（1）

编　译　器	时　　间	内　存　大　小
NPU	2.4ms	2.7MB
SNPU	5.8ms	3.4MB

NPU 200M 和 SNPU 120M 在 npu_compiler 1.0.14 版本下进行测试。

ASR 模型（FC320、LSTM400、LSTM400、LSTM400、LSTM400、FC211）。

NPU 与 SNPU 时间与内存大小对比（2），见表 3-3。

表 3-3　NPU 与 SNPU 时间与内存大小对比（2）

编　译　器	时　　间	内　存　大　小
NPU	7.4ms	4.6MB
SNPU	13.6ms	4.8MB

LeNet5（1×28×28→Conv2D 5×5×1×32 卷积核→ReLU→MaxPool→Conv2D。5×5×32×64 卷积→ReLU→MaxPool→FC 3136×1024 权重→FC 1024×10 权重）。

NPU 与 SNPU 时间与内存大小对比(3),见表 3-4。

表 3-4　NPU 与 SNPU 时间与内存大小对比(3)

编　译　器	时　　间	内　存　大　小
NPU	221ms	35.1MB
SNPU	359ms	36.1MB

AlexNet(3×112×112→Conv2D 11×11×1×64 卷积核→ReLU→MaxPool→Conv2D 5×5×64×192 卷积核→ReLU→MaxPool→Conv2D 3×3×192×384 卷积核→ReLU→Conv2D 3×3×384×384 卷积核→ReLU→Conv2D 3×3×384×256 卷积核→ReLU→MaxPool)。

MobiLeNet V2 模型结构见表 3-5。

表 3-5　MobiLeNet V2 模型结构

输　　入	算　子	t	c	n	s
160×160×3	Conv2D 1×1	-	32	1	2
80×80×32	瓶颈	1	16	1	1
80×80×16	瓶颈	6	24	2	2
40×40×24	瓶颈	6	32	3	2
20×20×32	瓶颈	6	64	4	2
10×10×64	瓶颈	6	96	3	1
10×10×64	瓶颈	6	160	3	2
5×5×160	瓶颈	6	320	1	1
5×5×320	Conv2D 1×1		1280	1	1
5×5×1280	平均池化 5×5			1	
5×5×1280	Conv2D 1×1		192		

说明：t 表示通道拓维因子(层内第 1 个卷积的输出通道除以输入通道),c 表示通道数,n 表示结构重复次数,s 表示步长。

NPU 与 SNPU 时间与内存大小对比(4),见表 3-6。

表 3-6　NPU 与 SNPU 时间与内存大小对比(4)

编　译　器	时　　间	内　存　大　小
NPU	502ms	36.7MB
SNPU	1019ms	38.1MB

5. 编译器安装

NPU 编译器目前只支持在 Python 2 环境下安装和使用。

6. 安装 gxDNN 工具链

使用的命令如下：

```
pip install npu_compiler
```

7. 更新 gxDNN 工具链

使用的命令如下：

```
pip install −− upgrade npu_compiler
```

8. 查看工具链版本

安装或更新完成后，可以查看当前工具链的版本号，命令如下：

```
gxnpuc −− version
```

3.3.3 编译器使用

1. 工具链 gxnpuc 介绍

用于把模型文件编译成能在 NPU 上运行的 NPU 文件。使用的方法如下：

```
//第 3 章/gxnpuc tools.bat

usage: gxnpuc [ − h] [ − V] [ − L] [ − v] [ − m] [ − c CMD [CMD ...]] [config_filename]

NPU 编译器

位置参数：
  config_filename        配置文件

选择参数：
  − h, −− help          展示帮助信息与退出
  − V, −− version       展示程序版本号与退出
  − L, −− list          列出支持的算子
  − v, −− verbose       详细列出已处理的操作
  − m, −− meminfo       详细列出操作的内存信息
  − c CMD [CMD ...], −− cmd CMD [CMD ...]
                        使用命令行配置
```

2. 配置文件说明

配置文件的参数信息见表 3-7。

表 3-7 配置文件的参数信息

配 置 项	选 项	说 明
CORENAME	LEO	芯片型号
PB_FILE		包含校验点的 PB 文件
OUTPUT_FILE		编译后生成的文件名
NPU_UNIT	NPU32/NPU64	NPU 型号对应的 MAC 数（SNPU 选 NPU32，主 NPU 选 NPU64）
COMPRESS	true/false	是否启动压缩模式
COMPRESS_QUANT_BITS	4/5/6/7/8	量化压缩的 bit 数

配　置　项	选　　项	说　　明
COMPRESS_TYPE	线性/高斯	线性压缩还是高斯压缩,线性压缩准确率更高,但压缩率不如高斯压缩
OUTPUT_TYPE	raw/c_code	Linux 环境下运行的模型选择 raw,VSP 下运行的模型选择 c_code
INPUT_OPS	op_name:[shape]...	设置输出的 OP 名与 shape
OUTPUT_OPS	[out_op_names,...]	设置输出的 OP 名列表
INPUT_DATA	Op_name:[data]...	有些占位符的数据在部署时是确定的,需要写明

3. gxnpudebug 调试工具

如果编译时配置文件中的 DEBUG_INFO_ENABLE 选项被设置为 true,编译出的 NPU 文件带上了调试信息,则此时可以使用调试工具 gxnpudebug 工具来处理该文件。使用的方法如下：

```
//第 3 章/gxnpudebug tools.bat
用法：gxnpudebug [－h] [－S] [－P] file [file ...]

选择参数：
 －h, －－help        展示帮助信息与退出
 －P, －－print_info   打印调试信息
 －S, －－strip       剥离调试信息
```

4. gxnpu_rebuild_ckpt 文件

对权重数据做量化或做 float16,并重新生成校验点文件,用于评估模型压缩后对结果的影响。使用的方法如下：

```
gxnpu_rebuild_ckpt [－h] config_filename
```

5. 配置文件说明

配置文件参数信息见表 3-8。

表 3-8　配置文件参数信息

配　置　项	选　　项	说　　明
GRAPH_FILE		包含校验点的 PB 文件
OUTPUT_CKPT		输出校验点文件
MODE	quant/float16	目前只见到 float16
COMPRESS_TYPE	线性/高斯	压缩类型
MODE_BITS	4/5/6/7/8	量化比特数
NPU_UNIT	NPU32/NPU64	NPU 型号对应的 MAC 数(SNPU 选 NPU32,主 NPU 选 NPU64)
EXPECTED_OPS_NAME	input_name:Output_name...	设置输入的 OP 名与 shape

3.3.4 编译模型

1. 模型文件准备

(1) 准备 TensorFlow 生成的 PB 和校验点文件,或以 saved_model 方式生成的模型文件。

(2) 通过 TensorFlow 提供的 freeze_graph.py 脚本生成 Frozen PB 文件。

2. 编写配置文件

编写 YAML 配置文件,包括 PB 文件名、输出文件名、输出文件类型、是否压缩、压缩类型、输入节点名和维度信息、输出节点名等。

3. 编译

编译命令如下:

```
gxnpuc config.yaml
```

需要注意的是,NPU 工具链必须在安装有 TensorFlow 的环境下使用。

4. 优化模型

为了让模型更高效地运行在 NPU 处理器上,需要对模型做一些优化。

(1) 做卷积和降采样的数据格式需要用 NCHW 格式进行优化。

(2) 占位符的维度信息需要确定。

(3) 各算子的尺寸需要确定,即和尺寸有关的运算值需要确定。

(4) Softmax 不建议放在 NPU 中,因为 NPU 使用 FP16 数据格式,容易导致数据溢出。

5. CPU 中使用 NPU 或 SNPU

生成能在 CPU 上运行的模型文件,需要在编译模型的配置文件中指定。

OUTPUT_TYPE: raw 在 CPU 上内存资源相对丰富,模型指令以文件方式加载,能提高灵活性。NPU 处理器的输入/输出数据类型都是 float16,float16 和 float32 的转换 API 在内部完成,上层应用不需关心。

6. 调用 API 流程

调用 API 的流程如下:

(1) 打开 NPU 设备。

(2) 传入模型文件,得到模型任务。

(3) 获取任务的输入/输出信息。

(4) 将输入数据复制到模型内存中。

(5) 运行模型,得到输出数据。

(6) 释放模型任务。

(7) 关闭 NPU 设备。

7. MCU 中使用 SNPU

生成能在 MCU 上运行的模型文件,需要在编译模型的配置文件中指定。

OUTPUT_TYPE: c_code 在 MCU 上内存资源紧缺,生成的模型文件为 C 文件,能直接参与编译。这样的优点是不需要解析模型文件,缺点是当需要换模型时得重新编译。另外,由于 MCU 效率较低,float16 和 float32 的转换不能在 MCU 上完成,必须由 DSP 或 ARM 来转换。

3.3.5　调用 API 流程与 MCU API 代码

调用 API 的流程如下:

(1) 打开 SNPU。

(2) 将输入数据复制到模型内存中。

(3) 运行模型,得到输出数据。

(4) 关闭 SNPU。

MCU API 的代码如下:

```c
//第 3 章/mcu api.c
/* GXDNN
 * Copyright(C)1991 - 2017 NationalChip Co., Ltd
 *
 * gxdnn.h  NPU 任务装载与执行
 *
 */

#ifndef __GXDNN_H__
#define __GXDNN_H__

#ifdef __cplusplus
extern "C" {
#endif

/* ======================================================================
=========================== */

typedef void * GxDnnDevice;
typedef void * GxDnnTask;

typedef enum {
    GXDNN_RESULT_SUCCESS = 0,
    GXDNN_RESULT_WRONG_PARAMETER,
    GXDNN_RESULT_MEMORY_NOT_ENOUGH,
    GXDNN_RESULT_DEVICE_ERROR,
    GXDNN_RESULT_FILE_NOT_FOUND,
    GXDNN_RESULT_UNSUPPORT,
    GXDNN_RESULT_UNKNOWN_ERROR,
    GXDNN_RESULT_OVERTIME,
} GxDnnResult;

/* ======================================================================
=========================== */
```

```
/**
 * @brief   打开 NPU 设备
 * @param   [in]    devicePath      设备路径
 *          [out]   device          设备打开句柄
 * @return  GxDnnResult GXDNN_RESULT_SUCCESS         无差错成功
 *                      GXDNN_RESULT_WRONG_PARAMETER  错误参数
 *                      GXDNN_RESULT_DEVICE_ERROR     设备错误
 * @remark  if devicePath is "/dev/gxnpu", 打开 NPU 设备
 *          devicePath is "/dev/gxsnpu", 打开 NPU 设备
 */
GxDnnResult GxDnnOpenDevice(const char * devicePath,
                        GxDnnDevice * device);


/* ================================================================
============================ */


/**
 * @brief   关闭 NPU 设备
 * @param   [in]    device          设备打开句柄
 * @return  GxDnnResult GXDNN_RESULT_SUCCESS         无差错成功
 *                      GXDNN_RESULT_WRONG_PARAMETER  错误参数
 *                      GXDNN_RESULT_DEVICE_ERROR     设备错误
 * @remark
 */
GxDnnResult GxDnnCloseDevice(GxDnnDevice device);


/* ================================================================
============================ */


/**
 * @brief   从文件加载 NPU 任务(在 Linux/macOS 中)
 * @param   [in]    device          设备句柄
 *          [in]    taskPath        NPU 任务文件路径
 *          [out]   task            加载任务的句柄
 * @return  GxDnnResult GXDNN_RESULT_SUCCESS         无差错成功
 *                      GXDNN_RESULT_WRONG_PARAMETER  错误参数
 *                      GXDNN_RESULT_MEMORY_NOT_ENOUGH  内存不够
 *                      GXDNN_RESULT_DEVICE_ERROR     设备错误
 *                      GXDNN_RESULT_FILE_NOT_FOUND   文件没找到
 *                      GXDNN_RESULT_UNSUPPORT        不支持 NPU 类型或者 NPU 任务版本
 * @remark
 */
GxDnnResult GxDnnCreateTaskFromFile(GxDnnDevice device,
                            const char * taskPath,
                            GxDnnTask * task);


/* ================================================================
============================ */


/**
 * @brief   由内存装载 NPU 任务
 * @param   [in]    device          设备句柄
 *          [in]    taskBuffer      NPU 任务缓存指针
```

```
 *           [in]      bufferSize         NPU 任务缓存大小
 *           [out]     task               装载任务句柄
 * @return GxDnnResult GXDNN_RESULT_SUCCESS              无差错成功
 *                     GXDNN_RESULT_WRONG_PARAMETER      错误参数
 *                     GXDNN_RESULT_MEMORY_NOT_ENOUGH    没有足够内存
 *                     GXDNN_RESULT_DEVICE_ERROR         设备错误
 *                     GXDNN_RESULT_UNSUPPORT            不支持 NPU 类型或者 NPU 任务版本
 * @remark
 */
GxDnnResult GxDnnCreateTaskFromBuffer(GxDnnDevice device,
                                      const unsigned char * taskBuffer,
                                      const int bufferSize,
                                      GxDnnTask * task);

/* ==========================================================================
============================ */

/**
 * @brief   发布 NPU 任务
 * @param   [in]      task               装载任务句柄
 * @return GxDnnResult GXDNN_RESULT_SUCCESS              无错误成功
 *                     GXDNN_RESULT_WRONG_PARAMETER      错误参数
 * @remark
 */
GxDnnResult GxDnnReleaseTask(GxDnnTask task);

/* ==========================================================================
============================ */

# define MAX_NAME_SIZE 30
# define MAX_SHAPE_SIZE 10

typedef struct NpuIOInfo {
    int direction;                               /* 0:输入; 1:输出 */
    char name[MAX_NAME_SIZE];                    /* IO 名称 */
    int shape[MAX_SHAPE_SIZE];                   /* 形状大小 */
    unsigned int dimension;                      /* IO 维数 */
    void * dataBuffer;                           /* 数据缓存 */
    int bufferSize;                              /* 数据缓存大小 */
} GxDnnIOInfo;

/**
 * @brief   Get the IO Num of the loaded task
 * @param   [in]      task               the loaded task
 *          [out]     inputNum           Input number
 *          [out]     outputNum          Output Number
 * @return GxDnnResult GXDNN_RESULT_SUCCESS              无差错成功
 *                     GXDNN_RESULT_WRONG_PARAMETER      错误参数
 * @remark
 */
GxDnnResult GxDnnGetTaskIONum(GxDnnTask task,
                              int * inputNum,
```

```
                                        int * outputNum);

    /* ==========================================================
    ========================== */

    /**
     * @brief   获取加载任务的 IO 信息
     * @param  [in]      task            装载句柄
     *          [out]     inputInfo       输入参数列表
     *          [in]      inputInfoSize   输出信息列表缓冲区的大小
     *          [out]     outputInfo      输出信息列表
     *          [in]      outputInfoSize  输出信息列表缓冲区的大小
     * @return  GxDnnResult GXDNN_RESULT_SUCCESS     无差错成功
     *                      GXDNN_ERR_BAD_PARAMETER  错误参数
     * @remark
     */
    GxDnnResult GxDnnGetTaskIOInfo(GxDnnTask task,
                                   GxDnnIOInfo * inputInfo,
                                   int inputInfoSize,
                                   GxDnnIOInfo * outputInfo,
                                   int outputInfoSize);

    /* ==========================================================
    ========================== */

    typedef enum {
        GXDNN_EVENT_FINISH,
        GXDNN_EVENT_ABORT,
        GXDNN_EVENT_FAILURE
    } GxDnnEvent;

    /**
     * @brief   The event handler
     * @param  [in]      task        正在运行的任务
     *          [in]      event       事件类型
     *          [in]      userData    GxDnnRunTask 传递的 userData
     * @return  int       0           中断任务
     *                    not 0       继续任务
     */
    typedef int( * GxDnnEventHandler)(GxDnnTask task, GxDnnEvent event, void * userData);

    /* ==========================================================
    ========================== */

    /**
     * @brief   Run task
     * @param  [in]      task          装载任务
     *          [in]      priority      任务优先级
     *          [in]      eventHandler  事件调用(参见备注)
     *          [in]      userData      将 void 数据传递给事件处理程序
     * @return  GxDnnResult GXDNN_RESULT_SUCCESS        无差错成功
     *                      GXDNN_RESULT_WRONG_PARAMETER  错误参数
```

```
 * @remark  if eventHandler == NULL, 直到完成或发生错误,函数才会返回
 *          如果任务正在运行,则该任务将首先停止
 */
GxDnnResult GxDnnRunTask(GxDnnTask task,
                         int priority,
                         GxDnnEventHandler eventHandler,
                         void * userData);

/* ================================================================
========================= */

/**
 * @brief   Stop task                 停止任务
 * @param   [in]    task              装载任务
 * @return  GxDnnResult GXDNN_RESULT_SUCCESS          无差错成功
 *                      GXDNN_RESULT_WRONG_PARAMETER  错误参数
 * @remark  如果任务正在运行,则将调用事件处理程序
 */
GxDnnResult GxDnnStopTask(GxDnnTask task);

/* ================================================================
========================= */

typedef struct NpuDevUtilInfo {
    float ratio;
} GxDnnDevUtilInfo;

/**
 * @brief   获取设备使用信息
 * @param   [in]    GxDnnDevice 设备
 *          [out]   GxDnnDevUtilInfo 信息
 * @return  GxDnnResult GXDNN_RESULT_SUCCESS          无差错成功
 *                      GXDNN_RESULT_WRONG_PARAMETER  错误参数
 *                      GXDNN_RESULT_DEVICE_ERROR     设备错误
 */
GxDnnResult GxDnnGetDeviceUtil(GxDnnDevice device, GxDnnDevUtilInfo * info);

/* ================================================================
========================= */

#ifdef __cplusplus
} /* extern C */
#endif

#endif
/* 语音信号预处理
 * snpu.h: SNPU 设备驱动
 *
 */

#ifndef __SNPU_H__
#define __SNPU_H__
```

```
int SnpuInit(void);
int SnpuLoadFirmware(void);
int SnpuDone(void);

# ifdef CONFIG_GX8010NRE
int SnpuFloat32To16(unsigned int * in_data, unsigned short * out_data, int num, int exponent_
width);
int SnpuFloat16To32(unsigned short * in_data, unsigned int * out_data, int num, int exponent_
width);
# endif

typedef enum {
    SNPU_IDLE,
    SNPU_BUSY,
    SNPU_STALL,
} SNPU_STATE;

typedef int( * SNPU_CALLBACK)(SNPU_STATE state, void * private_data);

typedef struct {
    const char * version;               //model.c 版本
    void * ops;                         //model.c 文件中的 ops_content 算子
    void * data;                        //in model.c 文件中的 cpu_content
    void * input;                       //model.c 文件中的输入
    void * output;                      //model.c 文件中的输出
    void * cmd;                         //model.c 文件中的 npu_content
    void * tmp_mem;                     //model.c 文件中的 tmp_content
} SNPU_TASK;

int SnpuRunTask(SNPU_TASK * task, SNPU_CALLBACK callback, void * private_data);

SNPU_STATE SnpuGetState(void);

# endif //__SNPU_H__
```

3.3.6 NPU 使用示例

1. MNIST 示例

MNIST 是一个入门级的计算机视觉数据集,它的输入是像素为 28×28 的手写数字图片,输出是图片对应的 $0 \sim 9$ 数字的概率。下面以 TensorFlow 自带的 MNIST 模型 (TensorFlow v1.0)为例,说明 gxDNN 的使用。

2. 生成 NPU 文件

这个示例的 MNIST 计算模型非常简单,可以用一个公式来表示:$y = x \times W + b$(训练的过程中还会去计算 Softmax 函数,但由于正式使用时,只需获取结果中最大值的索引,而 Softmax 是个单调递增函数,因此省去这个函数不会对结果有影响),其中 x 为输入数据, y 为输出数据,W 和 b 为训练的参数。训练的过程就是不断地通过计算出来的 y 和期望的 y 去调整 W 和 b 的过程。在 NPU 上,只需用到训练好的 W 和 b,而不需要训练的过程。

3. 生成校验点和 PB 文件

为了方便地获取输入节点和输出节点,给输入节点和输出节点取个名字,把 x 取名为 input_x,把 y 取名为 result,代码如下:

```
//第 3 章/input output.py
#mnist_softmax.py 第 40 行
x = tf.placeholder(tf.float32, [None, 784])
#修改为
x = tf.placeholder(tf.float32, [None, 784], name = "input_x")
#第 43 行
y = tf.matmul(x, W) + b
#修改为
y = tf.add(tf.matmul(x, W), b, name = "result")
#为了生成校验点和 PB 文件,在 main 函数的末尾添加代码
saver = tf.train.Saver()
saver.save(sess, "mnist.ckpt")
tf.train.write_graph(sess.graph_def, "./", "mnist.pb")
#运行程序后,当前路径下会生成 mnist.ckpt.* 和 mnist.pb 文件
```

4. 把校验点和 PB 文件合并成一个 PB 文件

使用 freeze_graph.py 脚本将 mnist.ckpt.* 和 mnist.pb 合并为一个 PB 文件。注意,不同 TensorFlow 版本的 freeze_graph.py 脚本可能不同。执行的命令如下:

```
//第 3 章/ckpt pb merge.py
python freeze_graph.py -- input_graph = mnist.pb -- input_checkpoint = ./mnist.ckpt
-- output_graph = mnist_with_ckpt.pb -- output_node_names = result
```

生成 mnist_with_ckpt.pb 文件,其中,--input_graph 后跟输入的 PB 名;--input_checkpoint 后跟输入校验点名;--output_graph 后跟合成的 PB 文件名;--output_node_names 后跟输出结点名称,如果有多个,则用逗号分隔。

执行完成后,在当前路径下会生成 mnist_with_ckpt.pb 文件。如果以 saved_model 方式保存模型,则执行完成后会在当前路径下生成 mnist_with_ckpt.pb 文件。

如果以 saved_model 方式保存模型,则使用的命令如下:

```
//第 3 章/model pb merge.py
python freeze_graph.py -- input_saved_model_dir = ./saved_model_dir -- output_graph = mnist_
with_ckpt.pb -- output_node_names = result
```

5. 编辑 NPU 配置文件

编辑 NPU 配置文件 mnist_config.yaml,代码如下:

```
//第 3 章/mnist_config.yaml
CORENAME: LEO                    #芯片型号
PB_FILE: mnist_with_ckpt.pb      #输入的 PB 文件
OUTPUT_FILE: mnist.npu           #输出的 NPU 文件名
```

```
SECURE: false              #不开启内容保护
NPU_UNIT: NPU64            #NPU 设备类型
COMPRESS: true             #压缩模型
COMPRESS_QUANT_BITS: 8     #量化成 8 位 s
OUTPUT_TYPE: raw           #NPU 文件的类型
INPUT_OPS:
input_x: [1, 784]          #输入节点名称和数据维度,每运行一次输入数据为 1×784,即一张图
OUTPUT_OPS: [result]       #输出节点名称
```

6. 编译

生成 NPU 文件 mnist.npu,代码如下:

```
//第 3 章/mnist.npu
#使用 gxnpuc 工具编译,命令如下
gxnpuc mnist_config.yaml
#如果 gxnpuc 的版本在 1.0 之前,则可使用的命令如下
gxnpuc -- config = ./mnist_config.yaml
#生成 NPU 文件 mnist.npu
```

7. 执行 NPU 文件

NPU 文件生成后,需要调用 API,把模型部署到 GX8010 开发板上运行。

8. 调用 SDK 流程

调用 SDK 的流程如下:

(1) 打开 NPU 设备。

(2) 传入模型文件,得到模型任务。

(3) 获取任务的输入/输出信息。

(4) 将输入数据复制到模型内存中。

(5) 运行模型。

(6) 释放模型任务。

(7) 关闭 NPU 设备。

9. mnist 示例

示例代码可参考 https://github.com/NationalChip/gxDNN/blob/master/examples/mnist/execution/test_mnist.c。

程序要求用户输入一个保存有 28×28 像素值的二进制文件,输出识别的数字。images 的链接为 https://github.com/NationalChip/gxDNN/blob/master/examples/mnist/execution/images。

其中存放的是若干二进制测试文件,内容为 28×28 的已做归一化的像素值。

执行 make 命令生成可执行文件 test_mnist.elf。

把 mnist.npu、test_mnist.elf 和 images 目录放到 GX8010 开发板上,并运行,代码如下:

```
//第 3 章/test_mnist.txt
./test_mnist.elf images/image0
```

```
Digit: 7
./test_mnist.elf images/image1
Digit: 2
./test_mnist.elf images/image2
Digit: 1
./test_mnist.elf images/image3
Digit: 0
./test_mnist.elf images/image4
Digit: 4
./test_mnist.elf images/image5
Digit: 1
```

3.4　TPU2 机器学习集群

3.4.1　TPU2 概述

谷歌 I/O 上第 2 代 TensorFlow 处理单元(TPU2)如图 3-34 所示。谷歌称这一代为谷歌云 TPU,但除了提供一些彩色照片外,几乎没有提供有关 TPU2 芯片和使用它的系统的信息。图片确实比文字更能说明问题,因此在本节中,将深入研究照片,并根据图片和谷歌提供的少量细节进行讲述。

图 3-34　谷歌 I/O 上第 2 代 TensorFlow 处理单元(TPU2)

谷歌不太可能销售基于 TPU 的芯片、电路板或服务器——TPU2 是谷歌的专属内部产品。谷歌将只通过 TensorFlow Research Cloud(TRC)提供对 TPU2 硬件的直接访问,这是一个高度选择性的计划,旨在让研究人员分享 TPU2 可以加速的代码类型的发现,以及通过谷歌计算引擎云 TPU Alpha 程序,可以认为这也是高度选择性的,因为两条通往市场的途径共享一个注册页面。

谷歌专门设计 TPU2,以加速其面向消费者的核心软件(如搜索、地图、语音识别和自动驾驶汽车训练等研究项目)背后的专注深度学习的工作负载。

谷歌为深度学习推理和分类任务设计了最初的 TPU——运行已经在 GPU 上训练过的模型。TPU 是一种协处理器,通过两个 PCI 总线 3.0×8 边缘连接器连接到处理器主板(如

图 3-35 的左下角所示），总计 16GB/s 的双向带宽。TPU 的功耗高达 40W，完全符合 PCI 总线供电规格，为 92 位整数运算提供 8 Tera 运算（TOPS），为 23 位整数运算提供 16TOPS。相比之下，谷歌声称 TPU2 的峰值为每秒 45TFlops 浮点运算。

TPU 没有内置的调度功能，也无法虚拟化。它是一个直接连接到一个服务器主板的简单矩阵乘法协处理器。谷歌的第 1 代 TPU 卡如图 3-35 所示，A 是不带散热器，B 是带散热器。

图 3-35　第 1 代 TPU 架构图

谷歌从未说过此主板的处理能力，或 PCI 总线吞吐量过载之前，它连接到一个服务器主板的 TPU 数量。协处理器需要主机处理器的大量支持，其形式包括任务设置和拆卸，以及管理进出每个 TPU 的数据传输带宽。协处理器只做一件事情，但它们被设计成可以很好地完成这一件事。

3.4.2　TPU2 设计方案

1. TPU2 图案标记的高级组织

谷歌将其 TPU2 设计用于四机架图案，称为吊舱。标记是一组相关工作负载的标准机架配置（从半机架到多个机架）。标记有助于大型数据中心所有者更轻松地进行购买、安装和部署，并降低成本。例如，Microsoft 的 Azure 栈标准半机架是一个图章。

四机架图案尺寸主要是基于谷歌使用的铜缆类型和全速运行的最大铜线长度，图案标记的高级组织如图 3-36 所示。

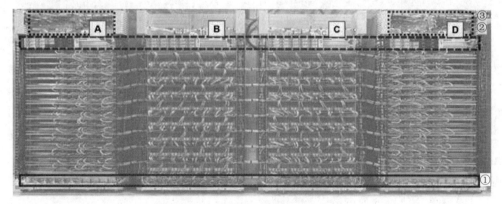

图 3-36　TPU2 图案标记的高级组织

注意到的第一件事是谷歌通过两根电缆将每个 TPU2 板连接到一个服务器处理器板。可能是谷歌将每个 TPU2 板连接到两个不同的处理器板,但即使是谷歌也不太可能想要弄乱该拓扑的安装、编程和调度复杂性。如果服务器主板和 TPU2 主板之间存在一对一连接,则要简单得多。

谷歌 TPU2 图案的含义如下:

(1) A 是 CPU 机架,B 是 TPU2 机架,C 是 TPU2 机架,D 是 CPU 机架。

(2) 实心箱(①): 机架不间断电源(UPS)。

(3) 虚线框(②)是电源。

(4) 虚线框(③): 机架网络交换机和架顶交换机。

TPU2 图案标记的 3 张不同照片如图 3-37 所示,这 3 张照片的配置和布线看起来都是一样的。TPU2 布线的花哨颜色和编码对这种比较有很大帮助。

图 3-37　TPU2 图案标记的 3 张不同照片

2. TPU2 板的俯视图

谷歌发布了 TPU2 板的俯视图和板前面板连接器的特写。4 个 TPU2 板象限中的每个连接器都共享电路板功率分配。4 个 TPU2 板象限也通过简单的网络交换机共享网络连接。看起来每个板象限都是一个单独的子系统,并且 4 个子系统在板上没有相互连接。TPU2 板的俯视图如图 3-38 所示。

(1) A 是 4 个带散热器的 TPU2 芯片。

(2) B 是每个 TPU25 两根带宽为 2GB/s 的 BlueLink 电缆。

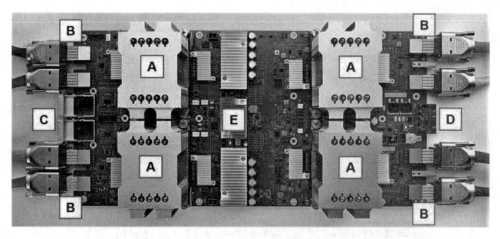

图 3-38　TPU2 板的俯视图

（3）C 是每块板两根全路径架构（OPA）电缆。

（4）D 是板背面电源连接器。

（5）E 很可能是网络交换机。

3. 前面板连接器

TPU2 前面板连接如图 3-39 所示。前面板连接看起来像一个 QSFP 网络连接器，两侧是 4 个以前从未见过的方形横截面连接器。IBM BlueLink 规范为每个方向定义了 200 个 16Gb/s 信号通道（总共 25 个通道），以实现最小 GB/s 配置（称为子链路）。谷歌是 OpenCAPI 的成员，也是 OpenPOWER Foundation 的创始成员，因此使用 BlueLink 是有道理的。

标签与电缆颜色匹配

图 3-39　TPU2 前面板连接

电路板前部中央的两个连接器看起来像带有铜双绞线束的 QSFP 型连接器，而不是光纤。这提供了两种选择，即 10Gb/s 以太网，或 100Gb/s 英特尔全路径架构（OPA）。两个 100Gb/s OPA 链路可以组合在一起，形成 25GB/s 的总双向带宽，这与 BlueLink 速度相匹配，因此认为它是 Omni-Path。

这些铜缆，BlueLink 或 OPA 都不能以最大信号速率运行超过 3m 或 10 英尺。互连拓扑将连接 CPU 和 TPU2 板的互连拓扑绑定在一起，物理跨度为 3m。谷歌使用颜色编码的电缆，这使组装更容易，而不易发生布线错误。最前面连接器下方与电缆颜色匹配的贴纸如图 3-39 所示，颜色编码表明，谷歌计划更大规模地部署这些 TPU2 图案标记。

白色电缆很可能是 1Gb/s 以太网系统管理网络。没有看到谷歌可以将管理网络连接到照片中的 TPU2 板的方法，但是，根据白色电缆的路由，确实假设谷歌将管理网络从后面连接到处理器板。也许处理器板可通过其 OPA 连接管理和评估 TPU2 板的运行状况。

谷歌的 TPU2 机架图案具有双边对称性。翻转处理器机架 D 以将其与处理器机架 A

进行比较,如图 3-40 所示。这两个机架是相同但彼此镜像的。两个翻转机架 C 的 TPU2 机架的比较,很明显机架 B 和 C 也是彼此的镜像,如图 3-41 所示。

图 3-40　将两个 CPU 机架与机架 D 翻转进行比较

图 3-41　两个翻转机架 C 的 TPU2 机架的比较

谷歌的照片中没有足够的布线来确定确切的互连拓扑,但它确实看起来像某种超网状互连。

相信 CPU 主板是标准的英特尔 Xeon 双插槽主板,适合谷歌的 1.5 英寸服务器外形。它们是当前一代的主板,因为它们具有 OPA,所以可能是 Skylake 板。相信它们是双插槽主板,因为还没有听说很多单插槽主板正在通过英特尔供应链的任何部分发货。随着 AMD 采用那不勒斯 Epyc x86 服务器芯片和高通采用 Centriq ARM 服务器芯片强调单插槽配置,这种情况可能会发生变化。

4. TPU2 光纤带宽

谷歌使用两根 OPA 电缆将每个 CPU 板恰好连接到一个 TPU2 板,以实现 25GB/s 的总带宽。这种一对一的连接回答了 TPU2 的一个关键问题——谷歌设计的 TPU2 图案与 TPU2 芯片与至强插座的比例为 1∶2。也就是说,每个双插槽至强服务器需要 4 个 TPU2 芯片。

TPU2 加速器与处理器的这种紧密耦合与深度学习训练任务中,GPU 加速器典型的 4∶1 到 6∶1 比率大不相同。2∶1 的低比例表明谷歌保留了原始 TPU 中使用的设计理念:TPU 在精神上更接近 FPU(浮点单元)协处理器,而不是 GPU。该处理器仍在谷歌的 TPU2 架构中做大量工作,但它正在将所有矩阵数学卸载到 TPU2 上。

在 TPU2 图案中看不到任何存储。架空追逐中的大束蓝色光缆的用途,如图 3-42 所示。数据中心网络连接到 CPU 板,没有光纤电缆路由到机架 B 和 C,TPU2 板上也没有网络连接。

图 3-42 谷歌数据中心其余部分的大量光纤带宽

每个机架有 32 个计算单元,无论是 TPU2 还是 CPU,每个图案上有 64 块 CPU 板和 64 块 TPU 板,总共 128 个 CPU 芯片和 256 个 TPU2 芯片。

谷歌表示,TensorFlow Research Cloud(TRC)包含 1 个 TPU000 芯片,但略有下降。4 个图案标记包含 21 个 TPU024 芯片,因此,4 个图案是谷歌已经部署了多少 TPU2 芯片的下限。在输入/输出期间发布的照片中可以看到 3 个(可能是 4 个)图案标记。

目前尚不清楚处理器对和 TPU2 芯片如何跨标记联合,以便 TPU2 芯片可以在超网状网络中的链路之间有效地共享数据。几乎可以肯定,TRC 不能跨越 4 个图案(256 个 TPU2 芯片)中的一个以上的单个任务。最初的 TPU 是一个简单的协处理器,因此处理器处理所有数据流量。在此体系结构中,处理器通过数据中心网络从远程存储访问数据。

也没有描述图案记忆模型。TPU2 芯片是否可以跨 OPA 使用远程直接内存访问(RDMA)从处理器板上的内存加载自己的数据?似乎很有可能。处理器板似乎也可能在整个标记中执行相同的操作,从而创建一个大型共享内存池。该共享内存池不会像机器共享内存系统原型中的内存池那样快,但是对于 25GB/s 的连接,它不会很慢,而且可能仍然很大,在两位数的 TB 范围内(每个 DIMM 16GB,每个处理器包含 8 个 DIMM,每个板包含两个处理器,

64 块板共 16TB 内存）。

据推测，在图案标记上安排一个需要多个 TPU2 的任务如下：

（1）处理器池应具有标记的超网状拓扑图，以及哪些 TPU2 芯片可用于运行任务。

（2）处理器组可以联合对每个 TPU2 进行编程，用以在连接的 TPU2 芯片之间显式地连接网格。

（3）每个处理器板将数据和指令加载到其配对的 TPU2 板上的 4 个 TPU2 芯片上，包括网状互连的流量控制。

（4）处理器在互连的 TPU2 芯片之间同步启动任务。

（5）任务完成后，处理器从 TPU2 芯片收集结果数据（该数据可能已通过 RDMA 存在于全局内存池中），并将 TPU2 芯片标记为可用于其他任务。

这种方法的优点是 TPU2 芯片不需要了解多任务处理、虚拟化或多租户——处理器的任务是处理整个标记中的所有内容。

这也意味着，如果谷歌提供云 TPU 实例作为谷歌云平台定制机器类型 IaaS 的一部分，则该实例必须同时包含处理器和 TPU2 芯片。

希望工作负载可以跨标记缩放，并保留超网格的低时延和高吞吐量。虽然研究人员可以通过 TRC 访问 1024 个 TPU2 芯片中的一些，但跨图案标记扩展工作负载似乎是一个挑战。研究人员可能有能力连接多达 256 个 TPU2 芯片的集群，因为云 GPU 能连接到 32 个互联设备（通过微软的 Olympus HGX-1 项目设计）。

5. 功耗散热处理

谷歌的第 1 代 TPU 在负载下的功耗 40W，同时以 16TOPS 的速率执行 23 位整数矩阵乘法。对于 TPU2，谷歌将运行速度提高了一倍，达到 2TFLOPS，同时通过升级到 16 位浮点运算来增加计算复杂性。粗略的经验法则是，功耗至少翻了两倍——TPU2 的功耗至少为 160W，如果它除了将速度提高一倍并移动到 FP16 之外什么都不做。散热器尺寸暗示功耗要高得多，高达 200W。

TPU2 板在 TPU2 芯片顶部有巨大的散热器。它们是多年来见过的最高的风冷散热器。它们具有内部密封液体循环。将 TPU2 散热器与早前数据的最大可比散热器进行比较，如图 3-43 所示。

A 是 4 个 TPU2 主板侧视图，B 是双 IBM Power9 Zaius 主板，C 是双 IBM Power8 Minsky 主板，D 是双 Intel Xeon Facebook Yosemite 主板，E 是 NVIDIA P100 SMX2 模块，带有散热器和 Facebook Big Basin 主板。

这些散热器的尺寸暗示每个功耗超过 200W。很容易看出，它们比原始 TPU 上的 40W 散热器大得多。这些散热器填充了两个谷歌垂直 1.5 英寸的谷歌外形单元，因此它们几乎有 3 英寸高（谷歌机架单元高度为 1.5 英寸，比行业标准的 1.75 英寸 U 型高度略短）。可以肯定的是，每个 TPU2 芯片也有更多的内存，这有助于提高吞吐量并增加功耗。

此外，谷歌从为单个 TPU 芯片供电的 PCI 总线（PCI 总线插槽为 TPU 卡供电）转向 4 个 TPU2 板设计，共享双 OPA 端口和交换机，以及每个 TPU2 芯片两个专用的 BlueLink

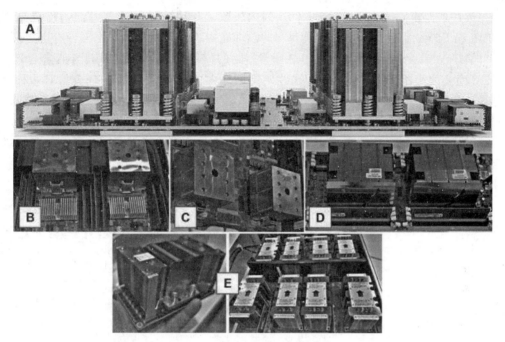

图 3-43 并行处理器中的散热器

端口。OPA 和 BlueLink 都增加了 TPU2 板级功耗。

谷歌的开放计算项目机架规格显示了 6kW、12kW 和 20kW 的供电曲线。20kW 的配电支持 90W 的 CPU 处理器插槽。可以估计,随着 Skylake 一代至强处理器和 TPU2 芯片处理大部分计算负载,机架 A 和 D 可能使用 20kW 的电源。

机架 B 和 C 是另一回事。30kW 的功率输送将为每个 TPU200 插座提供 2W 的电力。每个机架的功率为 36kW,可为每个 TPU250 插座提供 2W 的功率。36kW 是一种常见的高性能计算能力传输规范。可以认为,每个芯片 250W 的功耗也是谷歌为上面显示的巨大 TPU2 散热器付费的唯一原因,因此,单个 TPU2 图案标记的功率输出,可能在 100~112kW 的范围内,并且可能更接近较高的数字。

这意味着,TRC 在满负荷运行时消耗近半兆瓦的电力。虽然部署 4 个图案用于研究的成本很高,但这是一次性的资本支出,不会占用很多数据中心空间,然而,半兆瓦的电力是一笔巨大的运营费用,可以持续用于学术研究,即使对于谷歌这样规模的公司也是如此。如果 TRC 在一年内仍在运行,则表明谷歌正在认真地为其 TPU2 寻找新的用例。

一个 TPU2 图案包含 256 个 TPU2 芯片。每个 TPU45 芯片 2 TFlops 时,每个图案可产生总计 11.5 PFlops 的深度学习加速器性能。这令人印象深刻,即使它确实是 FP16 的峰值性能。深度学习训练通常需要更高的精度,因此 FP32 矩阵乘法性能可能是 FP16 性能的四分之一,或每个图案标记约 2.9 PFlops 和整个 TRC 的 11.5 FP32 PFlops。

在峰值性能下,这意味着整个标记中的 FP100 操作每瓦 115 GFlops 到 16 GFlops(不包括 CPU 性能贡献或位于标记外部的存储)。

在英特尔披露双插槽 Skylake 一代至强内核数量和功耗配置后,可以计算至强处理器的 FP16 和 FP32 性能,并将其添加到每瓦的总性能中。

目前还没有足够的关于谷歌 TPU2 图案行为的信息,无法可靠地将其与英伟达新一代 Volta 等商业加速器产品进行比较。这些架构差异太大,如果不在同一任务上对两种架构进行基准测试,就无法进行比较。比较峰值 FP16 的性能,就像仅根据处理器的频率比较,具有不同处理器、内存、存储和图形选项的两台 PC 的性能。

可以认为真正的竞争不是在芯片层面。挑战在于将计算加速器扩展到百万兆次级比例。英伟达通过 NVLink 迈出第 1 步,并追求与处理器更大的加速器独立性。英伟达将其软件基础设施和工作负载基础从单个 GPU 扩展到 GPU 集群。

谷歌选择将其原始 TPU 扩展为直接连接到处理器的协处理器。TPU2 还可以横向扩展为处理器的直接 2∶1 加速器,但是,TPU2 超网格编程模型似乎没有可以很好地缩放的工作负载,然而,谷歌正在寻找第三方帮助,以查找可与 TPU2 架构一起扩展的工作负载。

CUDA 原理与开发示例

4.1 CUDA 平台的 GPU 硬件架构

CUDA(Compute Unified Device Architecture)是显卡厂商英伟达推出的运算平台。CUDA™ 是一种由英伟达推出的通用并行计算架构,该架构使 GPU 能够解决复杂的计算问题。它包含了 CUDA 指令集架构(ISA)及 GPU 内部的并行计算引擎。开发人员可以使用 C 语言来为 CUDA™ 架构编写程序,所编写出的程序可以在支持 CUDA™ 的处理器上以超高性能运行。从 CUDA 3.0 开始已经支持 C++ 和 FORTRAN。

4.1.1 CPU 内核组成

1. CPU 内核介绍

CPU 内核组成如图 4-1 所示。

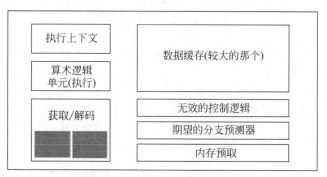

图 4-1 CPU 内核组成

2. CPU 瓶颈

以前,芯片的更新遵循摩尔定律:芯片的集成密度每 2 年翻一番,成本下降一半,但现在同样面积下晶体管的数量越来越多,芯片的能量密度越来越高,散热问题越来越严重,而且芯片的运算效率越高,需要读取的数据量越大,要求存储设备的读写速度越来越快,传统的单核处理器遇到物理约束,时钟频率(Perf/Clock)无法保持线性增长。

4.1.2　GPU 内核组成

由于 CPU 的多种瓶颈,只能向多核并行系统发展,因而产生了 GPU(Graphics Processing Unit)。由于 GPU 只执行简单任务,因此,可以将上述复杂的流水线去掉,进行精简优化,得到 GPU 的内核组成,这样在执行单一指令流时可以更快,如图 4-2 所示。

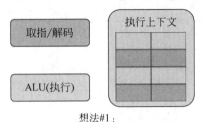

图 4-2　GPU 的内核执行单一指令流时可以更快

GPU 更关注计算,因此通过将多核组合在一起来增加 ALU 部分核数,而多核之间需要通信,因此增加了共享内存部分,CUDA 核结构如图 4-3 所示。

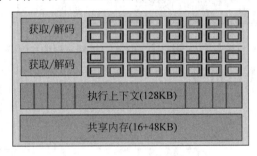

图 4-3　CUDA 核结构

每个小方块代表一个 CUDA 核,也叫 Streaming Processor(SP),它在每个时钟周期执行一次乘加指令。

CPU 和 GPU 芯片结构对比如图 4-4 所示。

GPU 将更多的空间分配给 CUDA 核,以空间换时间,提高并行度,以便加速度计算。

4.1.3　GPU 组成示例

由多个 Streaming Multiprocessor(SM)组成的 GA 100 的结构图如图 4-5 所示。

每个 SM 的架构如图 4-6 所示。

一个 GPU 中有 128 个 SM 和 8 个 GPC,每个 GPC 有 8 个 TPC,每个 TPC 有两个 SM,因此,每个 GPC 中有 16 个 SM。

每个 SM 中有 64 个 FP32 的 CUDA 核,一个 GPU 中有 8192 个 FP32 CUDA 核。每个 SM 中有 4 个 3 代张量核,一个 GPU 中有 512 个 3 代张量核。

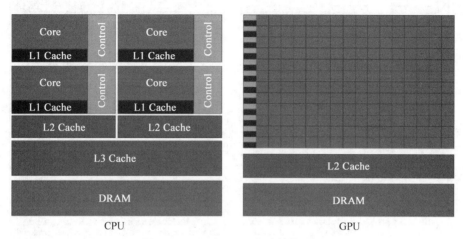

图 4-4　CPU 和 GPU 芯片结构对比

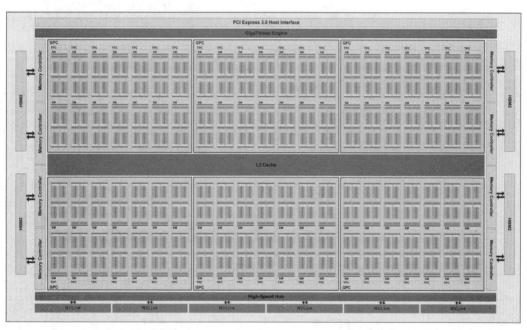

图 4-5　由多个 SM 组成的 GA 100 的结构图

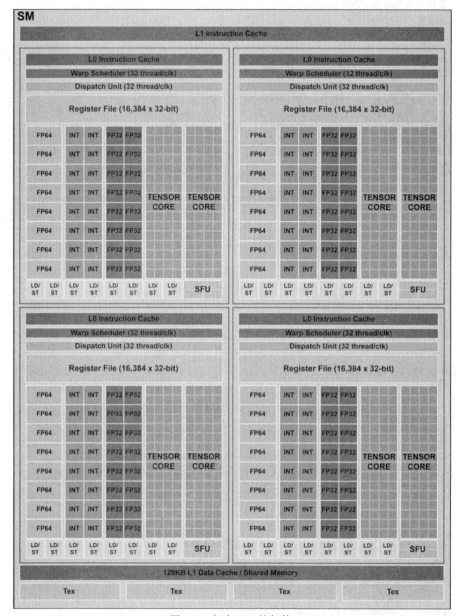

图 4-6　每个 SM 的架构

4.2　CUDA 原理概述

4.2.1　异构计算

异构计算就是计算机进行计算时会将不同的内容放到不同的设备进行计算。将大部分计算密集的任务放到 GPU,虽然代码量可能较少,但是消耗的时间较长,此外将整体的逻辑控制放到 CPU。定义在不同设备的变量,也会做相应的标注,如后缀 h、d 等。

异构计算在高性能计算方面已经成为主流,通常会使用 GPU 解决计算密集型任务。

4.2.2　CUDA 程序编写

把输入数据从 CPU 内存复制到 GPU 显存。因为 GPU 无法访问常规的 CPU 内存,所以只能先在 CPU 准备好数据,再传输给 GPU。在 GPU 和 CPU 上运行的代码,即并行代码和串行代码是写在一起的,通常程序都会遵循以下步骤,如图 4-7 所示。

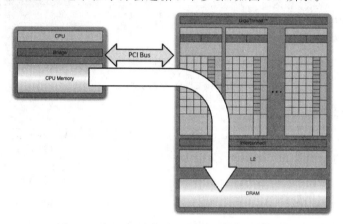

图 4-7　从 CPU 内存将数据复制到 GPU 显存

在执行芯片上加载 GPU 程序并执行,GPU 会将数据从显存读取到内核芯片进行计算,如图 4-8 所示。

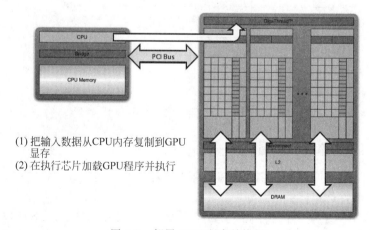

图 4-8　部署 GPU 程序并执行

将计算结果从 GPU 显存中复制到 CPU 内存中。GPU 会将计算结果从芯片写回 GPU 显存,再传给 CPU,如图 4-9 所示。

CUDA 有一些自己的关键字。

(1) 变量定义:需要指定在 GPU 上。

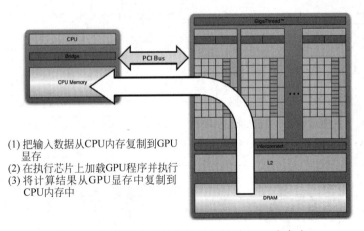

图 4-9　从 GPU 中将计算结果复制到 CPU 内存中

（2）线程的操控。

（3）同步：由于是异构计算，CPU 不确定 GPU 何时完成计算，因此需要同步。

需要定义函数设备执行__global__、__device__、__host__这 3 种关键字，计算能力并不是指性能多强，更多的是指架构。

核函数调用的示例如图 4-10 所示。

```
// Kernel definition
__global__ void VecAdd(float* A, float* B, float* C)       核函数(Kernel function)
{
    int i = threadIdx.x;
    C[i] = A[i] + B[i];
}

int main()
{
    ...
    // Kernel invocation with N threads
    VecAdd<<<1, N>>>(A, B, C);                             调用核函数(Kernel function)
    ...
}
```

执行设置(execution configuration)
定义调用了多少个线程

图 4-10　核函数调用的示例

4.2.3　CUDA 程序编译

具体编译过程如图 4-11 所示，C++预处理器将程序分成两部分。虚线框的右边是 GPU 编译，左边是正常的 C 编译。

右边首先将分离出来的代码用 cicc 编译生成 ptx 代码，.ptx 是一个稳定的编程模型，或者说是一个指令集，它是一个虚拟架构的汇编产物，可以跨多种架构的多个 GPU，优化编译，可以生成不同的 GPU 代码。GPU 有很多代，各代之间有较大差异。为了保证各代之间的兼容，需要一个虚拟架构，可以针对不同代的 GPU 适配性编译，再生成 cubin 文件。最后将不同版本不同架构的生成的文件合成在一起，得到 fatbinary。

左边首先是在 CPU 正常的代码编译，然后通过 cudafa++将刚才 GPU 编译的库加载进

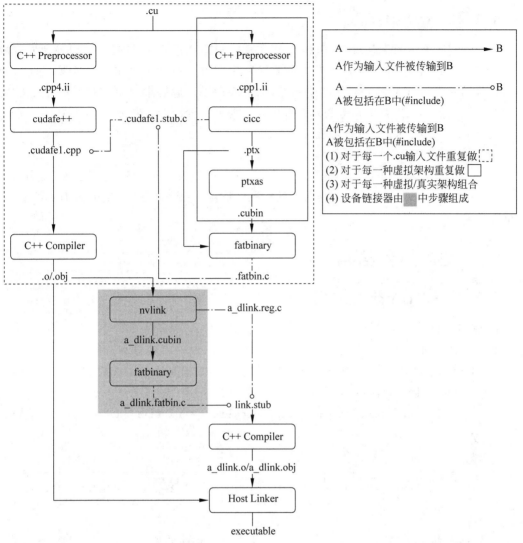

图 4-11 CUDA 具体编译过程

来,生成.o 或.obj 文件。

最后将所有内容编译连接得到可执行程序。

上述过程实际通过 nvcc 命令并指定一些参数就可以得到可执行文件。

nvcc 编译时需要注意设备架构,设备真实架构和设备虚拟架构通常用 GPU 体系结构和 GPU 代码区分。真实架构就是实际代码所运行的设备,用 GPU 代码定义,虚拟架构就是上面说的 ptx 代码,用 GPU 体系结构定义,注意,GPU 体系结构的版本一定要低于 GPU 代码的版本。因为虚拟的版本低,所以可以在一个高版本的真实架构运行,但是高版本虚拟架构无法在低版本真实设备上运行。

4.2.4　NVPROF

内核时间线输出的是以 GPU 内核为单位的一段时间的运行时间线,可以通过它观察 GPU 在什么时候闲置,或者利用不够充分的行为,以便更准确地定位和优化问题,还可以对数据传输和一些 API 调用的时间线进行绘制。NVPROF 是英伟达提供的用于生成 GPU 时间线的工具,其为 CUDA 工具箱的自带工具。使用的命令为 nvprof-o out. nvvp a. exe,可以结合 nvvp 或者 nsight 进行可视化分析。

NVPROF 有以下不同的模式。

(1) gpu-trace 模式:可以查看函数的资源占用情况,以及吞吐量等,便于程序性能分析。

(2) api-trace:可以查看 API 调用情况。不仅是自己程序的 API 调用,还有 CUDA 内部的接口调用。

4.3　CUDA 线程结构

4.3.1　CUDA 线程索引

1. 索引计算

如图 4-12 所示,第 1 行是一个 warp,有 32 个线程,块中将其分为 4 组,每组有 8 个线程,threadIdx. x 代表组内的索引,blockIdx. x 代表组索引,blockDim. x 代表每组线程的个数,本例中是 8 个,因此,计算的索引如下:

$$int\ index = threadIdx. x + blockIdx. x * blockDim. x;$$
$$=\quad\quad 5\quad\quad +\quad\quad 2\quad\quad *\quad\quad 8;$$
$$=21;$$

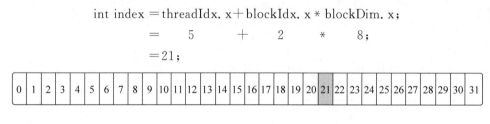

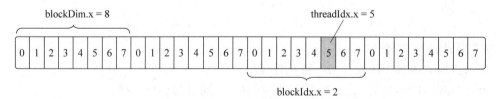

图 4-12　索引计算过程

2. CPU 执行改为 GPU 执行

CPU 执行一段代码的示例,在 for 循环中串行执行加法,如图 4-13 所示。

在 GPU 执行同样的功能代码时,可以多个线程并行执行加法,提高效率,在不同线程上分配不同数据的示例,如图 4-14 所示。

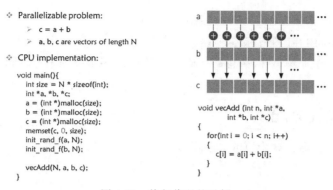

图 4-13　执行代码的示例

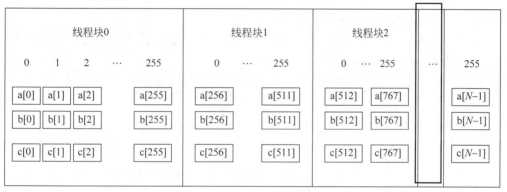

work index i = threadIdx.x + blockIdx.x * blockDim.x;

图 4-14　多个线程并行执行过程

改写成 GPU 执行的代码分 5 个步骤，如图 4-15 所示。

（1）分配 GPU 内存（图中标注 1）。

（2）从 CPU 将数据复制到 GPU（图中标注 2）。

（3）调用 CUDA 内核（图中标注 3）。

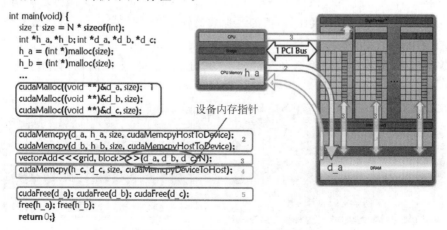

图 4-15　GPU 执行代码的过程

（4）从 GPU 将结果复制到 CPU（图中标注 4）。

（5）释放 GPU 内存（图中标注 5）。

这样，在 CPU 中循环 N 次执行的代码，在 GPU 的多个线程中可以同时分别执行一次，效率提升了。

4.3.2　线程分配

这里是否有最优值？这个值的设置没有一个最优值，需要根据实际运行的程序进行调整，例如设置如下：

```
block_size = 128;
grid_size = (N + block_size - 1)/ block_size;
```

其中，grid_size 需要确保分配的大小是充足的。

可以申请的最大线程数是多少呢？每个块可以申请的最大线程数是有限制的，在设备查询中可以查到，如图 4-16 所示。

```
Total amount of shared memory per block:        49152 bytes
Total number of registers available per block: 65536
Warp size:                                      32
Maximum number of threads per multiprocessor:  2048
Maximum number of threads per block:            1024   每个块的最大线程数
Max dimension size of a thread block (x,y,z): (1024, 1024, 64)每个维度的最大线程数
Max dimension size of a grid size     (x,y,z): (2147483647, 65535, 65535)
```

图 4-16　在设备查询中查到每个块可申请的最大线程数

倒数第 3 行每个块可以设置的最大线程数是 1024，倒数第 2 行一个块的每个维度可以设置的最大线程数分别是 1024、1024、64，但是 3 个维度线程数的乘积不能大于 1024，例如将 x 维度设置为 1024，则后两个维度只能设置成 1 和 1。

实际中应该申请多少个线程呢？

前面提过，32 个线程组成一个 warp，实际上，在 GPU 中，硬件也是以 32 为单位组成一个 warp 的，warp 是一个 SM 执行的基本单元，因此，无论申请 1 个线程还是申请 32 个线程，硬件都会分配一个 warp，因此，申请的线程数最好是 32 的倍数，这样可以最有效地利用线程，减少不必要的浪费。

若数据过大，线程不够用怎么办？例如，一共分配 $2 \times 4 = 8$ 个线程，实际上有 32 个数据，如图 4-17 所示。

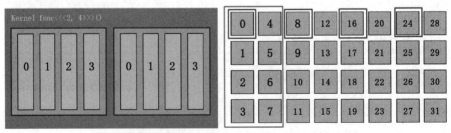

图 4-17　数据过大的线程分配方式（见彩插）

可以参考下面的代码执行,用 for 循环。图 4-17 中的蓝色框是一次循环时 8 个线程执行的数据,红色框代表索引值为 0 的线程处理的数据,当循环 4 次时,可以完成 32 个数据运算,代码如下:

```
//第 4 章/thread add.c
__global__ add(const double * x, const double * y, double * z, int n)
{
    int index = blockDim.x * blockIdx.x + ThreadIdx.x;
    int stride = blockDim.x * gridDim.x;
    for(; index < n; index += stride)
            z[index] = x[index] + y[index];
}
```

4.4　CUDA 存储单元及矩阵乘法

4.4.1　GPU 的存储单元

GPU 的存储单元分为两大类,如图 4-18 所示。

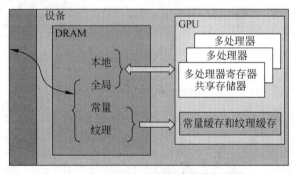

图 4-18　在 GPU 芯片内部读取数据的方法

(1) 板子上芯片周围的显存颗粒,读取速度相对较慢,包括本地内存、全局内存、固定内存、纹理内存。

(2) GPU 芯片内部的内存,读取速度相对快,如寄存器共享内存。

双向箭头表示可以读写,单向箭头表示只能读,如图 4-19 所示。这些内存可以进一步细分:

(1) 可读可写内存。

寄存器、本地内存:这是线程私有内存,供每个线程私有访问。

共享内存:表示一个块内的线程都可以访问,可以供数据共享通信。

全局内存:表示每个线程都可以读写。

(2) 只读内存:固定内存,其中纹理内存每个线程都可以读。

全局内存、固定内存、纹理内存和主机之间都可以通过通信读写。通常显卡说明书上写的显存大小指的是全局内存。

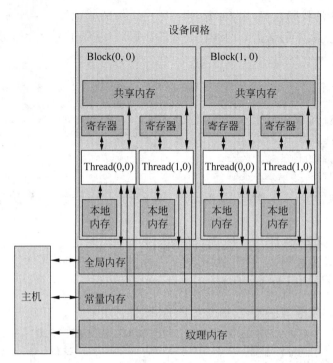

图 4-19　主机与设备内存进行数据交互

4.4.2　GPU 存储单元的分配与释放

1. CPU 和 GPU 之间的内存 copy 函数

CudaMemcpy(void ＊ dst,const void ＊ src,size_t count,cudaMemcpyKind kind),各参数的含义如下。

（1）dst：目标内存地址。

（2）src：源内存地址。

（3）count：要复制的字节大小。

（4）kind：复制方向。

复制方向参数 cudaMemcpyKind 的类型包括 cudaMemcpyHostToDevice、cudaMemcpyDeviceToHost、cudaMemcpyDeviceToDevice、cudaMemcpyHostToHost 这 4 种。

2. 申请 GPU 存储单元

当要为一个方阵 M(m ＊ m)申请 GPU 的存储单元时,可以使用下面的函数。

cudaMalloc((void ＊＊)&d_m,sizeof(int) ＊ m ＊ m),参数含义如下。

（1）d_m：指向存储在设备端数据的地址的指针。

（2）sizeof(int) ＊ m ＊ m：存储在设备端空间的大小。

这里需要注意（void）双重指针 ＊＊,由于 cudaMalloc 函数返回类型是错误类型 cudaError_t,因此分配的内存地址只能由参数传入,修改后返回。当在函数里修改这个值时,需要传入这个值的地址,因此,需要一个指针指向这个地址,而分配内存时返回一个指针,指向分配地址,这个指针为指向指针的指针。

3. 释放 GPU 申请的存储单元函数

函数为 cudaFree(d_m),其中,d_m 指向存储在设备端数据的地址的指针。

4. 从 CPU 内存传输到 GPU 存储单元

实现该功能的函数为 cudaMemcpy(d_m,h_m,sizeof(int) * m * m,cudaMemcpyHostToDevice),各参数的设置如下。

(1) d_m:传输的目的地,GPU 存储单元。

(2) h_m:数据的源地址,CPU 存储单元。

(3) sizeof(int) * m * m:数据传输的大小。

(4) cudaMemcpyHostToDevice:数据传输的方向,从 CPU 到 GPU。

5. 从 GPU 存储单元传输到 CPU 内存

当完成计算后将数据从 GPU 存储单元传输到 CPU 的内存时,函数为 cudaMemcpy(h_c,d_c,sizeof(int) * m * k,cudaMemcpyDeviceToHost),注意这里的传输方向。

4.4.3 矩阵相乘样例

1. CPU 计算方式

假如要计算矩阵相乘 $P = M \times N$,其中 M 矩阵的维度为 $m \times n$,N 矩阵维度为 $n \times k$,则 P 矩阵的维度为 $m \times k$。CPU 执行该程序,代码如下:

```
//第 4 章/matrix multiplication.c
void cpu_matrix_mult(int * h_m, int * h_n, int * h_result, int m, int n, int k)
{
    for(int i = 0; i < m; ++i)
    {
        for(int j = 0; j < k; ++j)
        {
            int tmp = 0;
            for(int h = 0; h < n; ++h)
            {
                tmp += h_m[i * n + h] * h_n[h * k + j];
            }
            h_result[i * k + j] = tmp;
        }
    }
}
```

其中,i 是 M 矩阵的行索引,j 是 N 矩阵中的列索引,h 是 N 矩阵的行索引,i 和 j 同时也是 P 矩阵的元素索引,具体计算过程如下:

(1) M 矩阵的第 i 行乘以 N 矩阵中的第 j 列,得到 P 矩阵的第 i 行 j 列个数据(n 次乘加)。

(2) 步骤(1)中 N 矩阵 j 从 0 到 $k-1$ 重复 k 次,得到 P 矩阵的第 i 行 k 个列的所有数据(k 次乘加)。

（3）M 矩阵的 i 从 0 到 $m-1$ 重复 m 次，得到 P 矩阵的 m 个行，k 个列的所有数据（m 次乘加）。

因此，执行一次矩阵相乘需要计算 $m \times n \times k$ 次乘加。

2. GPU 优化方式

CUDA 优化是用空间换时间，去掉步骤（2）和步骤（3）的两维循环，将矩阵的每个值由二维表示转换为一维表示，每个位置在全局有唯一索引，如图 4-20 所示。

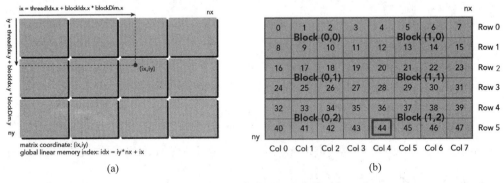

图 4-20　CUDA 优化是用空间换时间

图 4-20(a) 是一个网格，每个位置索引是 (ix, iy)，其中 ix = blockIdx.x * blockDim.x + threadIdx.x，iy = blockIdx.y * blockDim.y + ThreadIdx.y。在图 4-20(b) 的一个网格中，x 方向有 2 个块，y 方向有 3 个块，共 6 个块，x 方向有 8 个线程，nx=8。在每个块中，x 方向有 4 个线程，y 方向有 2 个线程，共 8 个线程。

对于方框中的元素，y 方向块在网格中的索引是 2，blockIdx.y=2；对于每个块，y 方向有 2 个线程，因此 blockDim.y 是 2，在 1 个块中，该位置的线程索引是 1，ThreadIdx.y=1，x 方向的计算同理，因此 iy = blockIdx.y * blockDim.y + ThreadIdx.y = (2×2)+1=5；ix = blockIdx.x * blockDim.x + ThreadIdx.x = (14+0)=4。

将网格中的第 iy 行第 ix 列转换到一维索引 = iy×nx+ix = 5×8+4=44。

将一个网格用二维索引详细表示，第 1 张图的坐标是相对于每个块的索引值，如图 4-21 所示。

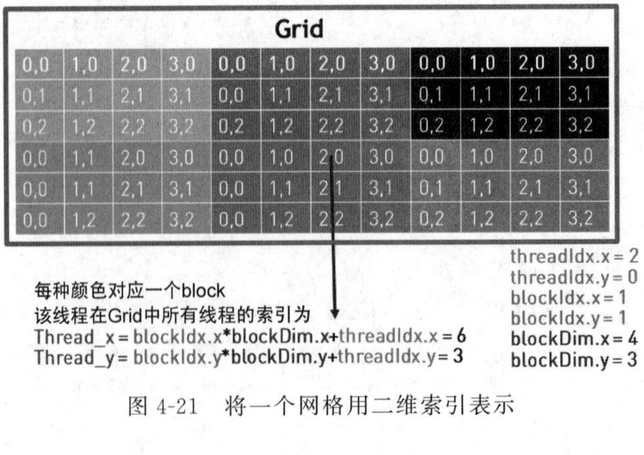

图 4-21　将一个网格用二维索引表示

当把整个网格对应到一个矩阵时,每个坐标是相对于整个网格的索引值,如图 4-22 所示。

上述转换和具体线程对应图如图 4-23 所示。一方面,一个内核网格计算 Pd,每个线程计算 Pd 的一个元素;另一方面,每个线程都会执行以下操作:

(1) 读入矩阵 Md 的一行。

(2) 读入矩阵 Nd 的一列。

(3) 为每对 Md 和 Nd 元素执行一次乘法和加法运算。

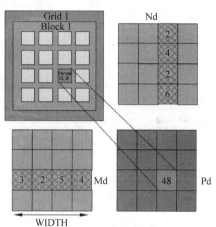

而该线程在Grid中所有线程的索引正好对应到矩阵的坐标。
该线程在Grid中所有线程的索引为
Thread_x = blockIdx.x*blockDim.x+threadIdx.x = 6
Thread_y = blockIdx.y*blockDim.y+threadIdx.y = 3

图 4-22 把整个网格对应到一个矩阵   图 4-23 转换和具体线程执行过程

具体的实现过程,代码如下:

```
//第 4 章/ gpu_matrix_mult.c
__global__void gpu_matrix_mult(int * M, int * N, int * P, int m_size, int n_size, int k_size)
{
    int row = threadIdx.y + blockIdx.y + blockDim.y;
    int col = threadIdx.x + blockIdx.x + blockDim.x;
    int sum = 0;
    if(col < k_size && row < m_size)
    {
        for(int i = 0; i < n_size; i++)
        {
            sum += M[row * n_size + i] * N[col + i * k_size];
        }
        P[row * k_size + col] = sum;
    }
}
```

代码中的第 3~4 行计算出当前执行的线程在所有线程中的坐标 row 和 col;第 6~13 行 if 条件中的代码用于读取 **M** 矩阵的一行和 **N** 矩阵的一列,并做乘积累加。

4.5 CUDA 错误检测与事件

4.5.1 CUDA 运行时的错误检测函数

1. 为什么要使用错误检测函数

CUDA 通常有两类错误:

(1) CUDA 操作后立刻返回的瞬时错误,常见的有 cudaMalloc 的参数错误(如当要求分配 100GB 显存时分配失败),与内核的启动配置错误(如要求启动 1025 个线程的块),这些错误都会立刻返回。例如,下面代码的错误类型 1 处,内核的启动配置错误应立即返回 CPU。

(2) 在 CUDA 操作的执行过程中,未来将会发生的错误,例如,下面代码的错误类型 2 处的异步错误。前面提过,CUDA 是异构计算,CPU 和 GPU 各自独立执行任务,CPU 端调用核函数后,继续执行主线程的程序,无法确认 GPU 端是否执行正确,因此,在下一次的同步调用时返回之前的异步错误,这样 CPU 端就可以了解 CUDA 核函数是否被成功地执行了,代码如下:

```
//第 4 章/cuda asynchronous errors.c
__global__void hello()
{
  printf("thread_id( % d, % d)block_id( % d, % d)coordinate( % d, % d)\n"
    "global index % 2d \n", ThreadIdx.x, ThreadIdx.y, blockIdx.x, blockIdx.y, ix, iy, idx);
}
int main()
{
    hello <<< 1, 1025 >>>(); //错误,这里不能大于 1024
    //错误检测函数, 错误类型 1
    cudaError_t error = cudaGetLastError();
    if(error != cudaSuccess)
    {
        printf("CUDA error: % s\n",cudaGetErrorString(err));
        exit( - 1);
    }
    printf("I am the CPU:Hello World!\n");
    cudaError_t err = cudaDeviceSynchronize();
    //错误类型 2
    if(err != cudaSuccess)
    {
        printf("cudaDeviceSynchronize
error: % s\n",cudaGetErrorString(err));
        exit( - 1);
    }
}
```

如上面的示例代码,若没有中间的错误检测函数,主程序输出 I am the CPU:Hello World!。主程序并不知道 CUDA 出错,而在增加错误检测后,主程序获知 CUDA 出错的原因,并退出程序,方便调试。

2. 几种检测函数

CUDA 有下面几个错误检测函数,其中第 3 个第 4 个都用于返回最新的误差,区别是对于一些可恢复的错误(例如,切换参数重新调用一些 API),第 3 个可以复位成 success 进行挽救。这样程序可以继续往下执行,第 4 个获取误差并不修改或者删除它,这样在后面的其他错误处理过程中还可以继续得到这个错误。

注意,对于一些不可恢复的错误(例如,因内核访存原因挂掉,此时 CUDA 上下文将会失效),此时立刻终止是最好的选择,不能重置,代码如下:

```
//第 4 章/suspend.c
__host____device__const char * cudaGetErrorName(cudaError_t error)
//返回错误代码枚举名称的字符串表示
__host____device__const char * cudaGetErrorString(cudaError_t error)
//返回错误代码的描述字符串
__host____device__cudaError_t cudaGetLastError(void)
//返回运行时调用得最新错误
__host____device__cudaError_t cudaPeekAtLastError(void)
//返回运行时调用得最新错误
```

3. 使用方法示例

下面是一个使用方法的示例,需要时直接调用 CHECK 宏即可。注意,该宏检测到错误后打印错误信息就退出了,因此需要重置上述的可恢复错误,不能直接调用,代码如下:

```
//第 4 章/non-repeat-preprocessing.c
//这里是一个预处理命令,其作用是确保当前文件在一个编译单元中不被重复包含
#pragma once
#include <stdio.h>
#define CHECK(call)
do
{
    const cudaError_t error_code = call;
    if(error_code != cudaSuccess)
{
    printf("CUDA Error:\n");
      printf("File:    % s\n",__FILE__);
      printf("Line:    % d\n",__LINE__);
      printf("Eror code:    % d\n",error_code);
      printf("Eror text:    % s\n",cudaGetErrorString(error_code));
      exit(1);
    }
} while(0);
CHECK(cudaMemcpy(d_b, h_b, sizeof(int) * n * k,cudaMemcpyHostToDevice));
```

4.5.2　CUDA 中的事件

当使用 CUDA 时,通常希望对程序进行计时,以便对比加速前后的效果,虽然 CPU 计时器也可以使用,但由于 GPU 异步执行,计时可能不准确,因此,最好使用 CUDA 事件。

CUDA 事件本质上是一个 GPU 时间戳,它在用户指定的位置记录。由于 GPU 本身支持记录时间戳,因此,当使用 CPU 定时器来统计 GPU 执行时间时,就避免了可能遇到的诸多问题,从而使结果更准确。

1. 常用函数

常用函数的代码如下:

```
//第 4 章/common functions.c
__host__cudaError_t cudaEventCreate(cudaEvent_t * event)
//创建事件对象
__host__device__cudaError_t cudaEventCreateWithFlags(cudaEvent_t * event, unsigned int flags)
//创建特定标志的事件对象
__host__device__cudaError_t cudaEventDestroy(cudaEvent_t event)
//消除事件对象
__host__cudaError_t cudaEventElapsedTime(float * ms, cudaEvent_t start, cudaEvent_t end)
//计算事件之间的耗时
__host__cudaError_t cudaEventQuery(cudaEvent_t event)
//查询事件状态
__host__device__cudaError_t cudaEventRecord(cudaEvent_t event, cudaStream_t stream = 0)
//记录事件
__host__cudaError_t cudaEventRecordWithFlags(cudaEvent_t event, cudaStream_t stream = 0, unsigned int flags = 0)
//记录事件
__host__cudaError_t cudaEventSynchronize(cudaEvent_t event)
//等待事件完成
```

2. 使用方法

CUDA 的 event 在使用时通常有以下步骤,代码如下:

```
//第 4 章/cuda event.c
//声明
cudaEvent_t event;
//创建
cudaEvent_t cudaEventCreate(cudaEvent_t * event);
//销毁
cudaEvent_t cudaEventDestroy(cudaEvent_t event);
/* 将事件添加到当前执行流:
cudastream 相当于一条条执行队列,例如调用一次 CUDA 通常有数据复制、核函数调用、结果返回,这
样一个完整的队列可以称为一个 stream,可以将 event 插入不同的流中。 */
/* cudaEvent_t cudaEventRecord(cudaEvent_t event, cudaStream_t stream = 0);cudaEventRecord()
被视为一条记录当前时间的语句,并且把这条语句放入 GPU 的未完成队列中。因为直到 GPU 执行完
了在调用 cudaEventRecord()之前的所有语句时,事件才会被记录下来,且仅当 GPU 完成了之前的工
作并且记录了 stop 事件后,才能安全地读取 stop 的时间值。 */
//等待事件完成,设立 flag
cudaEvent_t cudaEventSynchronize(cudaEvent_t event);    //阻塞
cudaError_t cudaEventQuery(cudaEvent_t event);          //非阻塞
/* 阻塞是指调用可能被卡住,不能继续往下执行,直到特定的状态满足时才能继续(例如事件已经
完成记录),非阻塞是指调用者查询了一下 event 的状态(完成还是未完成),不会卡住而影响执行。
对两个已经发生/完成的事件的时刻值 start 和 end 求差,得到时间间隔。 */
cudaError_t cudaEventElapsedTime(float * ms, cudaEvent_t start, cudaEvent_t stop);
```

4.6　多种 CUDA 存储单元

前面简单地介绍过多种内存的联系和区别,本节将进行详解。内存、线程、块、网格的关系图如图 4-24 所示。

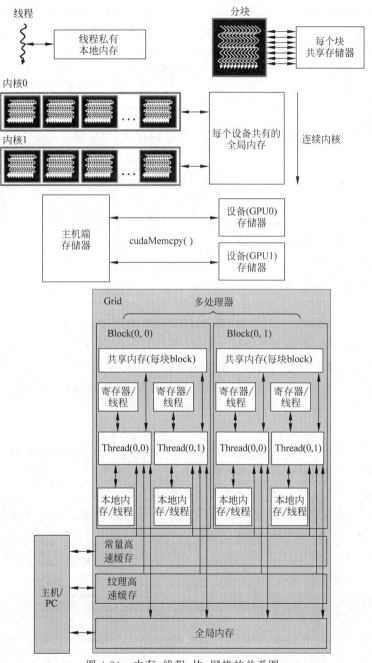

图 4-24　内存、线程、块、网格的关系图

1．寄存器

寄存器是 GPU 最快的内存,内核中没有什么特殊声明的自动变量都是放在寄存器中的。当数组的索引是固定类型且在编译期能被确定时就是内置类型,数组也被放在寄存器中。

（1）寄存器变量是每个线程私有的,一旦线程执行结束,寄存器变量就会失效。

（2）寄存器是稀有资源。应省着点用,以便让更多的块驻留在 SM 中;运行的块数量越多,并行化越好;增加占有率,执行效率就越高。

（3）寄存器最大容量可以设置大小。

（4）不同设备架构,数量不同。

2．共享内存

用__shared__修饰符修饰的变量存放在共享内存中,其有以下几个特点:

（1）在片上。

（2）拥有高的多带宽和低很多的延迟,共享内存速度接近寄存器。

（3）同一个块中的线程共享一块共享内存。

（4）__syncthreads()同步,共享内存是多个线程共享,因此需要同步。

（5）比较小,要节省着使用,不然会限制活动 warp 的数量。

3．本地内存

一旦寄存器不够,将用本地内存来替代。

4．内存

内存有以下几个缺点:

（1）无法确定其索引是否为常量的数组。

（2）会消耗太多寄存器空间的大型结构或数组。

（3）内核可能使用了多于可用寄存器的任何变量(也称为寄存器溢出)。

（4）--ptxas -options＝-v。

5．固定内存

固定内存空间驻留在设备内存中,并缓存在固定缓存中(Constant Cache)。

（1）固定的范围是全局的,针对所有内核。

（2）在同一个编译单元,固定内存对所有内核可见。

（3）内核只能从固定内存读取数据,因此,必须在主机端调用以下函数用来初始化: cudaError_t cudaMemcpyToSymbo(const voidsymbo,const voidsrc,size_t count);。

（4）当一个 warp 中所有线程都从同一个内存地址读取数据时,固定内存的表现会非常好,会触发广播机制。

6．纹理内存

纹理内存的特点如下:

（1）纹理内存驻留在设备内存中,并且使用一个只读 cache。它实际上也是全局内存的一块,但它有自己专有的只读 cache。

（2）纹理内存也是在片上缓存的，因此，相比从芯片外的 DRAM 上获取数据，纹理内存可以通过减少内存请求来提高带宽。

（3）纹理内存是专门为那些在内存访问模式中存在大量空间局部性（Spatial Locality）的图形应用程序而设计的。在某个计算应用程序中，一个线程读取的位置可能与邻近线程的读取位置非常接近。

从数学的角度来看，4 个地址并非连续的，在一般的 CPU 缓存中，这些地址将不会缓存，如图 4-25 所示，但由于 GPU 纹理缓存是专门为了加速这种访问模式而设计的，因此，如果在这种情况中使用纹理内存，而不是全局内存，则将会获得性能上的提升。

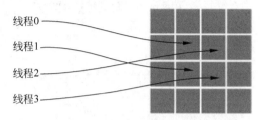

图 4-25　4 个并非连续的、不会缓存的地址

7. 全局内存

全局内存空间最大，延迟最高，是 GPU 最基础的内存。

（1）驻留在设备内存中。

（2）内存事务对齐，合并访存。

由于全局内存合并访存的特性，每次会读取 32 个数据，若只使用一个数据，则其他的数据其实是被浪费掉了。如果后面的数据被相邻的线程使用，效率就会很高，因此，连续的线程读取连续的数据（一行）的效率最高。

与 CPU 指针读取二维数组的区别是，CPU 高速缓存从内存中提取的数据都是整个数据块，所以它的物理内存是连续的，几乎是同行不同列的，而如果在内循环以列的方式进行遍历，则将会使整个缓存块无法被利用，不得不从内存中读取数据，而从内存读取数据的速度远远小于从缓存中读取数据的速度，因此，此时按行遍历效率较高，而 GPU 是多个线程并行，因此，对于连续的线程来讲，按行就是读取连续数据；对于每个线程来讲，这是按列读取的。

4.7 CUDA 流技术

4.7.1 CUDA 流概念

CUDA 流在加速应用程序方面起到重要的作用，表示一个 GPU 的操作队列。在队列中操作按照一定的顺序执行，也可以向流中添加一定的操作，如核函数的启动、内存的复制、事件的启动和结束等，添加的顺序也是执行的顺序。

一个流中的不同操作有着严格的顺序，但是，不同流之间是没有任何限制的。多个流同时启动多个内核,就形成了网格级别的并行。

CUDA 流中排队的操作和主机都是异步的,所以在排队的过程中并不耽误主机运行其他指令,这就隐藏了执行这些操作的开销。CUDA 流中排队的基本操作如图 4-26 所示。

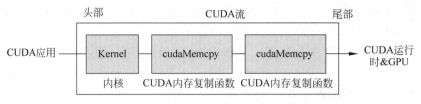

图 4-26　CUDA 流中排队的基本操作

4.7.2　CUDA 流详解

基于流的异步内核启动(Kernel Launch)和数据传输,支持以下类型的粗粒度并发:

(1) 重叠主机和设备计算。

(2) 重叠主机计算和设备数据传输。

(3) 重叠主机设备数据传输和设备计算。

(4) 并发设备计算(多个设备)。

当然也有不支持并发的情况:

(1) 主机上页面锁定内存的分配。

(2) 设备内存的分配。

(3) 设备内存的设置 Memset()。

(4) 同一个设备上内存的复制。

CUDA 流中的并行操作如图 4-27 所示。

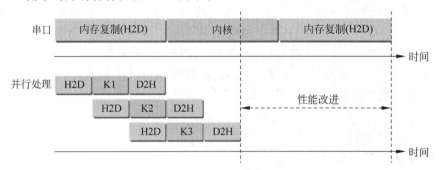

图 4-27　CUDA 流中的并行操作

cudaMemcpyAsync 进行的流演示,如图 4-28 所示。

观察向量相加($A+B=C$)的计算过程,可以看到有多个流在并行执行,效率大大提升,如图 4-29 所示。

可以看到,流可以促使进程并行度的进一步提升,如图 4-30 所示。

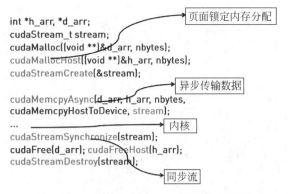

图 4-28 cudaMemcpyAsync 进行的流演示

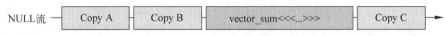

对矢量进行分区，并使用CUDA流进行重叠复制和计算

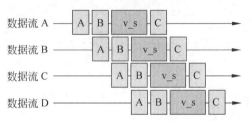

图 4-29 向量相加$(A+B=C)$的并行计算过程

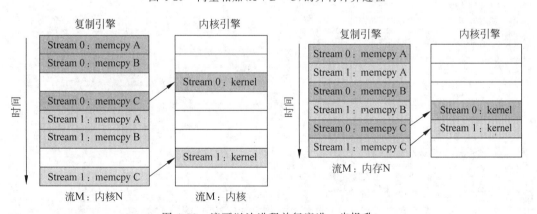

图 4-30 流可以让进程并行度进一步提升

代码如下：

```
//第 4 章/parallel stream.c
# include < stdio.h >
# include < math.h >
# include "error.cuh"
```

```
#define N    (1024×1024)
#define FULL_DATA_SIZE   (N×20)


__global__ void kernel(int * a, int * b, int * c){
    int idx = ThreadIdx.x + blockIdx.x * blockDim.x;
    if(idx < N){
        int idx1 = (idx + 1) % 256;
        int idx2 = (idx + 2) % 256;
        float   as = (a[idx] + a[idx1] + a[idx2])/ 3.0f;
        float   bs = (b[idx] + b[idx1] + b[idx2])/ 3.0f;
        c[idx] = (as + bs)/ 2;
    }
}


int main(void){
    cudaDeviceProp   prop;
    int whichDevice;
    CHECK(cudaGetDevice(&whichDevice));
    CHECK(cudaGetDeviceProperties(&prop, whichDevice));
    if(!prop.deviceOverlap){
        printf("Device will not handle overlaps, so no speed up from streams\n");
        return 0;
    }

    cudaEvent_t      start, stop;
    float            elapsedTime;

    cudaStream_t     stream0, stream1;
    int * host_a, * host_b, * host_c;
    int * dev_a0, * dev_b0, * dev_c0;
    int * dev_a1, * dev_b1, * dev_c1;

    //开始计时
    CHECK(cudaEventCreate(&start));
    CHECK(cudaEventCreate(&stop));

    //初始化流
    CHECK(cudaStreamCreate(&stream0));
    CHECK(cudaStreamCreate(&stream1));

    //分配 GPU 内存
    CHECK(cudaMalloc((void**)&dev_a0, N * sizeof(int)));
    CHECK(cudaMalloc((void**)&dev_b0, N * sizeof(int)));
    CHECK(cudaMalloc((void**)&dev_c0, N * sizeof(int)));
    CHECK(cudaMalloc((void**)&dev_a1, N * sizeof(int)));
    CHECK(cudaMalloc((void**)&dev_b1, N * sizeof(int)));
    CHECK(cudaMalloc((void**)&dev_c1, N * sizeof(int)));

    //为流分配本机固定内存
    CHECK(cudaHostAlloc((void**)&host_a, FULL_DATA_SIZE * sizeof(int), cudaHostAllocDefault));
    CHECK(cudaHostAlloc((void**)&host_b, FULL_DATA_SIZE * sizeof(int), cudaHostAllocDefault));
```

```
    CHECK(cudaHostAlloc((void**)&host_c, FULL_DATA_SIZE * sizeof(int), cudaHostAllocDefault));

    for(int i = 0; i < FULL_DATA_SIZE; i++){
        host_a[i] = rand();
        host_b[i] = rand();
    }

    CHECK(cudaEventRecord(start, 0));
    //现在循环完整的数据,分为小块大小
    for(int i = 0; i < FULL_DATA_SIZE; i += N × 2){
        //将流 0 和流 1 中的副本排入队列
        CHECK(cudaMemcpyAsync(dev_a0, host_a + i, N * sizeof(int), cudaMemcpyHostToDevice,
stream0));
        CHECK(cudaMemcpyAsync(dev_a1, host_a + i + N, N * sizeof(int), cudaMemcpyHostToDevice,
stream1));
        //将 b 的副本排入流 0 和流 1
        CHECK(cudaMemcpyAsync(dev_b0, host_b + i, N * sizeof(int), cudaMemcpyHostToDevice,
stream0));
        CHECK(cudaMemcpyAsync(dev_b1, host_b + i + N, N * sizeof(int), cudaMemcpyHostToDevice,
stream1));

        kernel <<< N/256, 256, 0, stream0 >>>(dev_a0, dev_b0, dev_c0);
        kernel <<< N/256, 256, 0, stream1 >>>(dev_a1, dev_b1, dev_c1);

        CHECK(cudaMemcpyAsync(host_c + i, dev_c0, N * sizeof(int), cudaMemcpyDeviceToHost,
stream0));
        CHECK(cudaMemcpyAsync(host_c + i + N, dev_c1, N * sizeof(int), cudaMemcpyDeviceToHost,
stream1));
    }
    CHECK(cudaStreamSynchronize(stream0));
    CHECK(cudaStreamSynchronize(stream1));

    CHECK(cudaEventRecord(stop, 0));

    CHECK(cudaEventSynchronize(stop));
    CHECK(cudaEventElapsedTime(&elapsedTime,
                              start, stop));
    printf("Time taken:  %3.1f ms\n", elapsedTime);

    //清除流与内存
    CHECK(cudaFreeHost(host_a));
    CHECK(cudaFreeHost(host_b));
    CHECK(cudaFreeHost(host_c));
    CHECK(cudaFree(dev_a0));
    CHECK(cudaFree(dev_b0));
    CHECK(cudaFree(dev_c0));
    CHECK(cudaFree(dev_a1));
    CHECK(cudaFree(dev_b1));
    CHECK(cudaFree(dev_c1));
    CHECK(cudaStreamDestroy(stream0));
    CHECK(cudaStreamDestroy(stream1));

    return 0;
}
```

4.8 CUDA 矩阵乘法算法分析

4.8.1 CUDA 矩阵乘法概述

矩阵乘法是科学计算的基本构建块,此外,矩阵乘法的算法模式具有代表性。由于许多其他算法与矩阵乘法共享类似的优化技术,因此矩阵乘法是并行编程中最重要的例子之一。

CUDA 矩阵乘法的源代码可在 GitLab 上找到。建议使用 Git 获取源代码,它允许提取可能提供的任何更新,并提供一种在试验代码时可对所做的任何更改进行版本控制。可以使用以下命令获取代码并执行,示例代码如下:

```
//第 4 章/gitlab matrix mul. script
git clone https://gitlab.com/ecatue/gpu_matrixmul_cuda.git
cd gpu_matrixmul_cuda
make
./matrixmul
```

4.8.2 示例:CUDA 中矩阵乘法的优化

本节将介绍如何在 GPU 上的 CUDA 中优化矩阵乘法。

1. 矩阵乘法 matrixMul 问题

给定一个 $M \times K$ 矩阵 A 和一个 $K \times N$ 矩阵 B,将 A 乘以 B 并将结果存储到 $M \times N$ 矩阵 C 中。

现在以矩阵乘法为示例,将展示几种在 GPU 上优化矩阵乘法的技术。它们中的大多数是通用的,可以应用于其他不同的应用程序。这些技术如下:

(1) 分块计算。

(2) 内存合并。

(3) 避免内存库冲突。

(4) 计算优化。

(5) 循环展开。

(6) 预取。

这些优化技术的性能如图 4-31 所示。这些优化针对矩阵大小为 4096×4096 的 NVIDIA 8800 GT GPU 进行了调整,只是对于其他 GPU 和其他矩阵大小,此优化可能不是最佳的。

可从在 CPU 上运行的简单串行代码开始,然后逐步进行这些优化,代码如下:

```
//第 4 章/CPU opt.c
void main(){
  define A, B, C
  for i = 0 to M do
    for j = 0 to N do
```

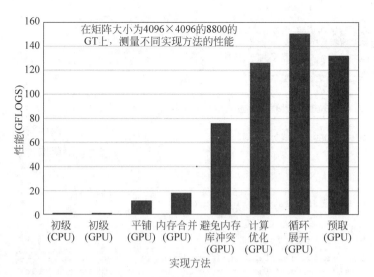

图 4-31　不同优化技术的性能比较

```
        / * 计算元素 C(i, j) * /
        for k = 0 to K do
            C(i, j)< = C(i, j) + A(i, k) * B(k, j)
            end
        end
    end
}
```

为了简化,图中使用了平方矩阵($M = N = K$)。计算元素 $C_{3,11}$(红色)的内存占用量,可以看作一行 A(蓝色)和一列 B(绿色)的内积,如图 4-32 所示。

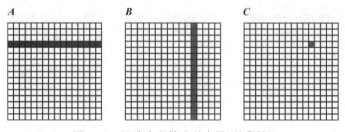

图 4-32　矩阵内积算法示意图(见彩插)

GPU 上的简化计算,代码如下:

```
//第 4 章/CPU - GPU opt.c
/ * 在 CPU 上运行代码 * /

void main(){

    define A_cpu, B_cpu, C_cpu in the CPU memory
    define A_gpu, B_gpu, C_gpu in the GPU memory
```

```
    memcopy A_cpu to A_gpu
    memcopy B_cpu to B_gpu

    dim3 dimBlock(16, 16)
    dim3 dimGrid(N/dimBlock.x, M/dimBlock.y)

    matrixMul <<< dimGrid, dimBlock >>>(A_gpu, B_gpu, C_gpu, K)

    //将内存从 C_gpu 复制到 C_cpu

}
/ * 在 GPU 上运行代码 * /

__global__ void matrixMul(A_gpu, B_gpu, C_gpu, K){

    temp < = 0

    i < = blockIdx.y * blockDim.y + ThreadIdx.y      //Row i of matrix C
    j < = blockIdx.x * blockDim.x + ThreadIdx.x      //Column j of matrix C

    for k = 0 to K - 1 do
        accu < = accu + A_gpu(i, k) * B_gpu(k, j)
    end

    C_gpu(i, j)< = accu

}
```

在 GPU 上的简化计算可分配一个线程来计算矩阵 C 的一个元素。每个线程从全局内存中加载一行矩阵 A 和一列矩阵 B 做内积,并将结果存储回全局内存中的矩阵 C。全局内存上的一个线程上的存储矩阵 A、B 和 C 的内存占用量如图 4-33 所示。

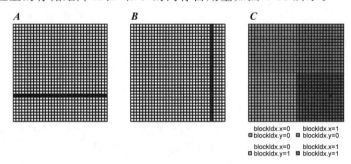

图 4-33　GPU 上分配一个线程计算并存储矩阵 C 的元素

在简化计算中,计算量为 $2 \times M \times N \times K$ Flop,而全局内存访问量为 $2 \times M \times N \times K$ 字节。计算与内存的比率约为 $1/4$(Flop/字节),因此,简化计算受带宽限制。

2. 通过平铺增加计算与内存的比率

为了增加计算与内存的比率,可以应用平铺矩阵乘法。一个线程块计算矩阵 C 的一个图块。线程块中的一个线程计算分块的一个元素。将一个 32×32 矩阵分为 4 个 16×16 图块,如图 4-34 所示。为了完成这种计算,可以创建 4 个线程块,每个线程块具有 16×16 个线程。

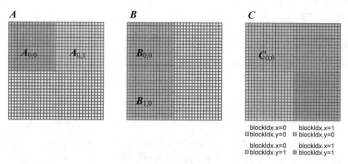

图 4-34　一个 32×32 矩阵分为 4 个 16×16 图块，可用 4 个 16×16 线程块

　　GPU 内核在多次迭代中计算 C。在每次迭代中，一个线程块将 A 的一个分块和 B 的一个分块从全局内存加载到共享内存，执行计算，并将 C 的临时结果存储在寄存器中。完成所有迭代后，线程块将一个图块 C 存储到全局内存中。例如，一个线程块可以在两次迭代中计算 $C_{0,0} = A_{0,0} \times B_{0,0} + A_{0,1} \times B_{1,0}$，如图 4-35 所示。

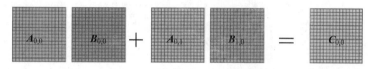

图 4-35　两次迭代计算 $C_{0,0} = A_{0,0} \times B_{0,0} + A_{0,1} \times B_{1,0}$

　　在第 1 次迭代中，线程块将分块 $A_{0,0}$ 和图块 $B_{0,0}$ 从全局内存加载到共享内存中。每个线程执行内积，以产生一个 C 元素。C 的这个元素存储在寄存器中，将在下一次迭代中累积，如图 4-36 所示。

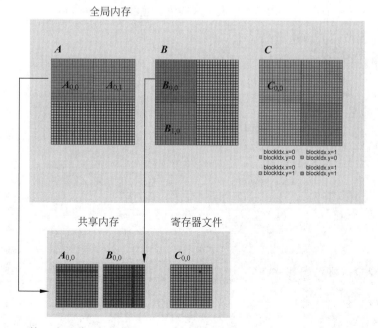

图 4-36　第 1 次迭代，内积产生一个 C 元素，存储在寄存器中，在下一次迭代中累积

在第 2 次迭代中,线程块将图块 $A_{0,1}$ 和图块 $B_{1,0}$ 从全局内存加载到共享内存中。每个线程执行内积,以产生一个 C 元素,该元素与先前的值一起累积。如果这是最后一次迭代,则将寄存器文件中的 C 元素存储回全局内存中,如图 4-37 所示。

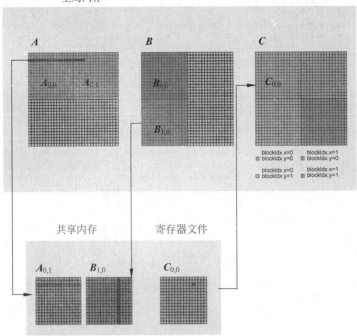

图 4-37　第 2 次迭代,从全局内存加载到共享内存中

CPU 代码保持不变。这里只显示 GPU 内核,代码如下:

```
//第4章/GPU kernel opt.c
/*在 GPU 上运行的代码*/

__global__ void matrixMul(A_gpu, B_gpu, C_gpu, K){

    __shared__ float A_tile(blockDim.y, blockDim.x)
    __shared__ float B_tile(blockDim.x, blockDim.y)

    accu <= 0

    /*逐块累积 C*/

    for tileIdx = 0 to (K/blockDim.x - 1) do

        /*将 A 的一个分块和 B 的一个分块加载到共享内存中*/

        //矩阵 A 的第 i 行
        i <= blockIdx.y * blockDim.y + ThreadIdx.y
```

```
            //矩阵 A 的第 j 列
            j <= tileIdx * blockDim.x + ThreadIdx.x
            //将 A(i, j)装载到共享内存
            A_tile(ThreadIdx.y, ThreadIdx.x)<= A_gpu(i, j)
            //将 B(j, i)装载到共享内存
            B_tile(ThreadIdx.x, ThreadIdx.y)<= B_gpu(j, i)
//全局未合并内存
            //计算前同步
            __sync()

            /*从共享内存中的 A 和 B 的分块中累积一个 C 的分块*/

            for k = 0 to threadDim.x do
                //为矩阵 C 累加
                accu <= accu + A_tile(ThreadIdx.y, k) * B_tile(k, ThreadIdx.x)
            end
            //同步
            __sync()

        end

        //矩阵 C 的第 i 行
        i <= blockIdx.y * blockDim.y + ThreadIdx.y
        //矩阵 C 的第 j 列
        j <= blockIdx.x * blockDim.x + ThreadIdx.x
        //将累加值存储到 C(i, j)
        C_gpu(i, j)<= accu

}
```

在平铺实现中,计算量仍然是 $2 \times M \times N \times K$ Flop,但是,使用切片大小 B,全局内存访问量为 $2 \times M \times N \times K / B$ 字节。计算与内存的比率约为 $B/4$(Flop/字节)。现在可以通过更改图块大小 B 来调整计算与内存的比率。

3. 全局内存合并

C/C++中的二维数组是行主数组。在上面的平铺实现中,相邻线程已被合并到矩阵 A,但没有被合并到矩阵 B。在列主要语言(如 Fortran)中,问题恰恰相反。一个明显的解决方案是,在将矩阵 B 卸载到 GPU 内存之前,由 CPU 转置矩阵 B,代码如下:

```
//第 4 章/offload transpose.c
/*在 GPU 上运行的代码*/

__global__ void matrixMul(A_gpu, B_gpu, C_gpu, K){

    __shared__ float A_tile(blockDim.y, blockDim.x)
    __shared__ float B_tile(blockDim.x, blockDim.y)

    accu <= 0
```

```
        /*逐块累积C*/

    for tileIdx = 0 to (K/blockDim.x - 1) do

        /*将A的一个分块和B的一个分块加载到共享内存中*/

        //矩阵A的第i行
        i <= blockIdx.y * blockDim.y + ThreadIdx.y
        //Column j of matrix A
        j <= tileIdx * blockDim.x + ThreadIdx.x
        //将A(i, j)装载到共享内存
        A_tile(ThreadIdx.y, ThreadIdx.x)<= A_gpu(i, j)
        //将B(i, j)装载到共享内存
        B_tile(ThreadIdx.x, ThreadIdx.y)<= B_gpu(i, j)//Global Mem Coalesced
        //计算前同步
        __sync()

        /*从共享中的A和B的分块中累积一个C的分块*/

        for k = 0 to threadDim.x do
            //为矩阵C累加
//共享内存库冲突
            accu <= accu + A_tile(ThreadIdx.y, k) * B_tile(ThreadIdx.x, k)
        end
        //同步
        __sync()

    end

    //矩阵C的第i行
    i <= blockIdx.y * blockDim.y + ThreadIdx.y
    //矩阵C的第j行
    j <= blockIdx.x * blockDim.x + ThreadIdx.x
    //将累积值存储到C(i, j)
    C_gpu(i, j)<= accu

}
```

避免共享内存库冲突,代码如下:

```
//第4章/avoid memory conflict.c
/*在GPU上运行代码*/

__global__ void matrixMul(A_gpu, B_gpu, C_gpu, K){

    __shared__ float A_tile(blockDim.y, blockDim.x)
    __shared__ float B_tile(blockDim.x, blockDim.y)

    accu <= 0

    /*逐块累积C*/
```

```
        for tileIdx = 0 to (K/blockDim.x - 1) do

                /* 将 A 的一个分块和 B 的一个分块加载到共享内存中 */

                //矩阵 A 的第 i 行
                i <= blockIdx.y * blockDim.y + ThreadIdx.y
                //矩阵 A 的第 j 列
                j <= tileIdx * blockDim.x + ThreadIdx.x
                //将 A(i, j) 装载到共享内存
                A_tile(ThreadIdx.y, ThreadIdx.x)<= A_gpu(i, j)
                //将 B(i, j) 装载到共享内存
                B_tile(ThreadIdx.y, ThreadIdx.x)<= B_gpu(i, j)
//无共享内存库冲突
                //计算前同步
                __sync()

                /* 从共享内存中的 A 和 B 的分块中累积一个 C 的分块 */

                for k = 0 to threadDim.x do
                        //为矩阵 C 累加
//无共享内存库冲突
                        accu <= accu + A_tile(ThreadIdx.y, k) * B_tile(k, ThreadIdx.x)
                end
                //同步
                __sync()

        end

        //矩阵 C 的第 i 行
        i <= blockIdx.y * blockDim.y + ThreadIdx.y
        //矩阵 C 的第 j 列
        j <= blockIdx.x * blockDim.x + ThreadIdx.x
        //将累积值存储到 C(i, j)
        C_gpu(i, j)<= accu

}
```

4. 计算优化

由于内核是计算绑定的,因此需要在所有指令中增加有用浮点运算。由于内积会消耗大部分时间,因此确保该部分高效非常重要。如果检查内积的二进制代码,则会发现 CUDA 中的一行代码在二进制文件中需要两条指令,代码如下:

```
//第 4 章/inner product instructions.bat
/* 内积的 CUDA 代码 */

accu <= accu + A_tile(ThreadIdx.y, k) * B_tile(k, ThreadIdx.x)
/* 从 cubin 二进制文件中反汇编 */

mov.b32 $ r0, s[ $ ofs4 + 0x0000]
mad.rn.f32 $ r9, s[ $ ofs1 + 0x002c], $ r0, $ r9
```

流多处理器(SM)的当前体系结构,仅允许共享内存中的一个源操作数,但是,计算内积需要来自共享内存的两个源操作数。一种解决方案是将矩阵 A 或矩阵 B 存储到寄存器文件中,但这样寄存器文件中的矩阵就不能被不同的线程共享,从而降低了计算与内存的比率。

更好的解决方案是执行外积,而不是内积。在这种情况下,矩阵 A 存储在共享内存中,但矩阵 B 和 C 存储在寄存器中。由于外积不需要共享矩阵 B 和矩阵 C,因此每个线程仅在寄存器中存储 B 的一个元素和 C 的分块的一列。外积的计算与内存比与内积相同,代码如下:

```
//第 4 章/outer product.bat
/*外部产品的 CUDA 代码*/
/*accu[i]和 b 存储在寄存器文件中*/

accu[i] <= accu[i] + A_tile(i) * b
/*从 cubin 二进制文件中反汇编*/

mad.rn.f32 $r9, s[$ofs2 + 0x0010], $r29, $r9

/*内积的 CUDA 代码*/

accu <= accu + A_tile(ThreadIdx.y, k) * B_tile(k, ThreadIdx.x)
/*从 cubin 二进制文件中反汇编*/
```

下面是使用外积将分块 $A_{0,0}$ 和分块 $B_{0,0}$ 相乘以计算 $C_{0,0}$ 的示例。在此示例中,$A_{0,0}$ 为 16×16,$B_{0,0}$ 为 16×64,$C_{0,0}$ 为 16×64。一个包含 64 个线程的线程块用于执行计算 $C_{0,0}$。

(1) 将 $A_{0,0}$ 加载到共享内存,命令如下:

```
{{< image src = "/media/GPU_outerproduct_laodA.png" width = "70 % ">}}
```

(2) 使用 16 次迭代更新 $C_{0,0}$。每个线程在其寄存器中,存储一个 $B_{0,0}$ 元素。每个线程还在其寄存器中,存储一列 $C_{0,0}$。

迭代 1: $A_{0,0}$ 第 1 列和 $B_{0,0}$ 第 1 行之间的外积,并更新 $C_{0,0}$,如图 4-38 所示。

迭代 2: $A_{0,0}$ 第 2 列和 $B_{0,0}$ 第 2 行之间的外积,并更新 $C_{0,0}$,如图 4-39 所示。

以类似的方式,继续迭代 3,4,$\cdots$,15。

迭代 16: $A_{16,0}$ 的第 0 列和 $B_{16,0}$ 的第 0 行之间的外积,并更新 $C_{0,0}$,如图 4-40 所示。

(3) 每个线程将一列 $C_{0,0}$ 从其寄存器存储到全局内存,如图 4-41 所示。

5. 循环展开

使用编译附注 pragma,使编译器展开循环。在默认情况下,nvcc 将展开内部循环,但除非有编译指示 pragma,否则它不会展开外循环。

```
//第 4 章/pragma unroll.bat
#pragma unroll
```

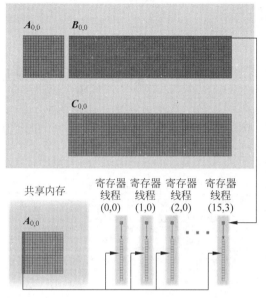

图 4-38　迭代 1：$A_{0,0}$ 第 1 列和 $B_{0,0}$ 第 1 行之间的外积，并更新 $C_{0,0}$

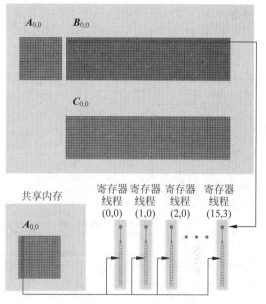

图 4-39　迭代 2：$A_{0,0}$ 第 2 列和 $B_{0,0}$ 第 2 行之间的外积，并更新 $C_{0,0}$

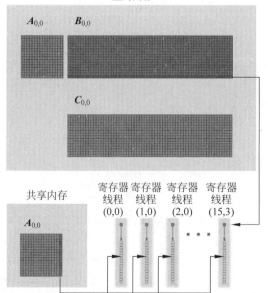

图 4-40　迭代 16：$A_{16,0}$ 的第 0 列和 $B_{16,0}$ 的第 0 行之间的外积，并更新 $C_{0,0}$

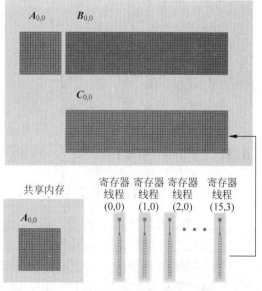

图 4-41　每个线程将一列 $C_{0,0}$ 从其寄存器存储到全局内存

循环展开有时会对寄存器的使用产生副作用，这可能会限制并发线程的数量，但是，循环展开不会增加矩阵乘法示例中的寄存器的使用量。

6. 预取

预取实现过程，代码如下：

```
//第 4 章/prefetch.bat
/* 在 GPU 上运行代码 */

__global__ void matrixMul(A_gpu, B_gpu, C_gpu, K){

    __shared__ float A_tile0(blockDim.y, blockDim.x)
    __shared__ float A_tile1(blockDim.x, blockDim.y)


    float * pointer0 = A_tile0
    float * pointer1 = A_tile1
    将矩阵 A_gpu 的一个分块预取到指针 0
    __sync()

    /* . */

    for tileIdx = 0 to(K/blockDim.x - 1) do
    将矩阵 A_gpu 的一个分块预取到指针 1
        使用指针 0 累加 C
        __sync()
        交换指针 0 和指针 1

    end

    将分块 C 存储到全局存储器

}
```

4.9　通用 GPU 架构及基础知识

4.9.1　常用芯片架构概述

1. 一般计算机架构

一般计算机架构如图 4-42 所示。

2. 高级计算机架构

高级计算机架构如图 4-43 所示。

3. SoC 系统架构

SoC 系统架构如图 4-44 所示。

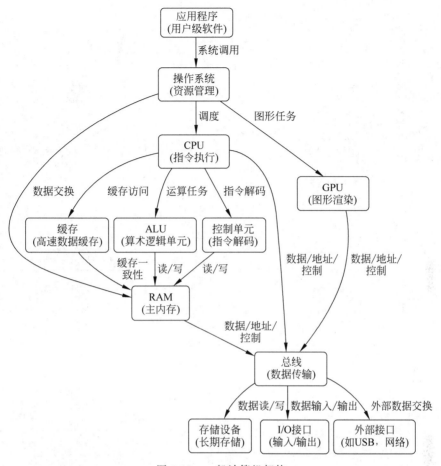

图 4-42　一般计算机架构

4.9.2　GPU 体系结构

1. GPU 体系原理

（1）流处理器（Streaming Processor，SP）：执行算术和逻辑运算。

（2）纹理单元（Texture Units）：负责纹理映射。

（3）渲染输出单元（Render Output Unit，ROP）：负责像素输出。

（4）内存控制器：管理对显存（VRAM）的访问。

（5）缓存：用于临时存储数据，提高数据访问速度。

2. 具体应用

（1）图形渲染：游戏、3D 模拟等。

（2）数据分析：大数据处理、机器学习等。

（3）科学计算：物理模拟、生物信息学等。

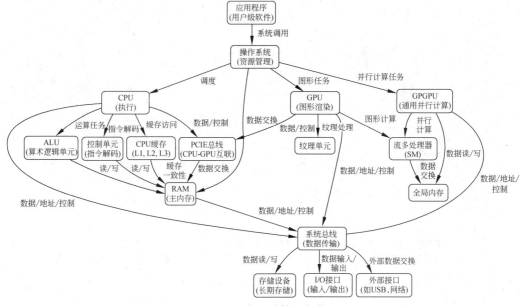

图 4-43　高级计算机架构

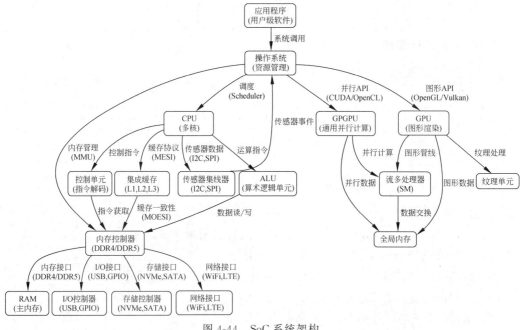

图 4-44　SoC 系统架构

3．注意事项

（1）内存管理：避免显存溢出。

（2）并行优化：有效利用流处理器。

（3）兼容性：注意硬件和软件的兼容性。

GPU 内存并行兼容模块如图 4-45 所示。

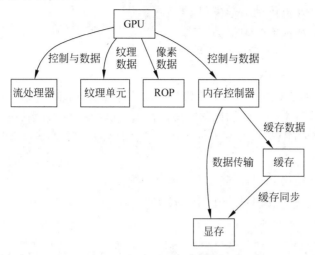

图 4-45 GPU 内存并行兼容模块

4. 经典用例

（1）英伟达 CUDA：用于通用并行计算。

（2）AMD OpenCL：开放计算语言，用于异构系统。

5. 英伟达 GPU 架构

英伟达 GPU 架构如图 4-46 所示。

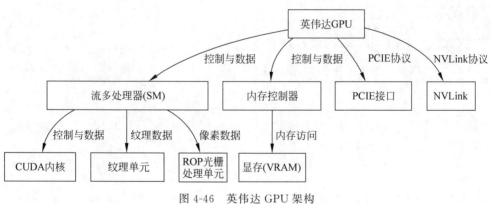

图 4-46 英伟达 GPU 架构

4.9.3 英伟达 CUDA 通用并行计算

1. 原理

（1）CUDA 是英伟达推出的一种通用并行计算框架。

（2）核心概念：CUDA 将 GPU 视为一个高性能的计算设备，而不仅是一个图形渲染设备。

（3）并行模型：CUDA 使用线程块（Thread Block）和网格（Grid）的概念来组织并行计算。

2．具体应用

（1）科学计算：如流体动力学模拟。

（2）数据分析：如深度学习模型训练。

（3）图像处理：如图像分割、图像识别。

3．注意事项

（1）版本兼容性：CUDA 版本和英伟达驱动版本需要匹配。

（2）资源限制：每个线程块和网格有资源限制（如共享内存大小、线程数等）。

（3）错误处理：CUDA 函数调用可能会失败，需要进行错误检查。

4．经典用例

（1）矩阵乘法：使用 CUDA 进行大规模矩阵乘法。

（2）图像滤波：使用 CUDA 进行图像滤波操作。

代码如下：

```
//第 4 章/cuda matMul.c
//CUDA 矩阵乘法示例
__global__ void matMul(float * A, float * B, float * C, int N){
  //计算当前线程应处理的矩阵 C 的行和列索引
  int row = blockIdx.y * blockDim.y + ThreadIdx.y; //计算行索引
  int col = blockIdx.x * blockDim.x + ThreadIdx.x; //计算列索引

  //检查索引是否在矩阵的范围内
  if(row < N && col < N){
    //初始化累加器变量 val,用于存储矩阵 C 的元素值
    float val = 0.0;

    //遍历矩阵 A 的当前行和矩阵 B 的当前列
    for(int k = 0; k < N; ++k){
      //执行乘法和加法运算,累加到 val 中
      val += A[row * N + k] * B[k * N + col];
    }

    //将计算结果存储到矩阵 C 的相应位置
    C[row * N + col] = val;
  }
}
```

CUDA 并行计算如图 4-47 所示。

4.9.4　AMD GPU

1．AMD GPU 架构

AMD GPU 架构如图 4-48 所示。

2．AMD OpenCL 通用并行计算原理

（1）OpenCL（Open Computing Language）是一个开放标准，用于编写跨多种平台（包括 CPU、GPU、DSP 等）的并行程序。

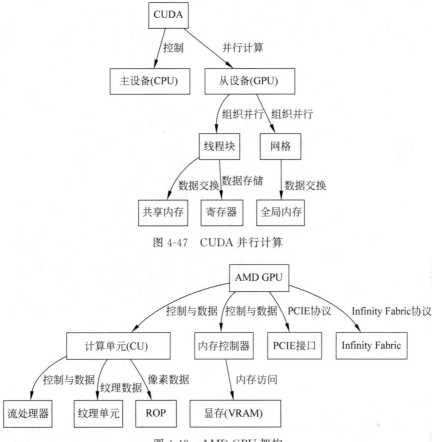

图 4-47 CUDA 并行计算

图 4-48 AMD GPU 架构

（2）核心概念：OpenCL 将计算设备划分为多个计算单元（Compute Unit），每个计算单元包含多个处理元素（Processing Element）。

（3）并行模型：OpenCL 使用工作组（Work-Group）和工作项（Work-Item）的概念来组织并行计算。

3. 具体应用

（1）科学计算：如量子力学模拟。

（2）数据分析：如数据挖掘、机器学习。

（3）图像和视频处理：如图像增强、视频编解码。

4. 注意事项

（1）版本兼容性：OpenCL 版本和设备支持需要匹配。

（2）资源限制：每个工作组和工作项有资源限制（如局部内存大小、处理元素数等）。

（3）错误处理：OpenCL API 调用可能会失败，需要进行错误检查。

5. 经典用例

（1）向量加法：使用 OpenCL 进行大规模向量加法。

（2）图像模糊：使用 OpenCL 进行图像模糊处理。

OpenCL 并行计算如图 4-49 所示。

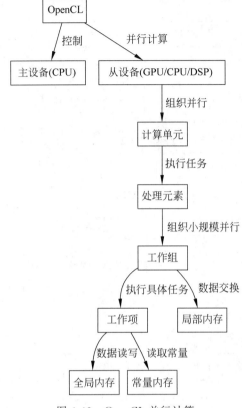

图 4-49　OpenCL 并行计算

代码如下：

```
//第 4 章/OpenCL.c
//OpenCL 图像模糊处理示例

//引入 OpenCL 头文件
#include <CL/cl.h>

//主函数
int main(){
    //初始化 OpenCL 环境(省略)
    //...

    //定义 OpenCL 内核代码
    const char * kernelSource = R"(
        __kernel void image_blur(__read_only image2d_t srcImage, __write_only image2d_t
dstImage, const int width, const int height){
            const int x = get_global_id(0);
```

```
        const int y = get_global_id(1);
        if(x >= width || y >= height) return;
        const sampler_t sampler = CLK_NORMALIZED_COORDS_FALSE | CLK_ADDRESS_CLAMP | CLK_FILTER_
NEAREST;
        float4 pixel = (float4)(0.0f, 0.0f, 0.0f, 0.0f);
        for(int j = -1; j <= 1; j++){
            for(int i = -1; i <= 1; i++){
                pixel += read_imagef(srcImage, sampler, (int2)(x + i, y + j));
            }
        }
        pixel /= 9.0f;
        write_imagef(dstImage, (int2)(x, y), pixel);
    }
)";

  //创建程序对象
  cl_program program = clCreateProgramWithSource(context, 1, (const char **)&kernelSource,
NULL, &err);
  if(err != CL_SUCCESS){
    //错误处理
  }

  //编译程序
  err = clBuildProgram(program, 0, NULL, NULL, NULL, NULL);
  if(err != CL_SUCCESS){
    size_t len;
    char buffer[2048];
    clGetProgramBuildInfo(program, device, CL_PROGRAM_BUILD_LOG, sizeof(buffer), buffer, &len);
    printf("Build error: % s\n", buffer);
    exit(1);
  }

  //创建内核对象
  cl_kernel kernel = clCreateKernel(program, "image_blur", &err);
  if(err != CL_SUCCESS){
    //错误处理
  }

  //创建图像内存对象(省略)
  //...

  //设置内核参数
  err = clSetKernelArg(kernel, 0, sizeof(cl_mem), &srcImage);
  err |= clSetKernelArg(kernel, 1, sizeof(cl_mem), &dstImage);
  err |= clSetKernelArg(kernel, 2, sizeof(int), &width);
  err |= clSetKernelArg(kernel, 3, sizeof(int), &height);
  if(err != CL_SUCCESS){
    //错误处理
  }

  //设置工作组大小和全局工作大小
```

```
size_t localWorkSize[2] = {16, 16};
size_t globalWorkSize[2] = {(size_t)ceil((float)width / localWorkSize[0]) * localWorkSize[0],
                  (size_t)ceil((float)height / localWorkSize[1]) * localWorkSize[1]};

//执行内核
cl_event event;
err = clEnqueueNDRangeKernel(queue, kernel, 2, NULL, globalWorkSize, localWorkSize, 0,
NULL, &event);
if(err != CL_SUCCESS){
    printf("Error enqueuing kernel: % d\n", err);
    exit(1);
}

//等待内核执行完成
clWaitForEvents(1, &event);

//释放事件对象
clReleaseEvent(event);

//将输出图像读取到主机内存(省略)
//...

//释放 OpenCL 资源
clReleaseKernel(kernel);
clReleaseProgram(program);
clReleaseMemObject(srcImage);
clReleaseMemObject(dstImage);
clReleaseCommandQueue(queue);
clReleaseContext(context);

//返回成功
return 0;
}
```

6. SM 的主要特点

流多处理器(Streaming Multiprocessors,SM)是英伟达 GPU 架构中的一个核心组件,用于执行图形和通用计算任务。在 AMD GPU 架构中,与之相似的组件通常被称为计算单元(Compute Unit,CU)。

(1)并行性:每个 SM 包含多个 ALU(算术逻辑单元),这些 ALU 可以并行执行多个线程。

(2)多线程调度:SM 具有高度复杂的线程调度逻辑,能够在不同的线程间进行快速切换,以隐藏内存访问和其他延迟。

(3)共享内存和寄存器:SM 内部有一定数量的共享内存和寄存器,这些资源被其上运行的所有线程共享。

(4)指令集:SM 支持一系列图形和通用计算指令,包括但不限于浮点运算、整数运算、逻辑运算等。

（5）多功能性：除了图形渲染，现代 GPU 的 SM 也支持通用计算（GPGPU）。

（6）局部缓存：为了提高内存访问效率，SM 通常包含一定量的局部缓存。

（7）流水线架构：SM 内部通常采用流水线架构，以进一步提高吞吐量。在 CUDA 编程模型中，一个 SM 可以运行多个线程块，而每个线程块包含多个线程。这些线程共同执行某个特定的任务或一组任务。

由于 SM 是 GPU 中用于执行实际计算的核心组件，因此其性能和特性在很大程度上决定了整个 GPU 的性能和功能。

4.9.5　GPU 与显存（VRAM）的关系

1．基本概念

（1）GPU（图形处理单元）：负责执行图形渲染和通用并行计算任务。

（2）显存（VRAM）：专门用于 GPU 的高速内存，用于存储纹理、帧缓冲、顶点缓冲等。

2．关系解析

（1）数据存储：显存是 GPU 用于存储图形数据（如纹理、顶点、帧缓冲等）的地方。

（2）数据传输：GPU 通过内存控制器与显存进行高速数据传输。

（3）并行处理：GPU 可以并行地从显存中读取数据，进行处理，并将结果写回显存。

（4）带宽：显存通常具有很高的数据传输带宽，以满足 GPU 的高吞吐量需求。

（5）低延迟：显存被设计为低延迟，以减少 GPU 等待数据的时间。

（6）内存分层：在某些高端 GPU 架构中，还可能有更多级别的缓存（L1、L2 等）以优化数据访问。

（7）数据共享：在多 GPU 系统中，通过特定的接口（如英伟达的 NVLink 或 AMD 的 Infinity Fabric）可以实现显存之间的数据共享。

GPU 控制数据内存关系，如图 4-50 所示。

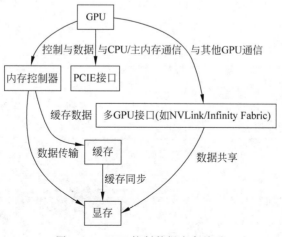

图 4-50　GPU 控制数据内存关系

3. 注意事项

在传统的计算机体系结构中,操作系统通常不会直接与 RAM 进行数据交换,而是通过 CPU 进行。CPU 执行操作系统的指令,这些指令负责管理内存,包括分配、释放和数据交换(如页面交换)等。

然而,在一些特定的硬件架构或配置中,可能存在直接内存访问(Direct Memory Access, DMA)机制,该机制允许某些硬件子系统(如网络卡、存储控制器等)直接与 RAM 进行数据交换,而无须 CPU 的介入。这通常用于提高性能和降低 CPU 负载。

在 SoC(System on Chip)或其他高度集成的架构中,也可能有专门的内存控制逻辑或硬件加速器,它们可以直接与 RAM 进行数据交换。

总体来讲,操作系统通常通过 CPU 管理和控制与 RAM 的数据交换,但在某些特定情况下,可能会有其他硬件机制实现这一点。

4.9.6　GPGPU 特定架构的汇编

1. 原理

GPGPU(通用图形处理单元)的汇编语言是一种低级编程语言,用于直接与 GPU 硬件进行通信。这种汇编语言通常是特定于某一种 GPU 架构的,例如,英伟达的 PTX 汇编或 AMD 的 GCN 汇编。

2. 具体应用

(1)性能优化:通过直接使用汇编代码,可以绕过高级编程语言的一些限制,实现更高的性能。

(2)特定硬件功能:某些硬件功能可能只能通过汇编代码访问。

(3)微调算法:可以对特定算法从底层进行优化。

3. 经典用例

(1)矩阵乘法:使用汇编代码实现高性能的矩阵乘法。

(2)图像处理:使用汇编代码进行高效的图像滤波或转换。

代码如下:

```
//第4章/PTX assembly.c
//PTX 汇编代码示例: 向量加法
.global .align 4 .u32 d_result[];
.global .align 4 .u32 d_a[];
.global .align 4 .u32 d_b[];

.entry _Z6vectorPiii(
.param .u64 .ptr d_result,
.param .u64 .ptr d_a,
.param .u64 .ptr d_b,
.param .u32 N
)
{
```

```
    .reg .u32 %tid;
    .reg .u32 %a, %b, %c;

    //获取线程 ID
    mov.u32 %tid, %tid.x;

    //读取输入数组
    ld.global.u32 %a, [d_a + %tid * 4];
    ld.global.u32 %b, [d_b + %tid * 4];

    //执行加法
    add.u32 %c, %a, %b;

    //将结果存储到输出数组
    st.global.u32 [d_result + %tid * 4], %c;

    ret;
}
```

（1）.global.align 4.u32 d_result[]；语句用于定义一个全局的、4字节对齐的无符号整数数组 d_result。

（2）.entry _Z6vectorPiii 用于定义一个名为_Z6vectorPiii 的入口点，它接受 4 个参数。

（3）mov.u32 %tid,%tid.x；语句用于将线程 ID 存储到寄存器%tid 中。

4. 注意事项

（1）架构依赖性：汇编代码通常是特定于某一种 GPU 架构的，因此可能不具有可移植性。

（2）调试困难：由于汇编代码是低级代码，因此调试通常比较困难。

（3）易出错：由于没有类型检查或内存安全性，因此更容易出错。

## 第 5 章

PCIE、存储控制与总线的技术分析

5.1 PCIE 开发技术分析

PCI-Express(Peripheral Component Interconnect Express)是一种高速串行计算机扩展总线标准,它原来的名称为 3GIO,是由英特尔在 2001 年提出的,旨在替代旧的 PCI、PCI-X 和 AGP 总线标准。

5.1.1 PCIE 开发简介

因为各种 PCIE 设备的设计与使用都是依据 PCIE 协议的,所以首先需要对 PCIE 协议有一个大致的了解,既不用太深(因为相关协议的文档长达数千页,而且有些可能不会用到),也不能太浅,不然当阅读 Xilinx 的 PCIE 的集成核时会一头雾水,因为会不了解其中的一些寄存器结构。

首先需要下载文档 $PCIExpress\_Base\_Specification\_Revision$ 和《PCI 总线 System Architecture》。第 1 个文档主要讲解 PCIE 设备进行通信时包的格式,以及设备中的寄存器的含义和使用,可以看作一本工具书,当开发关于接口、包格式、寄存器遇到问题时,可以随时查阅此文档,所以开始时没有必要去细读它。第 2 个是非常有必要去读的一个文档,有一个减缩版,可以快速对整个体系有一个了解。

PCI 板卡示例,如图 5-1 所示。

图 5-1 PCI 板卡示例

计算机中有很多设备使用 PCIE 总线,例如显卡、网卡、硬盘等。

PCIE 是一种串行通信协议,在低速情况下,并行结构绝对是一种非常高效的传输方式,但是当传输速度非常高时,并行传输的致命性缺点就出现了。因为时钟在高速的情况下每位在传输线路上不可能严格一致,并行传输的一字节中的每位不会同时到达接收端都被放大了,而串行传输是一位一位传输的,这样就不会出现这种问题。串行的优势就出现了,串行因为不存在并行的这些问题,就可以工作在非常高的频率下,用频率的提升弥补它的劣势。

PCIE 使用一对差分信号来传输一位信号,当 D+ 比 D− 信号高时,传输的是逻辑 1,反之为逻辑 0。当两者相同时不工作,同时 PCIE 系统没有时钟线。PCI 差分信号如图 5-2所示。

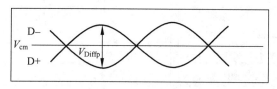

图 5-2　PCI 差分信号

PCIE 总线的拓扑结构,如图 5-3 所示。可以看出在这个拓扑结构中 CPU 被连接到根聚合体(Root Complex),RC 负责完成从 CPU 总线域到外设域的转换,并且实现各种总线的聚合。将一部分 CPU 地址映射到内存,一部分地址映射到相应的设备终端(例如板卡)。

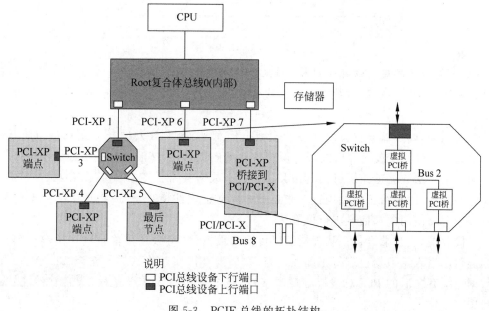

图 5-3　PCIE 总线的拓扑结构

PCIE 设备有两大类,一类是 root 端口;另一类是端点。从字面意思可以了解这两类的作用,root 端口相当于一个根节点,将多个端点设备连接在一个节点,同时完成数据的路由。交换机就是一个 root 端口设备,而端点就是最终数据的接受者,也是命令的执行者。

这里就对 PCIE 总线在计算机结构中的位置有了一个大致的了解。下面对 PCIE 数据的传输方式进行简单介绍。PCIE 数据的传输方式类似于 TCP/IP 的方式,将数据按数据包的格式进行传输,同时对结构进行分层。PCIE 设备层如图 5-4 所示。

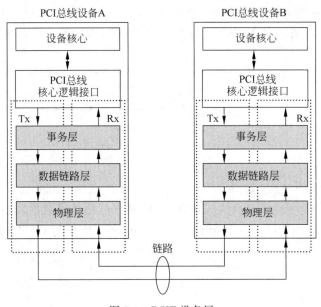

图 5-4　PCIE 设备层

PCIE 的设备都具有这几个结构,但每个结构的作用不同。首先说明数据传输时的流程,PCIE 协议传输数据是以数据包的形式传输的。PCI 设备的详细框图与层结构如图 5-5 所示。

在发送端,设备核或者应用软件产生数据信息,交由 PCI 总线核心逻辑接口将数据格式转换为 TL 层可以接受的格式,TL 层产生相应的数据包,然后数据包被存储在缓存中,准备传输给下一层数据链路层(Data Link Layer)。数据链路层将上一层传来的数据包添加一些额外的数据,用来给接收端进行一些必要的数据正确性检查,然后物理层将数据包编码,通过多条链路使用模拟信号进行传输。

在接收端,接收端设备在物理层解码传输的数据,并将数据传输至上一层数据链路层,数据链路层对入站数据包进行正确性检查,如果没有错误就将数据传输至 TL 层,TL 层通过数据包缓存之后的 PCI 总线核心逻辑接口,将数据包转换成设备核,或者软件能够处理的数据。

使用 IP 核进行开发时,这 3 个层都已经写好了。主要的任务就是写成 PCI 总线核心逻

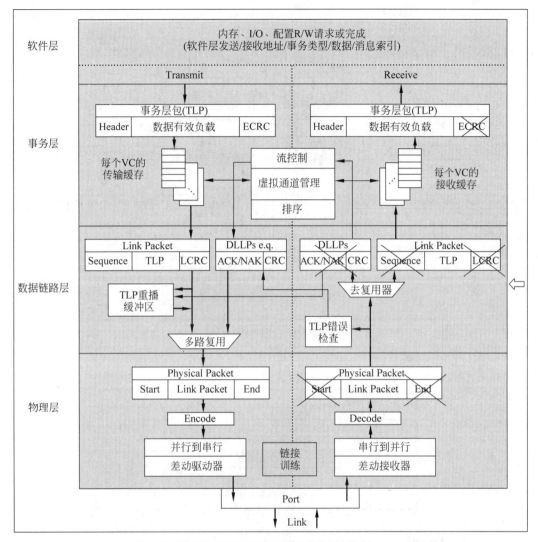

图 5-5 PCI 设备的详细框图与层结构

辑接口,将数据从设备核心输出的数据格式转换成 IP 核 TL 层接受的数据格式,如图 5-6
所示。

在 TLP 包传输的过程中会对数据包进行组装和拆解。

5.1.2 TLP 包的组装

当数据从软件层或者设备核传来之后,TL 层添加 ECRC,在 DLL 层在前段添加序列数
字,在后面添加 DLL 层的 CRC,在物理层添加帧头和帧尾。TLP 汇编的原理如图 5-7
所示。

TLP 的拆解是一个反过程。TLP 反汇编的原理如图 5-8 所示。

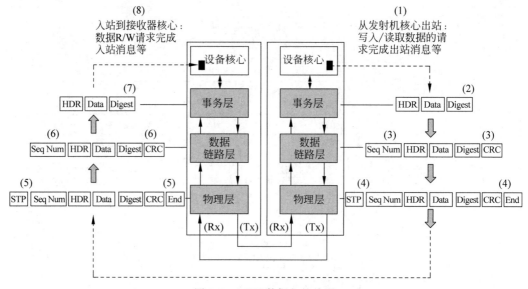

图 5-6　PCIE 数据包的处理

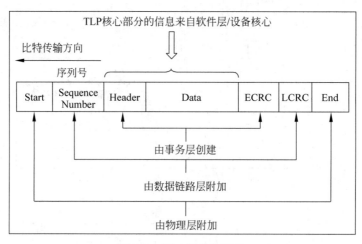

图 5-7　TLP 汇编的原理

5.1.3　PCIE 开发 TLP 类型

从拓扑结构可以看出,PCIE 设备是以对等的结构连接在一起的,并且点到点之间是以数据包的形式传输的。PCIE 在逻辑上分为三层,分别如下:

(1) TL 层对应的数据包为 TLP。

(2) 数据链层(Data Link Layer)对应的数据包为 DLLP。

(3) 物理层(PHY Layer)对应的数据包为 PLP。

DLLP 和 PLP 只会在相邻的两个设备之间传递,不会传递给第 3 个设备。这里把重点放在 TL 层产生的 TLP 数据包。

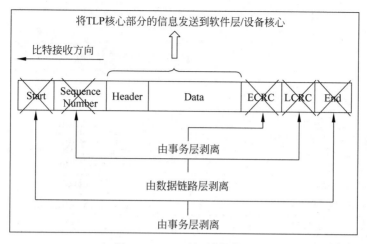

图 5-8　TLP 反汇编的原理

TLP 数据包示例如图 5-9 所示。

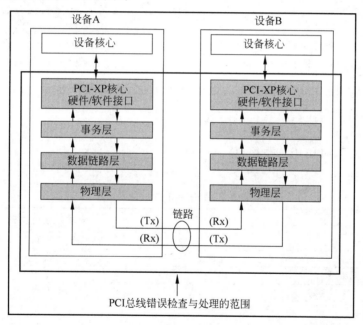

图 5-9　TLP 数据包示例

首先,给 TLP 数据包进行一个分类,主要可以分为以下四类:

(1) 与内存有关。

(2) 与 I/O 有关。

(3) 与配置有关。

(4) 与消息有关。

TLP 是用来对 PCIE 设备进行配置专用的数据包,例如,可以修改设备寄存器的值,见表 5-1。

表 5-1　配置专用的数据包

TLP 包类型	缩　略　名
内存读请求	MRd
内存读请求-锁定访问	MRdLk
内存写请求	MWr
I/O 读	IORd
I/O 写	IOWr
配置读(类型 0 与类型 1)	CfgRd0,CfgRd1
配置写(类型 0 与类型 1)	CfgWr0,CfgWr1
无数据信息请求	Msg
有数据信息请求	MsgD
无数据信息实现	Cpl
有数据信息实现	CplD
无数据信息实现-与锁定内存读请求有关	CplLk
有数据信息实现-与锁定内存读请求有关	CplDLk

同时,还可以根据数据包从发送方到达接受方之后,接受方是否返回一个数据包,将 TLP 分为两类:

(1)已发布的接受方不返回数据包。

(2)未发布的接收方返回数据包。

数据包的对应关系见表 5-2。

表 5-2　数据包的对应关系

交　易　类　型	未发布或已发布
内存读	未发布
内存写	已发布
内存读锁定	未发布
I/O 读	未发布
I/O 写	未发布
配置读(类型 0 与类型 1)	未发布
配置写(类型 0 与类型 1)	未发布
信息	已发布

可以从字面意思很容易地理解它们。配置数据包是用来配置 PCIE 设备的专门的数据包,消息是用来传递中断、错误信息、电源管理信息的专用数据包。

如何去辨别 TLP 的类型呢?差别主要在 TLP 标头中,TLP 标头有两种格式,一种长度为 3DW;另一种长度为 4DW。在 TLP 标头字节 0 中,由 Fmt 和 Type 两部分一起来表示 TLP 的类型。不同的类型长度不一样,见表 5-3。

表 5-3　不同长度的 TLP 类型

TLP 请求服务	TLP 标头	数据
配置类型 0 读请求（CfgRd0）	00＝3DW，无数据	00100
配置类型 0 写请求（CfgWr0）	10＝3DW，w/数据	00100
配置类型 1 读请求（CfgRd1）	00＝3DW，无数据	00101
配置类型 1 写请求（CfgWr1）	10＝3DW，w/数据	00101
信息请求（Msg）	01＝4DW，w/数据	10RRR＊（对于 RRR，参考路由子阈）
信息请求 W/数据（MsgD）	11＝4DW，w/数据	10RRR＊（对于 RRR，参考路由子阈）
实现（Cpl）	00＝3DW，无数据	01010
实现 W/数据（CplD）	10＝3DW，w/数据	01010
锁定实现（CplLk）	00＝3DW，无数据	01011
实现 W/数据（CplDLk）	10＝3DW，w/数据	01011

下面来详细地介绍。

1. 未发布的读事务操作

请求者（Requester）请求一个操作，数据包可以是 MRd、IORd、CfgRd0、CfgRd1。当接受者（Completer）接收之后，完成响应操作，之后返回一个数据包，可能是 CplD 或者 Cpl。数据请求接收操作过程，如图 5-10 所示。

2. 未发布的锁定读取事务操作

请求者请求一个操作，数据包是 MRdLk。当接收者接收之后，完成响应操作后返回一个数据包，可能是 CplDLk 或者 CplLk。在请求者接收到接收者消息之前，数据包传递路径被锁定。关于锁定读取事务操作，如图 5-11 所示。

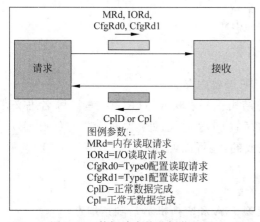

图 5-10　数据请求接收操作过程

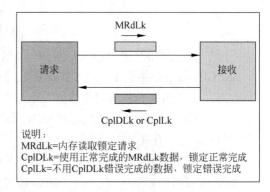

图 5-11　锁定读取事务操作

3. 未发布的写入事务操作

请求者请求一个操作，数据包是 IOWr、CfgWr0、CfgWr1。当接收者接收之后，完成响应操作后返回一个数据包 Cpl。关于数据写入事务操作，如图 5-12 所示。

4. 已发布内存写入事务操作

请求者请求一个操作,数据包是 MWr。当接收者接收之后,不做任何反应。关于内存写入事务操作,如图 5-13 所示。

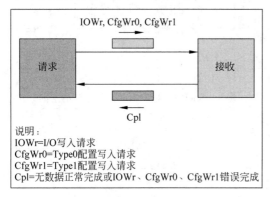

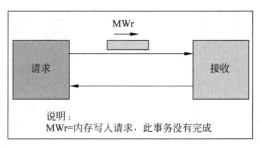

图 5-12 数据写入事务操作   图 5-13 内存写入事务操作

5. 已发布消息事务操作

请求者请求一个操作,数据包是 Msg、MsgD。当接收者接收之后,不做任何反应。消息事务操作,如图 5-14 所示。

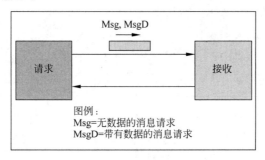

图 5-14 消息事务操作

下面举一个实际的例子:CPU 读取一个 PCIE 设备内存。

在 PCIE 的拓扑结构中,有一个非常重要的结构——根联合体(RC)结构。顾名思义,它负责将几个不同的总线协议聚合在一起,如内存的 DDR 总线、处理器的前端总线(FSB)。在 PCIE 中,CPU 的操作实际上是由 RC 代替完成的,也可以说,RC 代表 CPU。CPU 读取一个 PCIE 设备内存操作,如图 5-15 所示。

所以,当 CPU 想要访问端点时,包括以下操作。

步骤 1:CPU 让 RC 产生一个 MRd,经过交换机 A 和交换机 B 后到达端点。

步骤 2:端点接收数据包,进行数据读取。

步骤 3:端点返回一个带有数据的结束。

步骤 4:RC 接收数据包,返给 CPU。

PCIE 设备会进行点到点、数据交换、以太网通信等数据交换操作,如图 5-16 所示。

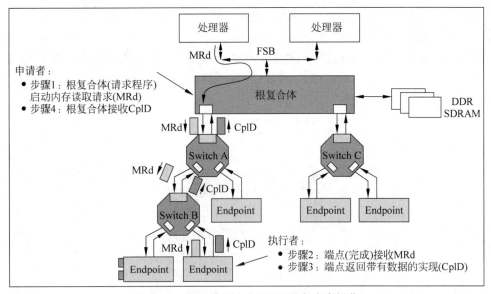

图 5-15 CPU 读取一个 PCIE 设备内存操作

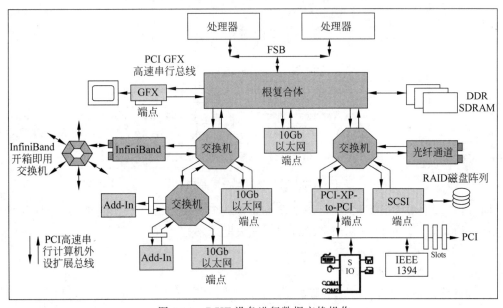

图 5-16 PCIE 设备进行数据交换操作

5.1.4 PCIE 开发的 TLP 路由

现在有一个问题,当一个设备想和另一个设备进行通信时,TLP 是怎么找到这条路径,从而进行传播的呢?这就是路由问题。

PLLP 和 PLP 只在临近的两个设备之间传播,所以不存在路由问题,而 TLP 会在整个拓扑结构中传播,所以存在这个问题。

路由要能明确地表示一个地址、寄存器或者一个设备,所以这里介绍几个概念。首先介绍地址空间(Address Space)的概念。

系统将一部分地址分配给内存(System Memory),将另一部分地址分配给外设(如PCIE外设)。I/O接口也是这个样子,这样就可以用一个统一的方式命名系统的存储空间,称为地址空间。关于系统如何将地址分配给内存,如图5-17所示。

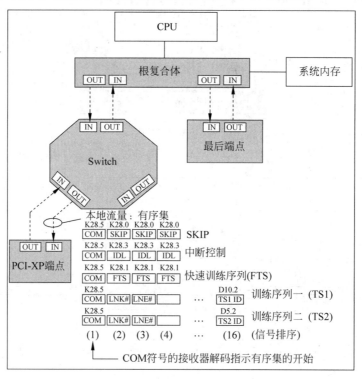

图 5-17　系统将地址分配给内存

同时,在整个系统初始化之后,每个设备会有一个设备号、总线号、功能号,这样就可以确定唯一的设备。这些信息存储在设备的配置头里面。

TLP 路由总共有 3 种方式:

(1) 地址路由根据地址路由。

(2) ID 路由根据 ID 路由。

(3) 隐式路由。

不同类型的 TLP 的路由方式不一样,见表5-4。

表 5-4　不同类型的 TLP 的路由方式

TLP 类型	使用的路由方法
内存读取(MRd)、内存读取锁定(MRdLk)、内存写入(MWr)	地址路由
I/O 读取(IORd)、I/O 写入(IOWr)	地址路由

续表

TLP 类 型	使用的路由方法
配置读取类型 0(CfgRd0)、配置读取类型 1(CfgRd1)、配置写入类型 0 (CfgWr0)、配置写入类型 1(CfgWr1)	ID 路由
消息(Msg)、带数据的消息(MsgD)	地址路由、ID 路由或隐式路由
完成(Cpl)、数据完成(CplD)	ID 路由

如果仔细分析,则会发现,这样的路由方式是非常合理的。在 PCIE 拓扑结构中能够进行路由的结构只有交换机和 RC。

交换机就是一个多端口设备,用来连接多个设备。交换机可以理解为一个双层桥结构,还包含一个虚拟总线连接这个双层桥。每个桥设备一端连接到一个外部 PCIE 设备,另一端连接到虚拟总线。对交换机结构进行配置时使用类型 1。PCIE 拓扑结构中的路由结构如图 5-18 所示。

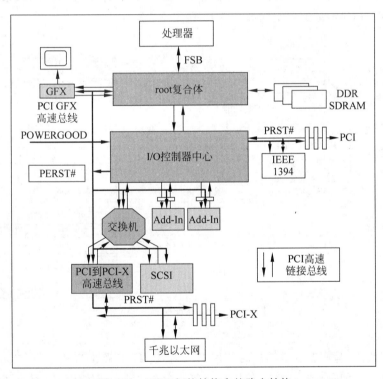

图 5-18　PCIE 拓扑结构中的路由结构

对于需要进行路由的设备,当它接收到一个 TLP 时,首先会判断这个 TLP 是不是发送给它自己的。如果是,则接收;如果不是,则继续路由转发。

1. 地址路由

当 PCIE 设备想访问内存时,或者 CPU 想访问 PCIE 设备的内存时,使用一个含有地址的请求包,这就是地址路由方式。

当一个端点设备接收一个 TLP 之后,设备会首先检查它的标头中的 Fmt 和 Type。如果属于地址路由,则检查是 3DW 还是 4DW 地址,然后设备将会对比设备的配置中的基址寄存器和 TLP 头中的地址。如果相同,则接收这个 TLP;如果不相同,则拒绝。

当一个交换机设备接收一个 TLP 之后,首先检查是否为地址路由。如果是,则对比 TLP 中目的地址和自己的配置中的基址寄存器。如果相同,则接收这个数据包;如果不同,则检查是否符合下游设备的基础/限制寄存器的地址范围。

关于交换机,需要补充下列几点:

(1) 如果 TLP 中的地址是符合下游的,则任意一个基础/限制寄存器的地址范围会将数据包向下游传递。

(2) 如果传递到下游的 TLP 不在下游设备的 BAR(基址寄存器),或者基础/限制寄存器上,则下游向上游传递一个不支持请求。

(3) 向上游传播的 TLP 永远向上游传播,除非 TLP 中的地址符合交换机的 BAR 或者某个下游分支。PCI 地址配置空间如图 5-19 所示。

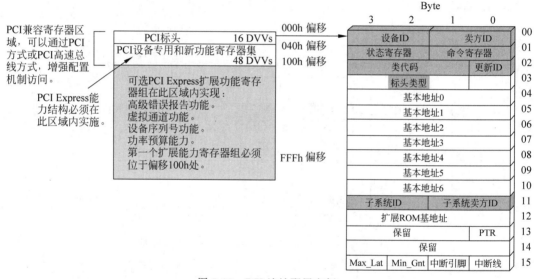

图 5-19　PCI 地址配置空间

2. ID 路由

当进行配置读/写或者发送消息时使用 ID 都将使用 ID 路由方式。

当一个端点设备接收到一个 ID 路由 TLP 之后会对比它在初始化时得到的 Bus♯、Dev♯、Fn♯。如果相同,则接收;如果不相同,则拒绝这条消息。当系统复位之后,所有设备的 ID 都变为 0,并且不接收任何 TLP,直到配置写入 TLP 到达,设备获取 ID,再接收 TLP。

当一个交换机设备接收到一个 TLP 时会首先判断这个 TLP 的 ID 与自己的 ID 是否相同,如果相同,则接收这个 TLP;如果不相同,则检查是否和下游设备的 ID 相同。

关于交换机补充以下几点:

(1) 如果 TLP 的 ID 和下游任意接口的配置中的次级从属寄存器符合,则向下游传递这个包。

（2）如果传递到下游的 TLP 与下游设备自身的 ID 不符合,则下游向上游传递一个没有支持的请求。

（3）向上游传递的 TLP 会一直向上游传递,除非 TLP 是传递给交换机或者某个分支的。

3. 隐式路由

只有消息使用隐式路由。当一个端点设备接收到一个隐式路由 TLP 之后,只会简单地检查这个 TLP 是不是适合自己,然后去接收。当一个交换机设备接收到一个 TLP 时会考虑这个 TLP 接收的端口,并根据它的 TLP 头,判断这个 TLP 是不是合理的。

（1）交换机设备接收到一个从上游来的广播消息之后会转发给自己所有的下游连接,当交换机从下游设备接收到一个广播消息后会把它当作一个畸形 TLP。

（2）交换机设备在下游端口接收到一个向 RC 传播的 TLP 后会把这个 TLP 传播到所有的上游接口,因为它知道 RC 一定在它的上游;反之,如果从它的上游接收到一个这样的 TLP,则显然是一个错误的 TLP。

（3）如果交换机接收到一个 TLP 后,TLP 表示应该在接收者处停止,则交换机就接收这条消息,不再转发。

5.1.5 PCIE 开发系统配置和设备枚举

前面介绍了路由方式,其中有 ID 路由这种方式,但是应该有一个疑惑,就是设备总线编号、设备编号、功能编号是怎样得到的。

可以排除一种情况,就是这些 ID 不可能是在设备中的硬编码,因为 PCIE 拓扑结构千变万化,如果使用硬编码,则会矛盾。实际上在一个 PCIE 系统中,上电或者复位后会经历一个初始化和设备枚举的过程,这个枚举过程结束后,就会得到它的所有 ID。

现在介绍 PCIE 设备是怎么被发现的,以及整个拓扑结构是怎么建立的。

首先,在一个 PCIE 设备中最高支持 8 个功能,这些功能是什么呢？ 一个设备可以同时具有几个功能,每个功能对应一个编号,并且每个功能必须拥有一个配置来配置必要的属性。如果一个设备只有一个功能,则功能编号必须为 0;如果这个设备是一个多功能的设备,则第 1 个功能的编号必须为 0,其余的功能编号可以不必按照顺序递增。

第 1 个总线代表与一个桥设备直接相连的上游总线的编号;第 2 个总线代表与一个桥设备直接相连的下游总线的编号。子总线编号代表这个桥下游最远的总线的编号。

在设备启动后,整个系统的拓扑结构是未知的,只有 RC 内部总线是已知的。命名为总线 0,这是硬件编码在芯片中的。扫描 PCI 结构可以发现拓扑端口,如图 5-20 所示。

系统是怎么识别一个功能是否存及在哪里呢？ 以类型 0 结构的配置为例,有设备 ID 和供应商 ID,它们都是在芯片中硬编码的。不同的设备有着不同的 ID,其中值 FFFFh 保留,任何设备不能使用。当 RC 发出一个配置读请求时,如果返回的不是 FFFFh,则系统就认为存在这样的设备;如果返回的为 FFFFh,则系统就认为不存在这个设备。设备 ID 和供应商 ID 硬编码配置表,见表 5-5。

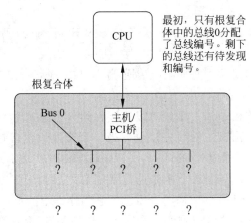

图 5-20　扫描 PCI 结构以发现拓扑端口

表 5-5　设备 ID 和供应商 ID 硬编码配置表

31	16	15	0
设备 ID		卖方 ID	
状态寄存器		命令寄存器	
类代码			更新 ID
BIST	标头	Lat 计时器	高速缓存 Ln
基地址 0			
基地址 1			
基地址 2			
基地址 3			
基地址 4			
基地址 5			
基地址 6			
子系统 ID		子系统卖方 ID	
扩展 ROM 基地址			
保留			CapPtr
保留			
最大 Lat	最小 Gnt	中断引脚	中断线

前面已经介绍过,系统只有 RC 能进行配置写操作,否则整个体系会发生混乱。

那么,RC 是怎么产生一个配置写或者配置读操作的呢? RC 只是代替 CPU 进行操作,那么,CPU 怎样才能让 RC 产生一个这样的操作呢? 有几种想法可以实现,例如,把所有配置空间映射到系统的内存空间中,但是如果系统存在大量的设备,则将占据大量的内存空间,这种方式是不高效的,所以一个非常聪明的方法被提出。系统将 I/O 空间中 0CF8h~0CFBh 的 32 位划分为配置地址口,将 0CFCh~0CFFh 的 32 位划分为配置数据口。

配置地址口的定义如图 5-21 所示。

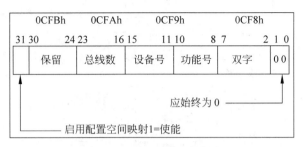

图 5-21　配置地址口的定义

有以下几点需要说明：

（1）Bit0～1 是被硬编码进芯片的。

（2）Bit2～7 定义目标数据字，表明要写的配置空间的位置。配置空间总计有 64 个数据字。

（3）Bit8～23 为目标的 ID。

（4）Bit31 为使能位，为 1 时使能工作。

当 CPU 想要进行一个配置写入时，只需在配置地址口写进它的地址与目标数据字。当在配置数据口写入数据，使能就完成一个配置写操作；当 CPU 从配置数据口进行读操作，就完成配置读操作。

现在介绍配置 Type 0 和 Type 1 两类的区别。Type 0 和 Type 1 两类的 TLP 头部不一样，但是最大的不同是当 CPU 产生一个配置写时，如果写的目的总线等于 RC 的总线，则 RC 会直接产生一个 Type 0，然后总线中的某个设备接受它；如果不相同，则将产生一个 Type 1，并且继续向下传播。下游的桥接受后，首先对比目的总线和第 2 个总线，如果相同，则将这个 TLP 从 Type 1 转换为 Type 0，然后总线上的某个设备接收它。如果第 2 个总线小于目的总线，则桥设备不对这个 TLP 进行类型转换，继续向下传递，直到目的总线等于第 2 个总线，再完成类型转换。

在系统上电或者复位后，设备会有一个初始化过程，在这个过程中设备的寄存器都是无意义的。初始化后，所有寄存器数据稳定并且有意义。这时才可以进行配置和设备的枚举。PCI 设备环境配置如图 5-22 所示。

系统完成初始化后的整个系统如图 5-22 所示，只有 RC 中的总线被硬编码为总线 0。这时枚举程序开始工作，将要完成的工作如下：

（1）枚举程序将要探测总线 0 下面有几个设备，PCIE 允许每个总线上最多存在 32 个设备。这时 RC 将要产生一个配置读 TLP，目的 ID 为总线 0、设备 0、功能 0。读取供应商 ID，如果返回的不是 FFFFh，则表明存在设备 0、功能 0，跳到下一步；如果返回的是 FFFFh，则表明一定不存在设备 0。这时，程序就开始探测是否存在总线 0、设备 1、功能 0。

（2）上一步探测到设备 0 存在。在设备的标题类型字段中，存在标题类型寄存器、能力寄存器。这两个寄存器表明设备的一些特性。标题类型寄存器的 Bit7 表明是否是一个多功能设备。标题类型寄存器的 Bit4～7 表明这个设备的类型详细信息，如图 5-23 所示。假设现在枚举程序开始读取总线 0、设备 0、功能 0 的这两个寄存器，返回标题类型数据为

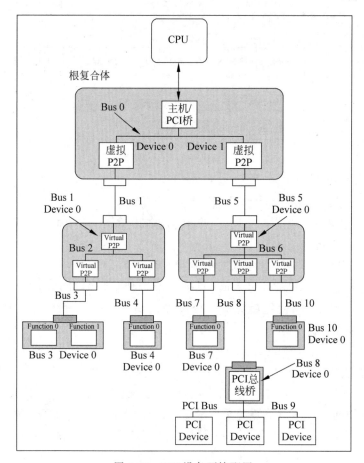

图 5-22　PCI 设备环境配置

00000001b,表明这是一个单功能,桥设备表明还有下游设备,即存在总线 1。

现在,程序进行一系列配置写操作,将 A 设备的第一总线编号寄存器写为 0,将第二总线编号寄存器写为 1,将从属总线编号寄存器写为 1。桥 A 感知下游总线为总线 1,下游最远的总线为总线 1。接着,进行以下操作:

(1) 程序更新 RC 的相关寄存器。

(2) 程序读取 A 的能力寄存器,得到设备/端口类型字段为 0100b,表明这是 RC 的一个 Root 端口。

(3) 程序必须执行深度优先搜索。也就是说在探测总线 0 上的其他设备时,程序应该首先探测设备 A 下面的所有设备。

(4) 程序读取总线 1、设备 0、功能 0 的供应商 ID,如果有一个有效的值返回,则表示存在这个设备 C。

(5) 读取标题类型字段,返回 00000001,表明 C 是一个桥,并且 C 是一个单功能设备。

(6) C 的能力寄存器设备/端口类型字段=0101b,表明这是一个交换机的上行端口。

（7）程序对 C 重复步骤(3)的操作。

（8）将主机/网桥和桥 A 的从属总线编号更新为2。

（9）继续深度优先搜索，发现设备 D。读取相关寄存器，得知 D 为交换机的下游接口桥设备，得知总线3的存在。可对 D 的寄存器进行修改，更新上游设备。

（10）对总线3上的设备进行探测，发现总线3，设备0。读取寄存器，发现端点多功能设备。

（11）结束深度优先搜索，回滚到总线2，继续探测设备，然后执行深度优先搜索。

（12）重复上述过程完成所有设备的遍历。

同时，还有一个问题，一个功能是怎么知道它自己的总线编号和设备编号的呢？一个功能一定知道自己的功能编号，设备的设计者在设计时会以某种方式，例如，以硬编码寄存器的方式，告诉它自己的功能编号，而总线编号和设备编号不可能以这种方式实现，因为设备不同的位置 ID 不一样。当一个配置 TLP 到达一个结束标识后，结束标识会以某种方式记录 TLP 标头中的目的 ID，也就是自己的 ID，从而获得自己的 ID。

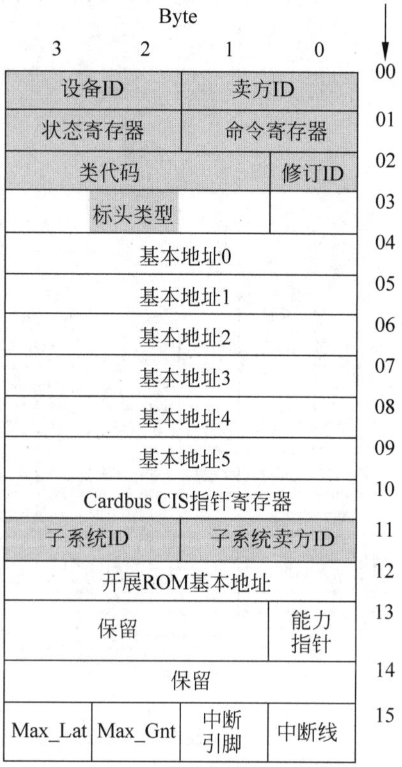

以上操作完成后，这个体系的 ID 都已经建立，那么，只有所有的配置都可以正确地进行传递，然后其他程序才会正常地进行工作。例如，知道地址路由这种方式，当采用这种方式进行工作时，首先需要对基址寄存器进行配置，这样才能正常地路由，而如果没有建立一个正确的 ID 体系，则无法进行配置。

图 5-23　配置 Header Type 寄存器

5.2　PCIE 开发设备热插拔

5.2.1　PCIE 设备的热插拔功能

热插拔是一个非常重要的功能，很多系统需要热插拔功能，从而最大可能地减少系统停机的时间。

PCI 设备需要额外的控制逻辑去控制 PCI 板卡，以此来完成例如上电、复位、时钟，以及指示器显示功能。PCIE 相较于 PCI 设备来讲，具有原生的热插拔功能，而不需要去设置额外的设备去实现热插拔功能。

PCIE 的热插拔功能，需要在热插拔控制器的协助下完成，该控制器用来控制一些必要的控制信号。这些控制器存在于相互独立的根节点（Root）或开关（Switch）中，与相应的端口（Port）相连。同时 PCIE 协议为该控制器定义了一些必要的寄存器。这些控制器在热插拔软件的控制下，使相连的端口的控制信号有序地变化。设备功耗中涉及的要素，如图 5-24 所示。

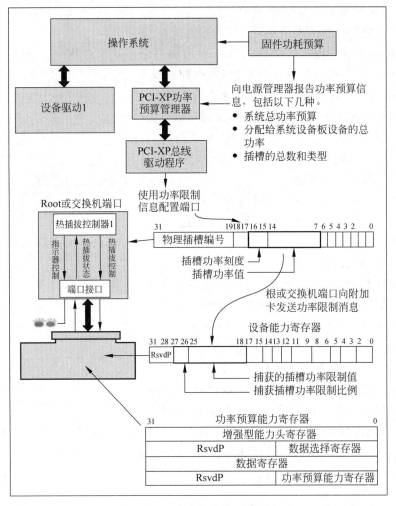

图 5-24　设备功耗中涉及的要素

一个控制器必须实现以下功能。

（1）置位或者不置位与 PCIE 设备相连的 PERST♯复位信号。

（2）给 PCIE 设备上电或者断电。

（3）选择性地打开或者关闭用来表示当前设备状态的指示器(例如 LED)。

（4）检测 PCIE 设备插入的插槽(Slot)发生的事件(例如移去一个设备)，并将这些事件通过中断方式报告给软件。

PCIE 设备和 PCI 设备通过一种被称作无意外的方式实现热插拔。用户不允许在未告知系统软件的情况下，插入或者移除一个 PCIE 设备。用户告知软件将要插入或者移除一个设备之后，软件将进行相关操作，之后告知用户，是否可以安全地进行这个操作(通过相应的指示器)，然后用户才可以进行接下来的操作。

同时,PCIE 设备也可以通过突然意外的方式移除设备。通过两根探测引脚(PRSNT1♯和 PRSNT2♯)实现。这两个引脚比其余的引脚更短,在用户移除设备时,这两个信号会先断开,系统会迅速地检测到并迅速地做出反应,从而安全地移除设备。

5.2.2 热插拔软件部分与硬件部分

在上面简单的介绍之后,本节将介绍实现热插拔的必备部分:软件部分与硬件部分。

1. 软件部分

实现热插拔必需的软件部分的结构如下。

(1)用户接口:操作系统提供给用户调用,以此来请求关闭一个设备或者打开一个刚刚插入的设备。

(2)热插拔服务:一个用来处理操作系统发起的请求的服务程序,主要包括提供插槽的标识符、打开或者关闭设备、打开或者关闭指示器、返回当前某个插槽的开关状态等。

(3)标准热插拔系统驱动:由主板提供,接收来自热插拔服务的请求,控制热插拔控制器完成响应请求。

(4)设备驱动:对于一些比较特殊的设备,完成热插拔需要设备的驱动设备来协作。例如,当一个设备移除之后,要将设备的驱动程序设置为静默状态,即不再工作。

2. 硬件部分

实现热插拔必需的硬件部分的结构如下。

(1)热插拔控制器:用来接收处理热插拔系统驱动发出的指令,一个控制器连接一个支持热插拔的端口(Port),PCIE 协议为控制器定义了标准软件接口。

(2)卡槽电源切换逻辑:在热插拔控制器的控制下,完成 PCIE 设备的上电与断电。

(3)板卡重置逻辑:在热插拔控制器的控制下对与 PCIE 设备连接的 PERST♯复位信号置1或者置0。

(4)电源指示器:每个插槽分配一个指示器,由热插拔控制器控制,指示当前插槽是否上电。

(5)注意按钮:每个插槽分配一个按钮,当用户请求一个热插拔操作时,按压这个按钮。

(6)注意力指示器:每个插槽分配一个指示器。指示器用来引起操作者的注意,表明存在一个热插拔问题,或者热插拔失败,由热插拔控制器控制。一个服务器硬盘,如图 5-25 所示。

(7)卡存在检测引脚:总共有 PRSENT1♯和 PRSENT2♯两种卡存在信号。

下面介绍 PCI 设备的热插拔框架。PCI

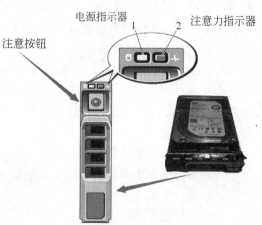

图 5-25 服务器硬盘热插拔

是共享总线结构,即一条总线上连接多个设备,如果要实现热插拔过程就需要额外的逻辑电路,系统存在一个总的热插拔控制器,在控制器里面存在各个插槽对应的控制器,控制器在热插拔系统驱动的控制下完成热插拔过程,如图 5-26 所示。

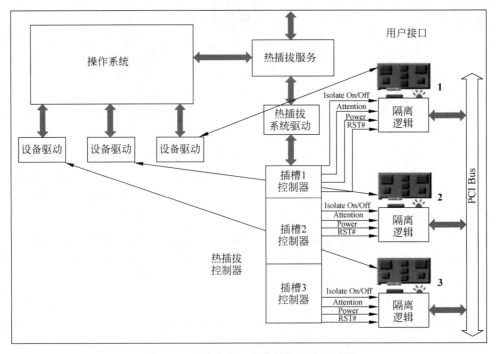

图 5-26　系统存在一个总的热插拔控制器

PCIE 采用的是点对点(Peer To Peer)拓扑结构,同时原生支持热插拔功能,这就决定了它的系统框架不同于 PCI。热插拔控制器分散存在于每个根聚合点或者开关中,每个端口对应一个控制器,不再需要一个单独的额外的控制器。用户通过调用用户接口来一层一层地实现最后的热插拔功能。PCI 总线热插拔硬件/软件元素如图 5-27 所示。

接下来介绍 PCIE 设备实现热插拔的具体过程(这里假设操作系统完成对一个新插入的设备的配置),以移除为例:

(1)用户要移除某个设备,通过物理方式(例如按下按钮)或者软件方式告知操作系统。操作系统接收到请求后,进行一些必要的操作(例如,完成现在正在进行的写操作,并禁止接收新的操作),然后通过物理(例如,指示灯)或者软件的方式,告知用户请求是否可以满足。

(2)如果第 2 步操作系统告知用户可以进行请求操作,则热插拔系统驱动会将插槽关闭。通过控制根聚合点或者开关中相应的寄存器,完成插槽状态的转换。

(3)用户移除相应的设备。

(4)打开或者关闭插槽。

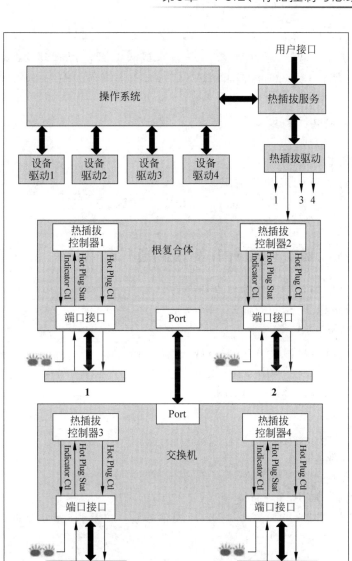

图 5-27　PCI 总线热插拔硬件/软件元素

5.2.3　热插拔的两种状态

热插拔的两种状态如下。

1. 插槽开状态(On)

该状态有以下特点:

(1) 插槽已经上电。

（2）参考时钟 REFCLK 已经打开。

（3）插槽连接状态处在活跃状态（Active），或者活跃电源管理（Active State Power Management）处于待命状态（L0s 或 L1）。

（4）复位信号 PERST♯置 0。

2．插槽关状态（Off）

该状态有以下特点：

（1）插槽断电。

（2）参考时钟 REFCLK 已经关闭。

（3）连接状态处于静默状态（Inactive），相应信号线处于高阻态。

（4）复位信号 PERST♯置 1。

5.2.4　热插拔关闭和打开插槽的具体流程

热插拔关闭和打开插槽的具体流程如下。

1．关闭插槽过程

（1）将链路连接关闭。

（2）端口在物理层将相关信号设置为高阻态。

（3）将插槽的复位信号 PERST♯置 1。

（4）关闭插槽的参考时钟 REFCLK。

（5）将插槽断电。

2．打开插槽过程

（1）将插槽上电。

（2）打开插槽的参考时钟 REFCLK。

（3）将复位信号 PERST♯置 0。

一旦插槽上电，参考时钟就会被打开，复位信号置 0 之后，连接两端将会进行链路训练和初始化，之后就可以收发 TLP 了。

5.2.5　热插拔移除和插入设备的具体流程

热插拔移除和插入设备的具体流程如下。

1．移除设备

移除设备采用的是物理方式的流程。

（1）当通过物理方式告知系统将要移除设备时，操作者需要按下插槽中的注意按钮。热插拔控制器侦测到这个事件之后会给根聚合点传递一个中断。

（2）热插拔调用热插拔系统驱动，读取现在插槽的状态。之后热插拔服务向热插拔系统驱动发送一个请求，要求热插拔控制器控制功率指示器，从常亮转向闪烁。操作者可以在 5s 内再次按下注意按钮以中止移除。

（3）当第（2）步读取卡槽状态时，卡移除请求验证成功，在热插拔软件允许该操作之后，功率指示器将持续闪烁。当设备正在进行一些非常重要的操作时,热插拔软件可能不允许该操作。如果软件不允许该操作,则软件将会拒绝该操作,并让热插拔控制器使功率指示器停止闪烁,保持常亮。

（4）如果该操作被允许,热插拔命令设备驱动默认,则在完成已经接收的操作时不再接收或发出任何请求。

（5）软件操作连接两侧端口的连接控制寄存器,关闭两侧设备的数据通道。

（6）软件通过热插拔控制器将插槽关闭。

（7）在断电成功后,软件通过热插拔控制器将功率指示器电源指示器关闭,设备此时可以安全地移除了。

（8）操作者将卡扣设备固定在主板上的设备（可选设备）的上面有一个传感器,用于检测卡扣是否已被打开,如图 5-28 所示,将所有连接线（如备用电源线）断开,此时将卡移除掉。此步骤与硬件有关,可选。

（9）操作系统将分配给设备的内存空间、I/O 空间、中断线收回。

（10）回收再利用。

当以软件方式移除时,与物理方式基本相同,但是需要将前两步替换为以下步骤:

图 5-28　检测卡扣传感器的拔插状态

（1）操作者发出一个与设备相连的物理插槽号（Physical Slot 编号）的移除请求。

（2）软件显示一条信息,要求操作者确认,此时电源指示灯开始由常亮转向闪烁。

2. 插入设备

插入也分为物理方式和软件方式,设备插入过程是移除的反过程,这里假设插入的插槽已经断电。

物理方式的具体过程如下:

（1）操作者将设备插入,关上卡扣。如果卡扣存在传感器,则热插拔控制器将会感知到卡扣已经关闭,这时控制器会将备用信号和备用电源连接到插槽。

（2）操作者通过按压注意按钮来通知热插拔服务器。同时引起状态寄存器相应的位置位,并引发中断事件,发往根聚合点,然后由软件读取插槽状态,辨识请求。

（3）热插拔服务向热插拔系统驱动发出请求,要求热插拔控制器闪烁插槽的功率指示器,提示现在不能再移除设备了。操作者可以在闪烁开始 5s 内再次按压注意按钮来取消插入请求。

（4）当设备允许请求时,功率指示器将保持闪烁。可能因为设备安全因素禁止插入某些插槽,热插拔软件将不允许该操作。如果软件不允许该操作,则软件将会拒绝该操作,并让热插拔控制器将功率指示器熄灭。同时建议系统用消息或者日志的方式记录禁止的原因。

（5）热插拔服务向热插拔系统驱动发送命令,将相应卡槽打开。

（6）一旦插槽被打开,软件便会命令将功率指示器打开。

（7）一旦链路训练完成,操作系统就会开始进行设备枚举,分配总线编号、设备编号、功能编号,并配置相应配置空间。

(8)操作系统根据设备信息加载相应的驱动程序。

(9)操作系统调用驱动程序执行设备的初始化代码,设置配置空间相应的命令寄存器,使能设备,完成初始化工作。

软件过程可以类比,到此这个热插拔过程就介绍完了。

5.3 PCIE 寄存器与关系图

5.3.1 PCIE 寄存器

本节介绍 PCIE 建议的用户接口和相应寄存器。

首先介绍软件之间的接口。协议没有详细地定义这些接口,但是它定义了一些基础的类型和内容。热插拔服务和热插拔系统驱动之间的接口如下。

1. 查询热插拔系统驱动

输入:none。

输出:热插拔系统驱动控制的逻辑插槽 ID。

功能:询问热插拔系统驱动控制的插槽,并返回其逻辑插槽 ID。

2. 设置插槽状态

输入:逻辑插槽 ID、新的状态、新的注意指示器状态、新的电源指示灯状态。

输出:请求完成状态。

功能:用来控制插槽和与之相关的指示。

3. 查询插槽状态

输入:逻辑插槽 ID。

输出:插槽状态设备电源需求。

功能:返回插槽状态,热插拔系统驱动返回相应的信息。

然后介绍热插拔控制器的可编程接口。PCIE 协议已经在配置空间中定义了相关寄存器。热插拔系统驱动通过控制相关寄存器,来控制热插拔控制器,进而实现热插拔,见表 5-6。

表 5-6 控制热插拔控制器,实现热插拔

	PE 能力		NxtCap	PE Cap	060h
	PCI 总线设备能力				064h
	设备状态			连接控制	068h
	PCI 总线连接能力				06Ch
	连接状态			连接控制	070h
	插值能力				074h
仅根端口	插值状态			插值控制	078h
	Root 根能力			Root 控制	07Ch
	Root 根状态				080h
	PCI 总线能力 2				084h
	设备状态 2			设备控制 2	088h

插槽性能寄存器主要用于表明设备存在哪些指示器与传感器,以及存在于哪些插槽和设备的配置空间中。硬件必须初始化这个寄存器,以表明设备实现哪些硬件了。软件通过读该寄存器获取硬件信息。

5.3.2　PCIE 架构关系图

全新的硬件模块中需要掌握的部分如下。

(1) 首先要了解硬件的用途、物理接口、引脚定义。

(2) 要知道需要做什么样的配置,才能使设备达到预期。

(3) 设备工作中最重要的就是 3 个模块,即正确识别、注册中断及终端处理函数、数据传输。

完成以上 3 步,一个硬件模块的构建就完成了。本节忽略了大部分细节,只为了用最短的篇幅描述 PCIE。MSI、MSI-X 中断和 TLP 不详细展开介绍。

PCIE 核心问题如图 5-29 所示。

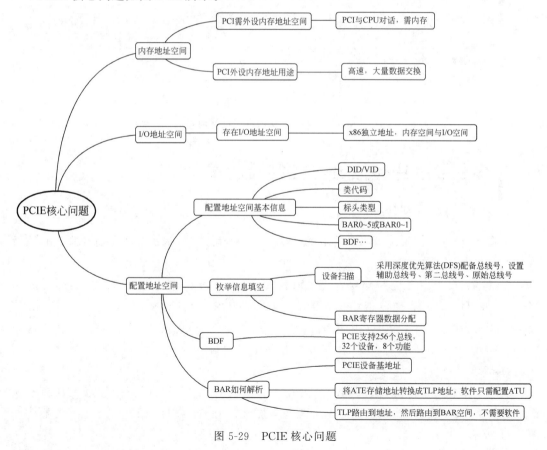

图 5-29　PCIE 核心问题

PCIE 建立连接的过程描述如图 5-30 所示。

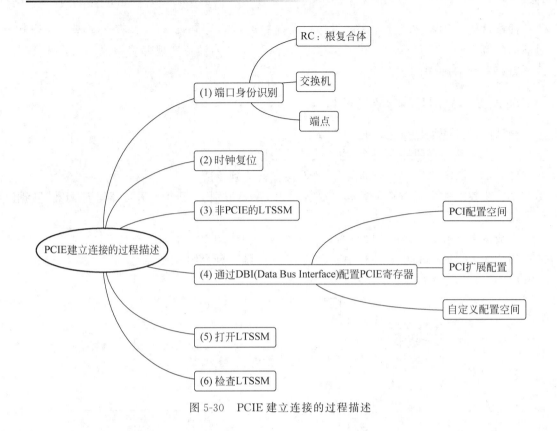

图 5-30　PCIE 建立连接的过程描述

5.4　示例：芯片存储器与控制器测试

5.4.1　存储器的分类

存储介质的形式有很多种，从穿孔纸卡、磁鼓、磁芯、磁带、磁盘到半导体 DRAM，以及 SD 卡、固态硬盘、SSD、闪存等。

存储器大致可以分为掉电易失性（Volatile Memory）和非掉电易失性（Non-Volatile Memory）。目前全球存储器市场最大的需求集中在 DRAM、NAND Flash、NOR Flash 三大类。这三类存储器，主要用在哪里呢？

（1）DRAM：4GB 内存部分，用来存放当前正在执行的数据和程序，例如，屏幕前的正在刷的微信。

（2）NAND Flash：64GB 闪存部分，用来存放各种信息。二维空间已经无法存放这么多的信息了，导致 NAND 走向了三维空间，也就是 3D NAND。3D NAND 阵列架构如图 5-31 所示。

为了便于查看，在一个字符串中只显示了 4 条字线（WL）。实际的 3D NAND 在一个字符串中，具有超过 128 个字线（WL）。此外，一些新型的存储器也在发展的过程中，例如，磁

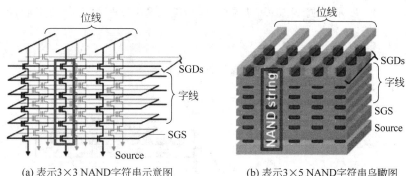

(a) 表示3×3 NAND字符串示意图　　　　(b) 表示3×5 NAND字符串鸟瞰图

图 5-31　3D NAND 阵列架构

阻式 RAM（MRAM 分为 ST-MRAM、STT-MRAM）、电阻式 RAM（ReRAM）、PRAM、FeRAM 等。各种不同的存储器及性能对比见表 5-7。

表 5-7　各种不同的存储器及性能对比

存 储 器	速　　度	大　　小	不 稳 定 性	稳　健　性
SRAM	很快	大	不稳定	无限
DRAM	快	小	不稳定	无限
NAND	很慢	很小	稳定	有限
STT-MRAM	很快	小	稳定	有限
ReRAM	中等	小	稳定	无限
PRAM	中等	小	稳定	无限
FeRAM	中等	中等	稳定	无限

接下来介绍各种存储器与控制器的测试。

1. 写/擦除脉冲宽度相关性测试

写/擦除脉冲宽度相关性测试流程如图 5-32 所示。

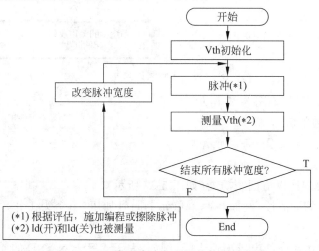

图 5-32　写/擦除脉冲宽度相关性测试流程

根据如图 5-33 所示的测试流程,需要工程师编写程序,即写一个理想脉冲,如图 5-33 所示。

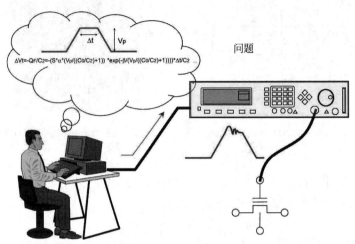

图 5-33　编写程序,即写一个理想脉冲

然而,由于传输线的多重反射及电感效应,实际测试脉冲已经引入了失真,如图 5-34 所示。

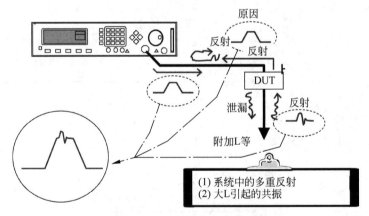

图 5-34　实际测试脉冲失真

生成复杂的时序图,如图 5-35 所示。

2．耐久性试验的流程

耐久性试验的流程如图 5-36 所示。

3．干扰测试

干扰测试主要测试以下两个功能(如图 5-37 所示)。

(1)测试设备的灵活性,例如在两个单元上同时加压,一个为工作单元,另一个为干扰单元。

(2)测试要求比较高的电压加速下降(例如,大于或等于 NAND 的 40V)的场景。

图 5-35 生成复杂的时序图

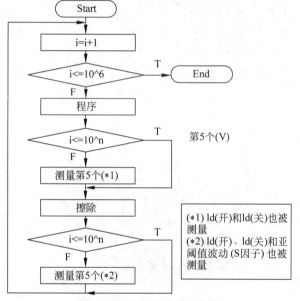

图 5-36 耐久性试验的流程

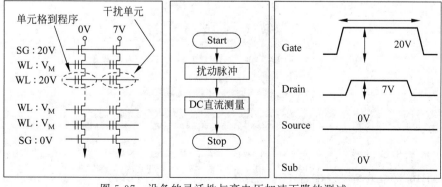

图 5-37 设备的灵活性与高电压加速下降的测试

总结以上部分,可得在存储器单元主要需要进行 3 种功能测试。存储器与控制器主要的测试挑战如图 5-38 所示。

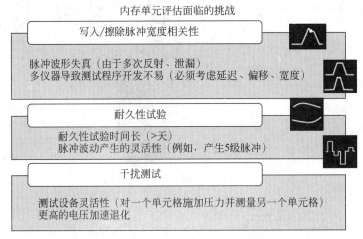

内存单元评估面临的挑战

写入/擦除脉冲宽度相关性

脉冲波形失真（由于多次反射、泄漏）
多仪器导致测试程序开发不易（必须考虑延迟、偏移、宽度）

耐久性试验

耐久性试验时间长（>天）
脉冲波动产生的灵活性（例如，产生5级脉冲）

干扰测试

测试设备灵活性（对一个单元格施加压力并测量另一个单元格）
更高的电压加速退化

图 5-38　存储器与控制器主要的测试挑战

面对如此错综复杂的考量,正确的方法是使用 B1525A 中的 Keysight HV-SPGU 模块（高压半导体脉冲发生器）,这是基于 Keysight 半导体参数分析仪（也就是 Tracer）B1525A 的高压脉冲产生单元,它可以产生±40V 的电压脉冲,用于存储器单元的干扰试验。存储器与控制器的干扰试验如图 5-39 所示。

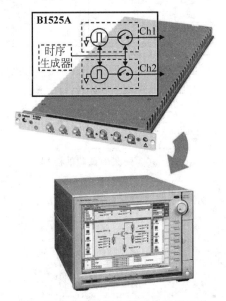

图 5-39　存储器与控制器的干扰试验

从正面面板可以看到这个可配置于 B1525A 的模块,每个模块有两个通道,也就是对于 5 插槽的 B1525A,最高可以配置 10 个通道。

除了高压、通道数之外，接下来介绍在复杂波形生成、超高脉冲精度，以及测试软件等方面的能力，如何在方方面面满足存储单元测试的全部要求。脉冲分辨率与精度测试见表 5-8。

表 5-8　脉冲分辨率与精度测试

测试类别	B1525 HV-SPGU	41501B(40V 范围)
脉冲级分辨率	0.2mV	8.0mV
脉冲级精度	$\pm(0.5\%+50\text{mV})$	$\pm(3\%+50\text{mV})$

输入参数 $T_{transient}=20\text{ns}$，$V_{amp}=10\text{V}$ 的测试结果，如图 5-40 所示。

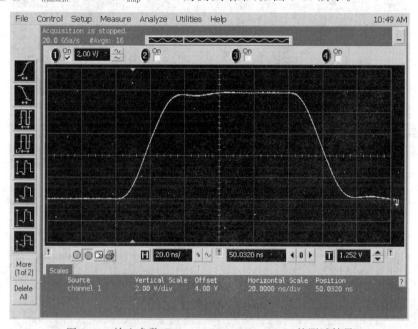

图 5-40　输入参数 $T_{transient}=20\text{ns}$，$V_{amp}=10\text{V}$ 的测试结果

输入参数 $T_{transient}=20\text{ns}$，$V_{amp}=20\text{V}$ 的测试结果，如图 5-41 所示。
输入参数 $T_{transient}=30\text{ns}$，$V_{amp}=40\text{V}$ 的测试结果，如图 5-42 所示。

5.4.2　DDR 总线的设计、调试和验证

在计算机架构中，DDR 作为程序运算的动态存储器，面对如高性能计算、图形计算、移动计算、工业应用等领域的要求，发展出 DDR4，以及用于图形计算的 GDDR5、HBM2，以及面向移动计算的低功耗 LPDDR4 等标准。

处理器的运算速度越来越快，对 DDR 的性能要求也越来越高，明显的趋势是 DDR 总线的工作频率持续提升，如 DDR4 达到 3.2G/s，用于智能手机等低功耗场合的 LPDDR4 速率，甚至超越了 DDR4，最高达到 4.2G/s。DDR5 工作速率达到 6.4G/s，由于速率的提升，在 DDR5 接收端采用多阶 DFE 均衡器，而在强调性能的图形计算领域，GDDR6 的工作速率可能会达到 16G/s。另外，由于能耗比的要求，DDR 标准在演进中的工作电压持续走低，如 LPDDR4X 的工作电压降低至 0.6V。

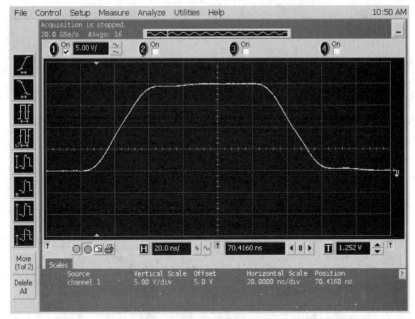

图 5-41　输入参数 $T_{\text{transient}}=20\text{ns},V_{\text{amp}}=20\text{V}$ 的测试结果

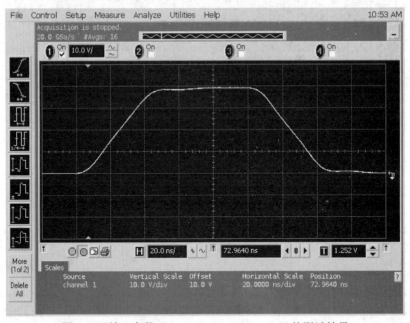

图 5-42　输入参数 $T_{\text{transient}}=30\text{ns},V_{\text{amp}}=40\text{V}$ 的测试结果

　　DDR、GDDR 与 LPDDR 各种速度优势,如图 5-43 所示。

　　DDR 总线采用源同步的技术,多比特并行通信的机制,总线中会存在同步开关噪声和串扰等问题;由于信号速率持续提升,单个比特位宽收窄,导致时序范围变得很紧张,抖动问题也越发明显,而由于工作电压的降低,噪声和电源完整性的问题也变得非常显著。

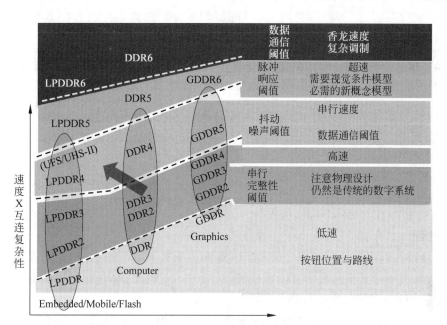

图 5-43　DDR、GDDR 与 LPDDR 各种速度优势

　　DDR4 总线既有并行总线存在的问题,也要面临如同高速 Serdes 设计中存在的挑战,这是在数字系统中最为复杂的一环,如果不能保证 DDR 总线的可靠运行,则有可能会导致整个硬件系统的崩溃。

　　针对这些问题,从 DDR4 总线的设计仿真和分析到系统上电后都需要规划 DDR4 信号完整性验证、时序验证、眼图轮廓测试、电源完整性验证,以及总线时序一致性分析、故障定位、性能统计等完整的解决方案。DDR4 总线的设计仿真和分析,如图 5-44 所示。

图 5-44　DDR4 总线的设计仿真和分析

5.4.3 DDR4信号特性

DDR4信号特性主要包括以下主要内容。

1. 电源

（1）VIH/VIL,VOH/VOL。

（2）过冲与下冲。

（3）交叉点。

2. 定时

（1）前/后同步时间。

（2）DQS/DQ/CLKDelta时间。

3. 眼图

电气特性和时序特性基本与之前DDR3等的要求类似,眼图这一项是随着信号速率的提升,新增加的一个要求。可能有读者会问,以前DDR3或之前的测试,示波器软件也有眼图测试,到了DDR4眼图测试的要求有什么区别吗？

ADS仿真软件的DDR4总线仿真器提供了统计眼图分析的功能,能够在短时间内统计计算在极低误码率（1E−16）下的DQ眼图,根据规范判断模板是否违规,如图5-45所示。另外,基于总线的仿真,也很容易仿真基于串扰因素下的眼图质量。

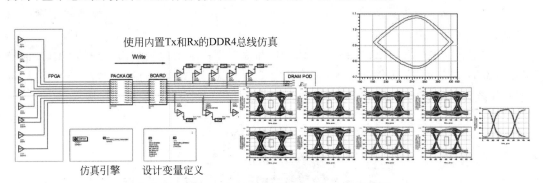

图 5-45　ADS仿真软件的DDR4总线仿真器

基于示波器的DDR4信号实测,可以利用熟悉的InfiniScan区域触发功能,很容易分离出写信号,再通过Gating功能对Burst写信号做时钟恢复和眼图重建,接着进行眼眶测量,并验证10^{-6}误码率下的眼图模板是否违规。如果使用一致性测试软件,就不用手动操作,软件会自动跟踪和分离波形并实现眼图测试。

ADA DDR4仿真波形图如图5-46所示,ADS DDR4仿真与DDR辅助测试如图5-47所示。

对于物理层,无论是仿真,还是一致性测试,软件得到的数据都可以通过数据分析工具N8844A导入云端,通过可视化工具生成统计分析表格,对比性分析高低温、高低电压等极端情况下不同的测试结果,比较不同被测件的异同。使用仿真测试软件进行测试,如图5-48所示。

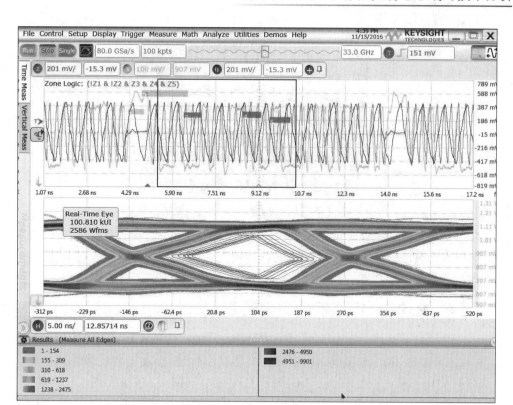

图 5-46　ADA DDR4 仿真波形图

从ADS到DDR合规性测试的测试流程
W2351EP DDR4合规性测试台

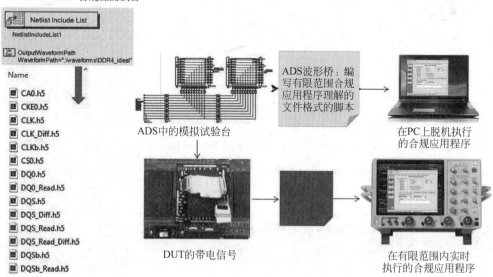

图 5-47　ADS DDR4 仿真与 DDR 辅助测试

图 5-48 使用仿真测试软件进行测试

通过逻辑分析仪的内存软件解析 DDR 总线的操作和分析性能,可以分析出由于系统中集中的读操作,以及 LPDDR4 的速率切换,导致了电源电压的波动,以及特定命令操作导致的电压跌落现象。

5.4.4 M-PHY 物理层的主要特点

每个信号通路是单向传输的,信号采用差分传输机制,信号有高速 HS 和低速 LS 两种模式,高速信号采用 8b/10b 编码,使用 PLL 类型端时钟恢复,在突发的开始需要同步号;低速信号则使用 PWM 调制方式。M-PHY 有两种电压摆幅,包括大幅度 LA 和小幅度 SA,可以工作在端接模式和非端接模式,后一种可以在低功耗要求时使用,如图 5-49 所示。

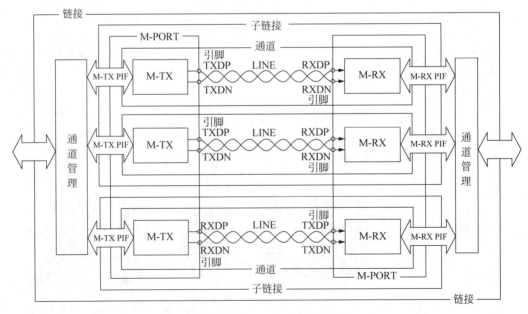

图 5-49 M-PHY 有两种电压摆幅

M-PHY 一致性测试规范包括发射端、接收端、接口及互连 S 参数和阻抗共 3 部分内容。发射端测试方案如图 5-50 所示。

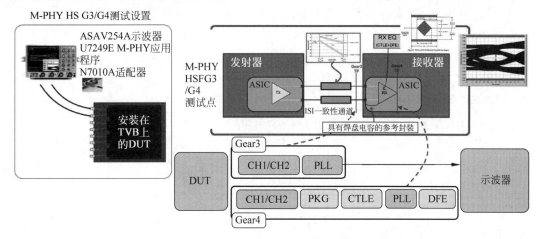

图 5-50　M-PHY 一致性测试的发射端测试方案

接收端测试方案如图 5-51 所示。

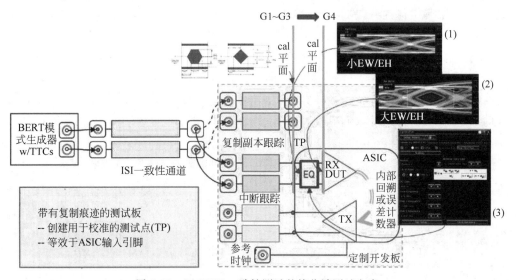

图 5-51　M-PHY 一致性测试的接收端测试方案

5.5　系统总线技术与示例

5.5.1　总线的基本概念

1. 总线分类

总线在各层次上提供部件之间的连接和交换信息通路。总线分为以下几类。

（1）芯片内总线：在芯片内部各元件之间提供连接。例如，CPU 芯片内部、各寄存器、ALU、指令部件等之间有总线相连。

（2）通信总线：在主机和 I/O 设备之间或计算机系统之间提供连接。通常是电缆式总线，如 SCSI、RS-232、USB 等。

（3）系统总线：在系统主要功能部件（CPU、MM 和各种 I/O 控制器）间提供连接。

2. 系统总线分类

系统总线包括以下两种。

（1）单总线结构：将 CPU、MM 和各种 I/O 适配卡通过底板总互连，底板总线为标准总线。

（2）多总线结构：将 CPU、Cache、MM 和各种 I/O 适配卡用局部总线、适配卡用局部总线、处理器、主存总线、高速 I/O 总线、扩充 I/O 总线等互连。

3. 多总线分类

多总线主要有两大类。

（1）处理器-存储器总线（特定设计或专有设计）：短而快，仅需与内存匹配，使 CPU：MM 之间的最大带宽达到最大。

（2）带宽 I/O 总线（工业标准）：长而慢，需适应多种设备，一侧连接到处理器-存储器总线或背板总线，另一侧连到 I/O 控制器。英特尔公司在推出 845、850 等芯片组时，对系统总线有专门的定义，将处理器总线称为前端总线或系统总线。

5.5.2　英特尔体系结构中特指的系统总线

北桥芯片组把处理器-存储器总线分成了两个总线：处理器总线（系统总线、前端总线）与存储器总线。在 x86 体系结构中特指的系统总线如图 5-52 所示。

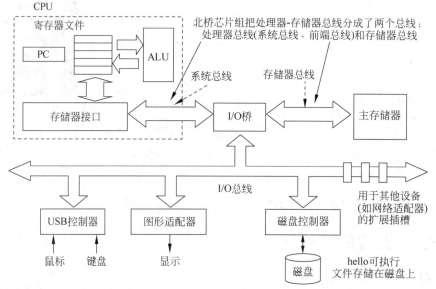

图 5-52　在 x86 体系结构中特指的系统总线

5.5.3 系统总线的组成

系统总线通常由一组数据线和一组地址线组成。也有些总线没有单独的地址线,地址信息通过数据线来传送,这种情况称为数据/地址复用。

1. 数据线

数据线承载在源和目标部件之间传输的信息。数据线的宽度反映的是一次能传送的数据的位数。

2. 地址线

地址线给出源数据或目的数据所在的主存单元或 I/O 端口的地址。地址线的宽度反映的是最大的寻址空间。

3. 控制线

控制线是对数据线和地址线的访问和使用。用来传输定时信号和命令信息。典型的控制信号包括以下类型。

(1) 时钟:用于总线同步。

(2) 复位:初始化所有设备。

(3) 总线请求:表明发出该请求信号的设备要使用总线。

(4) 总线允许:表明接收到该允许信号的设备可以使用总线。

(5) 中断请求:表明某个中断正在请求。

(6) 中断回答:表明某个中断请求已被接收。

(7) 存储器读:从指定的主存单元中将数据读到数据总线上。

(8) 存储器写:将数据总线上的数据写到指定的主存单元中。

(9) I/O 读:从端口中将数据读到数据总线上。

(10) I/O 写:将数据总线上的数据写到指定的 I/O 端口中。

(11) 传输确认:表示数据已被接收或已被送到总线。

5.5.4 总线设计要素

1. 总线设计需要考虑一些基本要素

尽管有许多不同的总线实现方式,但总线设计的基本要素和考察的性能指标一样。

(1) 信号线类型:专用/复用。

(2) 仲裁方法:集中式/分布式。

(3) 定时方式:同步通信/异步通信。

(4) 事务类型:总线所支持的各种数据传输类型和其他总线操作类型。例如存储器读、存储器写、I/O 读、I/O 写、读指令、中断响应等。

(5) 总线带宽:单位时间内在总线上传输的最大数据量,这是一种传输能力,相当于公路的最大客流量。例如,沪宁高速每车道最多每 5min 发一辆车,每辆车最多 50 人,共有 6 个车道,则最大客流量为多少(人/小时)? 最大客流量为 6×12 车/小时×50 人/车 =

3600人/小时。

2．信号线类型

总线的信号线类型有专用和复用两种。

（1）专用信号线：用来传送某一种信息。例如，使用分立的数据线和地址线，使数据信息专门由数据线传输，地址信息专门由地址线传输。

（2）复用信号线：信号线在不同的时间传输不同的信息。例如，许多总线采用数据/地址线分时复用方式，用一组数据线在总线事务的地址阶段传送地址信息，在数据阶段传送数据信息。这样，就使地址和数据通过同一组数据线进行传输。

（3）信号分时复用的优点是减少总线的条数，缩小体积、降低成本；缺点是总线模块的电路变得复杂，并且不能并行。

3．总线仲裁（总线控制/使用/访问权的获得）

总线被多个设备共享，但同一时刻只能有一对设备使用总线传输信息。

什么是总线仲裁？当多个设备需要使用总线进行通信时，采用某种策略选择一个设备使用总线。

为什么要进行总线仲裁？总线被连接在其上的所有设备共享，如果没有任何控制，则当多个设备需要进行通信时，每个设备都试图使用总线进行传输，将信号送到总线上，这样就会产生混乱，所以必须进行总线仲裁。

如何避免上述混乱？

（1）在总线中引入一个或多个总线主控设备，只能由主控设备控制总线。第一，主控设备发起总线请求并控制总线，例如处理器；第二，从设备只能响应从主控设备发来的总线命令，例如主存。

（2）利用总线仲裁，决定哪个总线主控设备将在下次得到总线的使用权。

5.5.5　总线仲裁分类

1．总线仲裁信号

总线仲裁信号通过总线请求线和总线许可线进行传输。总线请求线可以和数据线复用，但会影响带宽。例如，数据线和总线请求线复用时，总线仲裁和数据传输不能同时进行。

2．总线仲裁的两种方式

总线仲裁有两种方式：集中式和分布式。

（1）集中式：将控制逻辑做在一个专门的总线控制器或总线仲裁器中，通过将所有的总线请求集中起来，利用一个特定的仲裁算法进行仲裁。有菊花链（Daisy Chain）、计数器定时查询（Query By A Counter）、集中并行（Centralized Parallel）共3种方式。

（2）分布式：没有专门的总线控制器，其控制逻辑分散在各个部件或设备中，包括自举式（Self-Selection）和冲突检测（Collision Detection）。

3．仲裁方案在两个因素间进行平衡

仲裁方案应在以下两个因素间进行平衡。

（1）等级性（Priority）：具有高优先级的设备，应该先被服务。

（2）公平性（Fairness）：即使具有最低优先权的设备，也不能永远得不到总线的使用权。

5.5.6　菊花链总线仲裁

Grant 从最高优先权的设备依次向最低优先权的设备串行相连。如果到达的设备有总线请求，则 Grant 信号就不再往下传，该设备建立总线忙信号，表示它已获得了总线的使用权。相当于击鼓传花。菊花链总线仲裁如图 5-53 所示。

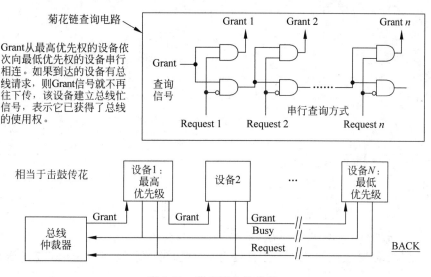

图 5-53　菊花链总线仲裁

菊花链有以下两个优点：

（1）简单，只需几根线就能按一定优先次序实现总线仲裁。

（2）易扩充设备。

菊花链有以下 3 个缺点：

（1）不能保证公正性。

（2）对电路故障敏感。

（3）菊花链的使用限制了总线速度。

5.5.7　计数器定时查询仲裁

计数器定时查询比菊花链查询多一组设备线（DevID），少一根总线允许线 BG。总线控制器接收到 BR 送来的总线请求信号后，在总线未被使用（Busy＝0）的情况下，由计数器开始计数，并将计数值通过设备线向各设备发出。当某个有总线请求的设备号与计数值一致时，该设备便获得总线的使用权，此时终止计数查询，同时该设备建立总线忙（Busy）信号。

计数器定时查询有以下两个优点：

（1）灵活，设备的优先级可通过设置不同的计数初始值来改变。若每次初值皆为0，则固定；若每次初值总是刚获得总线使用权的设备，则采用平等的循环优先级方式。

（2）对电路故障不如菊花链查询那样敏感。

计数器定时查询有以下两个缺点：

（1）需要增加一组设备线。

（2）总线设备的控制逻辑变得复杂（如需对设备号进行译码比较等），相当于"点名报到"。计数器定时查询仲裁如图5-54所示。

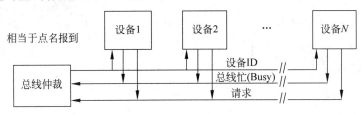

图 5-54　计数器定时查询仲裁

5.5.8　三种仲裁方式

1. 独立请求方式仲裁

独立请求方式仲裁的特点如下：

（1）各设备都有一对总线请求线，请求总线允许线的同意。

（2）当某设备要使用总线时，就通过对应的总线请求线，将请求信号发送到总线控制器。

（3）当总线控制器中有一个判优电路时，可根据各设备的优先级，确定选择哪个设备。控制器可给各请求线以固定的优先级，也可编程设置。

如果有 N 个设备，则菊花链和独立请求各需多少仲裁线？总线控制器可采用固定的并行判优算法、平等的循环菊花链算法、动态优先级算法（例如，最近最少用算法、先来先服务算法）等。

独立请求方式仲裁如图5-55所示。

2. 自举分布式仲裁

自举分布式仲裁如图5-56所示。

优先级固定，各设备独立决定自己是否是拥有最高优先级的请求者。

（1）需请求总线的设备，在各自对应的总线请求线上送出请求信号。

（2）在总线仲裁期间，每个设备将比自己优先级高的请求线上的信号取回分析。

总线仲裁包括以下几条消息：

（1）若有总线请求信号，则本设备不能立即使用总线。

（2）若没有，则可以立即使用总线，并通过总线忙信号，阻止其他设备使用总线。

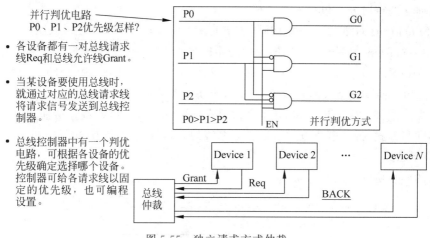

并行判优电路
P0、P1、P2优先级怎样？

- 各设备都有一对总线请求线Req和总线允许线Grant。

- 当某设备要使用总线时，就通过对应的总线请求线将请求信号发送到总线控制器。

- 总线控制器中有一个判优电路，可根据各设备的优先级确定选择哪个设备。控制器可给各请求线以固定的优先级，也可编程设置。

图 5-55 独立请求方式仲裁

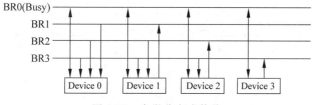

图 5-56 自举分布式仲裁

（3）为什么最低优先级设备可以不需要总线请求线？最低优先级设备需要较多连线用于请求信号，所以许多总线用数据线 DB 作为总线请求线。N 个设备要多少请求信号？N 条。

（4）NuBus(Macintosh Ⅱ 中的底板式总线)、SCSI 总线等采用该方案。

（5）如图 5-56 所示的优先级是什么？答案是 Device 3 > Device 2 > Device 1 > Device 0。

3. 冲突检测方式仲裁

冲突检测方式仲裁的基本思路如下：

（1）当某个设备要使用总线时，首先检查一下是否有其他设备正在使用总线。

（2）如果没有，则置总线忙，然后使用总线。

（3）若两个设备同时检测到总线空闲，则可能会同时使用总线，此时便会发生冲突。

（4）一个设备在传输过程中会侦听总线以检测是否发生了冲突。

（5）当冲突发生时，两个设备都会停止传输，延迟一个随机时间后再重新使用总线。

该方案一般用在网络通信总线上，例如以太网总线等。

5.5.9 三种总线通信方式

1. 总线定时方式

总线定时通过总线仲裁确定了哪个设备可以使用总线，那么，一个取得了总线控制权的设备，如何控制总线进行总线操作呢？即如何来定义总线事务中的每步何时开始、何时结束呢？这就是总线通信的定时问题。

总线通信的定时方式包括以下 4 种：

（1）Synchronous（同步）：用时钟同步定时。

（2）Asynchronous（异步）：用握手信号定时。

（3）Semi-Synchronous（半同步）：同步（时钟）和异步（握手信号）结合。

（4）Split Transaction（拆分事务）：在从设备准备数据时，释放总线。

存储器总线都采用同步方式，异步方式只有通信总线或 I/O 总线才会使用，I/O 总线大多采用半同步方式，拆分事务方式可以提高总线的有效带宽。

2. 同步总线

简单的同步协议如图 5-57 所示。

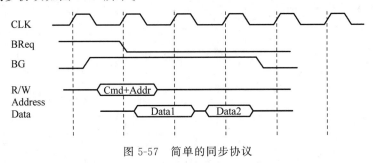

图 5-57　简单的同步协议

一个总线事务＝地址阶段＋数据阶段＋…＋数据阶段

控制线上用一个时钟信号进行定时，有确定的通信协议。优点是控制逻辑少而速度快。缺点是所有设备在同一个时钟频率下运行，故以最慢速设备为准，并且由于时钟偏移问题，同步总线不能很长。

实际上，存储器总线比这种协议的总线复杂得多。存储器（从设备）响应需要一段时间，并不能在随后的时钟周期就准备好数据。

3. 异步总线

异步总线采用非时钟定时，没有一个公共的时钟标准，因此，能够连接带宽范围很大的各种设备。总线能够加长，不用担心时钟偏移问题。

异步总线采用握手协议，即应答方式。只有当双方都同意时，发送者或接收者才会进入下一步，协议通过一对附加的握手信号线（准备、应答）实现。

异步通信有非互锁、半互锁和全互锁共 3 种方式，如图 5-58 所示。

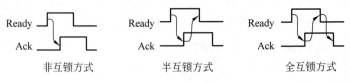

图 5-58　异步通信的 3 种方式

异步总线的优点是灵活，可挂接各种具有不同工作频率的设备；缺点是对噪声较敏感（随时都可能接收到对方的应答信号）、接口逻辑较复杂。

5.5.10 特定总线通信方式

总线握手协议如图 5-59 所示。

一个总线事务＝地址阶段＋数据阶段＋…＋数据阶段

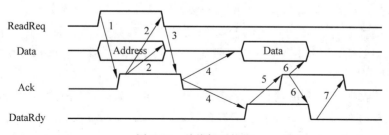

图 5-59 总线握手协议

三条控制线的功能如下。

（1）ReadReq：请求读内存单元（地址信息同时被送到地址/数据线上）。

（2）DataRdy：表示已准备好数据（数据同时被送到地址/数据线上）。

（3）Ack：ReadReq 或者 DataRdy 的回答信号。

上述为读过程，写过程与读过程基本类似。

ReadReq 和 Ack 之间的握手过程完成数据信息的传输，共有 7 次握手，它们采用的都是全互锁方式。

半同步总线如图 5-60 所示。为解决异步方式对噪声敏感的问题，半同步总线在异步总线中引入了时钟信号。就绪和应答等握手信号（例如，Wait 信号、TRDY 和 IRDY 信号等）都在时钟的上升沿，有效时间被限制在时钟到达的时刻，而不受其他时间的信号干扰。

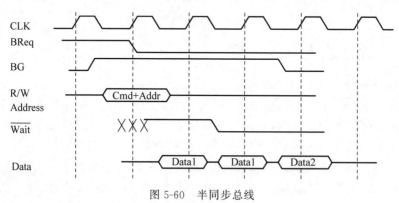

图 5-60 半同步总线

（1）通过 Wait 信号从设备告知主设备何时数据有效。

（2）结合了同步和异步的优点。既保持了所有信号都由时钟定时的特点，又允许具有不同频率的设备共存于总线。

5.6　拆分总线事务

5.6.1　拆分总线事务简介

拆分总线事务将一个事务分成两个子过程。

过程 1：主控设备 A 获得总线使用权后，将请求的事务类型、地址及其他消息（如 A 的标识等）发送到总线，从设备 B 记下这些消息。A 发送完消息后便立即释放总线，其他设备便可使用总线。

过程 2：B 收到 A 发来的消息后，按照 A 的要求准备数据，准备好数据后 B 便请求使用总线，获使用权后 B 将 A 的编号及所需数据发送到总线，A 便可接收。

拆分总线事务的过程如图 5-61 所示。

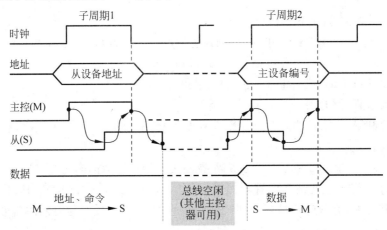

图 5-61　拆分总线事务的过程

5.6.2　拆分总线事务分类

拆分总线事务分为以下两种方式。

（1）请求回答方式：CPU 启动一次读/写事务，传送地址、数据、命令，然后等待存储器回答。

（2）分离总线事务：CPU 启动一次读/写事务后释放总线，传送地址、数据（写）、命令，然后存储器启动一次回答事务，请求使用总线，传送数据（读）或接收（写）。

拆分总线事务的优点是系统的总效率得到改善，例如，在存储器存取数据时可以释放总线，以被其他设备使用；缺点是单独的事务响应时间变长，增加了复杂性。

5.7　示例：总线开发

【例 5-1】　同步和异步总线的最大带宽比较。

假定同步总线的时钟周期为 50ns，每次总线传输需 1 个时钟周期；异步总线每次握手需要 40ns,两种总线的数据都是 32 位宽,存储器的取数时间为 200ns。

要求求出从该存储器中读出一个字时两种总线的带宽。

解:同步总线的步骤和时间如下。

(1) 将地址和读命令发送到存储器:50ns。

(2) 存储器读数据:200ns。

(3) 将数据传送到 CPU:50ns。

所以,总时间为 300ns,故最大总线带宽为 4B/300ns,即 13.3MB/s。

异步总线的步骤和时间:

(1) 第 1 步为 40ns;

(2) 第 2~4 步为 Max(3×40ns,200ns)=200ns,第 2~4 步都和存储器访问时间重叠;

(3) 第 5~7 步为 3×40ns=120ns。

总时间为 360ns,故最大带宽为 4B/360ns=11.1MB/s。

由此可知:同步总线仅比异步快大约 20%。要获得这样的速度,异步总线上的设备和存储器必须足够快,以使每次在 40ns 内能完成一个子过程。

【例 5-2】　数据块大小对带宽的影响。

假定有一个系统具有下列特性:

(1) 系统支持 4~16 个 32 位字的块访问。

(2) 64 位同步总线,时钟频率为 200MHz,每个 64 位数据传输需一个时钟周期,将地址发送到存储器需 1 个时钟周期。

(3) 在每次总线操作事务期间有两个空闲时钟周期。

(4) 存储器访问时间,对于开始的 4 个字是 200ns,对于随后的每 4 个字是 20ns。

假定先前读出的数据在总线上传送的同时,随 4 个字的存储器读操作也在重叠进行,一个总线事务由一个地址传送后跟一个数据块传送组成。

请求出分别用 4 字块和 16 字块的方式读取 256 个字时的持续带宽和等待时间,并且求出两种情况下,每秒内的有效总线事务数。

解:对于 4 字块传送方式,一次总线事务由一个地址传送,后跟一个一次总线事务,由一个地址传送,后跟一个 4 字块的数据传送。即每个总线事务传送一个 4 个字的数据块。每个数据块所需时间:

(1) 将一个地址发送到主存需 1 个时钟周期。

(2) 从主存读 4 个字需 200ns/(5ns/Cycle)=4 个时钟周期(一个周期是 109ns/200MHz=1000/200=5ns)。

(3) 4 个字(128 位)的传输需 2 个时钟周期(一个 64 位数据传输需 1 个时钟周期)。

(4) 在这次传送和下次之间有两个空闲时钟周期。

一次总线事务总共需 45 个周期,256 个字需 256/4=64 个事务,所以整个传送需 45×64=2880 个时钟周期。总等待时间为 2880 周期×5ns/周期=14400ns。每秒的总线事务数为 64×(1s/14400ns)=4.44M 个。总线带宽为(256×4B)/14400ns=71.11MB/s。

4 字块传送对带宽的影响示例如图 5-62 所示。

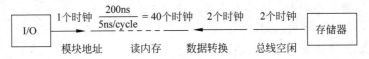

延迟=2880个时钟周期
带宽=71.11MB/秒

图 5-62   4 字块传送对带宽的影响示例

对于 16 字块传送,一次总线事务由一个地址传送后跟一个 16 字块的数据传送组成。即每个总线事务传送一个 16 个字的数据块。

第 1 个 4 字所需时间:

(1) 将一个地址发送到主存需 1 个时钟周期。

(2) 从主存读开始的 4 字需 200ns/(5ns/cycle)=40 个时钟周期。

(3) 传 4 个字需 2 个时钟周期,在传输期间存储器开始读取下一个 4 字。

(4) 在本次和下次之间有两个空闲时钟,此期间下一个 4 字已读完。

16 字中其余 3 个 4 字只要重复上述最后两步,因此对于 16 字块传送,一次总线事务共需花费的周期数为 1+40+4×(2+2)=57 个周期,256 个字需 256/16=16 个事务。

整个传送需 57×16=912 个时钟周期。故总等待时间为 912 周期×5ns/周期=4560ns。几乎仅是前者的 1/3。每秒的总线事务个数为 16×(1s/4560ns)=3.51M 个。总线带宽为 (256×4B)×(1s/4560ns)=224.56MB/s,比前者高 3.6 倍。

由此可见,大数据块传输的优势非常明显。

16 字块传送对带宽的影响分析示例如图 5-63 所示。

延迟=912个时钟周期
带宽=224.56MB/秒

图 5-63   16 字块传送对带宽的影响分析示例

【例 5-3】 请述增加同步总线带宽的措施。

解:需要提高时钟频率。

(1) 增加数据线宽度。

增加数据线宽度的过程包括以下内容:

① 能同时传送更多位。

② 示例:SPARC 站点 20s 存储器总线有 128 位。

③ 开销:更多总线。

(2) 允许大数据块传送。

允许大数据块传送的过程包括以下内容:

① 背对背总线周期,也称为突发传输方式。

② 只要开始送一次地址,后面连续送数据。

③ 开销：第一，增加复杂性；第二，延长响应时间。

（3）拆分总线事务。

拆分总线事务的过程包括以下内容：

① 一次总线事务时间延长，但整个系统带宽增加。

② 开销：第一，增加复杂性；第二，延长响应时间。

（4）不采用分时复用方式。

不采用分时复用的方式包括以下内容：

① 地址和数据可以同时送出。

② 开销：第一，更多总线；第二，增加复杂性。

5.8 关于 I/O 总线标准

5.8.1 I/O 总线概述

本节介绍 I/O 总线模块。

1. I/O 总线概念

I/O 总线是各类 I/O 控制器与 CPU、内存之间传输数据的一组公用信号线，这些信号线在物理上与主板扩展槽中插入的扩展卡（I/O 控制器）直接连接。

2. I/O 总线标准

I/O 总线是标准总线，I/O 总线标准如下。

（1）ISA/EISA 总线：已逐步被淘汰。

（2）多总线：已逐步被淘汰。

（3）PCI 总线：前几年 PC 所用的主流标准。

（4）高速 PCI 总线 PCIE：目前 PC 所用的主流标准。

3. I/O 总线的带宽

总线的数据传输速率（MB/s）＝数据线位数/8×总线工作频率×总线工作频率（MHz）×每个总线周期的传输次数。

5.8.2 PCI 总线标准的信号线与 PCI 命令

PCI 总线插槽示例，如图 5-64 所示。

PCI 总线标准的信号线与 PCI 命令如下。

1. 信号线

PCI 有 50 根必需的信号线。按功能可分为以下几组。

（1）系统信号：包括时钟和复位线。

（2）地址和数据信号：包含 32 根分时复用的地址/数据线、4 根分时复用的总线命令/字节使能线，以及对这 36 根信号线进行奇偶校验的一根校验信号线。

（3）接口控制信号：对总线事务进行定时控制，用于在事务的发起者和响应者之间进

图 5-64　总线插槽示例

行协调。

（4）仲裁信号：不同于其他信号，不是所有设备都共享同一根信号线，而是每个总线主控设备都有一对仲裁线：总线请求和总线允许。PCI采用集中式仲裁，所有设备的仲裁线都连接到一个总线仲裁器中。

（5）错误报告信号：用于报告奇偶校验错及其他错误。

2．PCI命令

总线活动以发生在总线主控设备和从设备之间的总线事务的形式进行。总线主控设备就是事务的发起者，从设备是事务的响应者，即目标。当总线主控设备获得总线的使用权后，在事务的地址周期，通过分时复用的总线命令/字节使能信号线 C/BE 发出总线命令，即事务类型。

3．PCI总线标准的总线命令

PCI的总线命令事务类型如下。

（1）中断响应：用于对PCI总线上的中断控制器提出的中断请求进行响应。地址线不起作用，在数据周期从中断控制器读取一个中断向量，此时 C/BE 信号线表示读取的中断向量的长度。

（2）特殊周期：用于总线主设备向一个或多个目标广播一条消息。

（3）I/O读和I/O写：I/O读/写命令用于在发起者和一个I/O控制器之间进行数据传送。

（4）存储器读、存储器行读、存储器多行读：用于总线主控设备从存储器中读取数据。PCI支持突发传送，将占用一个或多个数据周期。这些命令的解释依赖于总线上的存储控制器是否支持PCI的高速缓存协议。如果支持与存储器之间的数据传送，则以 Cache 行的方式进行。

（5）存储器写、存储器写并无效：这两种存储器写命令用于总线主控设备向存储器写数据，它们将占用一个或多个数据周期，其中存储器写并无效命令用于将 Cache 行回写到存储器，所以必须保证至少有一个 Cache 行被写回。

（6）配置读、配置写：用于一个总线主控设备，对连接到 PCI 总线上的设备中的配置参数进行读或更新。每个 PCI 设备都有一个寄存器组（最多可有 256 个寄存器），这个寄存器用于系统初始化时对本设备进行配置。

（7）双地址周期：由一个事务发起者发起，用来表明它将使用 64 位地址来寻址。

4．PCI 总线标准的存储器读方式

PCI 总线上存储器读命令的含义见表 5-9。

表 5-9　PCI 总线上存储器读命令的含义

读命令类型	支持 Cache 的内存	不支持 Cache 的内存
存储器读	突发传送半个或不到 1 个 Cache 行	突发传送 2 个数据周期或更少
存储器行读	突发传送半个以上到 3 个 Cache 行	突发传送 3 个到 12 个数据周期
存储器多行读	突发传送 3 个以上 Cache 行	突发传送 12 个以上数据周期

存储器读、存储器行读、存储器多行读用于总线主控设备从存储器中读取数据。PCI 支持突发传送，所以它将占用一个或多个数据周期。这些命令的解释依赖于总线上的存储控制器是否支持 PCI 的高速缓存协议。如果支持与存储器之间进行数据传送，则以 Cache 行的方式进行。

5．PCI 总线标准的数据传送过程

PCI 读操作过程的时序图如图 5-65 所示。PCI 总线上的数据传送由一个地址周期和

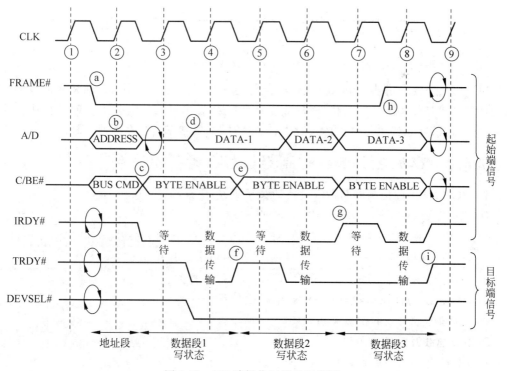

图 5-65　PCI 读操作过程的时序图

一个或多个数据周期组成,所有事件在时钟下降沿(在时钟周期中间)同步,总线设备在时钟上升沿采样总线信号。

6. PCI 总线标准的总线仲裁

PCI 总线仲裁过程示例如图 5-66 所示。

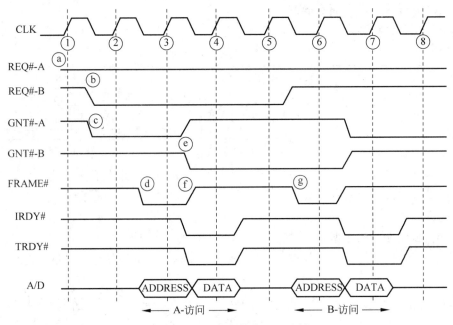

图 5-66　PCI 总线仲裁过程示例

PCI 总线仲裁采用独立请求方式,有两个独立的仲裁线:请求线 REQ 和允许线 GNT。总线仲裁器可使用静态的固定优先级法、循环优先级法或先来先服务法等仲裁算法。采用隐式仲裁方式,在总线进行数据传送时进行总线仲裁,仲裁不会浪费总线周期。

5.8.3　I/O 总线、I/O 控制器与 I/O 设备的关系

1. I/O 总线、I/O 控制器与 I/O 设备的关系概述

I/O 接口设备侧的通信总线如图 5-67 所示。

(1) I/O 设备通常是物理上相互独立的设备,一般通过通信总线与 I/O 控制器连接。

(2) I/O 控制器通过扩展卡或者南桥芯片与 I/O 总线连接。

(3) I/O 总线经过北桥芯片与内存、CPU 连接。

2. I/O 总线、I/O 控制器与 I/O 设备的桥接关系

I/O 接口通信总线的桥接关系如图 5-68 所示。

3. I/O 总线互连结构关系

I/O 总线互连结构关系如图 5-69 所示。

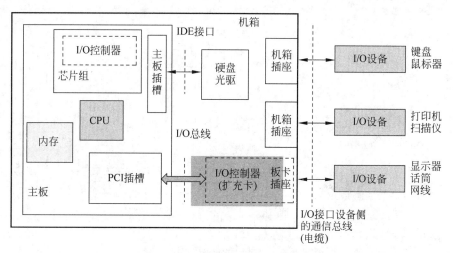

图 5-67   I/O 接口设备侧的通信总线

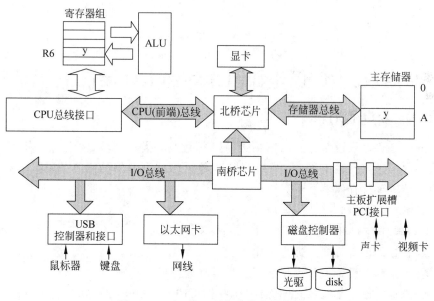

图 5-68   I/O 接口通信总线的桥接关系

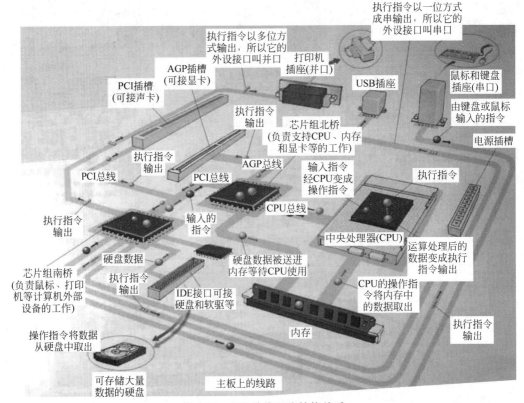

图 5-69 I/O 总线互连结构关系

5.9 PC 组成：I/O 操作、I/O 总线和 I/O 接口

5.9.1 I/O 操作

输入的任务将输入设备输入的信息送到内存储器的指定区域,输出的任务将内存储器指定区域的内容送出到输出设备。I/O 操作也包括将外存储器的内容传输到内存,或将内存中的内容传输到外存储器。

I/O 操作的特点如下：

(1) I/O 操作与 CPU 的运算可并行进行。

(2) 多个 I/O 设备可同时进行工作。

(3) 配置的 I/O 设备数量和品种可经常增减或变换。

(4) 每类 I/O 设备都有各自的控制器,按照 CPU 的 I/O 操作命令独立地控制 I/O 操作的全过程。

I/O 操作的过程如图 5-70 所示。

I/O 操作的过程如下：

(1) CPU 执行 I/O 指令向 I/O 控制器发出启动命令后继续执行后续指令。

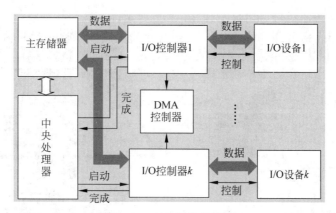

图 5-70 I/O 操作的过程

（2）I/O 控制器接受命令后负责对 I/O 设备进行全程控制。

（3）I/O 控制器向 I/O 设备发出操作命令并收到应答后就向 DMA 控制器（芯片组内部）发出数据传输的请求。

（4）获得 DMA 许可后，DMA 启动并控制 I/O 设备在内存储器和 I/O 设备之间直接传输数据。

（5）所有数据传输完毕后 I/O 控制器向 CPU 报告 I/O 操作完成。

I/O 操作中若干控制部件的作用如下。

（1）CPU：负责启动 I/O 操作。

（2）I/O 控制器：负责在 I/O 操作期间对 I/O 设备进行全程控制。

（3）DMA 控制器：负责实现 I/O 设备与主存储器之间的直接数据传输的控制。

（4）中断控制器：负责向 CPU 报告 I/O 操作完成的情况，实现 CPU 处理与 I/O 操作之间的同步与通信。

（5）I/O 操作是由许多部件协同完成的。

5.9.2　I/O 总线的各个模块

I/O 总线定义用于在 CPU、内存、外存和各种输入/输出设备之间，是传输信息的一个共享的信息传输通路及其控制部件。I/O 总线有共享、高速的特点。

I/O 总线是各类 I/O 控制器与 CPU、内存之间传输数据的一组公用信号线，这些信号线在物理上与主板扩展槽中插入的扩展卡（I/O 控制器）直接连接。

（1）I/O 总线的带宽：总线的数据传输速率（MB/s）＝数据线位数/8×总线工作频率（MHz）×每个总线周期的传输次数。

（2）任务：高速传输数据。

（3）带宽：单位时间内可传输的最大数据量。

（4）演变：第 1 代为 ISA、EISA，第 2 代为 PCI、PCI-X，第 3 代为 PCIE。

（5）PCIE 由英特尔提出，原名为 3GIO，改名为 PCIE 或 PCIE。目标是全面取代现行的 PCI 和 AGP,实现总线接口的统一,如图 5-71 所示。

PCI 总线采用高速串行传输,以点对点的方式与主机进行通信,如图 5-72 所示。

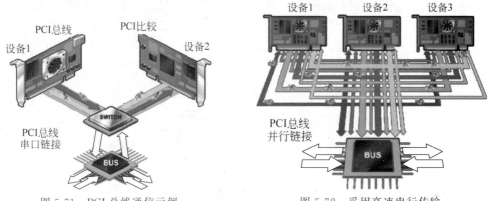

图 5-71 PCI 总线通信示例   图 5-72 采用高速串行传输

(6) PCIE 的优点是传输速率高,引脚数目减少,x1 速率可达 250MB/s,x16 速率可达 4GB/s(2.0 版速率提高 2 倍,3.0 版速率提高 4 倍);适应性好,包括 x1、x4、x8、x16;支持高级电源管理和热插拔。

5.9.3 I/O 接口

1. I/O 接口场景示例

I/O 接口场景示例分别如图 5-73～图 5-75 所示。

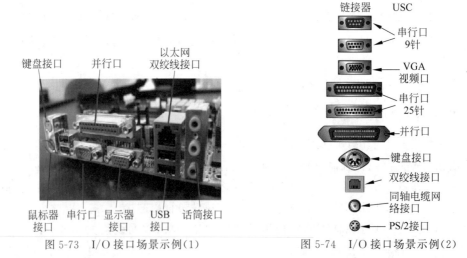

图 5-73 I/O 接口场景示例(1)   图 5-74 I/O 接口场景示例(2)

2. 台式 PC 机箱背板照片

台式 PC 机箱背板照片如图 5-76 所示。

3. 常用的 I/O 接口及其性能参数

常用的 I/O 接口及其性能参数见表 5-10。

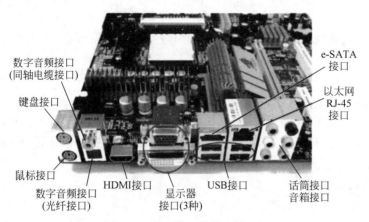

数字音频接口
(同轴电缆接口)

键盘接口

鼠标接口

数字音频接口
(光纤接口)

HDMI接口

显示器
接口(3种)

USB接口

e-SATA
接口

以太网
RJ-45
接口

话筒接口
音箱接口

图 5-75 I/O 接口场景示例(3)

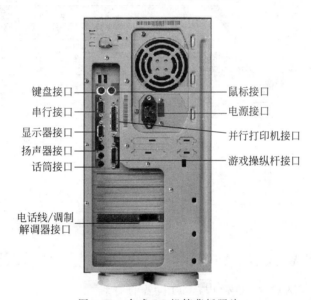

键盘接口

串行接口

显示器接口

扬声器接口

话筒接口

电话线/调制
解调器接口

鼠标接口

电源接口

并行打印机接口

游戏操纵杆接口

图 5-76 台式 PC 机箱背板照片

表 5-10 常用的 I/O 接口及其性能参数

名　　　称	传输方式	数据传输速率	插头/插座形式	连接设备数目	连 接 设 备
USB(2.0)	并行,双向	480Mb/s(高速)	矩形 4 线	最多 127	绝大多数外围设备
USB(3.0)	并行,双向	5Gb/s(超高速)	矩形 8 线	最多 127	绝大多数外围设备
USB(3.1)	并行,双向	10Gb/s(800MB/s)	2×12(正反相同)插头/插座	最多 127	绝大多数外围设备
显示器接口 VGA	并行,单向	200~500MB/s	HDB15	1	显示器
显示器接口 DVI	并行,单向	3.7、7.6Gb/s	24 针插座	1	显示器
高清晰多媒体接口 HDMI	并行,单向	10.2Gb/s	19 针插座	1	显示器、电视机

4. USB 接口

（1）通用串行总线式接口，如高速、可连接多个设备、串行传输。

（2）传输速率。

USB 1.1 版：1.5Mb/s 和 12Mb/s。

USB 2.0 版：高达 480Mb/s(60MB/s)。

以主从方式进行工作，可通过 USB 接口由主机供电；支持即插即用和热插拔，连接器规格有多种；借助 USB 集线器以树状方式连接多个设备进行 I/O 操作，最多可分为 5 级共连接 127 个设备。

5. USB 接口的 3 种类型

USB 接口的 3 种类型如图 5-77 所示。

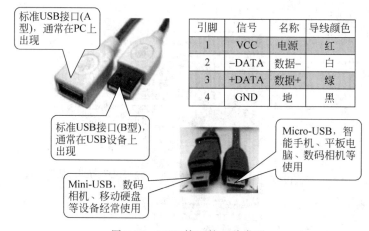

引脚	信号	名称	导线颜色
1	VCC	电源	红
2	-DATA	数据-	白
3	+DATA	数据+	绿
4	GND	地	黑

图 5-77　USB 接口的 3 种类型

5.9.4　I/O 总线、I/O 控制器、I/O 接口与 I/O 设备的关系

I/O 总线、I/O 控制器、I/O 接口与 I/O 设备的关系如下。

（1）I/O 设备通常是物理上相互独立的设备，一般通过 I/O 接口与 I/O 控制器（或 I/O 总线）连接。

（2）I/O 控制器通过扩展卡或者南桥芯片与 I/O 总线连接。

（3）I/O 总线经过北桥芯片与内存、CPU 连接。

5.9.5　系统总线小结

系统总线小结归纳如下：

（1）总线是共享的传输介质和传输控制部件，用于在部件或设备间传输数据。

（2）总线可能在芯片内、芯片之间、板卡之间和计算机系统之间连接。

（3）I/O 总线是 I/O 控制器与主机之间传输数据的一组公用信号线，在物理上与主板扩展槽中插入的扩展卡（I/O 控制器）直接连接。

（4）总线可以采用同步或异步方式进行定时。

第一，同步总线用时钟信号定时；异步总线用握手信号定时。

第二，可以结合同步和异步方式，进行半同步定时通信。

第三，可以把一个总线事务分离成两个事务，在从设备准备数据时释放总线（总线事务分离方式）。

（5）总线的仲裁：有集中和分布两类仲裁方式。

第一，分布仲裁，包括自举仲裁、冲突检测。

第二，集中仲裁，包括菊花链、独立请求并行判优。

（6）总线标准（PCI 总线）。

（7）总线互连结构。

第一，单总线结构（早期计算机采用）。

第二，多总线结构（现代计算机采用）。

U-Boot 开发分析

6.1 U-Boot 开发基础介绍

U-Boot 是一个主要用于嵌入式系统的引导加载程序,可以支持多种不同的计算机系统结构,包括 PPC、ARM、AVR32、MIPS、x86、68k、Nios 与 MicroBlaze。通过 U-Boot,可以初始化硬件设备、建立内存空间的映射表,从而建立适当的软硬件环境,为最终调用操作系统内核做好准备。引导加载器的主要运行任务就是将内核镜像从硬盘上读到 RAM 中,然后跳转到内核的入口点去运行,即开始启动操作系统。系统在上电或复位时,通常从地址 0x00000000 处开始执行,而在这个地址处安排的通常就是系统的引导加载器。

6.1.1 U-Boot 运行环境

1. MCU 的 ARM Cortex-M7

U-Boot 使用的嵌入式环境是 STM32F769I 评估板。STM32F769I 评估板使用 STM32F769NI 这款 MCU,STM32F769NI 采用的是 ARM Cortex-M7 的核心,指令集架构是 ARMv7m。此外,还需要注意,这个板子上的串口的 Rx 默认为断开,需要用短路帽连接起来,如图 6-1 所示。

U-Boot 本身没有提供对于 STM32F769I 评估板的支持,但是它支持 STM32F769-DISCO 板。STM32F769-DISCO 开发板与 STM32F769I-EVAL 评估板的 MCU 都使用的是 STM32F769NI,因此,直接编译后下载到开发板是可以运行的。

不过两者的板载资源不同(例如,DRAM 大小),因此,U-Boot 识别的某些外设信息是不正确的。

2. 编译过程

在开始编译之前,先介绍两个命令。

(1) make clean:用于清空编译中间文件。

(2) make distclean:用于清除所有编译产生的文件。

如果想要重新编译,则可以使用以上两个命令清理环境。

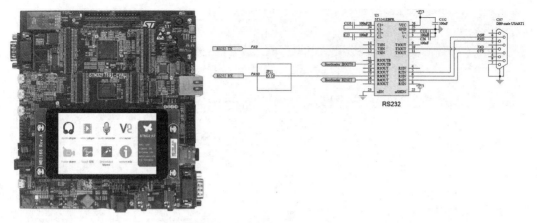

图 6-1 STM32F769NI 评估板

第 1 步是获取 U-Boot 的源代码,这里直接使用了 2021 年存档版 u-boot-2021. 10. tar. bz2。需要重点注意,笔者最开始直接使用 Git 获取了最新的源代码,结果编译之后直接运行HardFault,分析好久没找到原因,最后决定使用一个稳定发布版试试,结果没有问题。U-Boot 源代码与编译示例如图 6-2 所示。

```
U-Boot SPL 2022.01-rc4-dirty (Dec 24 2021 - 20:35:00 +0800)    U-Boot SPL 2021.10 (Dec 24 2021 - 20:53:15 +0800)
Trying to boot from XIP                                         Trying to boot from XIP

U-Boot 2022.01-rc4-dirty (Dec 24 2021 - 20:35:00 +0800)        U-Boot 2021.10 (Dec 24 2021 - 20:53:15 +0800)

Model: STMicroelectronics STM32F769-DISCO board                Model: STMicroelectronics STM32F769-DISCO board
DRAM:  16 MiB                                                   DRAM:  16 MiB
Hard fault                                                      stm32fx_rcc_clock rcc@40023800: set_rate not implemented for clock index 4
pc : 080087d6   lr : c0eaa775   xPSR : a1000000                 stm32fx_rcc_clock rcc@40023800: set_rate not implemented for clock index 4
r12 : 00000020  r3 : 080087c1   r2 : 08052f49                   stm32fx_rcc_clock rcc@40023800: set_rate not implemented for clock index 4
r1 : 08000001   r0 : c0eaa000                                   Flash: 1 MiB
Resetting CPU ... 接着就会进行无限次重启操作                        MMC:   sdio2@40011c00: 0
                                                                Loading Environment from nowhere... OK
resetting ...
```

图 6-2 U-Boot 源代码与编译示例

6.1.2 Image 镜像

成功编译后,在 U-Boot 源码的根目录下会生成多个可执行二进制文件,以及编译过程文件,这些文件都采用 u-boot. xxx 的命名方式。这些文件由列名为 . xxx. cmd 的文件生成,. xxx. cmd 这些文件都由编译系统产生,用于处理最终的可执行程序。U-Boot 源码编译后的文件结构如图 6-3 所示。

(1) u-boot:该文件是编译后产生的 ELF 格式的最原始的 U-Boot 镜像文件,后续的文件都是由它产生的。。u-boot. cmd 命令脚本描述了如何产生。U-Boot 源码编译后生成的ELF 格式文件如图 6-4 所示。

(2) u-boot-nodtb. bin:该文件是使用编译工具链的 objcopy 工具从 U-Boot 这个文件中提取出来的,只包含可执行的二进制代码。就是把 U-Boot 这个文件中对于执行不需要的节区删除后剩余的仅执行需要的部分。由 . u-boot-nodtb. bin. cmd 命令脚本产生。U-Boot

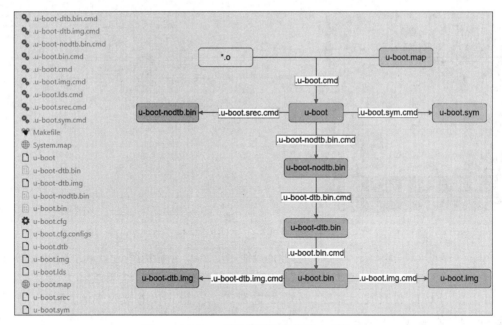

图 6-3　U-Boot 源码编译后的镜像文件结构

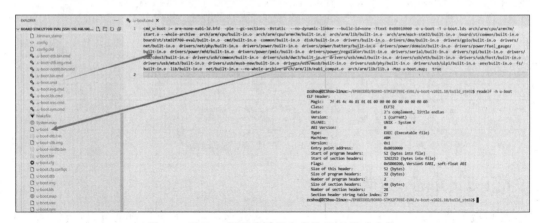

图 6-4　U-Boot 源码编译后生成的 ELF 格式文件

源码编译后的 u-boot-nodtb.bin 文件格式如图 6-5 所示。

（3）u-boot.img：在 u-boot.bin 开头拼接一些信息后形成的文件，由.u-boot.img.cmd 命令脚本生成。

（4）u-boot-dtb.img：在 u-boot.bin 开头拼接一些信息后形成的文件，由.u-boot-dtb.img.cmd 命令脚本生成。

（5）u-boot.srec：S-Record 格式的镜像文件，由.u-boot.srec.cmd 命令脚本生成。

（6）u-boot.sym：从 U-Boot 中导出的符号表文件，由.u-boot.sym.cmd 命令脚本生成。

（7）u-boot.lds：编译使用的连接脚本文件，由.u-boot.lds.cmd 命令脚本生成。

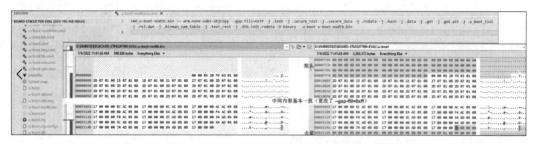

图 6-5　U-Boot 源码编译后的 u-boot-nodtb. bin 文件格式

（8）u-boot. map：编译的内存映射文件。该文件是由编译工具链的连接器输出的。

（9）System. map：记录 U-Boot 中各个符号在内核中的位置，但是这个文件是由 nm 和 grep 工具手动生成的。

6.1.3　Image 使用

编译之后，源码的根目录下会生成一堆二进制的文件（. bin），其中，在默认的 U-Boot 配置下，实际需要的 U-Boot 包含两部分：spl/u-boot-spl. bin 和 u-boot. bin，而且，在默认情况下，编译的这两个文件是可以直接在 MCU 内部的 NOR Flash 中运行的，如图 6-6 所示。

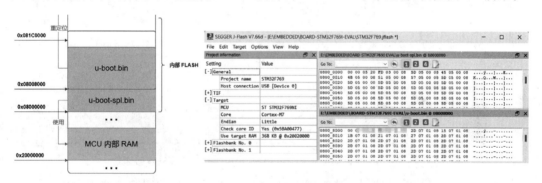

图 6-6　U-Boot 源码编译后的 spl/u-boot-spl. bin 和 u-boot. bin 文件格式

（1）u-boot-dtb. bin：在 u-boot-nodtb. bin 尾部拼接上设备树后形成的文件，由. u-boot-dtb. bin. cmd 命令脚本生成，如图 6-7 所示。

（2）u-boot. bin：把 u-boot-dtb. bin 重命名得到的文件，由. u-boot. bin. cmd 命令脚本生成，如图 6-8 所示。

（3）u-boot. img：在 u-boot. bin 开头拼接一些信息后形成的文件，由. u-boot. img. cmd 命令脚本生成。

（4）4u-boot-dtb. img：在 u-boot. bin 开头拼接一些信息后形成的文件，由. u-boot-dtb. img. cmd 命令脚本生成。

（5）u-boot. srec：S-Record 格式的镜像文件，由. u-boot. srec. cmd 命令脚本生成。

（6）u-boot. sym：从 U-Boot 中导出的符号表文件，由. u-boot. sym. cmd 命令脚本生成。

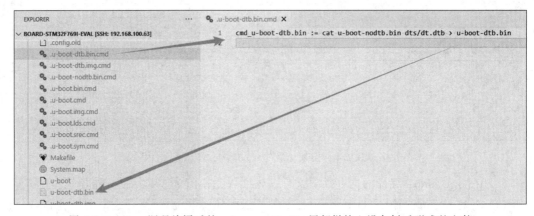

图 6-7　U-Boot 源码编译后的 u-boot-nodtb. bin 尾部拼接上设备树后形成的文件

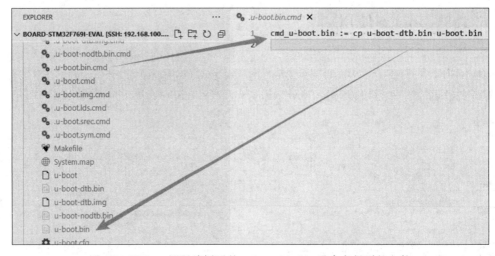

图 6-8　U-Boot 源码编译后的 u-boot-dtb. bin 重命名得到的文件

（7）u-boot. lds：编译使用的连接脚本文件，由. u-boot. lds. cmd 命令脚本生成。

（8）u-boot. map：编译的内存映射文件。该文件是由编译工具链的连接器输出的。

（9）System. map：记录 U-Boot 中各个符号在内核中的位置，但是这个文件是由 nm 和 grep 工具手动生成的 System. map 文件，如图 6-9 所示。

```
2122        cscope -b -q -k
2123
2124    SYSTEM_MAP = \
2125        $(NM) $1 | \
2126        grep -v '\(compiled\)\|\(\.o$$\)\|\( [aUw] \)\|\(\.\.ng$$\)\|\(LASH[RL]DI\)' | \
2127        LC_ALL=C sort
2128    System.map: u-boot
2129        @$(call SYSTEM_MAP,$<) > $@
```

图 6-9　System. map 文件

（10）u-boot. dtb：编译好的设备树二进制文件，由. /dts/dt. dtb 重命名得到，. /dts/dt. dtb 由 arch/arm/dts/stm32f769-eval. dtb 重命名得到。

默认开启了 SPL,因此,在编译 U-Boot 时会额外单独编译 SPL,编译产生的镜像文件就存放在./SPL 目录下。这下面的镜像的生成方式与 U-Boot 基本是一样的。

(11) u-boot-spl:编译后产生的 ELF 格式的 SPL 镜像文件,后续的文件都是由它生成的。。u-boot-spl.cmd 命令脚本描述了如何生成文件。

(12) u-boot-spl-nodtb.bin:使用编译工具链的 objcopy 工具从 u-boot-spl 文件中提取而来,它只包含可执行的二进制代码。也就是把 u-boot-spl 文件中不需要执行的节区删除,剩余仅需要执行的部分。由.u-boot-spl-nodtb.bin.cmd 命令脚本生成。

(13) u-boot-spl-dtb.bin:在 u-boot-nodtb.bin 尾部依次拼接上 u-boot-spl-pad.bin 和 u-boot-spl.dtb 后形成的文件,由.u-boot-spl-dtb.bin.cmd 命令脚本生成。

(14) u-boot-spl.bin:把 u-boot-dtb.bin 重命名得到的文件,由.u-boot-spl.bin.cmd 命令脚本生成。

(15) u-boot-spl.sym:从 u-boot 中导出的符号表文件,由.u-boot-spl.sym.cmd 命令脚本生成。

(16) u-boot-spl.lds:编译使用的连接脚本文件,由.u-boot-spl.lds.cmd 命令脚本生成。

(17) u-boot-spl.map:编译 SPL 的内存映射文件。

(18) u-boot-spl.dtb:编译好的设备树二进制文件,由./dts/dt.dtb 重命名得到。./dts/dt.dtb 由 arch/arm/dts/stm32f769-eval.dtb 重命名得到。

(19) u-boot-spl-pad.bin:对齐使用的数据。

编译之后,源码的根目录下会生成一堆二进制的文件(.bin),其中,在默认的 U-Boot 配置下,实际需要的 U-Boot 包含两部分:spl/u-boot-spl.bin 和 u-boot.bin,如图 6-10 所示,而且,在默认情况下,编译的这两个文件是可以直接在 MCU 内部的 NOR Flash 中运行的。

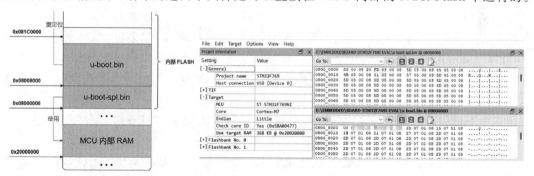

图 6-10 U-Boot 生成两部分:spl/u-boot-spl.bin 和 u-boot.bin

因此,可以直接使用 J-link 等调试器将这两文件烧写到 Flash 中。至于烧写地址,保存在 U-Boot 源码中。具体可参考./config/stm32f769-disco_defconfig 和./include/configs/stm32f746-disco.h,它们都是配置好的。

6.1.4　设备树

设备树源文件被最终编译为二进制的 DTB 文件,原始的 DTB 文件位于 arch/arm/dts/

xxx.dtb下,构建系统会把它复制到./dts/dt.dtb,进一步重命名为./u-boot.dtb。u-boot
支持两种形式,以便将dtb编译到U-Boot的镜像中。

1. dtb 和 U-Boot 的 BIN 文件分离

dtb和U-Boot的BIN文件分离,归纳如下:

(1) 需要打开CONFIG_OF_SEPARATE宏来使能。

(2) 在这种方式下,u-boot的编译和dtb的编译是分开的,先生成U-Boot的BIN文件,
然后生成dtb文件。

(3) dtb最终会被自动追加到U-Boot的BIN文件的最后面。可以通过U-Boot的结束
地址符号,也就是_end符号获取dtb的地址。

2. dtb 集成到 U-Boot 的 BIN 文件内部

将dtb集成到U-Boot的BIN文件内部,归纳如下:

(1) 需要打开CONFIG_OF_EMBED宏来使能。

(2) 在这种方式下,在编译U-Boot的过程中,也会编译dtb。

(3) 最终dtb被包含到u-boot的BIN文件的内部。dtb会位于U-Boot的.dtb.init.
rodata段中,并且在代码中可以通过__dtb_dt_begin符号获取其符号。

(4) 官方不推荐这种方式,建议仅用于调试。

另外,也可以通过fdtcontroladdr环境变量来指定dtb的地址。可以通过直接把dtb加
载到内存的某个位置,并在环境变量中将fdtcontroladdr设置为这个地址,以便达到动态指
定dtb的目的。

6.2 移植过程

在绝大多数情况下,移植工作都不是从零开始的。例如,U-Boot默认提供了对于
STM32F769i-DISCO的支持,STM32F769I-EVAL的移植完全可以参考它进行。如果是一
个全新的芯片,则移植过程本身和参考已有的是一样的,更多的是后续适配开发板的工作比
较繁重。

参考STM32F769i-DISCO移植STM32F769I-EVAL的具体步骤如下:

(1) 新增CPU架构相关的文件:arch/架构/cpu/xxxx。这个一般不需要添加,一般人
仅靠自己很难完成。唯一的可能就是所用的芯片使用了比较新的架构,而U-Boot还不支
持。例如,芯片使用了最新的ARMv9架构,但U-Boot目前还没有支持。

(2) 新增芯片(或许应该说是开发板)的设备树文件:arch\arm\dts\xxxxx.dts,然后将
新增的设备树文件添加到arch/arm/dts/Makefile中。对于比较常见的MCU,U-Boot一般
是支持的,无须关心。通常对一个与所用芯片类似的设备树文件做一些对应的更改,以便适配。

具体到这里使用的STM32F769I评估板,STM32F769设备树没有被使用,但是有个类
似的STM32F769i-DISCO的设备树,所以这里就依据STM32F769i-DISCO添加STM32F769-
EVAL相关设备树。具体修改如图6-11所示。

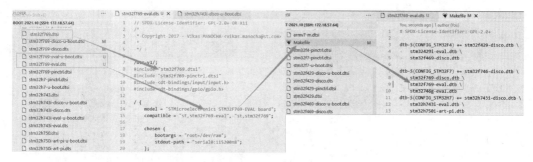

图 6-11 设备树的修改示例

6.2.1 存储映射

为了后续调试方便,更改了默认的存储映射,如图 6-12 所示。

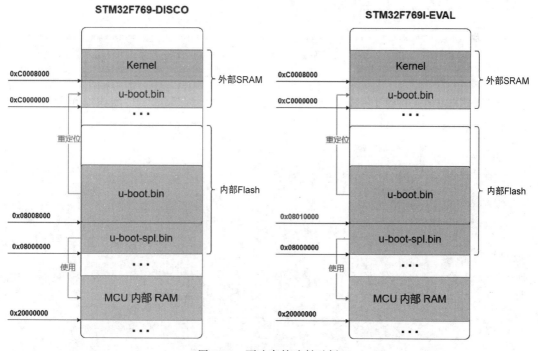

图 6-12 更改存储映射示例

1. DRAM:16MiB

根据 STM32F769I-EVAL 手册说明,DRAM 应该是 32MiB,这里显示是 16MiB,显然是不正确的。

由于 STM32F769I-EVAL 手册中说 DRAM 芯片是基于 IS42S32800G-6BLI 数据集的,所以需要根据手册修改 FMC 在设备树文件中的描述。

修改 FMC 设备树的代码示例如图 6-13 所示。

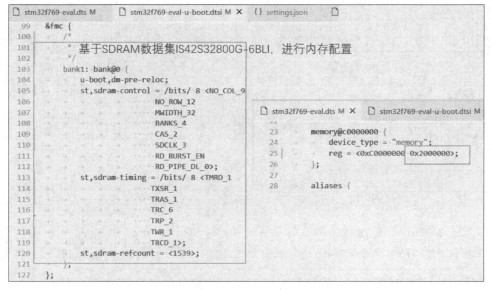

图 6-13   修改 FMC 设备树的代码示例

2. Flash：1MiB

通过 STM32F769 的手册可以知道，它的 Flash 大小是 2MiB，这里 U-Boot 显示为 1MiB，明显是不正确的。关于 Flash 的初始化可以在文件 drivers\mtd\stm32_flash.c 找到接口，代码如下：

```c
//第6章/flash init.c
template < int NUM_LAYERS >
unsigned long flash_init(void)
{
    unsigned long total_size = 0;
    u8 i, j;

    for(i = 0; i < CONFIG_SYS_MAX_FLASH_BANKS; i++){
        flash_info[i].flash_id = FLASH_STM32;
        flash_info[i].sector_count = CONFIG_SYS_MAX_FLASH_SECT;
        flash_info[i].start[0] = CONFIG_SYS_FLASH_BASE + (i << 20);
        flash_info[i].size = sect_sz_kb[0];
        for (j = 1; j < CONFIG_SYS_MAX_FLASH_SECT; j++){
            flash_info[i].start[j] = flash_info[i].start[j - 1]
                    + (sect_sz_kb[j - 1]);
            flash_info[i].size += sect_sz_kb[j];
        }
        total_size += flash_info[i].size;
    }

    return total_size;
}
```

其中,宏 CONFIG_SYS_MAX_FLASH_BANKS 很重要,STM32F769 复用了 STM32F746 的相关文件。最终会在 include\configs\stm32f746-disco.h 文件中找到该宏的定义,需要对上面移植的 include\configs\stm32f769-eval.h 中的宏相应地进行修改,如图 6-14 所示。

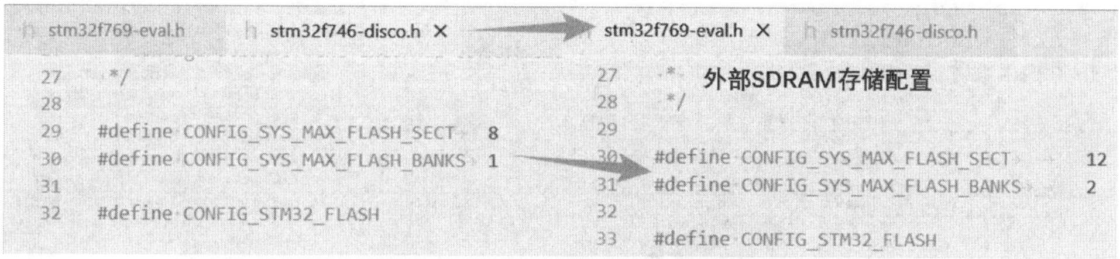

图 6-14　匹配宏的相应代码修改

对比 STM32F769 和 STM32F746 这两个 MCU,STM32F746 只有一 BANK,但是 STM32F769 却有两个 BANK。是不是改成 2 就可以了呢?答案是不可以。继续分析上面的代码。

再看第 2 个宏 CONFIG_SYS_MAX_FLASH_SECT,它被定义为 8,接下来的 for 循环就是把这 8 个扇区的大小加起来,每个扇区的值被放在 arch\arm\include\asm\arch-stm32f7\stm32.h 文件中的 sect_sz_kb 变量中,代码如下:

```
//第6章/section matrix.c
static const u32 sect_sz_kb[CONFIG_SYS_MAX_FLASH_SECT] = {
    [0 ... 3] =      32 × 1024,
    [4] =            128 × 1024,
    [5 ... 7] =      256 × 1024
};
```

这样就很清楚了,也就是 SMT32 的 Flash 的扇区大小分配。知道了代码的实现,再来看 STM32 手册中对于 Flash 的定义,如图 6-15 所示。

STM32F769 的 Flash 本身支持单 BANK 和双 BANK 模式,不过双 BANK 模式的每个扇区的大小与单 BANK 不一样。默认情况下采用的是单 BANK 模式(nDBANK=1),因此,最终的处理方案是 CONFIG_SYS_MAX_FLASH_BANKS 仍然为 1,将 CONFIG_SYS_MAX_FLASH_SECT 改为 12 即可。

每块网卡都有一个 MAC 地址,MAC 地址是一个 6 字节(48 位)的数据。前 3 字节称为 OUI,是由 IEEE 组织注册给网络设备生产商的;每个厂商拥有一个或多个 OUI,彼此不同。后三字节则是由网络设备生产商分配给自己的,每个拥有 MAC 地址的设备互不重复。

U-Boot 在启动过程中会提示使用了随机 MAC 地址,这是因为如果 MAC 地址相同的两块开发板在同一局域网中,则会互相影响;如果想要自己固定一个 MAC 地址,则应该如何操作呢?默认开启了不设置 MAC 地址时使用随机地址,如图 6-16 所示。

知道了为何会有这个随机 MAC 地址后,就可以根据源代码有针对性地进行修改了。这里提供了所使用的两种方法:

2兆字节闪存双组结构（128位读取宽度）

STM32F69 Flash双BANK组织结构

Block	Name	Bloc base address on AXIM interface	Block base address on ICTM interface	Sector size
Bank 1	Sector 0	0x0800 0000 - 0x0800 3FFF	0x0020 0000 - 0x0020 3FFF	16 KB
	Sector 1	0x0800 4000 - 0x0800 7FFF	0x0020 4000 - 0x0020 7FFF	16 KB
	Sector 2	0x0800 8000 - 0x0800 BFFF	0x0020 8000 - 0x0020 BFFF	16 KB
	Sector 3	0x0800 C000 - 0x0800 FFFF	0x0020 C000 - 0x0020 FFFF	16 KB
	Sector 4	0x0801 0000 - 0x0801 FFFF	0x0021 0000 - 0x0021 FFFF	64 KB
	Sector 5	0x0802 0000 - 0x0803 FFFF	0x0022 0000 - 0x0023 FFFF	128 KB
	Sector 6	0x0804 0000 - 0x0805 FFFF	0x0024 0000 - 0x0025 FFFF	128 KB
	Sector 7	0x0806 0000 - 0x0807 FFFF	0x0026 0000 - 0x0027 FFFF	128 KB
	Sector 8	0x0808 0000 - 0x0809 FFFF	0x0028 0000 - 0x0029 FFFF	128 KB
	Sector 9	0x080A 0000 - 0x080B FFFF	0x002A 0000 - 0x002B FFFF	128 KB
	Sector 10	0x080C 0000 - 0x080D FFFF	0x002C 0000 - 0x002D FFFF	128 KB
	Sector 11	0x080E 0000 - 0x080F FFFF	0x002E 0000 - 0x002F FFFF	128 KB
Bank 2	Sector 12	0x0810 0000 - 0x0810 3FFF	0x0030 0000 - 0x0030 3FFF	16 KB
	Sector 13	0x0810 4000 - 0x0810 7FFF	0x0030 4000 - 0x0030 7FFF	16 KB
	Sector 14	0x0810 8000 - 0x0810 BFFF	0x0030 8000 - 0x0030 BFFF	16 KB
	Sector 15	0x0810 C000 - 0x0810 FFFF	0x0030 C000 - 0x0030 FFFF	16 KB
	Sector 16	0x0811 0000 - 0x0811 FFFF	0x0031 0000 - 0x0031 FFFF	64 KB
	Sector 17	0x0812 0000 - 0x0813 FFFF	0x0032 0000 - 0x0033 FFFF	128 KB
	Sector 18	0x0814 0000 - 0x0815 FFFF	0x0034 0000 - 0x0035 FFFF	128 KB
	Sector 19	0x0816 0000 - 0x0817 FFFF	0x0036 0000 - 0x0037 FFFF	128 KB
	Sector 20	0x0818 0000 - 0x0819 FFFF	0x0038 0000 - 0x0039 FFFF	128 KB
	Sector 21	0x081A 0000 - 0x081B FFFF	0x003A 0000 - 0x003B FFFF	128 KB
	Sector 22	0x081C 0000 - 0x081E FFFF	0x003C 0000 - 0x003E FFFF	128 KB
	Sector 23	0x081E 0000 - 0x081F FFFF	0x003E 0000 - 0x003F FFFF	128 KB
信息块	System memory	0x1FF0 0000 - 0x1FF0 EDBF	0x0010 0000 - 0x0010 EDBF	60 Kbytes
	OTP	0x1FF0 F000 - 0x1FF0 F41F	0x0010 F000 - 0x0010 F41F	1024 bytes
	Option bytes	0x1FFF 0000 - 0x1FFF 001F	-	32 bytes

2兆字节闪存单组组织（256位读取宽度）

STM32F69 Flash单个BANK组织情况

Block	Name	Bloc base address on AXIM interface	Block base address on ICTM interface	Sector size
主存储器块	Sector 0	0x0800 0000 - 0x0800 7FFF	0x0020 0000 - 0x0020 7FFF	32 KB
	Sector 1	0x0800 8000 - 0x0800 FFFF	0x0020 8000 - 0x0020 FFFF	32 KB
	Sector 2	0x0801 0000 - 0x0801 7FFF	0x0021 0000 - 0x0021 7FFF	32 KB
	Sector 3	0x0801 8000 - 0x0801 FFFF	0x0021 8000 - 0x0021 FFFF	32 KB
	Sector 4	0x0802 0000 - 0x0803 FFFF	0x0022 0000 - 0x0023 FFFF	128 KB
	Sector 5	0x0804 0000 - 0x0807 FFFF	0x0024 0000 - 0x0027 FFFF	256 KB
	Sector 6	0x0808 0000 - 0x080B FFFF	0x0028 0000 - 0x002B FFFF	256 KB
	Sector 7	0x080C 0000 - 0x080F FFFF	0x002C 0000 - 0x002F FFFF	256 KB
	Sector 8	0x0810 0000 - 0x0813 FFFF	0x0030 0000 - 0x0033 FFFF	256 KB
	Sector 9	0x0814 0000 - 0x0817 FFFF	0x00340000 - 0x0037 FFFF	256 KB
	Sector 10	0x0818 0000 - 0x081B FFFF	0x0038 0000 - 0x003B FFFF	256 KB
	Sector 11	0x081C 0000 - 0x081F FFFF	0x003C 0000 - 0x003F FFFF	256 KB
信息块	System memory	0x1FF0 0000 - 0x1FF0 EDBF	0x0010 0000 - 0x0010 EDBF	60 Kbytes
	OTP	0x1FF0 F000 - 0x1FF0 F41F	0x0010 F000 - 0x0010 F41F	1024 bytes
	Option bytes	0x1FFF 0000 - 0x1FFF 001F	-	32 bytes

STM32F756xx和STM32F74xxx闪存组织

STM32F746 Flash单个BANK组织情况(没有BANK的概念)

Block	Name	Bloc base address on AXIM interface	Block base address on ICTM interface	Sector size
主存储器块	Sector 0	0x0800 0000 - 0x0800 7FFF	0x0020 0000 - 0x0020 7FFF	32 Kbytes
	Sector 1	0x0800 8000 - 0x0800 FFFF	0x0020 8000 - 0x0020 FFFF	32 Kbytes
	Sector 2	0x0801 0000 - 0x0801 7FFF	0x0021 0000 - 0x0021 7FFF	32 Kbytes
	Sector 3	0x0801 8000 - 0x0801 FFFF	0x0021 8000 - 0x0021 FFFF	32 Kbytes
	Sector 4	0x0802 0000 - 0x0803 FFFF	0x0022 0000 - 0x0023 FFFF	128 Kbytes
	Sector 5	0x0804 0000 - 0x0807 FFFF	0x0024 0000 - 0x0027 FFFF	256 Kbytes
	Sector 6	0x0808 0000 - 0x080B FFFF	0x0028 0000 - 0x002B FFFF	256 Kbytes
	Sector 7	0x080C 0000 - 0x080F FFFF	0x002C 0000 - 0x002F FFFF	256 Kbytes
信息块	System memory	0x1FF0 0000 - 0x1FF0 EDBF	0x0010 0000 - 0x0010 EDBF	60 Kbytes
	OTP	0x1FF0 F000 - 0x1FF0 F41F	0x0010 F000 - 0x0010 F41F	1024 bytes
	Option bytes	0x1FFF 0000 - 0x1FFF 001F	-	32 bytes

图 6-15　STM32 手册中，对于 Flash 的定义

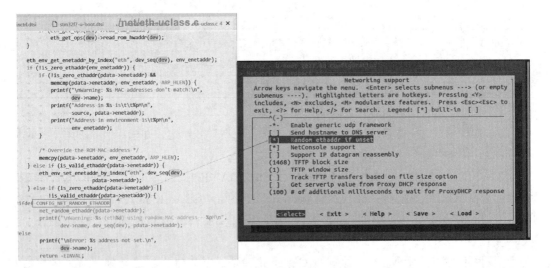

图 6-16　默认开启了不设置 MAC 地址时使用随机地址

（1）在环境变量中设置 MAC 地址。找到.\include\configs\stm32f746-disco.h（注意替换自己的开发板所使用的头文件），然后在以下内容中新增"ethaddr＝ea:2f:4b:f7:ac:ab\0"\，代码如下：

```
//第6章/section macro config.c
# include < config_distro_bootcmd.h >
# define CONFIG_EXTRA_ENV_SETTINGS                    \
```

```
                        "kernel_addr_r = 0xC0008000\0"              \
                        "fdtfile = stm32f746 - disco.dtb\0"         \
                        "fdt_addr_r = 0xC0408000\0"                 \
                        "scriptaddr = 0xC0418000\0"                 \
                        "pxefile_addr_r = 0xC0428000\0"             \
                        "ramdisk_addr_r = 0xC0438000\0"             \
                        "ethaddr = ea:2f:4b:f7:ac:ab\0"             \
                        BOOTENV
```

（2）修改设备树，增加 MAC 地址。找到 .\arch\arm\dts\stm32f7-u-boot.dtsi（注意替换自己的开发板所使用的设备树），然后在以下内容中新增 local-mac-address＝[ea 2f 4b f7 ac ab];，代码如下：

```
//第 6 章/ethernet.c
mac: ethernet@40028000 {
                        compatible = "st,stm32 - dwmac";
                        reg = < 0x40028000 0x8000 >;
                        reg - names = "stmmaceth";
                        clocks = < &rcc 0 STM32F7_AHB1_CLOCK(ETHMAC)>,
                                 < &rcc 0 STM32F7_AHB1_CLOCK(ETHMACTX)>,
                                 < &rcc 0 STM32F7_AHB1_CLOCK(ETHMACRX)>;
                        interrupts = < 61 >, < 62 >;
                        interrupt - names = "macirq", "eth_wake_irq";
                        local - mac - address = [ea 2f 4b f7 ac ab];
                        snps,pbl = < 8 >;
                        snps,mixed - burst;
                        pinctrl - 0 = < &ethernet_mii >;
                        phy - mode = "rmii";
                        phy - handle = < &phy0 >;

                        status = "okay";

            mdio0 {
                        # address - cells = < 1 >;
                        # size - cells = < 0 >;
                        compatible = "snps,dwmac - mdio";
                        phy0: ethernet - phy@0 {
                                reg = < 0 >;
                        };
            };
        };
    };
```

需要注意的是，如果选择了手动修改 MAC 地址，则必须保证 MAC 不重复。一个比较常用的方法是：网卡生产商的 OUI＋芯片的唯一 ID 组成 MAC。注意，部分网卡中会有专门记录 MAC 地址的地方，只需读取此信息。

U-Boot 中默认配置的 MAC 与 PHY 是通过 RMII 接口通信的，而 EVAL 开发板使用的是 MII 接口，如图 6-17 所示。

图 6-17 U-Boot 配置的 MAC 与 PHY 的 RMII 接口通信，EVAL 的 MII 接口

3. MMC：没有卡

实际上 STM32F769-EVAL 开发板上是有 SD 卡的，但是这里显示没有卡。这里是由于 STM32F769-DISCO 与 STM32F769-EVAL 在这方面的配置不同而导致的。两款开发板关于 SD 卡的说明如图 6-18 所示。

Discovery开发板的SD卡说明

microSD™ card
连接到STM32F769NIH6的SDMMC2接线柱的2GB（或更多）microSD（TM）卡由板支持

Table 9. microSD™ connector CN5

Pin number	Description	Pin number	Description
1	SDMMC2_D2	6	Vss/GND
2	SDMMC2_D3	7	SDMMC2_D0
3	SDMMC2_CMD (PD2)	8	SDMMC2_D1
4	+3.3V	9	GND
5	SDMMC2_CK (PC12)	10	microSD™ card_detect

microSD cards
开发板上提供了两个连接到STM32F769NI的SDMMC1和SDMMC2端口的4 GB（或更多）卡。microSD卡1检测由MFX GPIO15管理，microSD卡2检测由MFX-GPIO10管理。

microSD卡1应用程序需要进行一些PCB返工，以断开与microSD卡共享I/O的外围设备1，并从板上卸下相机模块：（1）打开SB17、SB72。（2）关闭SB75、SB76。

microSD卡2应用程序需要进行一些PCB返工，以断开与microSD卡共享I/O的外围设备，并从板上卸下相机模块：（1）打开SB16。（2）将JP7连接到引脚1和引脚2。

EVAL开发板的SD卡说明

Table 32. microSD card1 connector CN17

Pin number	Description	Pin number	Description
1	SDMMC_D2 (PC10)	6	Vss/GND
2	SDMMC_D3 (PC11)	7	SDMMC_D0 (PC8)
3	SDMMC_CMD (PD2)	8	SDMMC_D1 (PC9)
4	+3.3V	9	GND
5	SDMMC_CLK (PC12)	10	MicroSDcard_detect1 (MFX GPIO15)

Table 33. microSD card2 connector CN30

Pin number	Description	Pin number	Description
1	SDMMC_D2 (PB3)	6	Vss/GND
2	SDMMC_D3 (PB4)	7	SDMMC_D0 (PG9)
3	SDMMC_CMD (PD7)	8	SDMMC_D1 (PG10)
4	+3.3V	9	GND
5	SDMMC_CLK(PD6)	10	MicroSDcard_detect2 (MFX GPIO10)

图 6-18 两款开发板关于 SD 卡的说明

```
U-Boot > setenv ipaddr 192.168.1.101
U-Boot > setenv gatewayip 192.168.1.1
U-Boot > setenv serverip 192.168.1.100
U-Boot > setenv netmask 255.255.255.0
U-Boot > ping 192.168.1.100
Speed: 100, full duplex
Using ethernet@40028000 device
host 192.168.1.100 is alive
```

图 6-19 设置 IP 信息的 ping U-Boot 示例

设置 IP 信息后基本就可以 ping 通了。注意，只能从 U-Boot 中 ping 其他的机器，其他机器不能 ping U-Boot，因为 U-Boot 没有对 ping 命令做处理，如果用其他的机器 ping U-Boot，则会失败。示例如图 6-19 所示。

6.2.2 未为时钟索引 4 实现 set_rate

这个其实并不是个错误，应该算是源代码中的一个 Bug，通过搜索该提示文字关键字，最终可以找到函数 static ulong stm32_set_rate(struct clk * ckl, ulong rate)，如图 6-20 所示。

```
     C clk_stm32f.c 5 ●        stm32f769-disco-u-boot.dtsi
499   static ulong stm32_set_rate(struct clk *clk, ulong rate)
500   {
501   #ifdef CONFIG_VIDEO_STM32
502       struct stm32_clk *priv = dev_get_priv(clk->dev);
503       struct stm32_rcc_regs *regs = priv->base;
504       u32 pllsair_rate, pllsai_vco_rate, current_rate;
505       u32 best_div, best_diff, diff;
506       u16 div;
507       u8 best_plldivr, best_pllsaidivr;
508       u8 i, j;
509       bool found = false;
510
511       /*  只有实现LDT时钟的set_rate              */
512       if (clk->id != STM32F7_APB2_CLOCK(LTDC)) {
513           dev_err(clk->dev,
514               "set_rate not implemented for clock index %ld\n",
515               clk->id);
516           return 0;
517       }
518
519       if (rate == stm32_clk_get_rate(clk))
520           /*已设置为请求的速率                    */
521           return rate;
522
523       /*  获得当前PLLSAIR输出频率                 */
524       pllsair_rate = stm32_clk_get_pllsai_rate(priv, PLLSAIR);
525       best_div = pllsair_rate / rate;
```

图 6-20   通过搜索提示文字关键字找到的函数

由于 stm32_set_rate 被调用了多次,而每次调用第 1 个 if 条件时存在不成立的情况,因此就会一直打印该提示信息。

两款开发板使用的 SDMMC 并不相同。评估开发板有两个 SD 卡插槽:SD1→SDMMC1,SD2→SDMMC2,而发现开发板只有一个 SD 卡插槽:SD→SDMMC2。关键在于 SDMMC2 的引脚使用是不一样的。

评估开发板需要修改一下硬件,如图 6-21 所示。从修改便捷性来讲,直接使用 SD2 即可,只需配置 JP7。

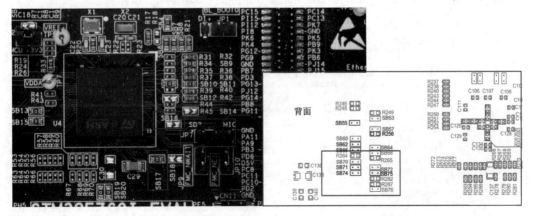

图 6-21   直接使用 SD2 配置 JP7

　　MicroSDcard _detect 引脚需要更改，但是这里有个问题。评估开发板中，引脚已被连接到扩展 I/O，如何配置到设备树还没处理。不过，可以找个临时处理方法：借用 PC13 引脚，因为正好这个引脚是低电平，可以表示 SD 卡插入。示例如图 6-22 所示。

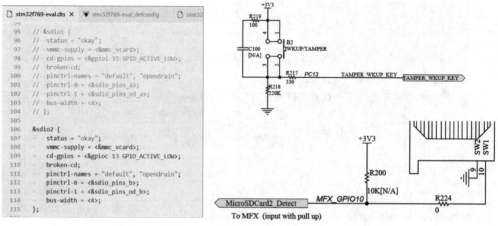

图 6-22　借用 PC13 低电平引脚，可以表示 SD 卡插入

　　然而，估计 U-Boot 不支持低电平有效，因此这里的配置是 broken-cd，表示轮序检测。示例如图 6-23 所示。

```
C mmc-uclass.c 3  ×    stm32f7-pinctrl.dtsi

259
260        if (dev_read_bool(dev, "non-removable")) {
261            cfg->host_caps |= MMC_CAP_NONREMOVABLE;
262        } else {
263            if (dev_read_bool(dev, "cd-inverted"))
264                cfg->host_caps |= MMC_CAP_CD_ACTIVE_HIGH;
265            if (dev_read_bool(dev, "broken-cd"))
266                cfg->host_caps |= MMC_CAP_NEEDS_POLL;
267        }
```

图 6-23　配置 broken-cd，表示轮序检测

　　这样启动开发板后就可以看到 SD 卡的相关信息了，如图 6-24 所示。

```
U-Boot 2022.10 (Jan 02 2023 - 18:43:27 +0800)

Model: STMicroelectronics STM32F769-EVAL board
DRAM:  32 MiB
stm32fx_rcc_clock rcc@40023800: set_rate not implemented for clock index 4
stm32fx_rcc_clock rcc@40023800: set_rate not implemented for clock index 4
Core:  35 devices, 20 uclasses, devicetree: separate
Flash: 2 MiB
MMC:   sdio2@40011c00: 0
不知从哪里加载环境                         OK
usr按钮处于LOW级别
Nte:eth0:ethernet@40028000
在10秒内点击SPACE停止自动引导



切换到分区#0，确定            OK
mmc0是当前设备
正在扫描mmc 0:1. . .
U-Boot >
```

图 6-24　启动开发板后可以看到 SD 卡的相关信息

6.3　U-Boot 调试修改

6.3.1　开启调试选项

在默认情况下,U-Boot 的编译已经进行了优化,并且默认并不开启调试,因此需要更改一下 U-Boot 的配置。需要取消常规设置→优化尺寸,即开启常规设置→配置标准 U-Boot 功能(专家用户)→启用工具的调试信息,如图 6-25 所示。

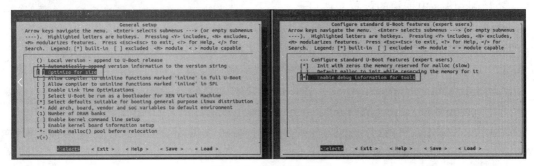

图 6-25　开启调试选项

这里需要注意,如果使用 make distclean,则会清理所有文件,这就会导致以上的配置被清理,所以除非必要,否则还是使用 make clean 好一些。目前来看 make menuconfig 这一步还是需要在终端中执行的。

在测试中发现,去掉常规设置→优化尺寸可能导致程序无法运行,暂时还没找到解决方法。目前是在仅开启了常规设置→配置标准 U-Boot 功能(专家用户)→启用工具的调试信息的情况进行调试的。偶尔会出现断点位置不正确,但不影响正常调试。

这里有个比较严重的问题,去掉常规设置→优化尺寸之后会导致程序变大,从而使原来默认的 SPL 的大小(0x8000)不能容纳实际 SPL 大小,进一步导致了 U-Boot 无法启动,因此,这里必须修改 U-Boot 的基地址,如图 6-26 所示(图 6-26 里面的 stm32f769-eval 是移植的)。

图 6-26　需要修改 U-Boot 的基地址

6.3.2　配置 Kconfig

从 v2014.10-rc1 版本开始,U-Boot 引入了 Kconfig 并取代了传统的配置。尽管引入了 Kconfig,并且一些配置项也被移到了 Kconfig 中,但许多配置项仍然在 C 头文件中定义。

将它们全部转移到 Kconfig 需要很长时间。在此期间,两种不同的配置的基础结构是共存的。配置文件由 Kconfig 和旧的基于预处理器的配置生成,详细信息如下。

1. C 源代码中使用的配置文件

C 源代码中使用的配置文件如下。

(1) include/generated/autoconf.h:由 Kconfig 生成的通用配置。

(2) include/configs/< board >.h:开发板移植时增加的特定配置文件(每个开发板有一个)。

2. makefiles 中使用的配置文件

makefiles 中使用的配置文件如下。

(1) include/config/auto.conf:由 Kconfig 生成的配置。

(2) include/autoconf.mk:由旧的配置生成的通用配置。

(3) spl/include/autoconfig.mk:由旧的配置生成的 SPL 专用的配置。

(4) tpl/include/autoconfig.mk:由旧的配置生成的 TPL 专用的配置。

在引入 Kconfig 之前,boards.cfg 是一个主要的数据库,包含所有支持的开发板的 Arch、CPU、SoC 等。切换到 Kconfig 后,boards.cfg 被删除。boards.cfg 的每个字段的转换如下。

(1) Status:维护者的条目 S。

(2) Arch:由 Kconfig 中的 CONFIG_SYS_ARCH 定义。

(3) CPU:由 Kconfig 中的 CONFIG_SYS_CPU 定义。

(4) SoC:由 Kconfig 中的 CONFIG_SYS_SOC 定义。

(5) Vendor:由 Kconfig 中的 CONFIG_SYS_VENDOR 定义。

(6) Board:由 Kconfig 中的 CONFIG_SYS_BOARD 定义。

(7) Target:由 configs/< target >_defconfig 代替。

(8) Options:现在原封不动地被转移到 Kconfig 中的 CONFIG_SYS_EXTRA_OPTIONS 中。开发板维护人员应该实现适当的 Kconfig 选项并切换到它们,最终 CONFIG_SYS_EXTRA_OPTIONS 也将被彻底删除。CONFIG_SYS_EXTRA_OPTIONS 不应该用于新开发板。

(9) Maintainers:维护者的条目 M。

目前,很多配置项仍然在不断地向 Kconfig 迁移,在有些源码的注释中,仍然在引用 boards.cfg 文件。当完全切换到 Kconfig(删除所有的 include/config / * .h)后,也就不再需要在构建时,额外生成配置文件这一步了。

源码中的 scripts\config_whitelist.txt 文件记录了 U-Boot 的几千个配置项。

6.3.3　Kbuild & & Kconfig

Kbuild & & Kconfig 隶属于 Linux 内核构建系统。在宏观上,Kbuild & & Kconfig 可以统称为 Kbuild,从微观上来讲,Kbuild 指的是编译的过程,而 Kconfig 指的是在编译之前对内核进行配置的过程(该过程中会编译一些工具实现配置过程)。

本节约定称呼：构建指 Kbuild＋Kconfig；配置指 Kconfig；编译指 Kbuild。

Kbuild＆＆Kconfig 这套构建系统的一个显著特点就是，每一级目录都会有单独的相关文件，然后会被上一级相同的文件引用。这样就保证了每一级目录都是相互独立的。尤其是对于源码的维护者来讲，这是至关重要的。每个维护者可以只关心所负责的代码部分，任何更改只需变更它自己的 Kbuild＆＆Kconfig 相关文件。

Makefile：Kbuild＆＆Kconfig 这套构建系统本身属于 make 功能的扩展，因此，整个工作过程就是一系列 Makefile 文件的调用，其中入口就是根目录下的 Makefile 文件，Makefile 中会调用各种工具以实现不同的功能。

注意，为了区分不同的功能，在源码中对于 Makefile 的命名，有时会加一个后缀。例如，config.mk、Makefile.build、Makefile.clean 等，这些都属于 Makefile 文件。

Makefile 文件无法在线调试，对于理解一个复杂的 Makefile 很不友好。一般可以使用--debug 参数，让 make 打印详细的信息来协助理解。或者在 Makefile 中添加一些打印信息，常用的打印方式有以下两种：

(1) 使用 $(info,xxxx $(xxx))、$(warning,xxxx $(xxx))、$(error,xxxx $(xxx))，其中，$(xxx)表示某个变量。这 3 个命令可以被添加到 Makefile 的任意地方，注意 $(error,xxxx $(xxx))会终止 Make 过程。

(2) 使用@echo "xxxx $xx xxxx"，其中，$(xxx)表示某个变量。这个命令只能用在目标的后边，并且前面是个 TAB。它是标准 Makefile 语法中的一个命令。

make 工作时的一些机制如下：

(1) 如果给出了参数，则 make 优先去查找匹配的规则(匹配规则：完整匹配＞通配符半匹配＞完全通配符匹配)并执行；如果没有给出参数，则 make 会自动找到 Makefile 中的第 1 个目标中没有通配符的规则执行。

(2) 如果中间遇到 include 其他文件，就会紧接着执行 include 的文件，完成后继续执行本文件。

(3) make 总是从 Makefile 的开头开始解析，并不是找到匹配目标之后仅执行匹配目标的命令。也就是说，在匹配之前，make 可能已经解析了很多判断条件。

(4) 对于匹配的规则如果有依赖，则优先解析依赖。注意，依赖的匹配也符合(1)中所讲的规则。

(5) 如果命令前面加了@字符，则不显示命令本身而只显示它的结果。如果命令前面加了-符号，则即使这条命令出错，make 也会继续执行后续的命令。

(6) 如果 Makefile 中存在多条同名规则，则 make 程序会尝试将它们合并，但是如果这些同名规则都有命令，则 make 会给出警告，并用后面的命令代替前面的命令，示例如图 6-27 所示。

关于 Makefile 文件信息，归纳如下。

(1) Kconfig 文件：Kconfig 系统的菜单项，当使用命令 make menuconfig 时，Kconfig

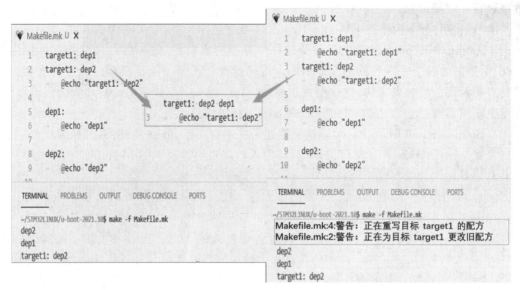

图 6-27　Makefile 中存在多条同名合并规则

系统读取该文件,根据该文件的内容生成各级菜单。U-Boot 源码根目录下的 Kconfig 就是顶级的配置菜单,其中会将引入的其他目录下的 Kconfig 作为二级菜单,以此类推。

(2).config 文件:记录菜单项中的配置的具体值,所有对于构建的配置存放在这个文件中,在 Kconfig 系统菜单中的更改,最终都会改写该文件。注意:该文件默认为隐藏文件,可以使用 ls-al 命令查看。

(3) xxxx_defconfig 文件:Kconfig 系统的菜单项提供了一个默认值。不过,Kconfig 系统不会直接读取 xxxx_defconfig 文件,而是需要通过 make xxx_deconfig 生成带默认值的.config。这样,在加载 Kconfig 时,就可以同时加载.config 以提供默认值。

简单来讲,xxxx_defconfig 就是为了方便支持更多个性化配置,从而尽可能少地改动源代码。

(4) Kbuild 文件:Kbuild 系统使用的文件,该文件用于定义一些源码使用的、并且需要根据编译环境生成的中间文件。

(5) config.mk 文件:用来处理编译过程中的一些环境变量。Linux 内核没有这个文件,U-Boot 需要使用它。

U-Boot 从 v2014.10 版本开始,也引入 Kbuild&&Kconfig 这套构建系统,相比于原来复杂了不少,但是对于熟悉 Linux 内核的人来讲确实是一个好消息。下面介绍 U-Boot 中这套系统的具体工作流程。

在 Kbuild && Kconfig 这套构建系统中定义了很多命令,可以使用 make help 命令查看(在根目录的 Makefile 文件中),其中经常用到的命令如图 6-28 所示。

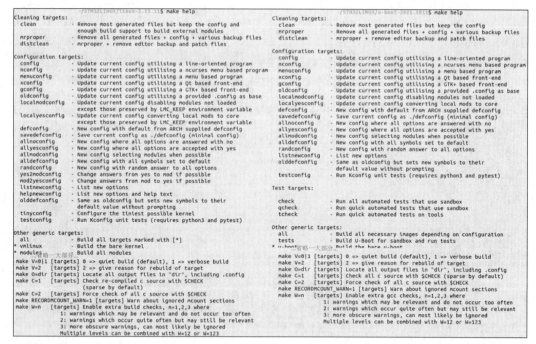

图 6-28　使用 make help 命令查看 Kbuild && Kconfig 构建系统命令

6.4　构建过程

在 Kbuild&&Kconfig 这套构建系统中,源码中使用的有些文件需要靠 Kbuild&&Kconfig 这套系统来生成,即直接在源码中是无法找到的。这就要求必须了解 Kbuild&&Kconfig 是如何工作的,更重要的是要知道 Kbuild&&Kconfig 会生成哪些源码使用的文件。

整个构建过程的入口就是源码根目录下的 Makefile 文件。下面先看一下这个文件的总体结构,并且对其中的规则进行说明,其大体可以分为 3 部分,如图 6-29 所示。

All(准备各种环境：编译器、架构等)		
	$(config-targets)	
Kconfig		Kbuild
		clean、distclean、check等命令

图 6-29　Kbuild && Kconfig 源码文件的总体结构

整个 Makefile 文件的前半部分用于定义一堆符号,检测工作环境,处理各种参数,基本没有实际与编译源码相关的命令。下面重点介绍几个(注意,由于在其中添加了一些打印信息,所以导致行号与原文件有区别):

(1) 给 HOST_ARCH 赋值。HOST_ARCH 代表当前指定的主机的类型。当没有指定时,它就是 PC 架构(例如,HOST_ARCH_X86_64),指定交叉编译器后(例如,编译时

CROSS_COMPILE＝arm-none-eabi-ARCH＝arm make-j4），就是指定的架构（HOST_ARCH_ARM），如图 6-30 所示。

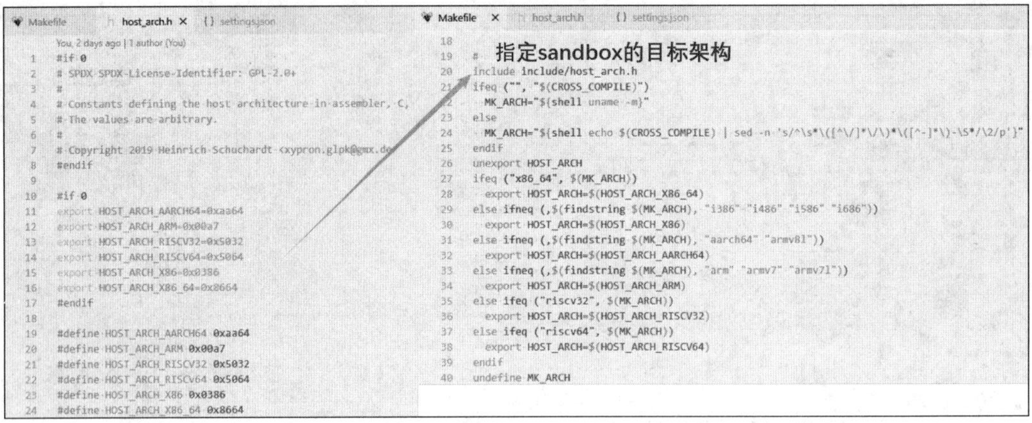

图 6-30　HOST_ARCH 指定主机类型示例

（2）处理 make 参数：make V＝1、make-s 等。这里导出 quiet、Q、KBUILD_VERBOSE，用以指示编译过程的显示方式，如图 6-31 所示。

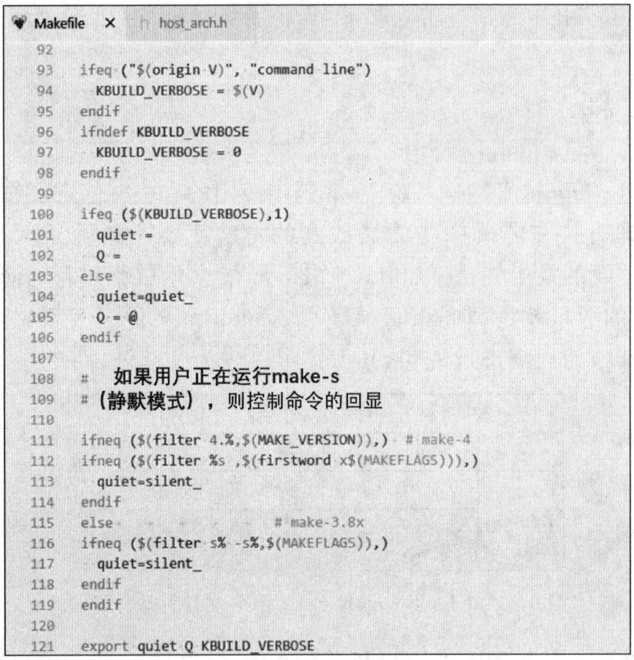

图 6-31　make 导出了 quiet、Q、KBUILD_VERBOSE 编译过程

（3）处理编译的当前目录及编译输出目录，其中，可以采用使用环境变量 KBUILD_OUTPUT 或指定 make O＝xxx 的方式指定输出目录，而编译的源目录 KBUILD_SRC 根据注释仅用于 OBJ 目录，一般不供使用者使用。可以简化为以下逻辑，代码结构如下：

```
//第 6 章/logic compiler.c
if `KBUILD_SRC` 为空
    检查 O = xxx 参数,如果有指定,则赋值给 `KBUILD_OUTPUT`
    定义伪目标_all,且 _all 为空目标,避免后面 include 其余文件时寻找隐含的第 1 个目标。后
面肯定还会定义 _all,而且肯定不为空
    if `KBUILD_OUTPUT` 不为空
        `KBUILD_OUTPUT` = 创建并指定的目录
        到 `KBUILD_OUTPUT` 继续执行 make(其中需要过滤掉一些内容,防止无限嵌套)。因为在
`KBUILD_OUTPUT` 中执行的 Makefile 就是当前这个
Makefile
        skip - makefile 赋值为 1
    endif
endif

if skip - makefile 为空。不空表示上面已经在 `KBUILD_OUTPUT` 中执行过了
    执行其他各种操作
endif
整个 makefie 结束
```

这里需要注意的是,如果指定了输出目录,则将转到输出目录中去执行 Makefile,Makefile 的执行就结束了。skip-makefile 被赋值为 1,此后只有在 skip-makefile 不为 1 时,才会继续执行。

(4) 再接下来就是判断 make C=x 参数,以及是编译整个 U-Boot,还是编译模块(由环境变量 SUBDIRS 或 make M=xxx 执行)。如果是模块,则赋值给 KBUILD_EXTMOD(赋值后就不空了)。示例如图 6-32 所示。

前面讲解过,开始定义了一个空的目标_all,这里再次定义目标_all。这里的_all 根据 KBUILD_EXTMOD 的值依赖于 all 或者模块,但是命令还是为空。这里不关心模块,重点关注 all。all 又依赖.binman_stmp 和输入,如图 6-33 所示。

(1) 接下来就是检查编译工具链,并做了一些重命名工作以统一编译时的显示。示例如图 6-34 所示。

(2) 后续就是 Kconfig 和 Kbuild 共用的一些规则 scripts_basic、outputmakefile 的定义,然后检查要执行的操作是否需要.config 文件,最终出现逻辑信息,代码结构如下:

```
//第 6 章/Kconfigkbuild logic.c
if 是多个目标(mixed - targets = 1)
    一个一个处理
else if 配置(config - targets = 1),即执行 make xxxconfig 时的处理
    config: scripts_basic outputmakefile FORCE
        $ (Q) $ (MAKE) $ (build) = scripts/Kconfig $ @
    % config: scripts_basic outputmakefile FORCE
        $ (Q) $ (MAKE) $ (build) = scripts/Kconfig $ @
else 这里就是编译过程及非 config(例如 clean)的处理了
    scripts: scripts_basic scripts_dtc include/config/auto.conf
        $ (Q) $ (MAKE) $ (build) = $ (@)
    if 需要 .confg
```

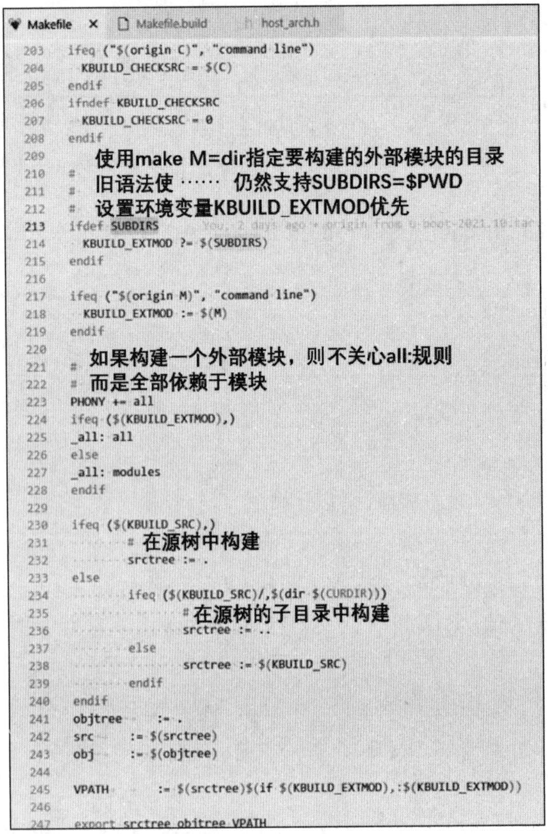

```
Makefile ×    Makefile.build    host_arch.h
203  ifeq ("$(origin C)", "command line")
204    KBUILD_CHECKSRC = $(C)
205  endif
206  ifndef KBUILD_CHECKSRC
207    KBUILD_CHECKSRC = 0
208  endif
209  # 使用make M=dir指定要构建的外部模块的目录
210  # 旧语法使…… 仍然支持SUBDIRS=$PWD
211  # 设置环境变量KBUILD_EXTMOD优先
212
213  ifdef SUBDIRS
214    KBUILD_EXTMOD ?= $(SUBDIRS)
215  endif
216
217  ifeq ("$(origin M)", "command line")
218    KBUILD_EXTMOD := $(M)
219  endif
220  # 如果构建一个外部模块，则不关心all:规则
221  # 而是全部依赖于模块
222
223  PHONY += all
224  ifeq ($(KBUILD_EXTMOD),)
225  _all: all
226  else
227  _all: modules
228  endif
229
230  ifeq ($(KBUILD_SRC),)
231    # 在源树中构建
232    srctree := .
233  else
234    ifeq ($(KBUILD_SRC)/,$(dir $(CURDIR)))
235      # 在源树的子目录中构建
236      srctree := ..
237    else
238      srctree := $(KBUILD_SRC)
239    endif
240  endif
241  objtree    := .
242  src     := $(srctree)
243  obj     := $(objtree)
244
245  VPATH     := $(srctree)$(if $(KBUILD_EXTMOD),:$(KBUILD_EXTMOD))
246
247  export srctree objtree VPATH
```

图 6-32　判断 make C＝x 参数，编译整个
U-Boot，或者编译模块

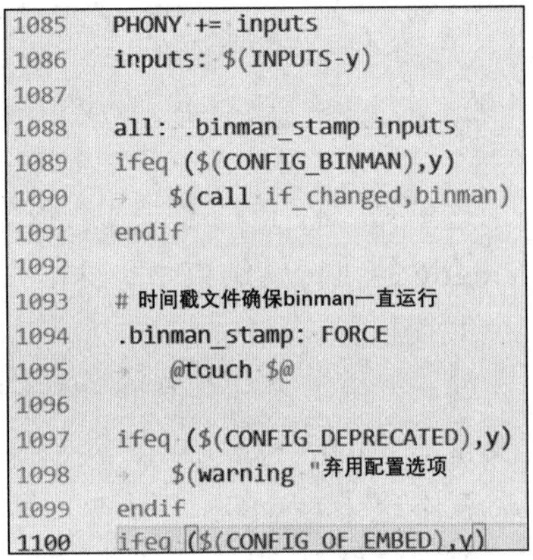

```
1085  PHONY += inputs
1086  inputs: $(INPUTS-y)
1087
1088  all: .binman_stamp inputs
1089  ifeq ($(CONFIG_BINMAN),y)
1090    $(call if_changed,binman)
1091  endif
1092
1093  # 时间戳文件确保binman一直运行
1094  .binman_stamp: FORCE
1095    @touch $@
1096
1097  ifeq ($(CONFIG_DEPRECATED),y)
1098    $(warning "弃用配置选项
1099  endif
1100  ifeq ($(CONFIG_OF_EMBED),y)
```

图 6-33　定义目标_all 示例

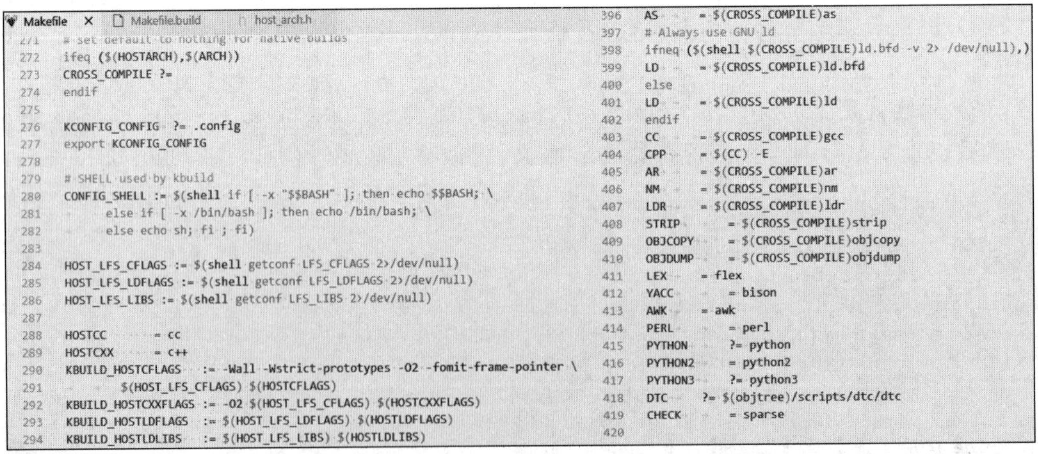

```
Makefile ×    Makefile.build    host_arch.h
271  # set default to nothing for native builds
272  ifneq ($(HOSTARCH),$(ARCH))
273  CROSS_COMPILE ?=
274  endif
275
276  KCONFIG_CONFIG ?= .config
277  export KCONFIG_CONFIG
278
279  # SHELL used by kbuild
280  CONFIG_SHELL := $(shell if [ -x "$$BASH" ]; then echo $$BASH; \
281         else if [ -x /bin/bash ]; then echo /bin/bash; \
282         else echo sh; fi ; fi)
283
284  HOST_LFS_CFLAGS := $(shell getconf LFS_CFLAGS 2>/dev/null)
285  HOST_LFS_LDFLAGS := $(shell getconf LFS_LDFLAGS 2>/dev/null)
286  HOST_LFS_LIBS := $(shell getconf LFS_LIBS 2>/dev/null)
287
288  HOSTCC     = cc
289  HOSTCXX    = c++
290  KBUILD_HOSTCFLAGS  := -Wall -Wstrict-prototypes -O2 -fomit-frame-pointer \
291       $(HOST_LFS_CFLAGS) $(HOSTCFLAGS)
292  KBUILD_HOSTCXXFLAGS := -O2 $(HOST_LFS_CFLAGS) $(HOSTCXXFLAGS)
293  KBUILD_HOSTLDFLAGS  := $(HOST_LFS_LDFLAGS) $(HOSTLDFLAGS)
294  KBUILD_HOSTLDLIBS   := $(HOST_LFS_LIBS) $(HOSTLDLIBS)

396  AS      = $(CROSS_COMPILE)as
397  # Always use GNU ld
398  ifneq ($(shell $(CROSS_COMPILE)ld.bfd -v 2> /dev/null),)
399  LD      = $(CROSS_COMPILE)ld.bfd
400  else
401  LD      = $(CROSS_COMPILE)ld
402  endif
403  CC      = $(CROSS_COMPILE)gcc
404  CPP     = $(CC) -E
405  AR      = $(CROSS_COMPILE)ar
406  NM      = $(CROSS_COMPILE)nm
407  LDR     = $(CROSS_COMPILE)ldr
408  STRIP   = $(CROSS_COMPILE)strip
409  OBJCOPY = $(CROSS_COMPILE)objcopy
410  OBJDUMP = $(CROSS_COMPILE)objdump
411  LEX     = flex
412  YACC    = bison
413  AWK     = awk
414  PERL    = perl
415  PYTHON  ?= python
416  PYTHON2 ?= python2
417  PYTHON3 ?= python3
418  DTC     ?= $(objtree)/scripts/dtc/dtc
419  CHECK   = sparse
420
```

图 6-34　检查编译工具链，并进行重命名以统一编译时的显示

```
            检查  .confg 文件
        else
            include/config/auto.conf ;
        endif

        all 的定义(实际编译文件等)

        非 config(例如 clean、check)等的定义
    endif

    Makefile 结束
```

也就是在此之前的内容,无论给出什么命令都会被 make 解析,然后从这里开始分道扬镳。

至此,就开始根据给出的目标的不同开始区分具体操作类型了。注意,由于在 Makefile 中添加了一些打印信息,所以导致行号与原文件有区别。

6.5 一些重要的构建模块

6.5.1 Kconfig 内核配置

在 Kbuild&&Kconfig 这套构建系统中,当使用 make xxxconfg 类似的命令时,就会执行 Kconfig 流程。例如,当执行 make menuconfig 时会出现一个配置界面,允许开发者通过类似于 UI 的方式来对内核进行配置,之所为可以看到这个类似于 UI 的界面,就是因为 Kconfig 从中生成了多个文件和工具。

U-Boot 中的 Kconfig 与 Linux 内核的有些地方是不同(主要是指 Makefile 中的目标处理)的,具体如下。

1. silentoldconfig

该目标更新. config、include/generated/autoconf. h、include/configs/ * ,但是在 U-Boot 中,为了与旧的配置系统兼容,还额外做了以下工作。

(1) 创建指向 SoC/CPU/头文件路径的符号连接 arch/ $ {ARCH}/include/asm/arch。

(2) 创建 include/config. h。

(3) 创建 include/autoconf. mk。

(4) 创建 spl/include/autoconf. mk(SPL and TPL only)。

(5) 创建 tpl/include/autoconf. mk(TPL only)。

2. defconfig

在 U-Boot 中,make defconfig 是 make sandbox_defconfig 的缩写。

3. < board >_config

在 Linux 的 Kconfig 中不存在。make < board >_config 与 make < board >_defconfig 的作用相同。在引入 Kconfig 之前,在 U-Boot 中使用 make < board >_config 进行配置。目前

就是为兼容旧配置而存在的。

当在 U-Boot 根目录执行 make menuconfig 或者 make xxx_deconfig 时,make 命令便会读取 U-Boot 根目录下的 Makefile 文件,然后解析并匹配 Makefile 文件中的规则,而 xxxconfig 就会匹配根目录下 Makefile 文件的规则(由于％可以匹配任意非空字符串,所以 menuconfig、xxx_deconfig 都匹配),如图 6-35 所示。

(1) Q 是否显示信息,在 Makefile 前面有赋值为@或空,如图 6-36 所示。

```
      else
1     ifeq ($(config-targets),1)
2     # =======================================
      # 仅仅*config目标-确保先决条件已更新,并在
      # scripts/kconfig中降到*config目标
6     KBUILD_DEFCONFIG := sandbox_defconfig
7     export KBUILD_DEFCONFIG KBUILD_KCONFIG
8
9     config: scripts_basic outputmakefile FORCE
0         $(Q)$(MAKE) $(build)=scripts/kconfig $@

2     %config: scripts_basic outputmakefile FORCE
3         $(Q)$(MAKE) $(build)=scripts/kconfig $@
4
5     else
6     # ========================================
```

图 6-35　config 匹配 Makefile 文件示例

```
89    ifeq ("$(origin V)", "command line")
90        KBUILD_VERBOSE = $(V)
91    endif
92    ifndef KBUILD_VERBOSE
93        KBUILD_VERBOSE = 0
94    endif
95
96    ifeq ($(KBUILD_VERBOSE),1)
97        quiet =
98        Q =
99    else
100       quiet=quiet_
101       Q = @
102   endif
```

图 6-36　在 Makefile 前面有赋值为@或空,判断 Q 是否显示信息

(2) 2MAKE:可执行程序 make。

(3) $(build):定义在 ./scripts/Kbuild.include 中的第 181 行,如图 6-37 所示。

```
177   ###
178   # Shorthand for $(Q)$(MAKE) -f scripts/Makefile.build obj=
179   # Usage:
180   # $(Q)$(MAKE) $(build)=dir
181   build := -f $(srctree)/scripts/Makefile.build obj
```

图 6-37　build 定义示例

那么,将以上命令展开之后是 make -f $(srctree)/scripts/Makefile.build obj＝scripts/Kconfigmenuconfig 或者 (Q)(MAKE)-f $(srctree)/scripts/Makefile.build obj＝scripts/Kconfigxxx_defconfig。

```
# 脚本中内置的基本助手
PHONY += scripts_basic
scripts_basic:
    $(Q)$(MAKE) $(build)=scripts/basic
    $(Q)rm -f .tmp_quiet_recordmcount

# 要避免任何隐含的规则,需定义一个空命令
scripts/basic/%: scripts_basic ;
```

图 6-38　定义在 U-Boot 的 Makefile 中的 scripts_basic 示例

(1) $(srctree):在 Makefile 前面被赋值为 . 或 $(KBUILD_SRC)。

(2) scripts_basic:定义在 U-Boot 根目录的 Makefile 中,如图 6-38 所示。

将以上命令第一句规则展开之后是 make -f $(srctree)/scripts/Makefile.build obj＝scripts/basic;第二句规则是移除文件。

（1）outputmakefile：定义在 U-Boot 根目录的 Makefile 中，如图 6-39 所示。

```
498    PHONY += outputmakefile
499    # 如果使用单独的输出目录, outputmakefile
500    # 会在输出目录中生成Makefile。这允许在输
501    # 出目录中方便地使用make
502    outputmakefile:
503    ifneq ($(KBUILD_SRC),)
504        $(Q)ln -fsn $(srctree) source
505        $(Q)$(CONFIG_SHELL) $(srctree)/scripts/mkmakefile $(srctree)
506    endif
```

图 6-39　定义在 U-Boot 的 Makefile 中的 outputmakefile

从规则代码可以看出，只有当 KBUILD_SRC 不为空时才有效，而对于 KBUILD_SRC 一般为空，非空的情况下一般不使用，因此，这里的依赖 outputmakefile 为空，详细信息如图 6-40 所示。

（2）FORCE 是没有规则和依赖的，所以每次都会重新生成 FORCE。当 FORCE 作为其他目标的依赖时，由于 FORCE 总会被更新，因此依赖所在的规则总会被执行，如图 6-41 所示。

```
138    #    KBUILD_SRC是在OBJ目录中调用make时设置的
139    #    KBUILD_SRC不打算由常规用户使用（目前）
140    ifeq ($(KBUILD_SRC),)
141
142    # 在内核src所在的目录中调用Make
```

图 6-40　判断 KBUILD_SRC 是否为空

```
2340    PHONY += FORCE
2341    FORCE:
2342
2343    # 将PHONY变量的内容声明为phony。将这些信息保
2344    # 存在一个变量中，以便在if_changed和friends中使用
2345    .PHONY: $(PHONY)
```

图 6-41　判断 KBUILD_SRC 是否为空

经过上面的分析，最终由两条语句 make -f ＄(srctree)/scripts/Makefile. build obj＝scripts/basic 和 make -f ＄(srctree)/scripts/Makefile. build obj＝scripts/Kconfigmenuconfig，或者 make -f ＄(srctree)/scripts/Makefile. build obj＝scripts/Kconfigxxx_defconfig 执行。

这需要进一步解析，接下来进入/scripts/Makefile. build 文件。

1. Makefile. build 文件

对于 Makefile. build 文件，目前只需关注图 6-42 的两部分（说明见注释）。

接下来进一步处理 scripts/basic/Makefile 或者 scripts/kconfig/Makefile。

2. make xxx_deconfig

经过上面的分析可知，当执行 make xxx_defconfig 时（例如，这里的 make stm32f769-disco_defconfig），最终会执行 make -f. /scripts/Makefile. build obj＝scripts/basic 和 make -f. /scripts/Makefile. build obj＝scripts/Kconfigrpi_3_32b_defconfig。

make rpi_3_32b_defconfig 流程，如图 6-43 所示。

（1）make -f ＄(srctree)/scripts/Makefile. build obj＝scripts/basic 展开后是 cc -Wp,-MD, scripts/basic/. fixdep. d -Wall -Wstrict-prototypes -O2 -fomit-frame-pointer -std＝gnu11 -o scripts/basic/fixdep scripts/basic/fixdep. c 最终在 scripts/basic/目录下生成了可执行工具 fixdep。

```
6    # 针对U-Boot进行了修改
7    # 这里其实就是为了处理 U-Boot 的 TPL 和 SPL，否则根本不需要这块规则
8    # 如果 $(obj) 中包含 tpl/*，则替换为 *，然后将结果返回给 src。
9    prefix := tpl
10   src := $(patsubst $(prefix)/%,%,$(obj))
11   ifeq ($(obj),$(src))
12   # 如果 $(obj) 中包含 spl/*，则替换为 *，然后将结果返回给 src
13   prefix := spl
14   src := $(patsubst $(prefix)/%,%,$(obj))
15   # 如果 $(obj) = $(src)，则 prefix = .
16   ifeq ($(obj),$(src))
17   prefix := .
18   endif
19   endif
20   # 经过以上规则：
21   # 对于 make -f $(srctree)/scripts/Makefile.build obj=scripts/basic，src=obj=scripts/basic；prefix=.
22   # 对于 make -f $(srctree)/scripts/Makefile.build obj=scripts/kconfig xxxconfig，src=obj=scripts/kconfig；prefix=.
     省略一部分
50   # Read auto  读取auto.conf（如果存在），否则忽略
51   #         针对U-Boot进行了修改
52   -include include/config/auto.conf
53   -include $(prefix)/include/autoconf.mk
54   include scripts/Makefile.uncmd_spl
55
56   include scripts/Kbuild.include
57
58   # 文件名Kbuild优先于Makefile
59   # 保留 $(src) 中以 / 开头的单词，如果果为空，则返回 $(srctree)/$(src)，否则返回 $(src)
60   kbuild-dir := $(if $(filter /%,$(src)),$(src),$(srctree)/$(src))
61   # 如果 $(kbuild-dir)/Kbuild 存在，则返回 $(kbuild-dir)/Kbuild，否则返回 $(kbuild-dir)/makefile
62   kbuild-file := $(if $(wildcard $(kbuild-dir)/Kbuild),$(kbuild-dir)/Kbuild,$(kbuild-dir)/Makefile)
63   # 将 kbuild-file 代表的文件包含进来
64   include $(kbuild-file)
65   # 经过以上规则：
66   # 对于 make -f $(srctree)/scripts/Makefile.build obj=scripts/basic，kbuild-dir=src=scripts/basic；kbuild-file=scripts/basic/Makefile
67   # 对于 make -f $(srctree)/scripts/Makefile.build obj=scripts/kconfig xxxconfig，kbuild-dir=src=scripts/kconfig；kbuild-file=scripts/kconfig/Makefile
68   # 然后将以上 Makefile 包含进来，然后继续处理包含进来的 Makefile
```

图 6-42　Makefile.build 文件的两部分

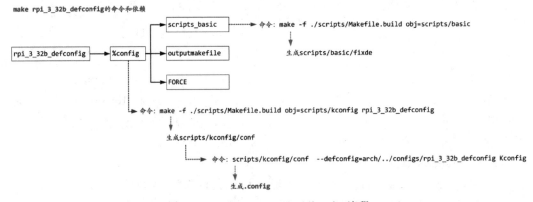

图 6-43　make rpi_3_32b_defconfig 流程

（2）make -f $(srctree)/scripts/Makefile.build obj＝scripts/Kconfigxxx_defconfig 最终在 scripts/kconfig/目录下生成了可执行工具 conf，紧接着使用刚生成的 scripts/kconfig/conf 工具，并根据指定的 stm32f769-eval_defconfig 生成.config 文件。

3. make menuconfig

经过上面的分析可知，当执行 make menuconfig 时，最终会执行 make -f $(srctree)/scripts/Makefile.build obj＝scripts/basi 和 make -f $(srctree)/scripts/Makefile.build obj＝scripts/Kconfigmenuconfig。

make menuconfig 流程如图 6-44 所示。

执行 make -f $(srctree)/scripts/Makefile.build obj＝scripts/basic 与 make xxx_deconfig

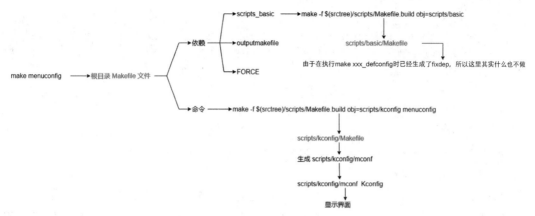

图 6-44 make menuconfig 流程

时的语句是一样的。如果在执行 make menuconfig 之前没有使用 make xxx_deconfig，则这句就会和执行 make xxx_deconfig 时一样去执行生成 scripts/basic/fixdep。

make -f $（srctree）/scripts/Makefile. build obj＝scripts/Kconfigmenuconfig 展开后的代码如下：

```
//第 6 章/Kconfigmenuconfig.c
make - f ./scripts/Makefile.build obj = scripts/basic
rm - f .tmp_quiet_recordmcount
make - f ./scripts/Makefile.build obj = scripts/Kconfigmenuconfig
set - e; mkdir - p scripts/kconfig/;/bin/bash scripts/kconfig/mconf - cfg.sh < scripts/
kconfig/mconf - cfg.sh > scripts/kconfig/.mconf - cfg.tmp; if [ - r scripts/kconfig/.mconf -
cfg ] && cmp - s scripts/kconfig/.mconf - cfg scripts/kconfig/.mconf - cfg.tmp; then rm - f
scripts/kconfig/.mconf - cfg.tmp; else : 'UPD scripts/kconfig/.mconf - cfg'; mv - f scripts/
kconfig/.mconf - cfg.tmp scripts/kconfig/.mconf - cfg; fi
cc - Wp, - MD,scripts/kconfig/.mconf.o.d - Wall - Wstrict - prototypes - O2 - fomit - frame -
pointer - std = gnu11 - D_DEFAULT_SOURCE - D_XOPEN_SOURCE = 600 - c - o scripts/kconfig/
mconf.o scripts/kconfig/mconf.c
cc - Wp, - MD,scripts/kconfig/lxdialog/.checklist.o.d - Wall - Wstrict - prototypes - O2 -
fomit - frame - pointer - std = gnu11 - D_DEFAULT_SOURCE - D_XOPEN_SOURCE = 600 - c - o
scripts/kconfig/lxdialog/checklist.o scripts/kconfig/lxdialog/checklist.c
cc - Wp, - MD,scripts/kconfig/lxdialog/.inputbox.o.d - Wall - Wstrict - prototypes - O2 -
fomit - frame - pointer - std = gnu11 - D_DEFAULT_SOURCE - D_XOPEN_SOURCE = 600 - c - o
scripts/kconfig/lxdialog/inputbox.o scripts/kconfig/lxdialog/inputbox.c
cc - Wp, - MD,scripts/kconfig/lxdialog/.menubox.o.d - Wall - Wstrict - prototypes - O2 -
fomit - frame - pointer - std = gnu11 - D_DEFAULT_SOURCE - D_XOPEN_SOURCE = 600 - c - o
scripts/kconfig/lxdialog/menubox.o scripts/kconfig/lxdialog/menubox.c
cc - Wp, - MD,scripts/kconfig/lxdialog/.textbox.o.d - Wall - Wstrict - prototypes - O2 -
fomit - frame - pointer - std = gnu11 - D_DEFAULT_SOURCE - D_XOPEN_SOURCE = 600 - c - o
scripts/kconfig/lxdialog/textbox.o scripts/kconfig/lxdialog/textbox.c
cc - Wp, - MD,scripts/kconfig/lxdialog/.util.o.d - Wall - Wstrict - prototypes - O2 - fomit -
frame - pointer - std = gnu11 - D_DEFAULT_SOURCE - D_XOPEN_SOURCE = 600 - c - o scripts/
kconfig/lxdialog/util.o scripts/kconfig/lxdialog/util.c
```

```
cc − Wp, − MD, scripts/kconfig/lxdialog/.yesno.o.d − Wall − Wstrict − prototypes − O2 − fomit
− frame − pointer − std = gnu11 − D_DEFAULT_SOURCE − D_XOPEN_SOURCE = 600 − c − o scripts/
kconfig/lxdialog/yesno.o scripts/kconfig/lxdialog/yesno.c
cc − o scripts/kconfig/mconf scripts/kconfig/mconf.o scripts/kconfig/zconf.tab.o scripts/
kconfig/lxdialog/checklist.o scripts/kconfig/lxdialog/inputbox.o scripts/kconfig/lxdialog/
menubox.o scripts/kconfig/lxdialog/textbox.o scripts/kconfig/lxdialog/util.o scripts/
kconfig/lxdialog/yesno.o − Wl, − Bsymbolic − functions − lncursesw − ltinfo
scripts/kconfig/mconf Kconfig
```

最终生成 scripts/kconfig/mconf,紧接着使用刚生成的 scripts/kconfig/mconf 工具读取根目录的 Kconfig 文件,随之出现配置界面。

执行 make xxx_deconfig 之后,Kconfig 系统会在 U-Boot 源码根目录下生成.config 文件,当使用 make menuconfig 修改了相关配置之后,Kconfig 系统最终也会修改根目录下的.config 文件(注意,该文件默认为隐藏文件,可使用 ls -al 命令查看),而.config 文件记录了当前对于 U-Boot 的配置,后续构建时便会读取该文件。

6.5.2 Kbuild 编译过程

这里说的 Kbuild 是微观上的 Kbuild,指的是编译的过程。在经过上面 Kconfig 之后,接下来就是真正的编译过程,这个过程采用的就是 Kbuild 系统。Linux 官方文档地址为 https://www.kernel.org/doc/html/latest/kbuild/index.html。

整个 Kbuild 过程大体可以分为三大步,第 1 步为编译做准备,期间会生成一些配置文件(主要是 include/generated/ * 和 include/config/ *);第 2 步编译.c 源码文件;第 3 步连接生成 Image,最后转换 Image。

编译使用的命令是 CROSS_COMPILE＝arm-none-eabi- ARCH＝arm make -j8,使用该命令后,make 程序就会读取 U-Boot 根目录的 Makefile 文件,然后解析并匹配 Makefile 文件中的规则,如图 6-45 所示。由于这里没有指明目标,所以 Make 会自动找到 makefile 中的第 1 个目标中没有通配符的规则执行,也就是 _all。

注意,这里的_all 并不是第 1 个定义的_all。第 1 个定义的_all 是个空命令目标,空命令行可以防止 make 在执行时试图为重建这个目标而去查找隐含命令(包括使用隐含规则中的命令和.DEFAULT 指定的命令)。后面重新定义的_all 才是最终生效的_all。

如果 KBUILD_EXTMOD 为空,则_all 依赖 all。不编译模块(没有指定 KBUILD_EXTMOD),所以 KBUILD_EXTMOD 为空,_all 依赖 all。all 又依赖.binman_stmp 和 inputs,如图 6-46 所示。

注意,如果使用的命令是 CROSS_COMPILE＝arm-none-eabi-ARCH＝arm make all -j8,则直接就会匹配到 all 这条规则,即不会有_all 什么事了。

.binman_stamp 比较简单,就是通过 touch 命令更新.binman_stamp 文件(当不存在时会新建)的时间戳,从而保证 binman 总会被执行,然后检查一些定义,并给出提示。

文件.binman_stamp 的执行与更新,如图 6-47 所示。

```
153      # 一旦命令行没有给定，那就是默认目标
154      PHONY := _all
155      _all:
         # 省略一大部分
226      # 如果构建外部模块，则不需要关注所有规则
227      # 但是需要在模块上用_all替代
228      PHONY += all
229      ifeq ($(KBUILD_EXTMOD),)
230      _all: all
231      else
232      _all: modules
233      endif
```

图 6-45　解析并匹配 Makefile 文件中的规则

```
1085      PHONY += inputs
1086      inputs: $(INPUTS-y)
1087
1088      all: .binman_stamp inputs
1089      ifeq ($(CONFIG_BINMAN),y)
1090          $(call if_changed,binman)
1091      endif
1092
1093      # 时间戳文件确保binman一直运行
1094      .binman_stamp: FORCE
1095          @touch $@
1096
1097      ifeq ($(CONFIG_DEPRECATED),y)
1098          $(warning "You have deprecated configuration option
1099      endif
1100      ifeq ($(CONFIG_OF_EMBED),y)
```

图 6-46　KBUILD_EXTMOD，_all 与 all 的依赖关系

```
1129      .binman_stamp: FORCE
1130          @touch $@
1131
1132      ifeq ($(CONFIG_DEPRECATED),y)
1133          $(warning "在.config中启用了不推荐使用的配置选项！请检查您的配置。")
1134      endif
1135      ifeq ($(CONFIG_OF_EMBED),y)
1136          @echo >&2 "====================== WARNING ======================"
1137          @echo >&2 "CONFIG_OF_EMBED已启用。此选项应仅用于调试目的。
1138          @echo >&2 请对主线中的板使用CONFIG_OF_SEPARATE。有关更多信
1139          @echo >&2 息，请参阅doc/README.fdcontrol。"
1140          @echo >&2
1141          @echo >&2 "====================================================="
1142      endif
1143      ifneq ($(CONFIG_SPL_FIT_GENERATOR),)
1144          @echo >&2 "====================== WARNING ======================"
1145          @echo >&2 "此板使用CONFIG_SPL_FIT_GENERATOR。请
1146          @echo >&2 改为迁移到binman，以避免在没有测试的情况
1147          @echo >&2 下大量使用arch特定的脚本。"
1148          @echo >&2 "====================================================="
1149      endif
1150      ifneq ($(CONFIG_DM),y)
1151          @echo >&2 "====================== WARNING ======================"
1152          @echo >&2
1153          @echo >&2 "此板不使用CONFIG_DM，从v202.01版本开始将是强制
1154          @echo >&2 性的。未能更新可能导致电路板被移除。有关更多信息，
1155          @echo >&2 请参阅doc/driver-moodel/migration.rst。"
1156          @echo >&2 "====================================================="
1157      endif
1158      $(call deprecated,CONFIG_WDT,DM watchdog,v2019.10,\
1159          $(CONFIG_WATCHDOG)$(CONFIG_HW_WATCHDOG))
1160      $(call deprecated,CONFIG_DM_ETH,Ethernet drivers,v2020.07,$(CONFIG_NET))
1161      $(call deprecated,CONFIG_DM_I2C,I2C drivers,v2022.04,$(CONFIG_SYS_I2C_LEGACY))
1162      @# "请检查此构建是否使用不知道的CONFIG选项，除非它们在Kconfig中。所有
1163      @# 现有的CONFIG选项都被列入白名单，因此不应该添加新的选项。"
1164      @#
1165      $(call cmd,cfgcheck,u-boot.cfg)
```

图 6-47　文件.binman_stamp 的执行与更新

重点就在输入，而输入又依赖于 $(INPUTS-y)。将 $(INPUTS-y)展开后是 checkarmreloc u-boot. srec u-boot. bin u-boot. sym System. map binary_size_check spl/u-boot-spl. bin u-boot. img u-boot. dtb u-boot-dtb. img，再进一步展开及处理各个依赖项，下面重点来介绍 checkarmreloc 和 u-boot. srec。

1. checkarmreloc

checkarmreloc 进行 u-boot 处理示例，如图 6-48 所示。

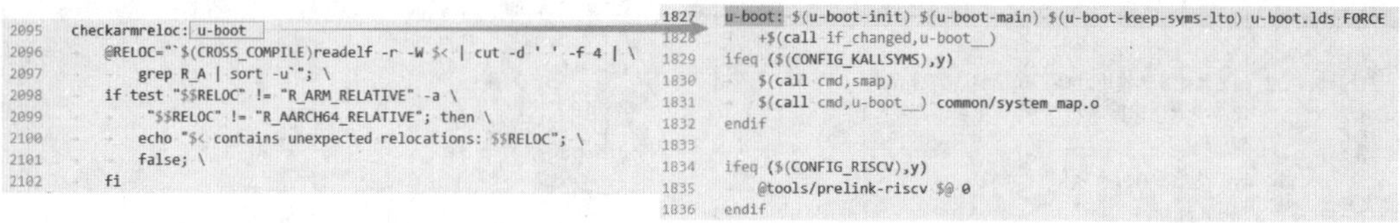

图 6-48　checkarmreloc 进行 u-boot 处理

将 U-Boot 的各项依赖展开，代码如下：

```
//第 6 章/build results.c
u-boot: arch/arm/cpu/armv7m/start.o
arch/arm/cpu/built-in.o
arch/arm/cpu/armv7m/built-in.o
arch/arm/lib/built-in.o
arch/arm/mach-stm32/built-in.o
board/st/common/built-in.o
board/st/stm32f769-eval/built-in.o
cmd/built-in.o common/built-in.o disk/built-in.o
drivers/built-in.o
drivers/dma/built-in.o
drivers/gpio/built-in.o
drivers/net/built-in.o
drivers/net/phy/built-in.o
drivers/power/built-in.o
drivers/power/battery/built-in.o
drivers/power/domain/built-in.o
drivers/power/fuel_gauge/built-in.o
drivers/power/mfd/built-in.o
drivers/power/pmic/built-in.o
drivers/power/regulator/built-in.o
drivers/serial/built-in.o
drivers/spi/built-in.o
drivers/usb/cdns3/built-in.o
drivers/usb/common/built-in.o
drivers/usb/dwc3/built-in.o
drivers/usb/emul/built-in.o
drivers/usb/eth/built-in.o
drivers/usb/host/built-in.o
drivers/usb/mtu3/built-in.o
drivers/usb/musb-new/built-in.o
drivers/usb/musb/built-in.o
drivers/usb/phy/built-in.o
drivers/usb/ulpi/built-in.o
env/built-in.o fs/built-in.o
lib/built-in.o net/built-in.o
u-boot.lds FORCE,
```

其中，

（1）$(u-boot-init)：arch/arm/cpu/armv7m/start.o。

（2）＄（u-boot-main）：后面是一大串 built-in. o。

（3）＄（u-boot-keep-syms-lto）：为空,不包含任何内容。

因此,需要重点关注 u-boot. lds 依赖,如图 6-49 所示。

```
2027    u-boot.lds: $(LDSCRIPT) prepare FORCE
2028        $(call if_changed_dep,cpp_lds)
```

图 6-49　u-boot. lds 依赖与＄（LDSCRIPT）连接脚本文件

其中,＄（LDSCRIPT）使用的是连接脚本文件,这里就是. /arch/arm/cpu/u-boot. lds,
而准备的内容比较多,如图 6-50 所示。

```
1880    # 按依赖关系顺序列出
1881    PHONY += prepare archprepare prepare0 prepare1 prepare2 prepare3
1882
1883    # prepare3用于检查是否在单独的输出目录中进行构建,如
1884    # 果是这样做:
1885    # (1) checke that make尚未在内核src$ (srctree) 中执行
1886    prepare3: include/config/uboot.release
1887    ifneq ($(KBUILD_SRC),)
1888        @$(kecho) ' Using $(srctree) as source for U-Boot'
1889        $(Q)if [ -f $(srctree)/.config -o -d $(srctree)/include/config ]; then \
1890            echo >&2 "  $(srctree) is not clean, please run 'make mrproper'"; \
1891            echo >&2 "  in the '$(srctree)' directory.";\
1892            /bin/false; \
1893        fi;        注意,其中的 @echo "[End]xxx 是我自己添加用来查看执行流程的
1894    endif
1895        @echo "prepare3: include/config/uboot.release"
1896
1897    # 如果使用单独的输出目录,则prepare2将创建makefile
1898    prepare2: prepare3 outputmakefile cfg;@echo "[End] prepare2: prepare3 outputmakefile cfg"
1899
1900    prepare1: prepare2 $(version_h) $(timestamp_h) $(dt_h) \
1901                    include/config/auto.conf
1902    ifeq ($(wildcard $(LDSCRIPT)),)
1903        @echo >&2 "  Could not find linker script."
1904        @/bin/false
1905    endif
1906        @echo "[End] prepare1: prepare2 ---- $(version_h) ---- $(timestamp_h) ---- $(dt_h)"
1907
1908    ifeq ($(CONFIG_USE_DEFAULT_ENV_FILE),y)
1909    prepare1: $(defaultenv_h)
1910
1911    envtools: $(defaultenv_h)
1912    endif
1913
1914    archprepare: prepare1 scripts_basic;@echo "[End] archprepare: prepare1 scripts_basic"
1915
1916    prepare0: archprepare FORCE
1917        $(Q)$(MAKE) $(build)=.
1918        @echo "[End] prepare0: archprepare FORCE"
1919
1920    # All the preparing.
1921    prepare: prepare0;@echo "[End] prepare: prepare0"
```

图 6-50　预处理与各种依赖

中间各种依赖最终会用到 include/config/％. conf：这条规则。u-boot. srec 比较简单,
它依赖的 U-Boot 上文已经讲解过。

2. clean、mrproper、distclean

介绍了以上的工作过程之后,再介绍 3 个与清理相关的命令 clean、mrproper、distclean,
其他的命令基本类似,在此不展开介绍。这 3 个命令的清理程度是逐渐增加的,后者包含前
者,如图 6-51 所示。

以 distclean 为例来说明。当执行 make distclean 这条命令时,make 读取根目录的 Makefile,
然后开始解析,最终匹配到规则 distclean：mrproper,如图 6-52 所示。

图 6-51　3 个与清理相关的命令
clean、mrproper、distclean

```
2208    distclean: mrproper
2209        @find $(srctree) $(RCS_FIND_IGNORE) \
2210            \( -name '*.orig' -o -name '*.rej' -o -name '*~' \
2211            -o -name '*.bak' -o -name '#*#' -o -name '.*.orig' \
2212            -o -name '.*.rej' -o -name '*%' -o -name 'core' \
2213            -o -name '*.pyc' \) \
2214            -type f -print | xargs rm -f
2215        @rm -f boards.cfg CHANGELOG
2216        @echo "[End] distclean: mrproper ---> $@"
```

图 6-52　distclean 执行示例

（1）命令部分：第 1 个 find 命令查找上面指定的文件并删除，其中，"|"表示管道，即将左边的输出作为右边的输入。rm 命令用于删除 boards.cfg 和 CHANGELOG。

（2）依赖 mrproper：mrproper 也有依赖，如图 6-53 所示。

说明：@echo"[End] xxx是增加的
打印信息，方便了解执行流程

```
2187    #   mrproper-删除所有生成的文件，包括.config
2188    #
2189    mrproper: rm-dirs  := $(wildcard $(MRPROPER_DIRS))
2190    mrproper: rm-files := $(wildcard $(MRPROPER_FILES))
2191    mrproper-dirs      := $(addprefix _mrproper_,scripts)
2192
2193    PHONY += $(mrproper-dirs) mrproper archmrproper
2194    $(mrproper-dirs):
2195        $(Q)$(MAKE) $(clean)=$(patsubst _mrproper_%,%,$@)
2196        @echo "[End] $(mrproper-dirs) : [$(mrproper-dirs)] ---> $@"
2197
2198    mrproper: clean $(mrproper-dirs)
2199        $(call cmd,rmdirs)
2200        $(call cmd,rmfiles)
2201        @rm -f arch/*/include/asm/arch
2202        @echo "[End] mrproper: clean [$(mrproper-dirs)] ---> $@"
```

```
2158    #   clean-删除大部分，只需要留下足够构建外部模块的资源
2159    #
2160    clean: rm-dirs  := $(CLEAN_DIRS)
2161    clean: rm-files := $(CLEAN_FILES)
2163    clean-dirs := $(foreach f,$(u-boot-alldirs),$(if $(wildcard $(srctree)/$f/Makefile),$f))
2164
2165    clean-dirs      := $(addprefix _clean_, $(clean-dirs))
2167    PHONY += $(clean-dirs) clean archclean
2168    $(clean-dirs):
2169        $(Q)$(MAKE) $(clean)=$(patsubst _clean_%,%,$@)
2170
2171    clean: $(clean-dirs)
2172        $(call cmd,rmdirs)
2173        $(call cmd,rmfiles)
2174        @find $(if $(KBUILD_EXTMOD), $(KBUILD_EXTMOD), .) $(RCS_FIND_IGNORE) \
2175            \( -name '*.[oas]' -o -name '*.ko' -o -name '.*.cmd' \
2176            -o -name '*.ko.*' -o -name '*.su' -o -name '*.pyc' \
2177            -o -name '*.*.d' -o -name '*.tmp' -o -name '*.mod.c' \
2178            -o -name '*.lex.c' -o -name '*.tab.[ch]' \
2179            -o -name '*.asn1.[ch]' \
2180            -o -name '*.symtypes' -o -name 'modules.order' \
2181            -o -name modules.builtin -o -name '.tmp_*.o.*' \
2182            -o -name 'dsdt.aml' -o -name 'dsdt.asl.tmp' -o -name 'dsdt.c' \
2183            -o -name '*.efi' -o -name '*.gcno' -o -name '*.so' \) \
2184            -type f -print | xargs rm -f
2185        @echo "[End] clean: (clean-dirs) : $(clean-dirs) ---> $@"
```

图 6-53　mrproper 的执行过程

mrproper 先执行 clean，然后执行 $(mrproper-dirs)。综合来看，clean 和 mrproper 的结构基本一致，将各变量展开。

1）clean

（1）依赖 rm-dirs：展开后是.tmp_versions、spl/*。

（2）依赖 $(clean-dirs)。

$(clean)：定义在 Kbuild.include 文件中，命令为 clean：=-f $(srctree)/scripts/Makefile.clean obj。

cmd：定义在 Kbuild.include 文件中，命令为 cmd=@ $(echo-cmd) $(cmd_ $(1)) echo-cmd= $(if $($(quiet)cmd_ $(1)),echo '$(call escsq,$($(quiet)cmd_ $(1))) $(echo-why)';)。

（3）命令部分：find xxx|xargs rm -f 用于清理一些符号文件、临时文件、脚本文件等。

（4）依赖 rm-files：展开后的代码如下。

```
//第4章/ rm-files expand.c
include/bmp_logo. h include/bmp_logo_data. h tools/version. h boot * u-boot * MLO * SPL
System. map fit-dtb. blob * u-boot-ivt. img. log u-boot-dtb. imx. log SPL. log u-boot. imx.
log lpc32xx-* bl31. c bl31. elf bl31_*. bin image. map tispl. bin * idbloader. img flash. bin
flash. log defconfig keep-syms-lto. c
```

2）mrproper

（1）依赖 rm-dirs：include/config、include/generated spl。

（2）依赖 rm-files：. config、. config. old、include/autoconf. mk、include/autoconf. mk. dep、include/config.h。

（3）依赖 clean：也就是上面的 clean。

（4）依赖 $（mrproper-dirs）。

（5）命令部分：$（clean）和 cmd 同上。

6.6 启动阶段

同大多数引导加载器一样，U-Boot 的启动过程也分为 BL1、BL2 共两个阶段，分别对应 SPL 阶段和 U-Boot 阶段。此外，芯片内部通常还有个固化的引导程序，以 STM32 为例。这段程序会初始化部分外设以便与外部通信，具体可以参考官方手册。在引入了 SPL 之后，整个启动过程如图 6-54 所示。

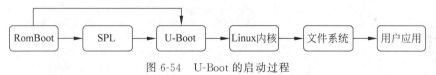

图 6-54　U-Boot 的启动过程

第 2 段程序加载器（Secondary Program Loader，SPL）其实指的就是 U-Boot，即 SPL 是第 1 段程序，优先执行，再去加载 U-Boot。

在 U-Boot 源码中，启动过程没有完全单独出 SPL 的代码，而是复用了大量 U-Boot 里面的代码。在代码中，通过宏 CONFIG_SPL_XXX 进行区分，因此，SPL 的启动与 U-Boot 的启动流程是一样的（但是具体实现的功能是不一样的），下面介绍 U-Boot 的启动过程。

可以将 U-Boot 的启动过程划分为两个阶段：架构特定初始化和通用初始化。芯片初始化阶段的代码主要位于. /arch/架构/cpu 及. /arch/lib 等目录下，以汇编语言为主。. /arch 目录的基本介绍，如图 6-55 所示。

板级初始化阶段的代码主要位于. /common、. /board 目录下，代码也由汇编语言过渡到 C 语言了。当然这两个阶段都可能引用一些公共的代码（例如与平台无关的头文件）。. /board 目录基本是按照厂商来组织（例如 ST）的，同一厂家的开发板放在同一个目录下。一个完整的初始化流程，如图 6-56 所示。

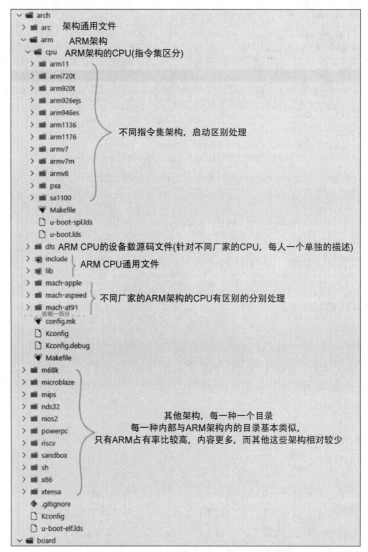

图 6-55　芯片初始化阶段. /arch 目录的基本介绍

6.6.1　启动入口

U-Boot 源码文件众多,如何知道最开始的启动文件(程序入口)是哪个呢? 需要查看 . \arch\arm\cpu 目录下的 u-boot. lds 文件(对于 SPL/TPL 对应的则是. \arch\arm\cpu\ u-boot-spl. lds 文件)。 lds 是连接脚本文件,描述了如何生成最终的二进制文件,其中包含程序入口。\arch\arm\cpu\u-boot-spl. lds 的代码如下:

```
//第 6 章/u-boot entry.c
/ * 指定输出可执行文件: "elf32 位小端格式" * /
```

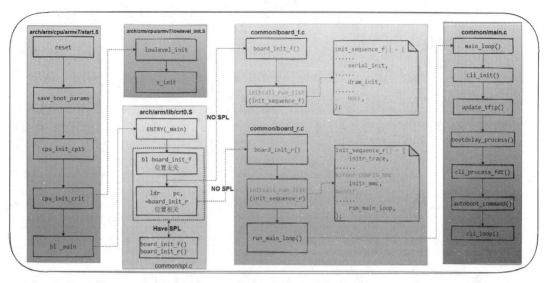

图 6-56 U-Boot 完整的初始化流程

```
OUTPUT_FORMAT("elf32 - littlearm", "elf32 - littlearm", "elf32 - littlearm")
/ * 指定输出可执行文件的目标架构:"arm" * /
OUTPUT_ARCH(arm)
/ * 指定输出可执行文件的入口地址(起始代码段):"_start" * /
ENTRY(_start)
SECTIONS
{
    / *
     * 设置 0 的原因是 ARM 内核的处理器,上电后默认从 0x00000000 处启动
     * STM32 片内的 nor - flash 的起始地址是 0x08000000,上电后系统会自动将该地址
(0x08000000)映射到 0x00000000(硬件设计实现)
     * /
    . = 0x00000000;

    / *
     * 代码以 4 字节对齐,. text 为代码段
     * 各个段按先后顺序依次排列
     * ARM 规定在 Cortex - M 的内核中镜像入口处首地址存放的是主栈的地址,其次是复位中断地
址,再其后依次存放其他中断地址
     * /
    . = ALIGN(4);
    . text :
    {
            __image_copy_start = .;
/ * 在 U - Boot 的设计中需要将 U - Boot 的镜像复制到 ram(sdram, ddr...)中执行,
这里表示复制的开始地址 * /
            * (. vectors)
/ * 中断向量表 * /
            CPUDIR/start.o(. text * )
/ * CPUDIR/start. o 中的所有. text 段 * /
```

```
                      * (.text * )
/ * 其他.o 中的所有.text 段 * /
                      * (.glue * )
/ * 其他.o 中的所有.glue 段 * /
    }

    / *
     * .rodata 段,需确保是以 4 字节对齐的
     * /
    . = ALIGN(4);
    .rodata : {
      * (SORT_BY_ALIGNMENT(SORT_BY_NAME(.rodata * ))))}
/ * 按名称依次存放其他.o 文件中的.rodata * /

    / *
     * data 段,需确保是以 4 字节对齐的
     * /
    . = ALIGN(4);
    .data : {

        * (.data * )
    }

    / *
     * u_boot_list 段,需确保是以 4 字节对齐的
     * 这里存放的都是 u_boot_list 中的函数
     * 例如 base/bdinfo/blkcache/cmp...
     * 具体的可参看./u - boot.map .u_boot_list
     * tips: 如果想优化编译出来的 u - boot.bin 大小,则可以参看此文件进行对照裁剪
     * /
    . = ALIGN(4);
    .u_boot_list : {
            KEEP( * (SORT(.u_boot_list * )));
    }

    / *
     * binman_sym_table 段,需确保是以 4 字节对齐的
     * binman 实现的功能是让 C 代码通过 binman_ * 的函数接口字节调用镜像中的个别函数
     * 具体可参看 binman_sym.h 中的接口
     * /
    . = ALIGN(4);
    .binman_sym_table : {
            __binman_sym_start = .;
            KEEP( * (SORT(.binman_sym * )));
            __binman_sym_end = .;
    }

    / *
     * __image_copy_end 也是个符号,表示一个结束地址,需确保是以 4 字节对齐的
     * /
    . = ALIGN(4);
```

```
        __image_copy_end = .;
/* 在 U - Boot 的设计中需要将 U - Boot 的镜像复制到 ram(sdram, ddr...)中执行,这里表示复制的结
束地址 */

    .rel.dyn : {
            __rel_dyn_start = .;
            * (.rel *)
            __rel_dyn_end = .;
    }

    .end :
    {
            * (.__end)
    }

    _image_binary_end = .; /* BIN 文件结束 */

    .bss __rel_dyn_start(OVERLAY): {
            __bss_start = .;
            * (.bss *)
            . = ALIGN(4);
            __bss_end = .;
    }
    __bss_size = __bss_end - __bss_start;
    .dynsym _image_binary_end : {
     * (.dynsym)}
    .dynbss : {
     * (.dynbss)}
    .dynstr : {
     * (.dynstr *)}
    .dynamic : {
     * (.dynamic *)}
    .hash : {
     * (.hash *)}
    .plt : {
     * (.plt *)}
    .interp : {
     * (.interp *)}
    .gnu : {
     * (.gnu *)}
    .ARM.exidx : {
     * (.ARM.exidx *)}
}
/* 检查一些限制 */
# if defined(CONFIG_SPL_MAX_SIZE)
ASSERT(__image_copy_end - __image_copy_start <(CONFIG_SPL_MAX_SIZE), \
    "SPL image too big");
# endif

# if defined(CONFIG_SPL_BSS_MAX_SIZE)
ASSERT(__bss_end - __bss_start <(CONFIG_SPL_BSS_MAX_SIZE), \
```

```
        "SPL image BSS too big");
# endif

# if defined(CONFIG_SPL_MAX_FOOTPRINT)
ASSERT(__bss_end - _start <(CONFIG_SPL_MAX_FOOTPRINT), \
        "SPL image plus BSS too big");
# endif
```

在文件.\arch\arm\mach-xxx 目录下也有 u-boot-spl. lds 或 u-boot. lds,这一般针对那些比较特殊的架构,即单独实现的连接脚本。在编译过程中会通过 CONFIG_SYS_LDSCRIPT=xxxx 执行这个特殊的脚本文件,如果不指定,则默认采用.\arch\arm\cpu\u-boot-spl. lds 文件。

从上面的代码可以看到,ENTRY(_start)表示最终可执行程序的入口是 _start。第 1 个节点的开始定义了一个名为__image_copy_start 的符号,它的定义位于. /arch/arm/lib/sections. c 文件中:char __image_copy_start[0] __section(. __image_copy_start);仅仅就是个符号,不包含任何内容,是为了重定位使用的。

向量的定义位于. /arch/arm/lib/vectors_m. S 中(针对使用的 STM32F7 的这个 ARM 核),ARM 核中断向量表,代码如下:

```
//第 6 章/arm interrupt.asm
. section    . vectors
ENTRY(_start)
        . long    CONFIG_SYS_INIT_SP_ADDR         @ 0 - 复位栈指针
        . long    reset                           @ 1 - 复位
        . long    __invalid_entry                 @ 2 - NMI
        . long    __hard_fault_entry              @ 3 - 硬件错误
        . long    __mm_fault_entry                @ 4 - 内存管理
        . long    __bus_fault_entry               @ 5 - 总线错误
        . long    __usage_fault_entry             @ 6 - 使用错误
        . long    __invalid_entry                 @ 7 - 保留
        . long    __invalid_entry                 @ 8 - 保留
        . long    __invalid_entry                 @ 9 - 保留
        . long    __invalid_entry                 @ 10 - 保留
        . long    __invalid_entry                 @ 11 - SVCall
        . long    __invalid_entry                 @ 12 - 调试监视器
        . long    __invalid_entry                 @ 13 - 保留
        . long    __invalid_entry                 @ 14 - PendSV
        . long    __invalid_entry                 @ 15 - 系统定时器
        . rept    255 - 16
        . long    __invalid_entry                 @ 16～255 - 外部中断
        . endr
```

Cortex-M 架构要求中断向量表必须在最开始的位置,并且其开头依次是 SP 地址、复位中断地址、其他中断地址。CPU 获取 SP 后,从复位中断开始执行代码。由于中断向量表中复位中断的符号是 reset,所以需要找到 reset 这个符号。再查看目录,正好 start. S 文件里定义了 reset 符号,那么,毫无疑问 start. S 就是整个启动的入口。

在 U-Boot 支持的所有架构芯片中,启动的入口通常就是. /arch/架构/cpu/start. S。有一点需要注意,SPL/TPL 与 U-Boot 采用的部分接口的名字是一样的,但是具体实现并不在同一个文件中。也就是说,对于同一函数,SPL/TPL 与 U-Boot 在不同的文件中有不同的实现。SPL/TPL 的代码被分散在源码目录的各个文件夹下,那么,如何知道 SPL/TPL 具体使用了哪些源代码文件呢?

一个比较简单的方法是将 SPL 在编译过程中生成的文件单独放到 SPL 目录下,将 TPL 在编译过程中生成的文件单独放到 TPL 目录下,这样便可以直接查看编译后的 SPL 或者 TPL 文件夹,其中的内容也是按照源码目录组织的。SPL 编译生成的文件(剔除了部分文件),代码如下:

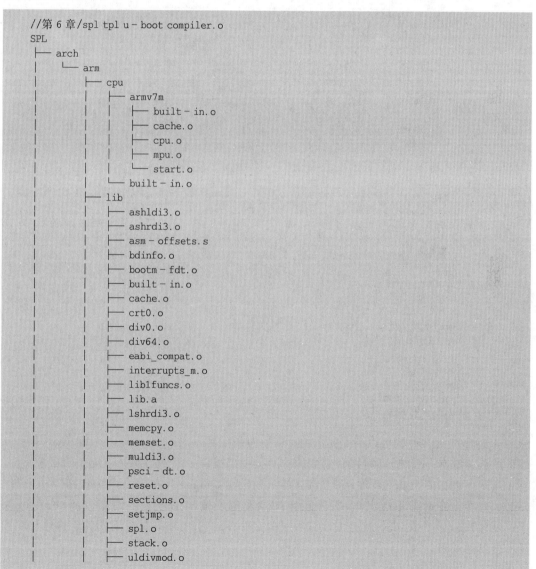

```
//第 6 章/spl tpl u-boot compiler.o
SPL
├── arch
│   └── arm
│       ├── cpu
│       │   ├── armv7m
│       │   │   ├── built-in.o
│       │   │   ├── cache.o
│       │   │   ├── cpu.o
│       │   │   ├── mpu.o
│       │   │   └── start.o
│       │   └── built-in.o
│       ├── lib
│       │   ├── ashldi3.o
│       │   ├── ashrdi3.o
│       │   ├── asm-offsets.s
│       │   ├── bdinfo.o
│       │   ├── bootm-fdt.o
│       │   ├── built-in.o
│       │   ├── cache.o
│       │   ├── crt0.o
│       │   ├── div0.o
│       │   ├── div64.o
│       │   ├── eabi_compat.o
│       │   ├── interrupts_m.o
│       │   ├── lib1funcs.o
│       │   ├── lib.a
│       │   ├── lshrdi3.o
│       │   ├── memcpy.o
│       │   ├── memset.o
│       │   ├── muldi3.o
│       │   ├── psci-dt.o
│       │   ├── reset.o
│       │   ├── sections.o
│       │   ├── setjmp.o
│       │   ├── spl.o
│       │   ├── stack.o
│       │   ├── uldivmod.o
```

```
|           |      ├── vectors_m.o
|           |      └── zimage.o
|           └── mach-stm32
|                  ├── built-in.o
|                  └── soc.o
├── board
|     └── st
|          ├── common
|          |     └── built-in.o
|          └── stm32f746-disco
|                 ├── built-in.o
|                 └── stm32f746-disco.o
├── boot
|     ├── built-in.o
|     ├── image-board.o
|     ├── image-fdt.o
|     └── image.o
├── cmd
|     ├── built-in.o
|     └── nvedit.o
├── common
|     ├── built-in.o
|     ├── cli.o
|     ├── command.o
|     ├── console.o
|     ├── dlmalloc.o
|     ├── fdt_support.o
|     ├── init
|     |     ├── board_init.o
|     |     └── built-in.o
|     ├── ... 省略一大部分 ...
├── u-boot.cfg
├── u-boot-spl
├── u-boot-spl.bin
├── u-boot-spl.dtb
├── u-boot-spl-dtb.bin
├── u-boot-spl.lds
├── u-boot-spl.map
├── u-boot-spl-nodtb.bin
├── u-boot-spl-pad.bin
└── u-boot-spl.sym
```

从上面的.o文件就可以清楚地知道,SPL使用了哪些源代码文件了。U-Boot本身的编译默认并没有一个统一的目录,生成的中间文件都被直接放到与源文件统一的目录下。

当然可以在使用make命令时指定O=xxx(例如,make O=/tmp/build canyonlands_config,每个命令都需要指定)参数来指定配置及编译输出的位置。例如make O=build stm32f769-disco_defconfig就会把配置生成的文件存放到./build目录下。关于构建及配置后面会单独说明。

6.6.2 架构特定初始化

这部分初始化主要是特定于 CPU 架构的初始化代码。以使用的 STM32F769 的这个 MCU 为例，该 MCU 采用的是 ARM Cortex-M7 内核，指令集架构是 ARMv7m，因此，开发板使用的芯片初始化的具体代码就是 ./arch/arm/cpu/armv7m 下的各代码。启动文件是 ./arch/arm/cpu/armv7m/start.S，然而，当笔者自信满满地打开 start.S 时却发现，其中的代码极少，对比了一下 armv7 及 armv8 目录下的 start.S，完全就不是一个级别。具体对比示例，如图 6-57 所示。

图 6-57 对比 armv7 及 armv8 目录下的 start.S 启动初始化

至于为什么代码这么少，笔者也不是很清楚（应该是与不同内核下的功能有关），但是通过对比 ARMv8、ARMv7 及 ARMv7m 这 3 个架构的 start.S 文件可以发现，它们的执行流程基本是一致的。开始都是直接从 reset 符号下的代码开始执行（Cortex-M 内核规定）的。启动过程中的函数调用（忽略在某些宏定义成立时的函数调用），代码如下：

```
//第 6 章/reset u-boot.c
armv8: reset -> save_boot_params -> save_boot_params_ret -> apply_core_errata -> lowlevel_
init -> _main
armv7: reset -> save_boot_params -> save_boot_params_ret -> cpu_init_crit -> lowlevel_
init -> _main
armv7m: reset -> _main
```

都定义了一个名为 c_runtime_cpu_setup 的符号，并导出为全局符号，只是该符号的内部代码有所不同，但是，该符号均没有在文件中调用。

最终都会跳转到_main，下文重点来介绍 _main。至于目录下的其他 .s 和 .c 文件，其中定义了一些供外部使用的接口。

1. save_boot_params

save_boot_params 用来保存上一引导传递的参数，这在 start.S 中被定义为一个个弱函数，其内部直接调用 save_boot_params_ret，save_boot_params_ret 的相关实现也定义在 start.S 中。

注意，在 ./arch/arm/lib/save_prev_bl_data.c 文件中是有 save_boot_params 再次定义

的,但依旧是调用 save_boot_params_ret,如图 6-58 所示。

```
/**
 *  存储x0寄存器值,假定以前的bootloader设置到            "bootloader":
 *  指向已加载的fdt或(对于较旧的Linux内核)atags        "atags": Unknown word
 */
void save_boot_params(ulong r0)   标识符 ulong 未定义
{
    reg0 = r0;
    save_boot_params_ret();
}
```

图 6-58   save_boot_params 用来保存上一引导传递的参数

2. lowlevel_init

lowlevel_init 函数定义需要 CPU 厂商实现的一个接口,在. /arch/arm/cpu/armv7/ lowlevel_init. S 文件中有个弱函数定义(ARMv8 架构则在 start. S 中定义为弱函数),官方手册中有详细说明,具体用途如下:

(1) 做一些基本的初始化,以使 CPU 可以运行到 board_init_f 函数。

(2) 没有全局数据或 BSS。

(3) 没有栈(ARMv7 可能有一个,但很快会被移除)。

(4) 不能设置 SDRAM 或使用控制台。

(5) 必须仅做最少的事情,只要能运行到 board_init_f 函数即可。

(6) 可以不需要。

3. _main

_main 是个符号,定义在. /arch/arm/lib/crt0. S 文件中。crt0 是 C-runtime Startup Code 的简称,主要用来准备 C 运行环境。_main 的函数调用关系(忽略部分宏值条件,顺序的先后为从上到下),如图 6-59 所示。

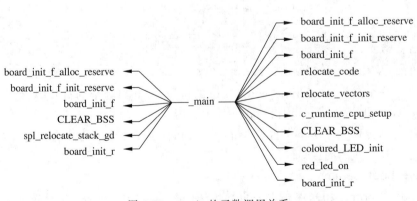

图 6-59   _main 的函数调用关系

_main 用于调用 board_init_f 函数初始化基本环境。这个环境只提供一个栈和一个存储全局数据(Global Data,GD)数据结构的地方,两者都位于一些现成的 RAM 中。在这种情况下，全局变量无论是否被初始化都是不可用的，只有初始化的常量数据可用。在调用 board_init_f 函数之前，全局数据应该清零。

调用 board_init_f 函数初始化基本环境，如图 6-60 所示。

```
ENTRY(_main)    /* ARM 伪指令定义程序入口，符号位 _main */

/*
 * 构建初始化C运行时环境，同时调用board_init_f(0)
 */

#if defined(CONFIG_TPL_BUILD) && defined(CONFIG_TPL_NEEDS_SEPARATE_STACK)
    ldr r0, =(CONFIG_TPL_STACK)                                  /* sp = CONFIG_TPL_STACK */
#elif defined(CONFIG_SPL_BUILD) && defined(CONFIG_SPL_STACK)
    ldr r0, =(CONFIG_SPL_STACK)                                  /* sp = CONFIG_SPL_STACK */
#else
    ldr r0, =(CONFIG_SYS_INIT_SP_ADDR)                           /* sp = CONFIG_SYS_INIT_SP_ADDR */
#endif
    bic r0, r0, #7  /* 8-byte alignment for ABI compliance */    /* r0 = r0 & ~(0x7)  8 字节对齐 */
    mov sp, r0                                                   /* sp = r0 将对齐后的地址更新 sp */
    bl  board_init_f_alloc_reserve                               /* 申请 gd 结构空间。该函数入参 r0 是 栈顶指针，返回申请后的地址 */
    mov sp, r0                                                   /* board_init_f_alloc_reserve 返回的栈顶指针 */
    /* set up gd here, outside any C code */
    mov r9, r0                                                   /* r9 存放 gd 地址 */
    bl  board_init_f_init_reserve                                /* 清空 gd */

#if defined(CONFIG_SPL_BUILD) && defined(CONFIG_SPL_EARLY_BSS)
    CLEAR_BSS                                                    /* 对于 SPL 清理之前的 BSS */
#endif

    mov r0, #0
    bl  board_init_f                                             /* 初始化环境。r0 存放入参，这里就是调用 board_init_f
```

图 6-60　调用 board_init_f 函数初始化基本环境

代码一开始便设置栈指针的位置(U-Boot 当前可用的内存)，如图 6-61 所示。宏 CONFIG_SPL_STACK/CONFIG_TPL_STACK/CONFIG_SYS_INIT_SP_ADDR 会在 .\include\configs\使用的开发板.h 文件中定义(例如，这里对应的是 stm32f746-disco.h)。注意，对于 u-boot-v2022.10 版本，其对这几个配置项进行了更名，并增加了一个统一的处理文件./include/system-constants.h。

```
system-constants.h ×   {} settings.json   stm32f769-eval_defconfig u-boot-v2021.10/...   stm32f769-e
/*
 *
 * 初始栈指针地址最常见的情况是，定义了一个静态的初
 * 始RAM地址位置和大小，然后减去生成的全局数据大小
 */
#ifdef CONFIG_HAS_CUSTOM_SYS_INIT_SP_ADDR
#define SYS_INIT_SP_ADDR    CONFIG_CUSTOM_SYS_INIT_SP_ADDR
#else
#ifdef CONFIG_MIPS
#define SYS_INIT_SP_ADDR    (CONFIG_SYS_SDRAM_BASE + CONFIG_SYS_INIT_SP_OFFSET)
#else
#define SYS_INIT_SP_ADDR    \
    (CONFIG_SYS_INIT_RAM_ADDR + CONFIG_SYS_INIT_RAM_SIZE - GENERATED_GBL_DATA_SIZE)
#endif
#endif

/*
 * 通常，我们在BSS区域的末尾有SPLmalloc池
 */
#ifdef CONFIG_HAS_CUSTOM_SPL_MALLOC_START
#define SYS_SPL_MALLOC_START        CONFIG_CUSTOM_SYS_SPL_MALLOC_ADDR
#else
#define SYS_SPL_MALLOC_START        (CONFIG_SPL_BSS_START_ADDR + \
                    CONFIG_SPL_BSS_MAX_SIZE)
#endif
```

图 6-61　设置栈指针的位置

这里的 RAM 主要指的是芯片内部的可用 RAM,因为所有外置 RAM(DRAM、PSRAM)还没有准备就绪。

其中的 board_init_f_alloc_reserve 是为了在当前可用栈 SYS_INIT_SP_ADDR 中分配一个名为 gd 的内存空间(board_init_f_init_reserve 负责清零),用来传递各种函数间的数据。gd 是一个 gd_t 类型的地址(指针),寄存器 r9 存放的是 gd 的地址。经过上面的一番操作之后的内存数据,如图 6-62 所示。

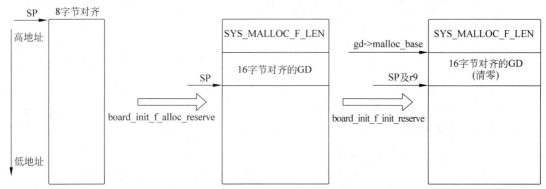

图 6-62   board_init_f_alloc_reserve 地址分配

GD 的数据结构被定义在 include\asm-generic\global_data.h 的 global_data 中,然后又使用 typedef struct global_data gd_t 进行了重定义,而 gd 这个符号被定义在 arch\x86\include\asm\global_data.h 中,如图 6-63 所示。

```
141    static inline __attribute__((no_instrument_function)) gd_t *get_fs_gd_ptr(void)
142    {
143        gd_t *gd_ptr;
144
145    #if CONFIG_IS_ENABLED(X86_64)
146        asm volatile("fs mov 0, %0\n" : "=r" (gd_ptr));
147    #else
148        asm volatile("fs movl 0, %0\n" : "=r" (gd_ptr));
149    #endif
150
151        return gd_ptr;
152    }
153
154    #define gd  get_fs_gd_ptr()
```

图 6-63   定义与重定义 global_data

调用 board_init_f 函数。对于 SPL,board_init_f 函数定义在 .\common\spl\spl.c 文件中;对于 U-Boot,board_init_f 函数定义在 .\common\board_f.c 文件中。该函数为从系统 RAM(DRAM、DDR 等外部 RAM)执行硬件做准备。由于系统 RAM 可能还不可用,因此 board_init_f 函数必须使用当前 GD,用来存储必须传递到以后阶段的任何数据。这些数据包括重定位目的地地址、未来栈和未来的 GD 位置,如图 6-64 所示。

设置中间环境,其中栈和 GD 是由 board_init_f 函数在系统 RAM 中分配的,但 BSS 和初始化的非 const 数据仍然不可用。对于 U-Boot(非 SPL),调用 relocate_code 函数。这个函数将 U-Boot 从当前位置重定位到由 board_init_f 函数计算的重定位位置;对于 SPL,

图 6-64　board_init_f 函数存储数据

board_init_f 函数直接返回(到 crt0)。在 SPL 中没有代码重定位,因此,不需要调用 relocate_code 函数。

在进行了代码重定位之后,中断向量表也需要重定位。这里需要注意的是,在代码重定位完成之后,后续执行就开始执行重定位之后的代码了,因此,在这部分代码中会计算重定位之后的 here 位置。

代码重定位与中断向量表重定位,如图 6-65 所示。

图 6-65　代码重定位与中断向量表重定位

对于 U-Boot(非 SPL),一些 CPU 在内存方面还有一些工作要做,所以需要调用 c_runtime_cpu_setup。c_runtime_cpu_setup 定义在起始文件 start.S 中,很多芯片的实现是空的,没什么内容。

为调用 board_init_r 函数需要设置最终环境。这个环境有 BSS(初始化为 0),初始化为非 const 数据(初始化为预期值),以及系统 RAM 中的栈(对于 SPL 来讲,将栈和 GD 移动到 RAM 是可选的),如图 6-66 所示。

系统 RAM 栈 GD 保留了 board_init_f 函数设置的值。最终的内存如图 6-67 所示。

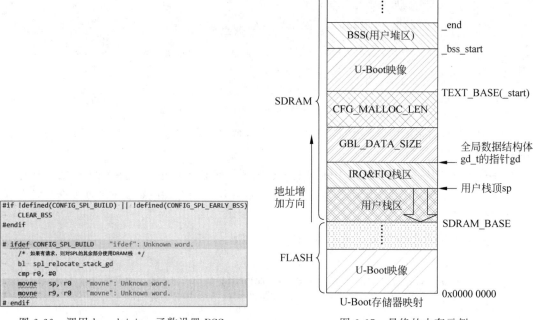

```
#if !defined(CONFIG_SPL_BUILD) || !defined(CONFIG_SPL_EARLY_BSS)
    CLEAR_BSS
#endif

# ifdef CONFIG_SPL_BUILD          "ifdef": Unknown word.
    /*  如果有请求，则对SPL的其余部分使用DRAM栈 */
    bl  spl_relocate_stack_gd
    cmp r0, #0
    movne  sp, r0          "movne": Unknown word.
    movne  r9, r0          "movne": Unknown word.
# endif
```

图 6-66　调用 board_init_r 函数设置 BSS，
初始化为非 const 数据

图 6-67　最终的内存示例

对于 SPL，board_init_r 函数定义在.\common\spl\spl.c 文件中；对于 U-Boot，board_init_r 函数定义在.\common\board_r.c 文件中。

调用 board_init_r 函数，如图 6-68 所示。

```
#if ! defined(CONFIG_SPL_BUILD)
    bl coloured_LED_init
    bl red_led_on
#endif
    /* call board_init_r(gd_t *id, ulong dest_addr) */     "ulong": Unknow
    mov    r0, r9              /* gd_t */
    ldr r1, [r9, #GD_RELOCADDR] /* dest_addr */    "RELOCADDR": Unknown w
    /* call board_init_r */
#if CONFIG_IS_ENABLED(SYS_THUMB_BUILD)
    ldr lr, =board_init_r   /* this is auto-relocated! */
    bx  lr
#else
    ldr pc, =board_init_r   /* this is auto-relocated! */
#endif
    /* we should not return here. */
```

图 6-68　调用 board_init_r 函数示例

6.7　重定位

U-Boot 的初始化阶段包含一次将自身复制到另一个地址的操作，这个操作称为重定位。relocate_code 函数定义在.\arch\arm\lib\relocate.S 中，函数原型是 void relocate_code(addr_moni)。

6.7.1　为什么要重定位

U-Boot 诞生之初,芯片内部资源是非常有限的,往往无法容纳 U-Boot 运行,因此,通常需要将 U-Boot 加载到片外 RAM 中运行。U-Boot 必须在内存中保留 3 个区域,用于存储 U-Boot 本身、uImage(压缩内核)及未压缩的内核。这 3 个区域在 U-Boot 中一定要小心放置,防止冲突。

但是,在实际芯片启动中,往往还会有比 U-Boot 更早的引导阶段,U-Boot 的上一级引导并不知道 U-Boot 在这 3 个区域上的规划,在大多数情况下,上级引导只是简单地将 U-Boot 加载到 RAM 内存中的较低地址,然后跳转到 U-Boot 继续执行。

虽然 U-Boot 的上一级引导并不一定会把 U-Boot 加载到内存执行,但是 U-Boot 需要支持这种情况。

因此,U-Boot 必须执行一些基本的初始化,并检测当前位置是否合适。为了统一处理,U-Boot 会默认调用 relocate 函数,将自身移动到计划位置,并跳转到新位置去执行,从而为内核预留出尽可能大的连续内存区域(避免当 U-Boot 在内存中间而将内存分隔开)。

6.7.2　重定位到哪里

通常,U-Boot 会把自身加载到 RAM 的最高地址,把低地址区域留给内核,防止冲突,如图 6-69 所示。

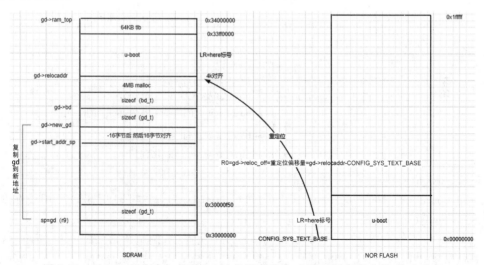

图 6-69　U-Boot 把自身加载到 RAM 的最高地址,把低地址留给内核,防止冲突

6.7.3　实现技术

U-Boot 重定位依赖于位置无关代码技术,因此需要在编译和重定位时添加以下支持。

(1)编译时添加-fpie 选项。

(2)在连接时添加-pie 选项,使连接器产生. rel. dyn 和. dynsym 段的修正表。

（3）在连接脚本中添加 rel. dyn 和 . dynsym 段定义，并为重定位代码访问这些段的数据提供符号信息。

（4）在重定位过程中，需要根据新的地址修正 . rel. dyn 和 . dynsym 段的数据。

6.7.4　通用初始化

通用初始化阶段是指那些以 board_ 开头的接口（不是指开发板，也有文章称为板级初始化），这些接口是独立于 CPU 架构的通用代码。这部分函数的接口一般定位在 . /include/init. h 文件中，其实现主要位于 . /common 目录下（如果部分函数需要开发板适配，则位于 . /board 目录下）。同时需要注意的是，这里指的是 U-Boot 本身，SPL/TPL 的代码主要位于 . /common/spl 目录下。

1. board_init. c

. /common/init/board_init. c 里包含了几个早期初始化相关的接口，其中的接口 U-Boot 与 SPL/TPL 共用。

（1）ulong board_init_f_alloc_reserve(ulong top)：从 top 地址分配预留的空间作为全局使用，并返回已分配空间的底部地址，如图 6-70 所示。

图 6-70　board_init_f_alloc_reserve 地址分配

（2）void board_init_f_init_reserve(ulong base)：初始化保留的空间（已从 C 运行时环境处理代码中安全地在 C 栈上分配），如图 6-71 所示。

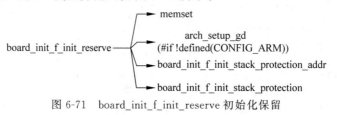

图 6-71　board_init_f_init_reserve 初始化保留

2. board_init_f

void board_init_f(ulong boot_flags)为执行 board_init_r 准备环境，GD 可用栈在 RAM 中，BSS 不可用（全局变量、静态变量均不可用）。

U-Boot 使用的接口位于 . /common/board_f. c 文件中，调用关系如图 6-72 所示。

void board_init_f(ulong boot_flags)通过遍历执行 static const init_fnc_t init_sequence_f[]中定义的各个接口实现各种功能。

SPL/TPL 使用的接口位于 . /common/board_f. c 文件中，调用关系如图 6-73 所示。

3. board_init_r

从 void board_init_r(gd_t * new_gd，ulong dest_addr)开始执行通用代码，GD 可用、SDRAM 可用、栈在 RAM 中，BSS 可用（全局变量、静态变量均可用），并最终执行位于 . \common\main. c 文件中的 void main_loop(void)，如图 6-74 所示。

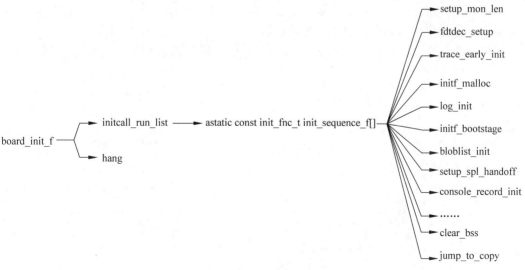

图 6-72　执行 board_init_f 准备环境

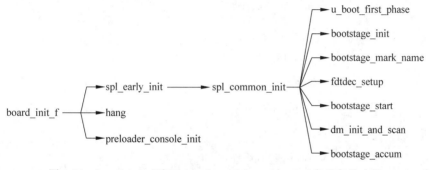

图 6-73　board_init_f 遍历 init_fnc_t init_sequence_f 实现各种功能

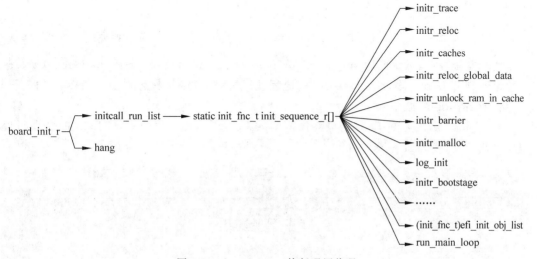

图 6-74　board_init_r 执行通用代码

void board_init_r(gd_t * new_gd,ulong dest_addr)通过遍历执行 static init_fnc_t init_sequence_r[]中定义的各个接口实现各种功能。

SPL/TPL 使用的接口位于. \common\spl\spl. c 文件中,调用关系如图 6-75 所示。

图 6-75　board_init_r 遍历 init_fnc_t init_sequence_r 接口实现各种功能

加载完镜像后,默认调用 spl_board_prepare_for_boot 函数和 jump_to_image_no_args 函数跳转到 U-Boot。至此,u-boot-spl 的流程就运行完了,接下来就是运行 U-Boot 的流程。

4. main_loop

main_loop 函数为 U-Boot 的最终执行函数,无论是加载内核还是 U-Boot 的命令行处理均由此实现,代码如下:

```
//第 6 章/main loop u - boot.c
void main_loop(void)
{
    const char * s;

    bootstage_mark_name(BOOTSTAGE_ID_MAIN_LOOP, "main_loop");
```

```
        if(IS_ENABLED(CONFIG_VERSION_VARIABLE))
                env_set("ver", version_string);    /* set version variable */

        cli_init();

        if(IS_ENABLED(CONFIG_USE_PREBOOT))
                run_preboot_environment_command();

        if(IS_ENABLED(CONFIG_UPDATE_TFTP))
                update_tftp(0UL, NULL, NULL);

        if(IS_ENABLED(CONFIG_EFI_CAPSULE_ON_DISK_EARLY)){
                /* efi_init_early()already called */
                if(efi_init_obj_list() == EFI_SUCCESS)
                        efi_launch_capsules();
        }

        s = bootdelay_process();
        if(cli_process_fdt(&s))
                cli_secure_boot_cmd(s);

        autoboot_command(s);

        cli_loop();
        panic("No CLI available");
}
```

5. bootstage_mark_name

U-Boot 提供了启动阶段功能(./common/bootstage.c),记录每个阶段的执行时间等信息,可以将此记录信息报告给用户,并将其传递给操作系统,进行日志记录,以及进一步进行分析。bootstage_mark_name 用来以入参的形式来记录启动阶段。

6. env_set(ver,version_string);

设置启动 U-Boot 时最开始显示的版本信息,入参 version_string 被定义在./cmd/version.c 中,如图 6-76 所示。

```
#define U_BOOT_VERSION_STRING U_BOOT_VERSION " (" U_BOOT_DATE " - " \
    U_BOOT_TIME " " U_BOOT_TZ ")" CONFIG_IDENT_STRING

const char version_string[] = U_BOOT_VERSION_STRING;
```

图 6-76 env_set 设置启动 U-Boot 时最初显示的版本信息

7. cli_init

初始化 U-Boot 的命令行接口环境,用于初始化与 hush shell 相关的变量。U-Boot 提供了两种不同的命令行解析器:旧的简单解析器和更强大的 hush shell 解析器。

U-Boot 的命令行环境由 CONFIG_CMDLINE 配置项控制,默认为开启的。hush shell 还需要由 CONFIG_HUSH_PARSER 配置项来启用。

8. run_preboot_environment_command

获取环境变量 preboot 的内容。

9. bootdelay_process

此函数会读取环境变量 bootdelay 和 bootcmd 的内容。将 bootdelay 的值赋值给全局变量 stored_bootdelay,返回值为环境变量 bootcmd 的值。

10. autoboot_command

该函数在 ./common/autoboot.c 文件中实现,用于检查倒计时是否结束,以及用户是否按下按键等,代码如下:

```
//第 6 章/autoboot command.c
void autoboot_command(const char * s)
{
    debug("# # # main_loop: bootcmd = \"% s\"\n", s ? s : "< UNDEFINED >");

    if(s &&(stored_bootdelay == -2 ||
            (stored_bootdelay != -1 && !abortboot(stored_bootdelay)))){
            bool lock;
            int prev;

            lock = autoboot_keyed()&&
                    !IS_ENABLED(CONFIG_AUTOBOOT_KEYED_CTRLC);
            if(lock)
                    prev = disable_ctrlc(1);
/ * disable Ctrl - C checking * /

            run_command_list(s, -1, 0);

            if(lock)
                    disable_ctrlc(prev);
/ * restore Ctrl - C checking * /
    }

    if(IS_ENABLED(CONFIG_AUTOBOOT_USE_MENUKEY)&&
        menukey == AUTOBOOT_MENUKEY){
        s = env_get("menucmd");
        if(s)
                run_command_list(s, -1, 0);
    }
}
```

在 run_command_list 中调用了 hush shell 的命令解释器(parse_stream_outer 函数),用于解释 bootcmd 中的启动命令。环境变量 bootcmd 中的启动命令,用来设置 Linux 必要的启动环境,然后加载和启动 Linux 内核。U-Boot 启动 Linux 内核后,将控制权交给 Linux 内核,至此不再返回。

11. cli_loop

命令行处理函数。如果用户在设定的 bootdelay 内无按键输入,则将运行 cli_loop 执行 hush shell 命令解释器。

6.7.5 对比其他架构

这里有必要对比其他架构来进行说明(以 ARMv7 架构 ARM CPU 作为对比),其实启动流程和这里的有很大区别,一个典型的启动流程图如图 6-77 所示。

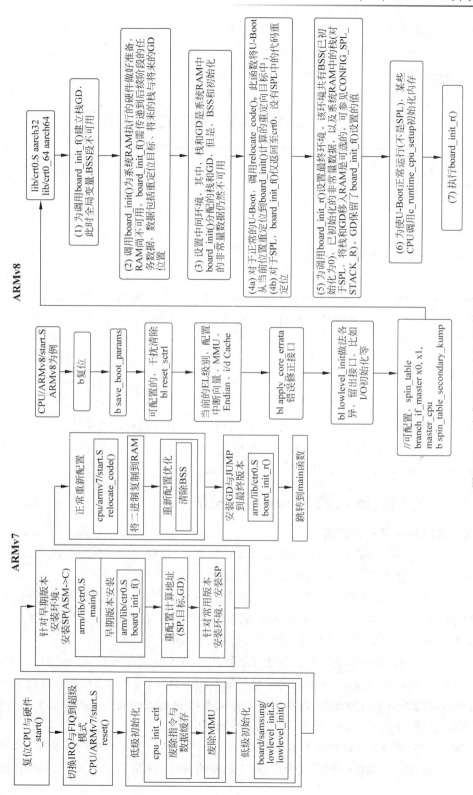

图 6-77　一个典型的启动流程图

第 7 章

Linux 开发分析

7.1　嵌入式 Linux 环境

　　Linux 一般指 GNU/Linux(单独的 Linux 内核并不可直接使用,一般需搭配 GNU 套件,故得此称呼),是一种供免费使用和自由传播的类 UNIX 操作系统,其内核由林纳斯·本纳第克特·托瓦兹(Linus Benedict Torvalds)于 1991 年 10 月 5 日首次发布,主要受到 Minix 和 UNIX 思想的启发,这是一个基于 POSIX 的多用户、多任务、支持多线程和多 CPU 的操作系统。它支持 32 位和 64 位硬件,能运行主要的 UNIX 工具软件、应用程序和网络协议。

　　Linux 继承了 UNIX 以网络为核心的设计思想,是一个性能稳定的多用户网络操作系统。Linux 有上百种不同的发行版,如基于社区开发的 Debian、Arch Linux 和基于商业开发的 Red Hat Enterprise Linux、SUSE、Oracle Linux 等。

7.1.1　完整的嵌入式 Linux 环境模块

1. 嵌入式 Linux 环境示意图

　　嵌入式 Linux 环境与熟悉的 PC 环境有很大的区别,要搭建出一套完整的嵌入式 Linux 环境需要做的工作相当多,一个嵌入式 Linux 环境示意图如图 7-1 所示。

　　(1) 引导加载器:通常使用 U-Boot,一个复杂点的裸机程序。与通常编写的裸机程序(例如 ARM 架构)没有本质区别。引导加载器需帮助内核实现重定位,引导加载器还要给内核提供启动参数。引导加载器是无条件启动的,即从零开始启动的。

　　(2) Linux 内核:本身也是一个复杂的裸机程序。与裸机程序相比,内核运行起来后,在软件上分为内核层和应用层,分层后两层的权限不同,内存访问和设备操作在管理上更加精细(内核可以随便访问各种硬件,而应用程序只能被限制地访问硬件和内存地址)。内核是不能在开机后完全从零开始启动的,需要引导加载器帮忙。

　　(3) 裸机程序编译工具链:这个编译工具链会编译出特定于架构的纯裸机程序,用以在指定架构上运行。一般由内核厂家提供,最为熟知的就是 ARM 提供的 GNU ARM 嵌入

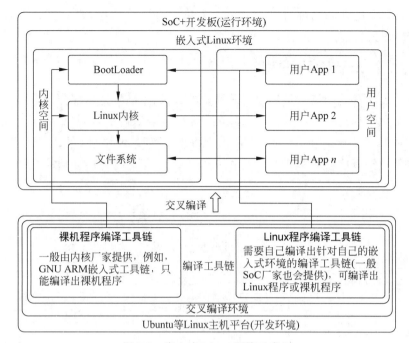

图 7-1 嵌入式 Linux 环境示意图

式工具链中的 arm-none-eabi-*、Keil 中的 armcc、IAR。

2．通常采用交叉编译

（1）Linux 程序编译工具链：用于编译出在嵌入式 Linux 环境中运行的用户程序。通常这个编译工具链需要根据自己的嵌入式 Linux 环境自己编译。如果是直接购买的 SoC 或者开发套件，则 SoC 或者开发套件厂家会自己编译好，然后提供给客户。

Linux 通常采用交叉编译。自己编译出来的 Linux 程序编译工具链通常被称为 SDK。嵌入式 Linux 编译套件往往不是通用的。

Linux 程序编译工具链也可以编译裸机程序，例如，编译裸机 U-Boot、Linux 内核。但是通常不会使用 Linux 程序编译工具链进行纯裸机开发。

（2）文件系统：其中主要就是根文件系统（RootFS），包括 Linux 启动时所必需的目录和关键性的文件，例如，Linux 启动时都需要有初始化目录下的相关文件。Linux 启动时，第 1 个必须挂载的是根文件系统，若系统不能从指定设备上挂载根文件系统，则系统会出错而退出启动。成功后可以自动或手动挂载其他的文件系统。

根文件系统是第 1 个需要使用自己的编译套件来编译的程序。

（3）用户 App：嵌入式 Linux 中运行的应用程序，需要使用自己制作的 Linux 程序编译工具链生成。

以上就是完整的嵌入式 Linux 环境各部分的基本情况。从搭建嵌入式 Linux 环境的角度来讲，需要自己编译引导加载器、Linux 内核、文件系统、Linux 程序编译工具链这四部分；从使用者角度来讲，通常会直接购买以上完整的嵌入式环境，然后在以上环境上开发用户 App,基本不涉及以上四部分的修改(二次开发除外),其中,最复杂的是构建自己的 Linux 程序编译工具链。

7.1.2 Linux 构建过程

嵌入式 Linux 环境的搭建是从源代码开始的,可以手动构建每部分,也可以选择自动化构建工具。如果选择纯手工搭建,则需要熟悉每部分的源码的构建细节(好消息是,Linux 系统下的源码基本是 configure+make 的处理流程)。如果使用自动化构建工具,则需要学习对应工具的使用方法。嵌入式 Linux 环境构建过程与构建工具,如图 7-2 所示。

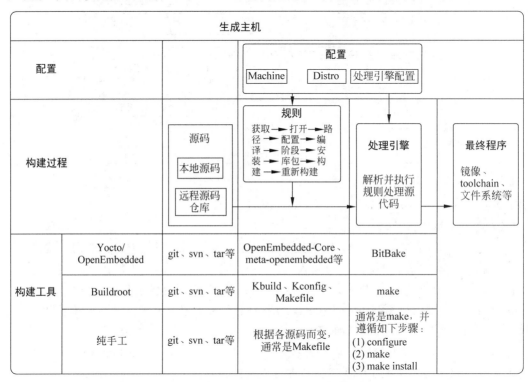

图 7-2 嵌入式 Linux 环境构建过程与构建工具

7.1.3 CPU 体系架构

当前公认的主流的 CPU 体系架构有 x86、PowerPC、ARM、RISC-V 和 MIPS 等。早年,x86 和 PowerPC 专注于桌面计算机、服务器等领域,ARM、RISC-V 和 MIPS 则在嵌入式领域发力。如今,x86、PowerPC 也布局了嵌入式领域,ARM、RISC-V 和 MIPS 也开始布局桌面计算机和服务器。

之前在嵌入式领域主要使用的是 ARM 架构,最近转移到了 RISC-V 架构,因此,以下以 ARM 作为对比,重点介绍 RISC-V。

1. ARM 架构

ARM 架构是由 ARM 公司推出的基于精简指令集计算机(RISC)指令集架构(ISA)。ARM 架构版本从 ARMv3 到 ARMv7 支持 32 位空间和 32 位算术运算,大部分架构的指令为定长 32 位(Thumb 指令集支持变长的指令集,提供对 32 位和 16 位指令集的支持),而 2011 年发布的 ARMv8-A 架构,添加了对 64 位空间和 64 位算术运算的支持,同时也更新了 32 位定长指令集。

ARM 公司除了 ARM 指令集相关产品,也提供了一系列的开发软件,例如 Keil、DS-5 等。

指令集架构是计算机抽象模型的一部分。它定义了软件如何控制 CPU。ARM ISA 允许开发人员编写符合 ARM 规范的软件和固件,以此实现在任何基于 ARM 的处理器上都可以以同样的方式执行它们。ARM 指令集架构有 3 种。

(1) A64:在 ARMv8-A 中引入,以支持 64 位架构。A64 指令集有固定的 32 位指令长度。对应的 CPU 通常使用 AArch64 来表示。

(2) A32:有固定的 32 位指令长度,并在 4 字节边界上对齐。A32 指令集就是在 ARMv6 和 ARMv7 架构中常说的 ARM 指令集,ARMv8 及之后改名为 A32 以与 A64 进行区分。A32 指令主要被用于 A-profile 和 R-profile。对应的 CPU 通常使用 AArch32 来表示。

(3) T32:最初作为 16 位指令的补充集被引入,用于改进用户代码的代码密度。随着时间的推移,T32 演变成 16 位和 32 位混合长度的指令集,因此,编译器可以在单个指令集中平衡性能和代码大小。

T32 指令集在 ARMv6 和 ARMv7 架构中指所熟知的 Thumb 指令集,在 ARMv8 及之后被改名为 T32。T32 支持所有架构的轮廓,并且是 M-Profile 架构所支持的唯一指令集。

随着 Thumb-2 技术的引入,A32 的大部分功能被纳入 T32 中。目前 32 位的 ARM 指令集通常指的就是它。

以上这 3 种指令集被称为 ARM 基础指令集,除此之外,ARM 还提供了指令集扩展:自定义指令、DSP、浮点等。

此外还需要注意,自 ARM11(ARMv6 指令集)之后,ARM 启用了全新的产品命名方式:Cortex-A、Cortex-R、Cortex-M,它们之间的指令集是独立的,并且会有区别。

2. RISC-V 架构

RISC-V 是一个基于精简指令集(RISC)原则的开源的指令集架构(ISA),其中的 V 表示第 5 代。RISC-V 于 2010 年诞生于美国加州大学伯克利分校并行计算实验室(Parallel Computing Laboratory)的 David A. Patterson 教授指导的团队。目前,由 2015 年成立的 RISC-V 基金会(现称为 RISC-V 国际)拥有及维护和发布与 RISC-V 定义相关的知识产权。

RISC-V 官方还提供了一系列工具,指令集手册、软件工具等基本托管在 RISC-V GitHub 上。

RISC-V 指令使用模块化的设计,包括几个可以互相替换的基本指令集,以及额外可以选择的扩展指令集两部分。在 ISA 说明文档中专门描述了指令集的命名规则。RISC-V 指令分为基础指令与扩展指令,这是维基百科整理的表格,见表 7-1。

表 7-1   RISC-V 基础指令与扩展指令

名称	描　述	版本	状态	指 令 计 数
基　础				
RVWMO	弱存储排序	2.0	批准	
RV32I	基整数指令集,32 位	2.1	批准	40
RV32E	基整数指令集(嵌入式),32 位,16 个寄存器	1.9	开放	40
RV64I	64 位基整数指令集	2.1	批准	15
RV128I	128 位基整数指令集	1.7	开放	15
扩　展				
M	整数乘法和除法的标准扩展	2.0	批准	8(RV32)/13(RV64)
A	原子指令的标准扩展	2.1	批准	11(RV32)/22(RV64)
F	单精度浮点的标准扩展	2.2	批准	26(RV32)/30(RV64)
D	双精度浮点的标准扩展	2.2	批准	26(RV32)/32(RV64)
Zicsr	控制和状态寄存器	2.0	批准	6
Zifencei	指令获取围栏	2.0	批准	1
G	IMAFDZicsr-Zifencei 基础和扩展的缩写,旨在表示标准的通用 ISA	N/A	N/A	
Q	四精度浮点的标准扩展	2.2	批准	26(RV32)/32(RV64)
L	十进制浮点的标准扩展	0.0	开放	
C	压缩指令的标准扩展	2.0	批准	40
B	位操作的标准扩展	1.0	冻结	42
J	动态翻译语言的标准扩展	0.0	开放	
T	交易存储的标准扩展	0.0	开放	
P	压缩 SIMD 指令的标准扩展	0.9.10	开放	
V	向量运算的标准扩展	1.0	冻结	186
K	标量密码学的标准扩展	1.0.0	批准	49
N	用户级中断的标准扩展	1.1	开放	3
H	hypervisor 的标准扩展	1.0.0-rc	冻结	15
S	主管级指令的标准扩展	1.12	冻结	7
Zam	错位原子	0.1	开放	
Zyso	全部存储订单	0.1	冻结	

指令的操作对象通常只能是寄存器(内存访问指令可以操作内存)。RISC-V 有 32 个整数寄存器(在嵌入式版本只有 16 个),当采用了浮点扩展之后,还会额外有 32 个浮点寄存器。RISC-V 寄存器指令,见表 7-2。

表 7-2　RISC-V 寄存器指令

寄 存 器 名	符 号 名	描 述	存 储 器
32 个整数寄存器			
x0	0	总是 0	
x1	ra	返回地址	调用
x2	sp	栈指针	被调用
x3	gp	全局指针	
x4	tp	线程指针	
x5	t0	临时/备用返回地址	调用
x6～x7	t1～t2	临时	调用
x8	s0/fp	保存寄存器/帧指针	被调用
x9	s1	保存寄存器	被调用
x10～x11	a0～a1	函数参数/返回值	调用
x12～x17	a2～a7	函数参数	调用
x18～x27	s2～s11	保存寄存器	被调用
x28～x31	t3～t6	临时	调用
32 个浮点扩展寄存器			
f0～f7	ft0～ft7	临时浮点	调用
f8～f9	fs0～fs1	浮点存储寄存器	被调用
f10～f11	fa0～fa1	浮点参数/返回值	调用
f12～f17	fa2～fa7	浮点参数	调用
f18-f27	fs2～fs11	浮点存储寄存器	被调用
f28～f31	ft8～ft11	临时浮点	调用

其中,第 1 个整数寄存器被称为 0 寄存器,其余的被称为通用寄存器。往 0 寄存器中进行的写入操作不会有任何效果,读取则总是返回 0。使用 0 寄存器作为占位符可以简化指令集。

(1) RISC-V 提供了控制寄存器及状态寄存器,但是在用户模式下程序只能使用用来测量性能及浮点管理的部分。

(2) RISC-V 没有可以一次保存或恢复多个寄存器的指令。

(3) 内存访问指令只有 load 和 store。

3. x86 架构

x86 是一个复杂指令集计算机(CISC)指令集体系结构家族,最初是由英特尔基于英特尔 8086 微处理器及其 8088 变体开发的。该名字就源自英特尔的 80x86 系列处理器。

英特尔 8086 微处理器中的 x86 是 16 位的,1985 年,英特尔发布了 32 位 80386。现在,通常使用 i386 表示 32 位 x86 架构(有时直接使用 x86 表示)。在 1999 年至 2003 年,AMD 将这种 32 位架构扩展到 64 位,并在早期文档中将其称为 x86-64,后来称为 AMD64。英特尔很快以 IA-32e 的名义,采用了 AMD 的架构扩展,后来使用 EM64T 的名称,最后使用 Intel64。现在,仍然使用 x86-64 或 AMD64 表示 64 位的 x86 架构(有时直接使用 x64 表示)。

4. PowerPC

PowerPC(Performance Optimization With Enhanced RISC-Performance Computing,或简称为 PPC)是 1991 年 Apple-IBM-Motorola 联盟(AIM)基于早期的 IBM POWER 架构创建的精简指令集计算机与指令集架构。从 2006 年开始被命名为 Power ISA(PowerPC ISA＋PowerPC Book E),而 PowerPC 则作为某些 PowerPC 架构的处理器的商标而存在。基本发展过程：POWER→PowerPC→Power ISA。

5. MIPS

MIPS(Microprocessor Without Interlocked Pipeline Stages)是由美国 MIPS 计算机系统公司开发的一种采取精简指令集的指令集架构。早期的 MIPS 架构只有 32 位的版本,随后才开发了 64 位的版本。在 MIPS V 之后分为 MIPS32 和 MIPS64。

2021 年 3 月,MIPS 宣布 MIPS 架构的开发已经结束,因为该公司正在向 RISC-V 过渡。

7.1.4 （交叉）编译工具链

软件程序的编译过程由一系列步骤完成,每个步骤都有一个对应的工具。这些工具紧密地工作在一起,前一个工具的输出是后一个工具的输入,像一根链条一样,这些工具被称为编译工具链。

在当前平台(例如 x86 架构的 PC)下,直接编译出来程序(或者库文件)可以直接在当前的平台运行(或使用)。这个过程就叫作本地编译,使用的编译工具叫作本地编译工具链(简称编译工具链)。例如 PC 上的 VC、GCC、LLVM、TCC 等。

在当前平台下(例如 x86 架构的 PC)下,直接编译出来程序(或者库文件)不可以直接在当前的平台运行(或使用),必须放到目标平台上(例如 ARM)才可以运行(或使用),这个过程就叫作交叉编译,使用的编译工具叫作交叉编译工具链。例如,PC 中的 armcc 与 iar、特定架构的 GNU、特定架构的 LLVM 等。

这里的平台指的是 CPU 架构或者操作系统。

交叉编译工具链又可以根据是否支持 Linux 系统,分为裸机程序交叉编译工具链和 Linux 程序交叉编译工具链两大类。在上面的举例中,armcc、iar 都属于裸机交叉编译工具链,而特定架构的 GNU、特定架构的 LLVM 则根据需要可以支持 Linux 系统,也可以不支持 Linux 系统,因此它既有裸机程序交叉编译工具链,也有 Linux 程序交叉编译工具链。

这里说的裸机是相对于 Linux 系统的。裸机程序交叉编译工具链,可以用于编译一些嵌入式实时操作系统,例如 FreeRTOS、RT-Thread 等。

由于 ARM 的绝对市场地位,导致了在网上搜索到的交叉编译工具链基本和 ARM 有关系,其中一个明显的例子就是交叉编译器的命名。

1. ABI、EABI、OABI、GNU EABI

应用二进制接口(Application Binary Interface,ABI)定义了一个系统中函数的参数如何传送、如何接受函数返回值、数据类型的大小、布局和对齐、应用程序应如何对操作系统进行系统调用对象文件、程序库等的二进制格式等细节。ABI 允许编译好的目标代码在使用兼容 ABI 的系统中无须改动就能运行。

嵌入式应用程序二进制接口(Embedded Application Binary Interface,EABI)指定了嵌入式软件程序的文件格式、数据类型、寄存器用法、栈帧组织和函数参数传递的标准约定,以便与嵌入式操作系统一起使用。广泛使用的 EABI 有 PowerPC、ARM EABI、MIPS EABI。

在很多地方有 GNU EABI 这样的叫法,例如,在 ARM 提供的 GNU 工具链中有 arm-none-linux-gnueabi 的命名。这里的 GNU EABI 其实就是 EABI。之所以叫这个名字是因为 GNU 的一贯作风是要求带有 GNU 字样。例如 GNU 要求把 Linux 称为 GNU/Linux,但是实际情况都直接叫 Linux。

OABI(其中的 O 可理解为 Old 或 Obsolete)是 ARM 系列的最开始使用的应用程序二进制接口。OABI 假设 CPU 拥有一个浮点单元处理器(实际上很多没有),导致编译器生成的程序总是尝试与浮点单元通信以进行浮点运算,由于没有浮点运算单元,所以内核会出现异常,异常机制会自动再使用软件模拟浮点进行计算,这导致了一些额外开销。

EABI 被创造出来以解决 OABI 的这个问题,但是,EABI 没有简单的方法来让二进制发行版同时支持软浮点和硬浮点,因此,ARM 的交叉编译器分为 ARMEL 和 ARMHF 两种,因此,有个 arm-none-linux-gnueabihf 表示支持硬浮点。

2. GNU 交叉编译工具链

接触最多的交叉编译工具链就是特定架构的 GNU,例如 ARM GNU 工具链就分为仅支持裸机的 arm-none-eabi 和支持 Linux 系统的 arm-none-linux 这两大类。特定架构的 GNU 交叉编译工具链是目前使用最多的交叉编译工具链,网上所讲的交叉编译工具链基本指的是 GCC。

随着开源运动的兴起,自由软件基金会开发了自己的开源且免费的 C 语言编译器 GNU C 编译器,简称为 GCC。在 GCC 中提供了 C 预处理器,这个 C 语言的预处理器简称为 CPP。后来 GCC 又加入了对 C++ 等其他语言的支持,所以这个名字也改为 GNU 编译器集合。G++ 是专门用来处理 C++ 语言的。

由于 ARM 的绝对市场地位,导致了在网上搜索交叉编译工具链时基本和 ARM 有关系,其他架构,例如 MIPS、RISC-V 也有 GCC 交叉编译工具链,但是由于市场占有率低,接触较少,网上资料也非常少。

在构建自己的 GCC(交叉)编译工具链时,编译(交叉)编译工具链使用的平台、编译出的(交叉)编译工具链运行的平台、使用编译出的(交叉)编译工具链编译出的程序运行的平台三者可以完全不同,其中关键的一步是设置配置的参数,该命令有 3 个参数(--build、--host、--target)非常重要,Windows 上的 MinGW 编译器的配置信息,如图 7-3 所示。

(1) --build:指出了编译(交叉)编译工具链使用的平台。如果不显示指定这个参数的值,则这个参数的值就会由 config.guess 自动识别。

(2) --host:指出了编译出的(交叉)编译工具链运行的平台。这个参数的值一般就等于--build 的值。

```
gcc -v
Using built-in specs.
COLLECT_GCC=D:\GNU\x86_64-8.1.0-release-posix-seh-rt_v6-rev0\mingw64\bin\gcc.exe
COLLECT_LTO_WRAPPER=D:/GNU/x86_64-8.1.0-release-posix-seh-rt_v6-rev0/mingw64/bin/../libexec/gcc/x86_64-w64-mingw32/8.1.0/lto-wrapper.exe
Target: x86_64-w64-mingw32
Configured with: ../../../src/gcc-8.1.0/configure --host=x86_64-w64-mingw32 --build=x86_64-w64-mingw32 --target=x86_64-w64-mingw32 --prefix=/mi
w64 --with-sysroot=/c/mingw810/x86_64-810-posix-seh-rt_v6-rev0/mingw64 --enable-shared --enable-static --disable-multilib --enable-languages=c,
+,fortran,lto --enable-libstdcxx-time=yes --enable-threads=posix --enable-libgomp --enable-libatomic --enable-lto --enable-graphite --enable-ch
king=release --enable-fully-dynamic-string --enable-version-specific-runtime-libs --disable-libstdcxx-pch --disable-libstdcxx-debug --enable-bo
strap --disable-rpath --disable-win32-registry --disable-nls --disable-werror --disable-symvers --with-gnu-as --with-gnu-ld --with-arch=nocona
with-tune=core2 --with-libiconv --with-system-zlib --with-gmp=/c/mingw810/prerequisites/x86_64-w64-mingw32-static --with-mpfr=/c/mingw810/prere
isites/x86_64-w64-mingw32-static --with-mpc=/c/mingw810/prerequisites/x86_64-w64-mingw32-static --with-isl=/c/mingw810/prerequisites/x86_64-w64-mi
ingw32-static --with-pkgversion='x86_64-posix-seh-rev0, Built by MinGW-W64 project' --with-bugurl=https://sourceforge.net/projects/mingw-w64 CF
GS='-O2 -pipe -fno-ident -I/c/mingw810/x86_64-810-posix-seh-rt_v6-rev0/mingw64/opt/include -I/c/mingw810/prerequisites/x86_64-zlib-static/inclu
-I/c/mingw810/prerequisites/x86_64-w64-mingw32-static/include' CXXFLAGS='-O2 -pipe -fno-ident -I/c/mingw810/x86_64-810-posix-seh-rt_v6-rev0/mi
w64/opt/include -I/c/mingw810/prerequisites/x86_64-zlib-static/include -I/c/mingw810/prerequisites/x86_64-w64-mingw32-static/include' CPPFLAGS=
-I/c/mingw810/x86_64-810-posix-seh-rt_v6-rev0/mingw64/opt/include -I/c/mingw810/prerequisites/x86_64-zlib-static/include -I/c/mingw810/prerequi
tes/x86_64-w64-mingw32-static/include' LDFLAGS='-pipe -fno-ident -L/c/mingw810/x86_64-810-posix-seh-rt_v6-rev0/mingw64/opt/lib -L/c/mingw810/pr
equisites/x86_64-zlib-static/lib -L/c/mingw810/prerequisites/x86_64-w64-mingw32-static/lib '
Thread model: posix
gcc version 8.1.0 (x86_64-posix-seh-rev0, Built by MinGW-W64 project)
```

图 7-3　Windows 上的 MinGW 编译器的配置信息

（3）--target：指出了使用编译出的（交叉）编译工具链编译出的程序运行的平台。这个选项只有在建立交叉编译环境时会用到，正常编译和交叉编译都不会用到。

本地编译工具链一般是指--build＝--host＝--target 的情况，交叉编译工具链一般是指--build＝--host≠--target 的情况。基本很少出现--build≠--host 的情况。

3. 命名规则

一般来讲，交叉编译工具链的命名规则是 arch[-vendor][-os][-(gnu)abi]-＊，但是，关于这个规则，并没有在哪份官方资料上找到相关介绍，实际上有些交叉编译工具链也确实不符合上面的命名规则。

关于命名规则，可以归纳如下。

（1）arch：体系架构，如 ARM、MIPS、RISC-V。

（2）vendor：工具链提供商，如果没有供应商，则用 none 代替。

（3）操作系统：目标操作系统，当没有操作系统支持时，也用 none 代替，表示裸机。如果同时没有供应商和操作系统支持，则只用一个 none 代替。例如 arm-none-eabi 中的 none 表示既没有供应商也没有操作系统支持。

（4）abi：应用二进制接口（Application Binary Interface）。

（5）gnu：这个其实是早期 AArch32 架构使用的名字，后来该名字被更名为 gnueabi。

（6）gnueabi：其实就是嵌入式应用二进制接口（Embedded Application Binary Interface，EABI）。

（7）elf：通常用在 64 位裸机架构的编译工具链中。

当操作系统选择 none 时，归纳如下：

（1）C 库通常是 newlib。

（2）提供不需要操作系统的 C 库服务。

（3）允许为特定硬件目标提供基本系统调用。

（4）可以用来构建引导加载器或 Linux 内核，不能构建 Linux 用户空间代码。

当操作系统选择 Linux 时，归纳如下：

（1）用于 Linux 操作系统的开发。

（2）Linux 特有的 C 库的选择：glibc、uClibc-ng、musl。

（3）支持 Linux 系统调用。

（4）可以用来构建 Linux 用户空间代码，但也可以构建裸机代码，如引导加载器或 Linux 内核。

由于 ARM 的绝对市场地位，导致了在网上搜索交叉编译工具链时基本和 ARM 有关系，因此，这里的命名规则更多的是指 ARM GNU 工具链的命名。

7.1.5　（交叉）编译工具链组成部分

GUN 交叉编译工具链中有 3 个核心组件：Binutils、GCC、C 库，如果需要支持 Linux，则还有个 Linux 内核头。在源代码组织上它们是相互独立的，需要单独进行交叉编译。

Binutils 包括一些与二进文件相关的工具。

1. 主要工具

主要工具有 ld 连接器和 as 汇编器。

2. 调试/分析工具和其他工具

（1）调试/分析工具和其他工具：addr2line、ar、c++filt、gold、gprof、nm、objcopy、objdump、ranlib、readelf、size、strings、strip。

（2）需要针对每种 CPU 架构进行配置。

（3）交叉编译非常简单，不需要特殊的依赖项。

3. GCC 工具

GCC 主要有以下使用场景。

（1）C、C++、Fortran、Go 等编译器前端。

（2）各种 CPU 架构的编译器后端。

不要被 GCC 这个名字误导，它其实是个 wrapper，会根据输入文件调用一系列其他程序。国外资料中被称为编译器驱动，国内有些资料将其称为引导器。构建 GCC 比构建 binutils 要复杂得多。

4. 供应商

供应商主要分为以下几类。

（1）编译器本身。例如 cc1 表示 C，cc1plus 表示 C++。

（2）编译器调用程序。GCC、g++不但调用编译器本身，也调用 binutils 中的汇编器、连接器。

5. 引导器分类

引导器可分为以下两类。

（1）目标库：libgcc（GCC 运行时）、libstdc++（C++库）、libgfortran（Fortran 运行时）。

（2）标准 C++库的头文件。

Linux 内核头文件在构建需要支持 Linux 系统时必须提供。这些头文件定义了用户空间与内核之间的接口(系统调用、数据结构等)。

(1) 为了构建一个 C 库,需要在 Linux 内核头文件中进行系统调用号的定义、各种结构类型的定义。

(2) 在内核中,头文件被分开。

(3) 一种头文件是用户空间可见的头文件,存储在 uapi 目录的 include/uapi/、arch/<ARCH>/include/uapi/asm 中。

(4) 另一种头文件是内部的内核头文件。

6. 在安装过程中需要使用的工具

在安装过程中需要使用的工具如下:

(1) 安装包括一个清理过程,用于从头文件中删除特定于内核的结构体。

(2) 从 Linux 4.8 开始,需要安装 756 个头文件。

(3) 从内核到用户空间 ABI 通常是向后兼容的。内核头文件的版本必须等于或小于目标 Linux 的版本。

7. C 库文件

C 库文件如下:

(1) 提供 POSIX 标准函数的实现,以及其他几个标准和扩展。

(2) 基于 Linux 系统调用。

(3) 几个可用的实现。

8. 几个可用的 C 库文件实现

几个可用的 C 库文件实现如下。

(1) glibc:The GNU C 库是 Linux C 库的事实标准,在常见的 Linux 发行版中都会使用它。支持众多的架构和操作系统,但是不支持没有 MMU 的平台,也不支持静态连接。早些年由于硬件限制及 glibc 本身太大,基本不能直接用于嵌入式,但如今可以了。

(2) uClibc-ng:以前叫作 uClibc,始于 2000 年,支持非常灵活的配置。支持架构很多(包括一些 glibc 不支持的),但是仅支持 Linux 操作系统。支持多种没有 MMU 的架构,如 ARM noMMU、Blackfin 等,支持静态连接。STM32F MCU 没有 MMU,在嵌入式 Linux 环境中编译工具链就是使用它。

(3) musl:始于 2011 年,开发非常积极,最近添加了对于 noMMU 的支持。它非常小,尤其是在静态连接时。兼容性好,并且严格遵循 C 标准。

(4) bionic:安卓系统使用。

(5) 其他一些特殊用途的:newlib(用于裸机)、dietlibc、klibc。musl 的作者对于 Linux 常用的这几个库做了一个对比。

Linux 常用几个库的对比见表 7-3。

表 7-3 Linux 常用的这几个库的对比

扩 展 比 较	musl	uClibc	dietlibc	glibc
Complete. a set	426k	500k	120k	2.0M †
Complete. so set	527k	560k	185k	7.9M †
最小的静态 C 程序	1.8k	5k	0.2k	662k
静态 hello(使用 printf)	13k	70k	6k	662k
动态开销(min. dirty)	20k	40k	40k	48k
静态开销(min. dirty)	8k	12k	8k	28k
静态 stdio 开销(min. dirty)	8k	24k	16k	36k
可配置功能集	no	yes	最小	最小
资源枯竭行为	musl	uClibc	dietlibc	glibc
本地线程存储	报告失败	失败	n/a	失败
SIGEV_THREAD 计时器	无错误	n/a	n/a	超支失败
pthread_cancel	无错误	失败	n/a	失败
regcomp 与 regexec	报告失败	失败	报告失败	失败
fnmatch	无错误	unknown	无错误	报告失败
printf 类	无错误	无错误	无错误	报告失败
strtol 类	无错误	无错误	无错误	无错误
性 能 比 较	musl	uClibc	dietlibc	glibc
小额分配和免费	0.005	0.004	0.013	0.002
大额分配和免费	0.027	0.018	0.023	0.016
分配争用,本地	0.048	0.134	0.393	0.041
分配争用,共享	0.050	0.132	0.394	0.062
零填充(memset)	0.023	0.048	0.055	0.012
字符串长度(strlen)	0.081	0.098	0.161	0.048
字节搜索(strchr)	0.142	0.243	0.198	0.028
子字符串(strstr)	0.057	1.273	1.030	0.088
线程创建/连接	0.248	0.126	45.761	0.142
互斥锁/解锁	0.042	0.055	0.785	0.046
UTF-8 解码缓冲	0.073	0.140	0.257	0.351
UTF-8 逐字节解码	0.153	0.395	0.236	0.563
Stdio putc/getc	0.270	0.808	7.791	0.497
Stdio putc/getc 解锁	0.200	0.282	0.269	0.144
Regex 编译	0.058	0.041	0.014	0.039
Regex 搜索(a{25}b)	0.188	0.188	0.967	0.137
Self-exec(静态连接)	234μs	245μs	272μs	457μs
Self-exec(动态连接)	446μs	590μs	675μs	864μs

ABI 和版本控制比较	musl	uClibc	dietlibc	glibc
稳定的 ABI	yes	no	非正式	yes
LSB 兼容 ABI	不完整	no	no	yes
向后兼容性	yes	no	非正式	yes
前向兼容性	yes	no	非正式	no
原子升级	yes	no	no	yes
符号版本控制	no	no	no	yes
算 法 比 较	**musl**	**uClibc**	**dietlibc**	**glibc**
子字符串搜索(strstr)	双向	天真的	天真的	双向
正则表达式	dfa	dfa	原路返回	dfa
排序(qsort)	平滑排序	shellsort	天真的 quicksort	向内排序
分配器(malloc)	musl-native	dlmalloc	diet-native	ptmalloc
功 能 比 较	**musl**	**uClibc**	**dietlibc**	**glibc**
合格打印	yes	yes	no	yes
精确浮点打印	yes	no	no	yes
C99 数学库	yes	部分的	no	yes
C11 线程 API	yes	no	no	no
C11 线程本地存储	yes	yes	no	yes
GCC libstdc++兼容性	yes	yes	no	yes
POSIX 线程	yes	yes,on most archs	broken	yes
POSIX 过程调度	stub	不正确	no	不正确
POSIX 线程优先调度	yes	yes	no	yes
POSIX localedef	no	no	no	no
宽字符界面	yes	yes	最小	yes
旧式 8 位代码页	no	yes	最小	slow,via gconv
传统 CJK 编码	no	no	no	slow,via gconv
UTF-8 多字节	native；100%合格	native；不合格	危险的不合格	slow,via gconv；不合格
Iconv 字符转换	大多数主要编码	主要 UTFs	no	the kitchen sink
Iconv 音译扩展	no	no	no	yes
开放墙式 TCB 阴影	yes	no	no	no
Sun RPC,NIS	no	yes	yes	yes
Zoneinfo(高级时区)	yes	no	yes	yes
Gmon 评测	no	no	yes	yes
调试功能	no	no	no	yes
各种 Linux 扩展	yes	yes	部分的	yes

续表

目标体系结构比较	musl	uClibc	dietlibc	glibc
i386	yes	yes	yes	yes
x86_64	yes	yes	yes	yes
x86_64 x32 ABI(ILP32)	实验	no	no	不合格
ARM	yes	yes	yes	yes
Aarch64(64-bit ARM)	yes	no	no	yes
MIPS	yes	yes	yes	yes
SuperH	yes	yes	no	yes
Microblaze	yes	部分的	no	yes
PowerPC(32-and 64-bit)	yes	yes	yes	yes
Sparc	no	yes	yes	yes
Alpha	no	yes	yes	yes
S/390(32-bit)	no	no	no	yes
S/390x(64-bit)	yes	no	no	yes
OpenRISC 1000(or1k)	yes	no	no	非 upstream
摩托罗拉 680x0(m68k)	yes	yes	no	yes
MMU-less 微控制器	yes,elf/fdpic	yes,bflt	no	no
构建环境比较	musl	uClibc	dietlibc	glibc
旧式代码友好头文件	部分的	yes	no	yes
轻型头文件	yes	no	yes	no
无须本机工具链即可使用	yes	no	yes	no
尊重 C 命名空间	yes	LFS64 问题	no	LFS64 问题
尊重 POSIX 命名空间	yes	LFS64 问题	no	LFS64 问题
安全性/硬化性比较	musl	uClibc	dietlibc	glibc
注意角落案例	yes	yes	no	太多 malloc
安全 UTF-8 解码器	yes	yes	no	yes
避免超线性 big-O's	yes	有时	no	yes
栈溢出保护功能	yes	yes	no	yes
堆损坏检测	yes	no	no	yes
Misc. c 比较	musl	uClibc	dietlibc	glibc
许可证	MIT	LGPL 2.1	GPL 2	LGPL 2.1+w/例外情况

9. 在编译和安装后输出结果

在编译和安装之后提供了输出,结果如下:

(1) 动态连接器 ld. so。

(2) C 库本身 libc. so,以及其配套库:libm、librt、libpthread、libutil、libnsl、libresolv、libcrypt。

(3) C 库的头文件 stdio. h、string. h 等。

GUN 将编译器和 C 库分开存放在两个软件包里,这样做的好处是比较灵活,方便在工具链中选择不同的 C 库,但是,也带来了编译器和 C 库的循环依赖问题:编译 C 库需要 C 编译器,但是 C 编译器又依赖 C 库。理论上编译器是不应该依赖 C 库的,它应该只负责将源代码翻译为汇编代码即可,但实际上并非如此。

C99 标准定义了两种实现:一种称为托管实现;另一种称为独立式实现,其中,托管实现支持完整的 C 标准,包括语言标准和库标准,它用于编译在有宿主系统的环境下运行的程序。独立式实现仅支持完整的语言标准,对于库标准只要求支持部分库标准。

构建(交叉)编译工具链分为好多步,而且单是编译 GCC 就要多次。

10. LLVM 编译器

传统编译器的工作原理基本上是三段式的,可以分为前端(Frontend)、优化器(Optimizer)、后端(Backend)。前端负责解析源代码,检查语法错误,并将其翻译为抽象的语法树(Abstract Syntax Tree)。优化器对这一中间代码进行优化,试图使代码更高效。后端则负责将优化器优化后的中间代码转换为目标机器的代码,这一过程后端会最大化地利用目标机器的特殊指令,以提高代码的性能。

虽然这种三段式的编译器有很多优点,并且被写到了教科书上,但是在实际应用中,这一结构却从来没有被完美实现过。

回顾 GCC 的历史,虽然它取得了巨大的成功,但开发 GCC 的初衷是提供一款免费的开源的编译器,仅此而已。可后来随着 GCC 支持越来越多的语言,GCC 架构的问题也逐渐暴露出来。

LLVM 作为后起之秀,从开始就是按照前端、优化器、后端这种三段式进行设计的,整个编译器框架非常符合人们对于编译器的设计,以及非常容易理解和学习。LLVM 的命名最早源自底层虚拟机(Low Level Virtual Machine)的首字母缩写,但这个项目并不局限于创建一个虚拟机,开发者因而决定放弃这个缩写的含义。现在 LLVM 是一个专用名词,表示编译器框架整个项目。目前,很多平台开始转投 LLVM 了,例如苹果、安卓、ARM 等。

7.1.6　构建工具

构建一整套嵌入式 Linux 环境是一件很庞大的事情,可以选择自己动手,根据上面所述的嵌入式 Linux 环境,一点一点来构建其中的各部分。实际情况是,为了减少搭建工作量,诞生了一些嵌入式系统构建工具。这些工具通过各种自动化手段,只需输入基本命令,就可以自动地构建出以上所说的完整嵌入式环境。嵌入式系统构建工具,如图 7-4 所示。

1. Buildroot 系统

Buildroot 是 Linux 平台上一个用于构建嵌入式 Linux 系统的框架。整个 Buildroot 是由 Makefile 脚本 Kconfig 配置文件构成的。使用它可以和编译 Linux 内核一样,通过 Kbuild/Kconfig 系统编译出一个完整的可以直接烧写到机器上运行的 Linux 系统软件(包含 boot、kernel、rootfs 及 rootfs 中的各种库和应用程序、交叉编译工具链)。

Buildroot 支持的架构有 ARC、ARM、AArch64、Blackfin、csky、m68k,Microblaze、MIPS(64)、NIOS II、OpenRisc、PowerPC(64)、SuperH、SPARC、x86、x86 64、Xtensa。

2. Yocto 项目

Yocto 项目(Yocto Project,YP)是 Linux 基金会在 2010 年推出的一个开源的协作项目。提供模板、工具和方法以创建定制的 Linux 系统和嵌入式产品,而无须关心硬件体系。

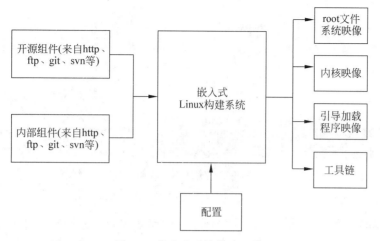

图 7-4　嵌入式系统构建工具

从历史上看，该项目是从 OpenEmbedded 项目发展而来的。Yocto 项目开发框架，如图 7-5 所示。

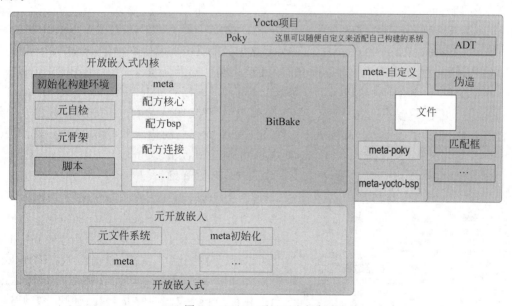

图 7-5　Yocto 项目开发框架

Yocto 项目的这个名字指这个项目本身，或者一个组织，Poky 官方定义为 Yocto 项目的参考发行版，它才是真正使用的构建系统工具，更确切地说，这就是一个可以构建出嵌入式 Linux 的 DEMO。在实际情况中，一般会对 Poky 进行自定义（删除 meta-poky 等，添加自己的 meta-xxx），以便实现自己的嵌入式 Linux 系统构建工具包。这是笔者在用的一个目录结构，如图 7-6 所示。

这里还有个问题，Yocto 项目对于 OpenEmbedded 的引用是打散重新组合的（OpenEmbedded

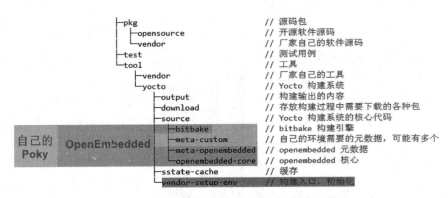

图 7-6　嵌入式 Linux 系统构建工具包的目录结构

本身就是由多部分组成的),并不是完整地把 OpenEmbedded 移植过来。

3. OpenEmbedded

OpenEmbedded(OE)是一个自动化框架和交叉编译环境,用于为嵌入式设备创建 Linux 发行版。OpenEmbedded 由成立于 2003 年的 OpenEmbedded 社区开发,其诞生远早于 Yocto Project。2011 年 3 月,它与 Yocto 项目合作(实际上就是合并了),并开始以 OpenEmbedded-Core 项目作为项目发展的名称(OE-Core),之前的称为 OpenEmbedded-Classic(OE-Classic 或 oe-dev),OpenEmbedded 这个名字就用来代指整个 OpenEmbedded 项目。

注意,在一些老文档中,OpenEmbedded 这个名字有可能指旧的 OpenEmbedded。例如,OpenEmbedded 的原始代码仓库并没有改名为 OpenEmbedded-Classic。

之所以更名,这是因为与 Yocto 项目合并之后的开发团队对 OpenEmbedded 的整个结构进行了比较大的改进。OpenEmbedded-Classic 的所有自动构建的配方(Recipes)都被放在一起,随着发展越来越难以维护,而在新的 OpenEmbedded-Core,其结构由许多层组成(OpenEmbedded 维护了一个可以与 OE-Core 一起使用的层列表),让用户可以更容易地加入定制的自动构建处方(Recipes)。OE-Classic 不再维护,也基本没有使用了。现在的 OpenEmbedded 也可以理解为基于 OE-Core 的一个实现:(BitBake+ OpenEmbedded-Core)+一组元数据。OpenEmbedded 自动化框架和交叉编译环境构建,如图 7-7 所示。

图 7-7　OpenEmbedded 自动化框架和交叉编译环境构建

OpenEmbedded-Core 可以独立使用,也被集成在 Angstrom、SHR、Yocto 项目等系统中。实际情况是,很少见单独使用 OE-Core 的情况,OpenEmbedded 基本上就成了 Yocto 项目中的一部分,其文档等全部引用 Yocto 项目中对应的文档。

4. PTXdist

PTXdist 是一个固件镜像构建工具,是 Pengutronix 在 2001 年开发的一个构建系统。采用了 Linux 内核中的配置系统 Kconfig 来选择和配置每个包,规则集合则基于 GNU

Make 和 Bash。

5. OpenWRT

OpenWRT 是一个针对嵌入式设备的 Linux 操作系统。OpenWRT 不是一个单一且不可更改的固件,而是提供了具有软件包管理功能的完全可写的文件系统。

OpenWRT 是一个高度模块化、高度自动化的嵌入式 Linux 系统,拥有强大的网络组件和扩展性,常常被用于工控设备、电话、小型机器人、智能家居、路由器及 VoIP 设备中。

6. 嵌入式系统启动

宏观上来看,系统的启动分为 Boot 执行阶段和系统执行阶段,Boot 执行阶段为系统运行准备必要条件,然后将 CPU 的控制权交给系统,系统接管 CPU,然后做相应初始化后开始运行;从微观来看,系统启动从上电开始,经过了很多阶段。

芯片一上电就会根据设定的启动方式,从固定的位置开始读取代码并执行。这个固定的位置根据芯片而定,例如,STM32 的 MCU 支 RAM、Flash、引导加载器 3 个位置启动。一个典型的嵌入式 Linux 系统的启动流程,如图 7-8 所示。

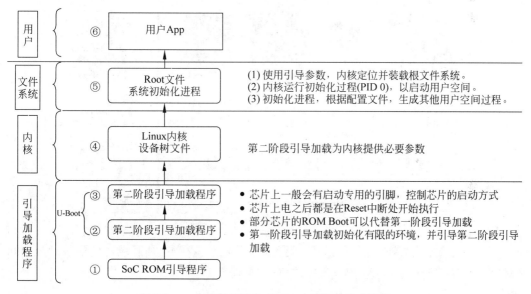

图 7-8 一个典型的嵌入式 Linux 系统的启动流程

嵌入式 Linux 系统不含安全启动。在安全启动下,参见 ARM 的平台安全体系结构中的受信任的固件。

7. 测试环境

接下来以 STM32F769I-EVAL 的评估板为载体,一步一步地搭建嵌入式 Linux 环境,如图 7-9 所示。

这块评估板的功能比较齐全,价格不便宜。ST 官网对于这块评估板的介绍参见 *Evaluation board with STM32F769NI MCU*。

熟悉 ST 的开发板的开发者都知道,ST 的开发板主要有 ST 官方的 Nucleo 系列、Discovery

图 7-9   自主搭建嵌入式 Linux 环境

Kits 系列、Evaluation 系列及第三方开发板,其中,ST 自家开发板中评估系列是功能最全的,价格也是最高的。第三方开发板差异就比较大了,如图 7-10 所示。

嵌入式环境与熟悉的 PC 环境还是有很大区别的。尤其是对于部分芯片,它没有 MMU,也就不能使用虚拟内存相关的所有技术。也就意味着,嵌入式中的地址都是实际的物理地址。

嵌入式环境的另一大特点就是资源非常紧张,导致可能需要将多余部分的可执行程序放到不同的地方。例如,在 STM32 的 MCU 中,往往不能存放 Linux 内核,需要将 Linux 内核放到一些外部存储器中。

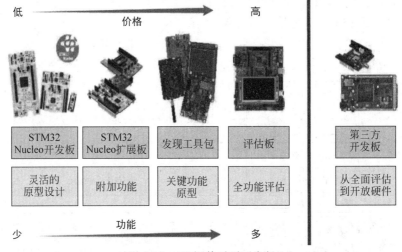

图 7-10   ST 评估系列开发板

对于 ARM 平台,ARM 给出了两个概念:加载域和执行域,加载域对应加载地址,执行域对应一个执行地址。ARM 的分散加载机制,如图 7-11 所示。

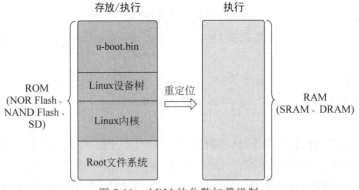

图 7-11   ARM 的分散加载机制

进一步具体到 STM32 芯片,程序存放在内部的 Flash 上,Flash 就是加载域,Flash 上的具体地址就是加载域地址。同时,ST 芯片的设计可以从 Flash 上执行代码(速度相对较慢),此时的加载域与执行域是同一个;还有一种更高效的方式是将代码存放到 RAM 中执行(仍保留在 Flash 中),此时 RAM 就是执行域,程序在 RAM 中的地址就执行域地址。

7.2 Linux 内核 Yocto、OpenEmbedded、BitBake 详解

7.2.1 构建过程

嵌入式 Linux 环境的搭建是从源代码开始的,可以手动构建每部分,也可以选择自动化构建工具。如果选择纯手工搭建,就要熟悉每部分源码的构建细节(Linux 系统下的源码基本上是 configure＋make 的处理流程),如果要使用自动化构建工具,则需要学习对应工具的使用方法。Linux 环境的搭建及构建过程,如图 7-12 所示。

7.2.2 Yocto 项目

Yocto 项目是 Linux 基金会在 2010 年推出的一个开源的协作项目。提供模板、工具和方法以创建定制的 Linux 系统和配套工具,而无须关心硬件体系。主要由 Poky 和其他一些工具组成。Linux 的 Yocto 项目架构,如图 7-13 所示。

从历史上看,Yocto 项目是从 OpenEmbedded 项目发展而来的。它们本是两个不同的项目(左侧的分离视图),然而,目前的 OpenEmbedded 与 Yocto 项目已经融合为一体了(右侧的合并视图),因为目前已经很少见到单独使用 OpenEmbedded 了。

虽然 Yocto 项目和 OpenEmbedded 的代码仓库是分开的,但是其中的内容都是相互关联的,很多概念也不再区分是由 Yocto 项目引入的,还是属于 OpenEmbedded,即 Yocto 项目构建过程＝OpenEmbedded 构建过程。

7.2.3 Poky 项目

Poky 项目官方定义为 Yocto 项目的参考嵌入式发行版(Reference Embedded Distribution),它才是真正使用的构建系统工具(更确切地说这就是一个可以构建出嵌入式 Linux 的 DEMO),而 Yocto 项目这个名字(或者常简称的 Yocto)指的是这个项目本身或者这个项目的组织机构。

7.2.4 Yocto 项目源码

从 Yocto 项目网站下载的发行版的 Yocto(官方命名为 YP CORE-xxxx)就是 Poky 源码包。下面是一个 Poky 源码包的简单说明及与 OpenEmbedded-Core 的对比,从中不难看出 Poky＝BitBake＋OpenEmbedded-Core(稍做改动)＋Yocto 自定义。Yocto 项目源码结构,如图 7-14 所示。

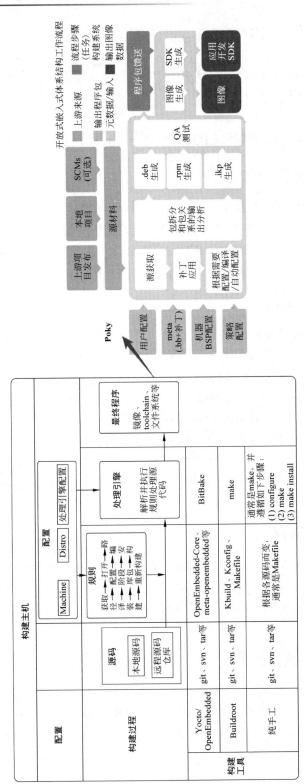

图 7-12　Linux 环境的搭建及构建过程

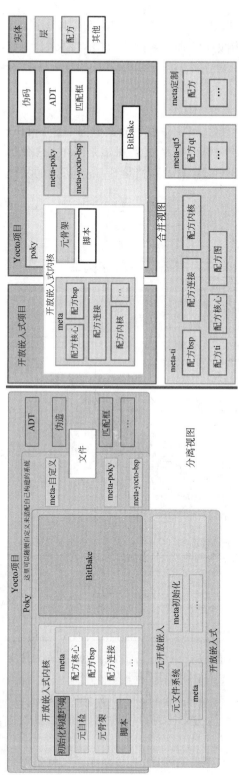

图 7-13 Linux 的 Yocto 项目架构

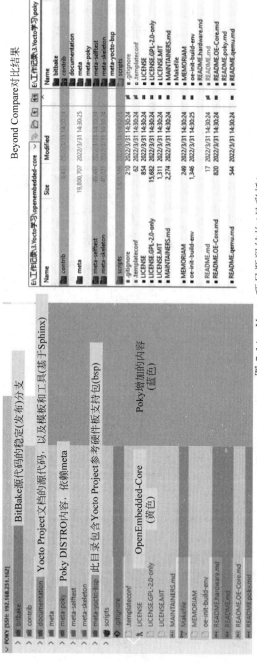

图 7-14 Yocto 项目源码结构（见彩插）

　　Poky 项目不包含 Yocto 项目提供的其他工具,需要单独下载。除了版本号,每个 Yocto 项目的发行版 Poky 源码包都会有个代号。例如,目前最新的 HONISTER、上一版 HARDKNOTT 等。

7.2.5　Poky 文档

　　Poky 的文档(源码目录/documentation/ ＊)使用的是 Sphinx 搭建的文档系统。Sphinx 是基于 Python 的,使用的是 reStructuredText 语言格式,文件扩展名通常是. rst。这个目录下包含一系列文档,用于描述当前 Poky 的各种特性。Poky 的文档是 Sphinx 搭建的文档系统,如图 7-15 所示。

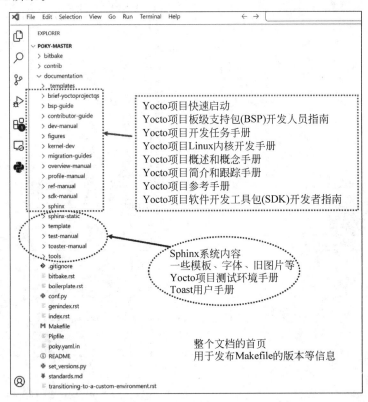

图 7-15　Poky 的文档是 Sphinx 搭建的文档系统

　　Sphinx 文档系统使用 make 命令来生成发布的文档,可以生成 HTML、PDF 等格式。例如,在源码目录/documentation/下执行 make html 命令,就会生成一个_build 目录,其中就包含生成的文档。使用 make 命令来生成发布的文档,如图 7-16 所示。

　　依赖工具为 sudo apt install python3-pip、sudo pip install-U Sphinx sphinx_rtd_theme。

　　在 Poky 源码根目录也有 Makefile,也是用来生成这些文档的,只不过使用时必须先指出一些环境变量,感觉有些多余。

　　在 Yocto 项目官方仓库中,有个叫作 yocto-docs 的单独的仓库,这个仓库其实就是整个

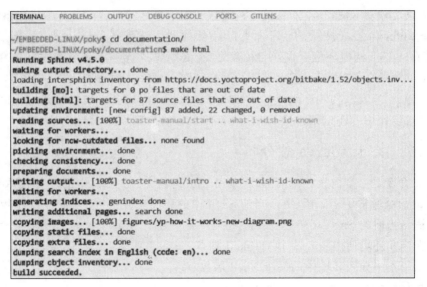

图 7-16　使用 make 命令来生成发布的文档

文档的开发仓库,没有问题之后会被合并到 Poky 下,然后随着 Poky 进行发布。

7.2.6　使用方法

在实际使用中,可以直接使用 Poky 外加一些自己的层作为自己的环境,也可以参考 Poky 来搭建出一个自己的 Poky,这是笔者在用的一个参考 Poky,纯手工打造出来的(有很多个自定义的 meta-xxx,这里使用 meta-custom 代替),用于构建自己的嵌入式 Linux 系统的构建环境。手工打造的嵌入式 Linux 系统的构建环境,如图 7-17 所示。

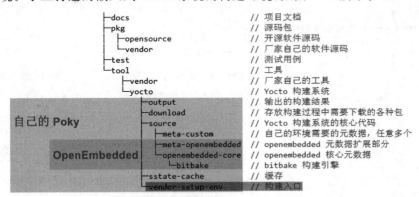

图 7-17　手工打造的嵌入式 Linux 系统的构建环境

vendor-setup-env 是自己添加的,用于设置当前目录结构,然后调用 source/openembedded-core/oe-init-build-env 文件。自定义的基本思路就是定义并导出 BitBake 所要的各种变量,在其他层中会使用这些环境变量。

Poky 只是一个示例,并不能直接通过配置就用于自己的环境中。整个构建系统的入口就是 OpenEmbedded-Core 中的 oe-init-build-env 文件。这是一个 Bash 脚本文件,用来初始化 OpenEmbedded 构建环境。在开启构建之前,必须先执行一次命令 source oe-init-build-env < builddir >。除了初始化构建环境,这个命令还会建立一个 build 目录(不指定< builddir >时的默认名),用来存放构建中生成的所有内容。执行命令后会自动跳转到< builddir >目录下,后续就可以使用 bitbake < target >启动指定目标的构建了。

7.2.7　关于 source 命令

source 命令是一个内置的 Shell 命令,用于从当前 Shell 会话中的文件读取和执行命令。source 命令通常用于保留、更改当前 Shell 中的环境变量。主要有以下 4 个用途:

(1) 刷新当前的 Shell 环境。

(2) 在当前环境使用 source 执行 Shell 脚本。

(3) 从脚本中导入环境中的一个 Shell 函数。

(4) 从另一个 Shell 脚本中读取变量。

source 也可以用一个英语的“.”表示。source 命令从 C Shell 而来,是 Bash Shell 的内置命令;“.”从 Bourne Shell 而来,这是 source 的另一名称。

当输入 source oe-init-build-env < builddir >并执行时会依次调用 oe-init-build-env→scripts/oe-buildenv-internal→scripts/oe-setup-builddir→. templateconf 这 4 个文件,每个文件中的一些具体操作,如图 7-18 所示。

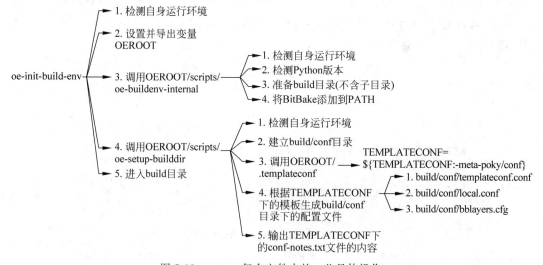

图 7-18　source 每个文件中的一些具体操作

Poky 采用的是被称为影子的构建模式,即将所有在构建过程中输出的文件都放到一个单独的顶级文件夹(默认目录名 build)中,从而不会对源码有任何影响。执行 source oe-init-build-env < builddir >,就是为了准备好这个构建环境,如图 7-19 所示。

图 7-19　Poky 采用的影子构建模式

在构建输出目录中,最为关心的是 conf 下的 local. conf、bblayers. conf、templateconf. cfg 这 3 个配置文件(后续会详细介绍),以及 tmp 目录下的 deploy 文件夹包含构建的最终输出文件,例如,deploy/images/下就包含编译好的 Linux 镜像、引导加载器等。

以上构建输出的目录是 OpenEmbedded 默认的目录结构,这是支持进行自定义的。

7.2.8　其他工具

除了 Poky 这个构建工具系统之外,Yocto 项目还维护着其他一些单独的组件。有些是供 Yocto 项目内部使用的,有些则是可以单独在开发过程中使用的。笔者所接触过的主要就是下面这几个,其他还有一些可参见官网介绍。

1. 开发工具

CROSS PLATFORM ENABLEMENT WITH CONTAINERS(CROPS)是一个开源的跨平台开发框架,它利用 Docker 容器提供了一个易于管理的可扩展的环境,允许开发者在 Windows、Linux 和 macOS 主机上为各种架构构建二进制文件。

Extensible Software Development Kit(ESDK)提供了一个针对特定镜像内容定制的交叉开发工具链和库。可扩展 SDK 使向镜像添加新的应用程序和库、修改现有组件的源代码、测试目标硬件上的更改及轻松集成到 OpenEmbedded 构建系统的其余部分变得很容易。

devtool 是一个命令行工具,是 eSDK 的基础。该工具可以帮助在 eSDK 中构建、测试和打包软件,并可以选择将其集成到由 OpenEmbedded 构建系统构建的镜像中。

Toaster 是 OpenEmbedded 和 BitBake 的 Web 界面。Toaster 允许配置和运行构建,并提供了关于构建过程的信息和统计信息。

2. 生产工具

AUTO UPGRADE HELPER 是一个旨在与 OpenEmbedded 构建系统(BitBake 和 OE-Core)一起使用的实用程序,以便根据上游发布的新版本自动为配方生成升级文件。

AutoBuilder 是一个自动化构建测试和质量保证(QA)的项目(基于 Buildbot)。

PSEUDO 是一个伪装管理的程序,可以使一些操作以管理员权限成功地执行。

3. 层次模型

Yocto 项目引入了层次模型这一机制,这也是它区别于其他构建系统的一点,其中,

BSP 和 DISTRO 是其层次模型中最具有代表性的两个层。这两个层除了有一般层的文件结构及配置文件外,还额外多了一些自己特有的配置文件。层次模型的文件结构与配置,如图 7-20 所示。

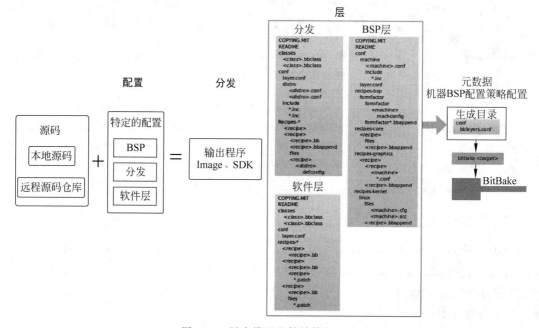

图 7-20　层次模型文件结构与配置

Board Support Packages(BSP)主要包含与机器配置相关的内容(通常,相比于其他层,BSP 层会有 conf/machine/ * 配置文件)。它定义了如何支持一个特定的硬件设备、一组设备或硬件平台。BSP 包含关于设备上出现的硬件特性的信息、内核配置信息,以及所需的任何其他硬件驱动程序。BSP 还列出了必要的和可选的平台特性所需的通用 Linux 软件栈之外的任何其他软件组件。

(1)一般只有一个 BSP 层。

(2)Poky 源码中的 meta-yocto-bsp 就是一个 BSP 层。

(3)OpenEmbedded-Core 是 BSP 层(仅支持模拟器)与 DISTRO 层(基本没功能)集合。

DISTRO 是 Distribution 的缩写,主要包含与分配策略配置相关的内容(通常,相比于其他层,DISTRO 层会有 conf/distro/ * 配置文件)。它包含系统特性的相关配置。这是通过添加到 DISTRO FEATURES 变量来完成的。

(1)一般只有一个 DISTRO 层。

(2)Poky 源码中的 meta-poky 就是一个 DISTRO 层。

(3)构建出来的 Linux 系统,通常被称为 Linux 分配。常用的 Ubuntu 系统就是一个有名的 Linux 分配。

软件层为构建过程中使用的其他软件包提供元数据,不包括特定于 DISTRO 或机器的元数据。通常,软件层会有很多个。

7.2.9 OpenEmbedded

OpenEmbedded 是一个自动化构建框架和交叉编译环境,用于为嵌入式设备创建 Linux 发行版。OpenEmbedded 由成立于 2003 年的 OpenEmbedded 社区开发,其诞生远早于 Yocto Project。2011 年 3 月,它与 Yocto 项目开始合作(实际上就是合并了),如图 7-21 所示。

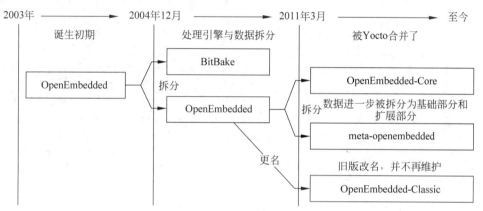

图 7-21　OpenEmbedded 自动化构建框架和交叉编译环境

目前,OpenEmbedded 的文档大都直接引用 Yocto 项目上的对应文档了。注意,在一些老文档中,OpenEmbedded 这个名字有可能指旧的 OpenEmbedded。例如,OpenEmbedded 的原始代码仓库并没有改名为 OpenEmbedded-Classic。

接下来介绍 OpenEmbedded-Core。

OpenEmbedded-Core 之前的 OpenEmbedded 将所有自动构建的配方都放在一起(参见旧版 OpenEmbedded 代码仓库),随着发展越来越难以维护。OpenEmbedded 项目组一直想要改进,直到与 Yocto 项目合作后,Yocto 项目开始派人处理这件事情。

Yocto 项目的人参与到 OpenEmbedded 后,将原来的 OpenEmbedded 中的大部分配方使用层的概念拆分了出去(单独建立源码仓库 Meta-OpenEmbedded 进行维护),并重新组织了剩余 OpenEmbedded 的源代码的结构,新的代码源码被命名为 OpenEmbedded-Core。

OpenEmbedded-Core 是一个比较特殊的层。调整后的 OpenEmbedded-Core 是原来 OpenEmbedded 的子集,只包含大多数人需要用来构建小型的嵌入式设备的一些配方,以及一些共享类及相关的文件等。目前由 OpenEmbedded 项目组和 Yocto 项目组共同维护,而旧的 OpenEmbedded 源代码(现在称为 OpenEmbedded-Classic)不再维护,也基本没有人使用了。

OpenEmbedded-Core 源码结构,如图 7-22 所示。

OpenEmbedded-Core 可以独立使用。实际情况是,更多的是被集成在 Angstrom、SHR、

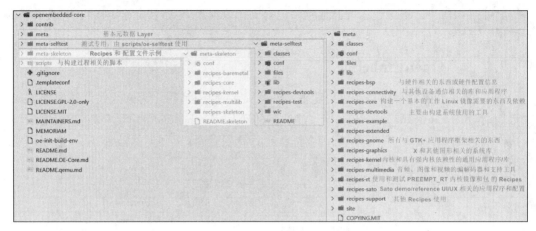

图 7-22　OpenEmbedded-Core 源码结构

Yocto 项目等系统中，很少见到单独使用 OE-Core 的情况。OpenEmbedded 基本就成了 Yocto 项目中的一部分。OpenEmbedded-Core 源码的使用示例，如图 7-23 所示。

```
18          -linux:~/!EMBEDDED-LINUX$ cd openembedded
19          -linux:~/!EMBEDDED-LINUX/openembedded$ git clone git://git.openembedded.org/openembedded-core
20   Cloning into 'openembedded-core'...
21   remote: Counting objects: 446707, done.
22   remote: Compressing objects: 100% (113288/113288), done.
23   remote: Total 446707 (delta 326947), reused 446097 (delta 326517)
24   Receiving objects: 100% (446707/446707), 131.74 MiB | 883.40 KiB/s, done.
25   Resolving deltas: 100% (326947/326947), done.
26          -linux:~/!EMBEDDED-LINUX/openembedded$ cd openembedded-core
27          -linux:~/!EMBEDDED-LINUX/openembedded/openembedded-core$ git clone git://git.openembedded.org/bitbake
28   Cloning into 'bitbake'...
29   remote: Counting objects: 60264, done.
30   remote: Compressing objects: 100% (15767/15767), done.
31   remote: Total 60264 (delta 45907), reused 56684 (delta 42924)
32   Receiving objects: 100% (60264/60264), 12.33 MiB | 1.67 MiB/s, done.
33   Resolving deltas: 100% (45907/45907), done.
34          -linux:~/!EMBEDDED-LINUX/openembedded/openembedded-core$ source oe-init-build-env
35   You nag no conf/local.conf file. This configuration file has therefore been
36   created for you with some default values. You may wish to edit it to, for
37   example, select a different MACHINE (target hardware). See conf/local.conf
38   for more information as common configuration options are commented.
```

图 7-23　OpenEmbedded-Core 源码的使用示例

OpenEmbedded-Core 无发行版（没有明确的 DISTRO 定义），并且只包含对模拟机器的支持。具体见 openembedded-core/meta/conf 下的相关代码。

再来看 meta-openembedded。

meta-openembedded 是从原来的 OpenEmbedded 中的配方中拆分出来的配方的一个集合。这些拆出来的配方也被组织为一个个层，并作为对 OpenEmbedded-Core 的扩展。meta-openembedded 的源码结构，如图 7-24 所示。

meta-openembedded 无法单独使用，因为它里面的各个层依赖于 OpenEmbedded-Core，因此，如果要使用它，就必须同时使用 OpenEmbedded-Core，但是，OpenEmbedded-Core 可以独立使用。

可以选择不使用 meta-openembedded，Poky 就没有使用 meta-openembedded。meta-openembedded 中的每个层都有专门的人负责维护。此外，OpenEmbedded 官方还维护了

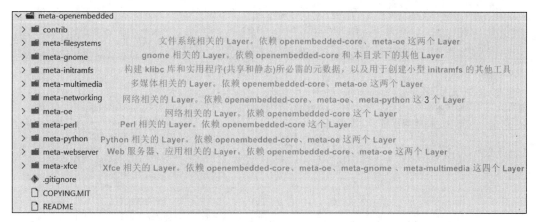

图 7-24 meta-openembedded 源码结构

一个可以在 OpenEmbedded-Core 中使用的层列表,其中包含很多由第三方提供的层。

还有一个需要注意的问题是使用时的路径问题。meta-openembedded 本身不是一个层,它里面的内容才是一个个层,因此在使用时,需要注意比其他层多个一级目录。例如 ../meta-openembedded/meta-oe。

7.2.10 BitBake

BitBake 是一个任务调度和执行引擎,用来解析指令(Recipes)和配置数据。它允许 Shell 和 Python 脚本高效并行运行,同时在复杂的任务间的依赖关系的约束下工作。基本上类似于 GNU Make(make 使用 Makefile,BitBake 使用 Recipe)。

BitBake 最初是 OpenEmbedded 项目的一部分。它的灵感来自 Gentoo Linux 发行版使用的 Portage 包管理系统。2004 年 12 月 7 日,OpenEmbedded 项目团队成员 Chris Larson 将项目分为 BitBake 和 OpenEmbedded 两个独立的部分,其中,前者作为一个通用的任务执行器,后者则包含 BitBake 使用的元数据集。

1. BitBake 源码

BitBake 是一个用 Python 语言编写的程序,目前由 Yocto 项目与 OpenEmbedded 项目成员共同维护。BitBake 的源代码结构其实并不复杂,代码量也不是很大。这是一个目录的基本说明,如图 7-25 所示。

2. BitBake 文档

BitBake 的文档(源码目录/doc/*)使用的也是由 Sphinx 搭建的文档系统。Sphinx 也是基于 Python 的,使用的是 reStructuredText 语言格式,文件扩展名通常是 .rst,如图 7-26 所示。

3. BitBake 使用

严格来讲,BitBake 是一个可以独立使用的任务处理引擎。可以选择用在其他方面,但是一般没有人会选择这样做。目前,也没有见过在其他方面有使用 BitBake 的。BitBake 的

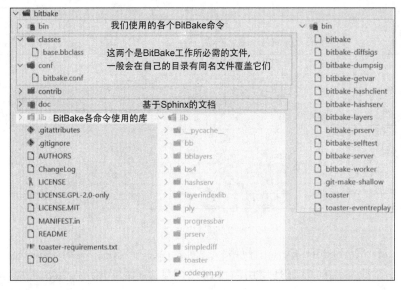

图 7-25　BitBake 源码目录结构

```
~/EMBEDDED-LINUX/openembedded/openembedded-core/bitbake/doc$ make html
Running Sphinx v4.5.0
making output directory... done
building [mo]: targets for 0 po files that are out of date
building [html]: targets for 9 source files that are out of date
updating environment: [new config] 9 added, 0 changed, 0 removed
reading sources... [100%] releases
waiting for workers...
looking for now-outdated files... none found
pickling environment... done
checking consistency... done
preparing documents... done
writing output... [100%] index .. releases
waiting for workers...
generating indices... genindex done
writing additional pages... search done
copying images... [100%] bitbake-user-manual/figures/bb_multiconfig_files.png
copying static files... done
copying extra files... done
dumping search index in English (code: en)... done
dumping object inventory... done
build succeeded.
```

图 7-26　BitBake 文档使用方法

简单使用目录结构及使用示例如图 7-27 所示。

init-env.sh 用于配置 BitBake 的工作环境,而 helloworld/classes/base.bbclass、helloworld/conf/ * 、meta- * 是 BitBake 工作的基本文件。

4. Metadata

Metadata 是构建系统(BitBake)在构建过程中解析并使用的基本数据的统称。这些数据描述了如何构建一个 Linux 发行版。通常,配方、配置文件和其他引用构建指令本身的信息,以及用于控制构建内容和影响构建方式的数据都属于 Metadata。OE-Core 和 meta-openembedded 就是一些 Metadata 的集合。

Metadata 构建系统结构,如图 7-28 所示。

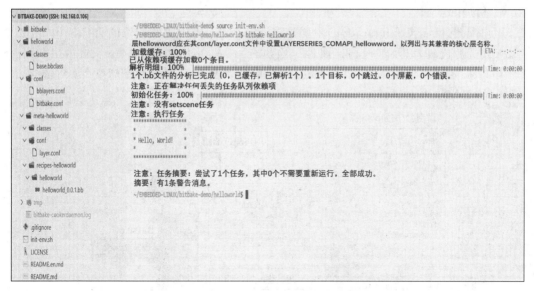

图 7-27　BitBake 的使用目录结构及使用示例

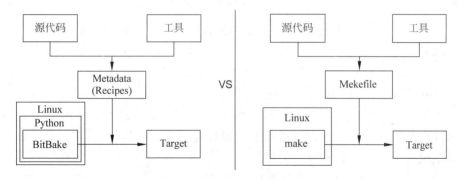

图 7-28　Metadata 构建系统结构

除了 BitBake 预定义的一些 Metadata 之外，Yocto 项目还额外扩展了一些。Metadata 使用 BitBake DSL（Domain Specific Language）来编写，其中包含变量和可执行的 Shell 或 Python 代码。该语法与其他几种语言具有相似之处，但也具有一些独特的功能。

5. 配置文件

配置文件主要用来控制构建过程，使用 .conf 作为扩展名，主要用于保存全局变量定义、用户定义变量和硬件配置信息等数据。这些文件大体可以分为用户配置、发行版配置、机器配置、可能的编译器优化、通用配置等几大类。

（1）配文件也可以有 xxx.inc 文件，然后在 yyy.conf 中使用 require xxx.inc。

（2）配置文件可以使用 require 关键字引用其他配置文件。

（3）基本配置元数据是全局的，并且会影响所执行的所有配方和任务。

（4）在配置文件中只允许定义变量及使用 include 或 require 指令包含其他与配置相关的文件。

6. 用户配置

用户配置(User Configuration)主要是告诉 BitBake 要构建的镜像的目标架构,在哪里存储下载的源代码,以及其他构建属性。当执行 source oe-init-build-env < builddir >命令时,oe-init-build-env 会调用 scripts/oe-setup-builddir 脚本文件,生成用户配置文件(< builddir >/conf/下的文件)。BitBake 的用户配置信息,如图 7-29 所示。

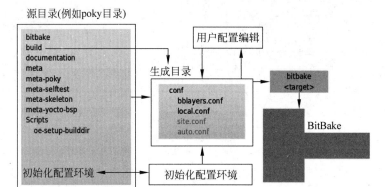

图 7-29 BitBake 用户配置

local. conf:提供了许多定义构建环境的基本变量。在 OpenEmbedded-Core 中,该文件由/meta/conf/local. conf. sample 模板文件生成;在 Poky 中,该文件由 meta-poky/conf/local. conf. sample 模板文件生成。该文件主要包含以下内容。

(1)目标机器选择:由 Machine 变量控制。

(2)下载目录:由 DL_DIR 变量控制。

(3)共享状态目录:由 SSTATE_DIR 变量控制。

(4)生成输出:由 TMPDIR 变量控制。

(5)分发策略:由 DISTRO 变量控制。

(6)包装格式:由 PACKAGE_CLASES 变量控制。

(7)SDK 目标体系结构:由 SDKMachineE 变量控制。

(8)额外图像包:由 Extra_Image_FEATURES 变量控制。

site. conf:主要用来配置多个构建目录。如果需要,则必须手动根据/meta/conf/site. conf. sample 模板创建该文件。

auto. conf:该文件通常是由 autobuilder 创建和写入的,里面的内容与 local. conf 或者 site. conf 相同。

bblayers. conf:主要告诉 BitBake 在构建过程中需要处理哪些层。在默认情况下,此文件中列出的层包括构建系统最少需要的层。必须手动添加自己创建的层。当执行 bitbake < target >命令时,BitBake 在当前工作目录下寻找的第 1 个文件就是 conf/bblayers. conf。在这个文件中有以下几个很重要的变量。

(1)BBPATH:存放 BitBake 用来寻找 Class 文件(. bbclass)和配置文件(. conf)的路

径。当执行到其他目录时,必须重新设置 BBPATH 的值。

(2) BBFILES: 存放 BitBake 用来寻找配方文件(.bb)和附加文件(.bbappend)的路径。构建目录根目录下的 conf/bblayers.conf 中的 BBFILES 为空。

(3) BBLAYERS: 列出了构建时需要的所有层的路径。每个层路径都对应一个层,它们都是完整的绝对路径。不同层用空格分开,其中每个层下都会有自己的 conf/layer.conf,用于配置一些当前路径、配方文件路径等。

bblayers.conf 的使用方法,如图 7-30 所示。

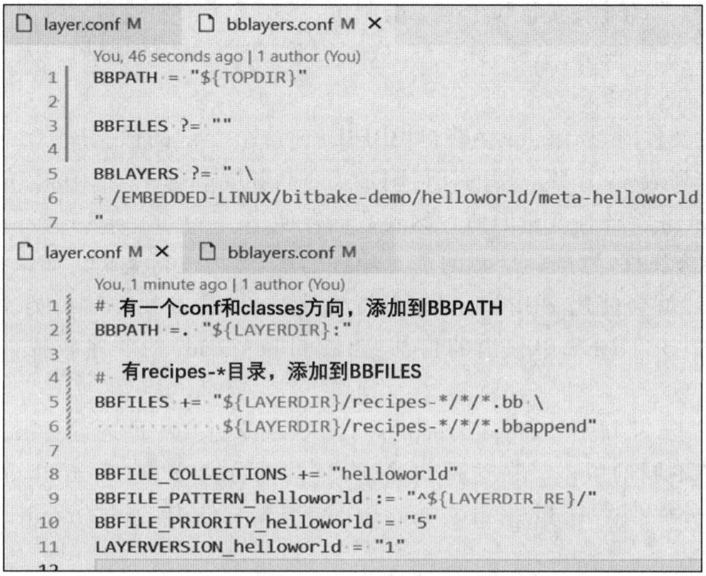
layer.conf M   bblayers.conf M ×
You, 46 seconds ago | 1 author (You)

```
BBPATH = "${TOPDIR}"

BBFILES ?= ""

BBLAYERS ?= " \
  /EMBEDDED-LINUX/bitbake-demo/helloworld/meta-helloworld
"
```

layer.conf M ×   bblayers.conf M
You, 1 minute ago | 1 author (You)

```
# 有一个conf和classes方向，添加到BBPATH
BBPATH =. "${LAYERDIR}:"

# 有recipes-*目录，添加到BBFILES
BBFILES += "${LAYERDIR}/recipes-*/*/*.bb \
            ${LAYERDIR}/recipes-*/*/*.bbappend"

BBFILE_COLLECTIONS += "helloworld"
BBFILE_PATTERN_helloworld := "^${LAYERDIR_RE}/"
BBFILE_PRIORITY_helloworld = "5"
LAYERVERSION_helloworld = "1"
```

图 7-30 bblayers.conf 的使用方法

bitbake.conf: 解析 bblayers.conf 后,BitBake 会在用户指定的 BBPATH 中查找 conf/bitbake.conf 文件。该配置文件通常包含用于导入任何其他元数据的指令,例如特定于体系结构、计算机、本地环境等的文件。bitbake.conf 的使用示例,如图 7-31 所示。

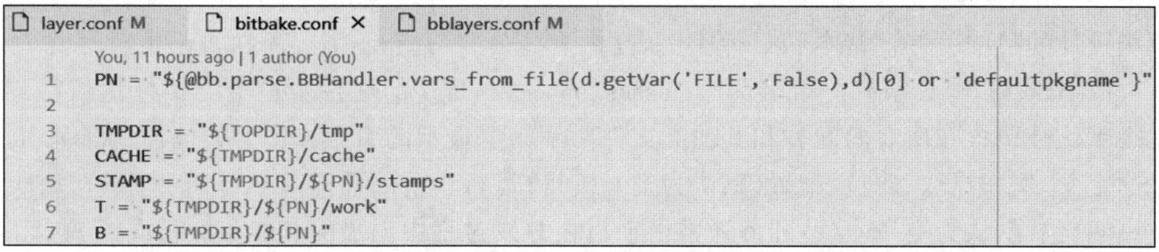
layer.conf M   bitbake.conf ×   bblayers.conf M
You, 11 hours ago | 1 author (You)

```
PN = "${@bb.parse.BBHandler.vars_from_file(d.getVar('FILE', False),d)[0] or 'defaultpkgname'}"

TMPDIR = "${TOPDIR}/tmp"
CACHE = "${TMPDIR}/cache"
STAMP = "${TMPDIR}/${PN}/stamps"
T = "${TMPDIR}/${PN}/work"
B = "${TMPDIR}/${PN}"
```

图 7-31 bitbake.conf 的使用示例

7. 机器配置

这部分配置主要是指 BSP 层中的配置。提供特定于机器的配置。这种类型的信息是特定于特定目标体系结构的。例如,在 Poky 中的 meta-yocto-bsp/conf 下的配置文件。

8. 策略配置

这部分配置主要指的是 DISTRO 层中为特定分发版构建的镜像或 SDK 提供的顶级或通用的策略。例如,在 Poky 中的 meta-poky/conf/下的配置文件。通常,DISTRO 层下的 conf/distro/distro.conf 会覆盖 BitBake 源码目录下的 conf/local.conf 中的相同配置。

9. 配方文件

配方是最基本的元数据形式,用于描述如何处理给定的应用程序,通常的文件命名规则为< application-name >_< version >.bb。配方包含了一系列的指令,描述了如何对给定的应用进行获取、打补丁、编译、安装和生成二进制包,还定义了构建或者运行时所需要的依赖。

一个配方文件通常包含名称、许可证、依赖关系、获取源码的地址,以及真正可以被执行的函数(通常被称为任务)。

在解析配置文件时,BitBake 会获得 BBFILES 这个变量的值。BitBake 使用它来构造需要解析的配方列表,以及要应用的任何附加文件(.bbappend)。BitBake 解析每个配方和匹配的附加文件,并将各种变量的值存储到数据存储中。

对于每个配方文件,生成一个新的基本配置副本,然后逐行解析。如果文件中有 inherit xxxx,则 BitBake 就会使用 BBPATH 作为搜索路径,以便查找并解析类文件(.bbclass)。最后,BitBake 按 BBFILES 中列出的追加文件(.bbappend)的顺序查找并解析相关追加文件。

在源码组织上,配方就是那些以 recipes-* 开头的文件夹中的内容。很多应用程序会有多个配方以支持不同的版本。在这种情况下,公共部分通常放在< application >.inc 文件中,而将专有部分放到< application >_< version >.bb 文件中(通过 require < application >.inc 引用)。

也可以使用 include < application >.inc,主要区别在于,如果引用的文件不存在,则 include 指令不会报错,而需求会报错。

10. 类文件

类文件包含在元数据文件之间可以共用的信息,文件的扩展名为.bbclass。类文件中的内容并没有特殊要求,所有可以用在配方中的内容都可以放到类文件中。只要觉得不违背类设计的目的就好。基本和 C 库类似,提供一些公共功能,不需要每次自己重新写。

BitBake 工作必须有一个名为./classes/base.bbclass 的文件。这个类文件比较特殊,它会默认被包含在所有的配方和其他类文件中不需要显示的引用。这个类包含标准基本任务的定义,例如抓取、解包、配置(默认为空)、编译(运行当前的任何 Makefile)、安装(默认为空)和打包(默认为空)。这些任务通常由项目在开发过程中添加的其他类重写或扩展。

BitBake 源码目录下有这个文件 bitbake 源码/conf/bitbake.conf,可以移植过来使用。在源码组织上,类通常会被单独放在所在层下的一个名为类的文件夹中,名字一般为 xxxx.bbclass,在其他配方文件中,可以使用 inherit xxxx(注意不需要扩展名.bbclass)d 来引用其中的内容。

不同的层可以有自己的类,OpenEmbedded 的公共类位于.\openembedded-core\meta\

classes 目录下。

11. 层结构

层主要是用来组织众多配方的。随着配方的增多，BitBake 引入了层的概念，以将配方按照不同的分类组织起来，不同的层之间是相互独立的。层就是一些配方的集合。

层可以在任何时包含对先前指令或设置的更改。常见的层有 BSP、GUI、发行版配置、中间件、应用。

在源码组织上，层就是那些以 meta- * 开头的文件夹（有一个约定俗成的目录结构），其中包含一系列配方。在实际使用中，需要根据自己的需求添加自己的层。

OpenEmbedded 官方维护的 meta-openembedded 就是一些层的集合。主要用来扩展 OpenEmbedded-Core 的功能。关于层的结构示例，如图 7-32 所示。

```
meta-yourname                          // Layer 以 meta- 开头
  ├─ classes                           // 本 Layer 提供的 Class，任意多个，其中可以包含其他 Class。如果没有，则可省略
  │      ├─ calss2.bbclass
  │      └─ class1.bbclass
  ├─ conf                              // 本 Layer 的配置文件，这个是必需的
  │      └─ layer.conf
  ├─ recipes-category1                 // 本 Layer 的各种 Recipes，其中包含多个 Package。可以包含其他文件
  │      ├─ package1                   // 其中一个 Package1
  │      │      └─ package1_0.0.1.bb   // 实际的 Recipes 源码文件，一般会加上版本号
  │      │
  │      └─ package2
  │             └─ package2_0.0.1.bb
  └─ recipes-category2                 // 同上
         ├─ package1
         │      └─ package1_0.0.1.bb
         └─ package2
                └─ package2_0.0.1.bb
```

图 7-32　层的结构示例

## 第 8 章

卷积与矩阵相乘编译部署分析

8.1　深度学习中的各种卷积

卷积和矩阵乘虽然是两个不同的数学运算方法,但是它们之间存在着很密切的关系。可以说,卷积运算本质上也是矩阵乘法,只不过将被卷积矩阵展开后与卷积核矩阵进行相乘,从而得到卷积矩阵。

编译和部署是软件在开发过程中的两个不同阶段。

(1)编译是将源代码转换为可执行的机器代码的过程。在编译阶段,开发人员将源代码输入编译器中,编译器将源代码转换为可执行的二进制文件。编译的目的是将源代码转换为计算机可以理解和执行的形式。

(2)部署是将已编译的软件部署到目标环境中的过程。在部署阶段,开发人员将已编译的软件打包成镜像或者安装包,并将其部署到目标服务器、云平台或其他运行环境中。部署的目的是将软件交付给最终用户,或者运行在生产环境中。

8.1.1　卷积与互相关

深度学习中不同的卷积类型,包括 2D、3D、1×1、转置、膨胀、可分离空间、深度分离、扁平化、分组、混合分组卷积……本节介绍这些卷积到底是如何工作的。尽量使用简单明了的方式,解释深度学习中常用的几种卷积。

卷积是一项在信号处理、视觉处理或者其他工程/科学领域中应用广泛的技术。在深度学习中,有一种模型架构叫作卷积神经网络。深度学习中的卷积本质上就是信号处理中的互相关(Cross-Correlation)。当然,两者之间也存在细微的差别。在信号/图像处理中,卷积的定义用式(8-1)表示。

$$(f * g)(t) = \int_{-\infty}^{\infty} f(\tau) g(t - \tau) \mathrm{d}\tau \tag{8-1}$$

由式(8-1)可以看出,卷积是通过两个函数 f 和 g 生成第 3 个函数的一种数学算子。对 f 与经过翻转和平移的 g 乘积进行积分。卷积过程如图 8-1 所示。

信号处理中的卷积。滤波器 g 首先翻转,然后沿着横坐标移动。两者相交的面积就是

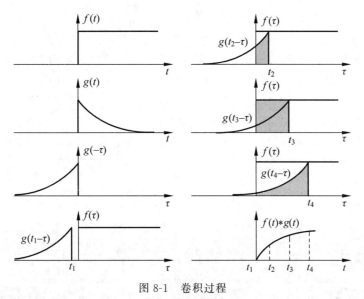

图 8-1 卷积过程

卷积值,互相关被称为滑动点积或者两个函数的滑动内积。互相关中的滤波器函数是不用翻转的,直接划过特征函数 f。f 和 g 相交的区域就是互相关,如图 8-2 所示。

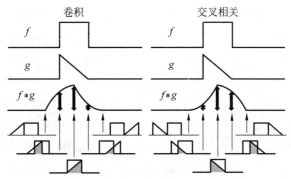

图 8-2 f 和 g 相交的区域构成互相关

在深度学习中,卷积中的滤波器不翻转,严格来讲是互相关。基本上执行元素对元素的加法或者乘法,但是,在深度学习中,还是习惯叫作卷积。滤波器的权重是在训练期间学习的。

8.1.2 深度学习中的卷积

卷积的目的是从输入中提取有用的特征。在图像处理中,有很多滤波器可以供选择。每种滤波器帮助提取不同的特征。例如水平、垂直、对角线边缘等。在 CNN 中,通过卷积提取不同的特征,滤波器的权重在训练期间自动学习,然后将所有提取的特征组合,以便做出决定。卷积的优势在于,权重共享和平移不变性。同时还考虑到了像素空间的关系,而这一点很有用,特别是在计算机视觉任务中,因为这些任务通常涉及识别具有空间关系的对象。例如狗的身体通常连接头部、四肢和尾部。

1. 单通道版本

单个通道的卷积在深度学习中是元素对元素的加法和乘法。单个通道的卷积如图8-3所示。在这里的滤波器是一个3×3的矩阵[[0,1,2],[2,2,0],[0,1,2]]。滤波器滑过输入,在每个位置完成一次卷积,每个滑动位置得到一个数字。最终输出仍然是一个3×3的矩阵。注意,在本例中,stride=1,padding=0。

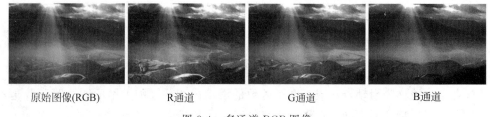

图8-3 单个通道的卷积

2. 多通道版本

在很多应用中,需要处理多通道图片。最典型的例子就是RGB图像,如图8-4所示。

原始图像(RGB)　　　　R通道　　　　G通道　　　　B通道

图8-4 多通道RGB图像

不同的通道强调原始图像的不同方面,另一个多通道数据的例子是CNN中的层。卷积网络层通常由多个通道组成(通常为数百个通道)。每个通道描述前一层的不同方面。如何在不同深度的层之间进行转换?如何将深度为 n 的层转换为深度为 m 的下一层?在描述这个过程之前,先介绍一些术语:layers(层)、channels(通道)、feature maps(特征图)、filters(滤波器)、kernels(卷积核)。从层次结构的角度来看,层和滤波器的概念处于同一水平,而通道和卷积核在下一级结构中。通道和特征图是同一个事情。一层可以有多个通道(或者说特征图)。如果输入的是一个RGB图像,就会有3个通道。通道通常被用来描述层的结构。相似的方法,卷积核被用来描述滤波器的结构,如图8-5所示。

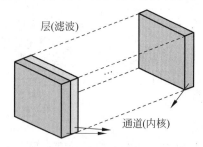

图8-5 描述滤波器的卷积核结构

层和通道之间、滤波和内核之间的不同很微妙。它们常常可以互换,所以这可能造成混淆。那它们之间有哪些不同呢?一个内核更倾向于是2D的权重矩阵,而滤波则是指多个内核堆叠的3D结构。如果是一个2D的滤波,两者就是一样的。在大多数深度学习的卷积中,一个3D滤波是包含内核的。每个卷积核都是独一无二的,主要在于强调输入通道的不同方面。

下面继续讲解多通道卷积。将每个内核应用到前一层的输入通道上,以便生成一个输出通道。这是一个卷积核过程,所有内核都可以重复这样的过程,以便生成多个通道,然后把这些通道加在一起,形成单个输出通道,如图8-6所示,输入是一个5×5×3的矩阵,有

3 个通道。滤波是一个 3×3×3 的矩阵。首先,滤波中的每个卷积核分别应用于输入层中的 3 个通道。执行 3 次卷积,可生成 3 个 3×3 的通道。

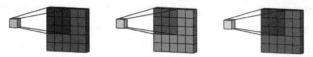

图 8-6　多通道卷积过程

然后这 3 个通道相加(矩阵加法),得到一个 3×3×1 的单通道,如图 8-7 所示。这个通道就是在输入层(5×5×3 矩阵)应用滤波(3×3×3 矩阵)的结果。

同样地,可以把这个过程看作一个 3D 滤波矩阵滑过输入层。值得注意的是,输入层和滤波有相同的深度(通道数量＝卷积核数量)。3D 滤波只需在二维方向上移动,即图像的高和宽。这也是为什么这种操作被称为 2D 卷积,尽管使用的是 3D 滤波器来处理 3D 数据。在每个滑动位置,执行卷积,得到一个数字。就像在下面的例子中所体现的,滑动水平的 5 个位置和垂直的 5 个位置。最终,得到了一个单一通道输出,如图 8-8 所示。

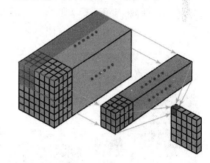

图 8-7　3 个通道相加(矩阵加法),得到一个 3×3×1 的单通道过程

图 8-8　使用 3D 滤波器来处理 3D 数据

现在一起来看一看,如何在不同深度的层之间转换,如图 8-9 所示。假设输入层有 X_{in} 个通道,想得到输出有 D_{out} 个通道。只需将 D_{out} 滤波器应用到输入层。每个滤波有 D_{in} 个卷积核。每个滤波提供一个输出通道。完成该过程,将结果堆叠在一起便形成输出层。

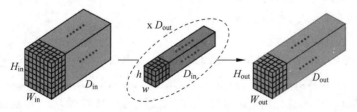

图 8-9　不同深度的层之间的转换

8.1.3　3D 卷积

3D 卷积过程如图 8-9 所示,但是在深度学习中,仍然把上述操作称为 2D 卷积。实际上就是 3D 数据,2D 卷积。滤波器的深度和输入层的深度是一样的。3D 滤波器只在两个方

向上移动(图像的高和宽),而输出也是一个 2D 的图像(仅有一个通道)。3D 卷积是存在的,它们是 2D 卷积的推广。在 3D 卷积中,滤波器的深度小于输入层的深度,即卷积核尺寸小于通道尺寸,如图 8-10 所示,所以 3D 滤波器需要在数据的 3 个维度上移动(图像的长、宽、高)。在滤波器移动的每个位置,执行一次卷积,得到一个数字。当滤波器滑过整个 3D 空间时,输出的结果也是一个 3D 的图像。

与 2D 卷积能够编码 2D 域中的对象关系一样,3D 卷积也可以描述 3D 空间中的对象关系。3D 关系在一些应用中是很重要的,例如 3D 分割/医学图像重构等。

8.1.4   1×1 卷积

下面来看一种有趣的操作——1×1 卷积。可能会有疑问,这种卷积操作真的有用吗?看起来只是一个数字乘以输入层的每个数字?正确,也不正确。如果输入数据只有一个通道,这种操作就是将每个元素乘上一个数字,但是,如果输入数据是多通道的,如图 8-11 所示,则说明了 1×1 卷积是如何工作的。输入的数据的尺寸是 $H \times W \times D$,滤波器尺寸是 $1 \times 1 \times D$,输出通道尺寸是 $H \times W \times 1$。如果执行 N 次 1×1 卷积,并将结果连接在一起,则可以得到一个 $H \times W \times N$ 的输出。

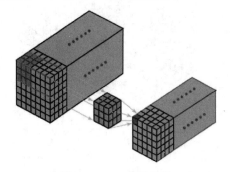

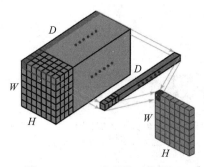

图 8-10   3D 卷积过程   图 8-11   1×1 卷积的工作原理

1×1 卷积的优势如下:

(1) 降低维度以实现高效计算。

(2) 高效的低维嵌入,或特征池。

(3) 卷积后再次应用非线性。

如图 8-11 所示,前两个优势可以在这里看出。完成 1×1 卷积操作后,显著地降低了深度方向的维度。如果原始输入有 200 个通道,则 1×1 卷积操作将这些通道嵌入单一通道。第 3 个优势是指在 1×1 卷积后可以添加诸如 ReLU 等非线性激活。非线性允许网络学习更加复杂的函数。

8.1.5   2D 卷积算法

本节介绍 2D 卷积算法。

kernel size(卷积核尺寸):卷积核在上面的部分已经提到,卷积核大小定义了卷积的视图。

stride(步长)：定义了卷积核在图像中移动的每步的大小。例如,stride＝1 表示卷积核按一像素大小移动;stride＝2 表示卷积核在图像中按 2 像素移动(跳过一像素)。可以用 stride≥2 对图像进行下采样。

padding：可以将 padding 理解为在图像的外围补充一些像素。padding 可以保持空间输出维度等于输入图像,必要时可以在输入外围填充 0。无填充的卷积只对输入图像的像素执行卷积,没有填充 0。输出的尺寸将小于输入,2D 卷积方法如图 8-12 所示(kernel size＝3、stride＝1、padding＝1)。

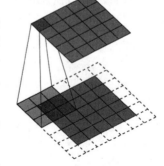

图 8-12　2D 卷积方法

有很多例子讲述不同的 kernel size、stride 和 padding 的组合。这里只是总结一般案例的结果。输入图像大小是 i,kernel size＝k,padding＝p,stride＝s,那么卷积后的输出计算,用式(8-2)表示。

$$o = \mathrm{lower\_bound}\left(\frac{i + 2p - k}{s}\right) + 1 \tag{8-2}$$

8.1.6　转置卷积

在许多应用和网络架构中,经常想要做逆向的卷积,即要进行上采样。一些示例包括图像高分辨率,需要将低维特征映射到高维空间,例如自动编码器或者语义分割。对于语义分割,首先用编码器提取特征图,然后在解码器中将其恢复为原始图像大小,这样实现对原始图像的每个像素进行分类。更直接地,可以通过应用插值方案或手动创建规则实现上采样。现在的一些结构,像神经网络,倾向于让网络自己学习正确的转换。如果要实现这一点,则可以使用转置卷积。转置卷积在一些文献中也称为去卷积或者小步长卷积,但是去卷积这个名字不太合适,因为转置卷积毕竟不是信号/图像处理中定义的那种反卷积。从技术上讲,在信号/图像处理中去卷积是反向的卷积操作。这里讲的不是这种情况。很多学者反对将转置卷积叫作去卷积。下面会讲解,为什么将这种卷积操作叫作转置卷积更合适。可以使用直接卷积实现转置卷积,如图 8-13 所示,输入是 2×2,填充 2×2 的 0 边缘和 3×3 的卷积核,stride＝1。上采样输出大小是 4×4。

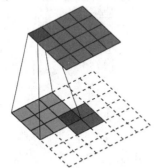

图 8-13　使用直接卷积实现转置卷积

很有趣,通过填充和步长的调整,可以把同一张 2×2 的图像映射成不同大小的输出。下面将转置卷积应用在相同的 2×2 输入(在输入之间插入一个 0)填充 2×2 边缘,stride＝1。现在,输出大小为 5×5。通过上面的例子使我们了解了转置卷积,可以帮助我们建立直观的印象,但是要具体了解如何应用,就要看在计算机中矩阵乘法是如何计算的。这样也可以看出,为什么转置卷积是更确切的名字。在卷积中,定义 **C** 作为卷积核,大尺寸图像是输入图像,小尺寸图像是卷积输出图像。完成卷积

（矩阵乘法）后，下采样大图像，得到小的输出图像。卷积中的矩阵乘法满足 $C \times \text{Large} = \text{Small}$，如图 8-14 所示，示例展示了该操作是如何工作的。首先将输入变成一个 16×1 的矩阵，然后将内核转换成 4×16 的稀疏矩阵。在稀疏矩阵和变换后的输入间执行矩阵乘法。完成后，将得到的结果矩阵（4×1）转换回 2×2 输出。

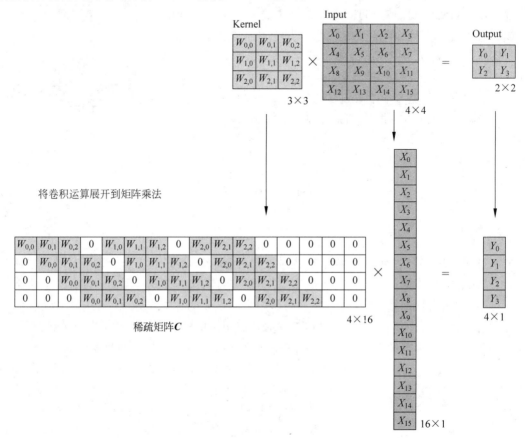

图 8-14　转置卷积过程

现在，如果在等式两边多次执行矩阵 C 转置，则可得到转置矩阵 C^{T}，使用矩阵与其转置矩阵的乘法给出单位矩阵的属性，得到公式 $C^{\mathrm{T}} \times \text{Large} = \text{Small}$，如图 8-15 所示。

图 8-15 执行了小图像到大图像的下采样，也是转置卷积的由来。

8.1.7　扩展卷积

标准的离散卷积用式(8-3)表示。

$$(F * k)(p) = \sum_{s+t=p} F(s)k(t) \tag{8-3}$$

不是标准的离散卷积过程如图 8-16 所示。

机器人扩展卷积计算，用式(8-4)表示。

$W_{0,0}$	0	0	0
$W_{0,1}$	$W_{0,0}$	0	0
$W_{0,2}$	$W_{0,1}$	$W_{0,0}$	0
0	$W_{0,2}$	$W_{0,1}$	$W_{0,0}$
$W_{1,0}$	0	$W_{0,2}$	$W_{0,1}$
$W_{1,1}$	$W_{1,0}$	0	$W_{0,2}$
$W_{1,2}$	$W_{1,1}$	$W_{1,0}$	0
0	$W_{1,2}$	$W_{1,1}$	$W_{1,0}$
$W_{2,0}$	0	$W_{1,2}$	$W_{1,1}$
$W_{2,1}$	$W_{2,0}$	0	$W_{1,2}$
$W_{2,2}$	$W_{2,1}$	$W_{2,0}$	0
0	$W_{2,2}$	$W_{2,1}$	$W_{2,0}$
0	0	$W_{2,2}$	$W_{2,1}$
0	0	0	$W_{2,2}$
0	0	0	0
0	0	0	0

16×4

Sparse matrix $\boldsymbol{C}^{\mathrm{T}}$

$\times$

Y_0
Y_1
Y_2
Y_3

4×1

$=$

X_0
X_1
X_2
X_3
X_4
X_5
X_6
X_7
X_8
X_9
X_{10}
X_{11}
X_{12}
X_{13}
X_{14}
X_{15}

16×1

$\longrightarrow$

X_0	X_1	X_2	X_3
X_4	X_5	X_6	X_7
X_8	X_9	X_{10}	X_{11}
X_{12}	X_{13}	X_{14}	X_{15}

4×4

图 8-15　卷积中的矩阵乘法 $\boldsymbol{C} \times \text{Large} = \text{Small}$ 过程

$$(F *_l k)(p) = \sum_{s+lt=p} F(s)k(t) \tag{8-4}$$

扩展卷积有时也称为标准离散卷积,如图 8-17 所示。

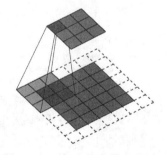

图 8-16　不标准的离散卷积图示

图 8-17　扩展卷积图示

　　直观地讲,扩展卷积通过在卷积核元素之间插入空格来扩张卷积核,如图 8-18 所示。扩充的参数取决于想如何扩大卷积核。具体实现可能会不同,但当内核大小为 $l=1$、2、4 时,内核元素之间通常会插入 $l-1$ 个空格。

　　扩展卷积的感受野,在没有增加消耗的情况下,能够观察到更大的感受野,如图 8-18 所示,3×3 的点表明卷积后输出图像是 3×3 像素。虽然 3 个卷积提供的输出具有相同的大小,但是模型的感受野却是不同的。当 $l=1$ 时,感受野是 3×3;当 $l=2$ 时,感受野是 7×7;

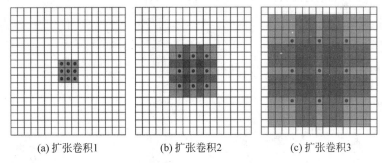

(a)扩张卷积1　　　　(b)扩张卷积2　　　　(c)扩张卷积3

图 8-18　扩张卷积核过程

当 $l=3$ 时,感受野扩张到 15×15。有趣的是,这些操作的相关参数的数量基本上是相同的,因此,扩展卷积被用来扩大输出的感受野,而不增加内核的尺寸,当多个扩展卷积一个接一个地堆叠时,这特别有效。

8.1.8　可分离卷积

可分离卷积会在一些神经网络结构中用到,例如 MobiLeNet。有空间可分离卷积和深度可分离卷积之分。

1. 空间可分离卷积

空间可分离卷积在图像的 2D 空间维度上操作,例如高度和宽度。从概念上讲,可以将该卷积操作分为两步。可以看下面的例子,一个 sobel 卷积核,3×3 尺寸,分为 3×1 和 1×3 的两个内核,用式(8-5)表示。

$$
\begin{bmatrix} -1 & 0 & 1 \\ -2 & 0 & 2 \\ -1 & 0 & 1 \end{bmatrix} = \begin{bmatrix} 1 \\ 2 \\ 1 \end{bmatrix} \times \begin{bmatrix} -1 & 0 & 1 \end{bmatrix} \tag{8-5}
$$

在一般卷积中,3×3 内核直接和图像卷积,而在空间可分离卷积中,首先是 3×1 的卷积核和图像卷积,然后是 1×3 卷积核操作。这样,只需 6 个参数就可以了,而相同的一般卷积操作需要 9 个参数。在空间可分离卷积中,矩阵乘法更少。一起来看一个具体的例子,一个 5×5 的图像,3×3 的卷积核(stride$=1$,padding$=$ 0),需要水平扫描 3 次,垂直扫描 3 次。有 9 个位置,如图 8-19 所示。在每个位置,9 个元素要进行乘法运算,所以总共要执行 $9\times9=81$ 次乘法运算。

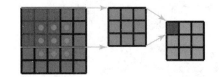

图 8-19　空间可分离卷积水平与垂直扫描图示

可以来看空间可分离卷积中是怎样的。首先在 5×5 图像上应用 3×1 的滤波。应该是水平扫描 5 个位置,垂直扫描 3 个位置,那么总共应该扫描 $5\times3=15$ 个位置,如图 8-20 所示,也就是下方有点的图。在每个位置完成 3 次乘法,总共完成 $15\times3=45$ 次乘法。现在得到的是一个 3×5 的矩阵,然后在 3×5 矩阵上应用 1×3 内核,那么需要水平扫描 3 个位置和垂直扫描 3 个位置。总共扫描 9 个位置,每个位置执行 3 次乘法运算,那么共执行 $9 \times 3 = 27$ 次,所以完成一次空间可分离卷积总共执行了 $45 + 27 = 72$ 次乘法运算,这比一般卷积要少。

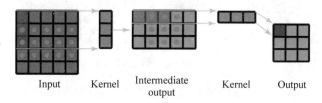

Input　Kernel　Intermediate output　Kernel　Output

图 8-20　空间可分离卷积过程图示

归纳一下上面的例子。现在,在一个 $N \times N$ 的图像上应用卷积,内核尺寸为 $m \times m$, stride=1,padding=0。传统卷积需要 $(N-2) \times (N-2) \times m + (N-2) \times (N-2) \times m = (2N-2) \times (N-2) \times m$ 次乘法运算。标准卷积和空间可分离卷积的计算成本比用式(8-6)表示。

$$\frac{2}{m} + \frac{2}{m(N-2)} \tag{8-6}$$

当图像的尺寸 N 远远大于过滤器的尺寸 $m(N \gg m)$ 时,上面的等式就可以简化为 $2/m$。如果内核大小为 3×3,则空间可分离卷积的计算成本是传统卷积的 2/3。虽然空间可分离卷积可以节省成本,但是它却很少在深度学习中使用。最主要的原因是,不是所有的内核都可以被分为两个更小的内核。如果将所有传统卷积用空间可分离卷积替代,则将限制在训练过程中找到所有可能的内核。找到的结果也许就不是最优的。

2. 深度可分离卷积

现在再来看深度可分离卷积,该卷积也分为两步,即 DW 卷积和 1×1 卷积。回顾一下上面提到的 2D 卷积和 1×1 卷积,可快速实现标准 2D 卷积。直接看具体的案例,如图 8-21 所示,输入的大小是 $7 \times 7 \times 3$(高、宽、通道数)。卷积核大小为 $3 \times 3 \times 3$。完成 2D 卷积操作之后输出是 $5 \times 5 \times 1$(只有一个通道)。

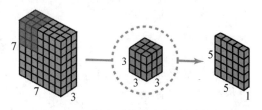

图 8-21　深度可分离卷积过程图示

一般来讲,两个网络层之间会有多个过滤器,如图 8-22 所示。这里有 128 个过滤器。在应用 128 个 2D 卷积后,有 128 个 $5 \times 5 \times 1$ 的输出特征图,然后将这些特征图堆叠到单层,大小为 $5 \times 5 \times 128$。通过该操作,将 $7 \times 7 \times 3$ 的输入转换成了 $5 \times 5 \times 128$ 的输出。在空间上,高度和宽度都被压缩了,但是深度被拓展了。

128 个滤波将输出扩展到 128 层。现在看使用深度可分离卷积如何获得相同的转换效果,如图 8-23 所示。首先,将去横向卷积应用到输入层。这里使用 3 个分开的内核,这与在 2D 卷积上使用单一 $3 \times 3 \times 3$ 滤波不同。每个内核的尺寸是 $3 \times 3 \times 1$。每个内核只完成输入的单通道卷积。每个这样的卷积操作会得到一个 $5 \times 5 \times 1$ 的特征图,然后将 3 张特征图

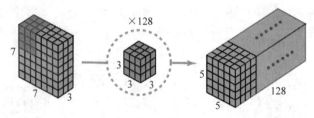

图 8-22　两个网络层之间会有多个过滤器

堆叠到一起,得到一个 $5\times5\times3$ 的图像。操作结束后,输出的大小为 $5\times5\times3$。压缩了空间维度,但是输出的深度和输入是一样的。

　　深度可分离卷积的第 2 步是扩充深度,使用大小为 $1\times1\times3$ 的内核完成 1×1 卷积,如图 8-24 所示。最后得到 $5\times5\times1$ 的特征图。

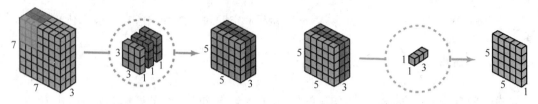

图 8-23　深度可分离卷积的转换效果　　　　图 8-24　深度可分离卷积的扩充深度

在完成 128 个 1×1 卷积操作之后,得到了 $5\times5\times128$ 的层,如图 8-25 所示。

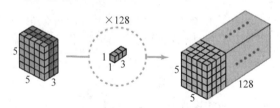

图 8-25　深度可分离卷积的扩充深度结果图示

　　通过上面的两步,横向可分离卷积将 $7\times7\times3$ 的输入转换成了 $5\times5\times128$ 的输出。整个过程如图 8-26 所示。

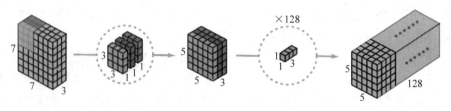

图 8-26　深度可分离卷积的整个过程

　　因此,横向可分离卷积的优势是什么呢?是效率。比起 2D 卷积,横向可分离卷积要少很多操作。来看 2D 卷积的计算消耗。有 128 个 $3\times3\times3$ 卷积核,移动 5×5 次,一共要执行 $128\times3\times3\times3\times5\times5=86400$ 次乘法运算。可分离卷积呢?在第 1 步去横向卷积中,这里有 3 个 $3\times3\times1$ 内核,移动 5×5 次,一共执行 675 次乘法运算。在第 2 步中,128 个

$1\times1\times3$ 卷积核移动 5×5 次，一共执行 9600 次乘法运算。总的计算消耗是 $675+9600=$ 10275 次乘法运算。消耗仅约为 2D 卷积的 12％，因此，对于随意一张图的处理，应用横向可分离卷积可以节省多少时间呢？假设输入是 $H\times W\times D$，2D 卷积（stride＝1，padding＝0），N_c 个内核大小为 $h\times h\times D$，其中 h 是偶数。将输入 $H\times W\times D$ 转换为输出层（$H-h+1\times W-h+1\times N_c$）。总的乘法操作是 $N_c\times h\times h\times D\times(H-h+1)\times(W-h+1)$。

　　另一方面，使用深度可分离卷积的计算消耗是 $D\times h\times h\times1\times(H-h+1)\times(W-h+1)+N_c\times1\times1\times D\times(H-h+1)\times(W-h+1)=(h\times h+N_c)\times D\times(H-h+1)\times(W-h+1)$，后者和前者的计算消耗比例用以式(8-7)表示。

$$\frac{1}{N_c}+\frac{1}{h^2} \tag{8-7}$$

　　在现在的很多结构中，输出层有相当多的通道。也就是说，N_c 往往远大于 h，所以，如果是 3×3 的滤波，则 2D 卷积花的时间是深度可分离卷积的 9 倍，如果是 5×5 的卷积核，则将是 25 倍。深度可分离卷积的劣势是什么呢？它减少了卷积的参数。如果是一个较小的模型，则模型的空间将显著减小。这造成的结果就是，模型得到的结果并不是最优的。

8.2　LLVM 中矩阵的实现分析

8.2.1　背景说明

　　Clang 提供了 C/C++语言对矩阵的扩展支持，以方便用户使用可变大小的二维数据类型实现计算，目前该特性还是实验版，设计和实现都在变化中。LLVM 目前设计为支持小型列矩阵，其对矩阵的设计基于向量。为用户提供了向量代码生成功能，能够减少不必要的内存访问，并且提供用户友好的接口。现在基于 LLVM 13 以英特尔 x86 架构为平台，用来实验和分析 LLVM 编译器对矩阵运算的基础支持。

　　LLVM 目前支持的矩阵间运算包括矩阵转置、加减法、乘法，以及除法，其中，矩阵只支持矩阵除以标量，不支持矩阵与矩阵相除。

8.2.2　功能实现

1. 数据实现

　　矩阵支持的元素类型有整型、单精、双精、半精，用户可以通过 matrix_type 属性来定义各种不同元素类型不同行列数的矩阵，如图 8-27 所示。

```
typedef double dx5x5_t __attribute__((matrix_type(5, 5)));
typedef float fx2x3_t __attribute__((matrix_type(2, 3)));
typedef float fx3x2_t __attribute__((matrix_type(3, 2)));
typedef int ix20x4_t __attribute__((matrix_type(20, 4)));
typedef int ix4x20_t __attribute__((matrix_type(4, 20)));
typedef unsigned ux1x6_t __attribute__((matrix_type(1, 6)));
```

图 8-27　通过矩阵属性来定义不同的矩阵

2. 内建支持

1）Clang

Clang 前端提供了 3 个内建接口供用户使用，目前矩阵的 load 和 store 都是按列操作的，对行矩阵的支持也同理，见表 8-1。

表 8-1　Clang 前端提供内建接口

接口名称	功能	参数	返回值
__builtin_matrix_column_major_load	按列加载矩阵	T * ptr：起始地址；size_t row：矩阵行数 size_t col：矩阵列数 size_t columnStride：步长，指加载完一列数据后 ptr 自增的元素个数	Row 行 col 列 T 元素类型矩阵
__builtin_matrix_column_major	按列存储矩阵	D * 4×4_t matrix：待存储的矩阵 T * ptr：存储起始地址 size_t columnStride：步长，指 ptr 存储完一列数据后自增的元素个数	无
__builtin_matrix_transpose	矩阵转置	D * 4×4_t matrix：待转置的矩阵	转置后的矩阵

当从一个基地址 * ptr 加载矩阵时，列矩阵是一列一列依次赋值的。当步长为 5 时，列矩阵的 load 和 store 操作如图 8-28 所示。

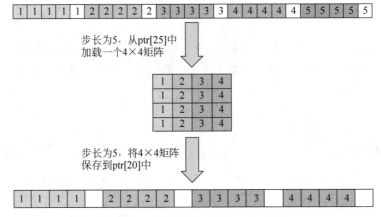

图 8-28　列矩阵的 load 和 store 操作

2）LLVM

LLVM 后端提供了 int_matrix_multiply 内建函数，该接口并未在 Clang 前端暴露，用户在编码矩阵乘法计算时只需使用乘法符号（×），LLVM 在创建中间表示（IR）时会自动创建对该内建函数的调用。

3）算法流程

通过 clang -cc1 -fenable-matrix -emit-llvm matrix_load.c 编译代码，生成的 IR 中包含对内建接口的调用，如图 8-29 所示。

Clang 中的 3 个内建接口用户在编码过程中是可以直接调用的，所以 IR 的生成过程采

```
typedef int ix5x5 __attribute__((matrix_type(5, 5)));

int main(){
  int element[25] = {1, 1, 1, 1, 1, 2, 2, 2, 2, 2, 3, 3, 3, 3, 3, 4, 4, 4, 4,
4, 5, 5, 5, 5, 5};
  int *Ptr = &element;
  ix5x5 m1 = __builtin_matrix_column_major_load(Ptr, 5, 5, 5);
  return 1;

  store ptr %element, ptr %Ptr, align 8
  %0 = load ptr, ptr %Ptr, align 8
  %matrix = call <25 x i32> @llvm.matrix.column.major.load.v25i32.i64
(ptr align 4 %0, i64 5, i1 false, i32 5, i32 5)
```

图 8-29   Clang 编译代码，生成内建接口的调用

用的方法是内建解析，矩阵乘法在用户编码时并不采用函数调用，而是标量乘法解析，在其中增加了矩阵类型的分支，如图 8-30 所示。

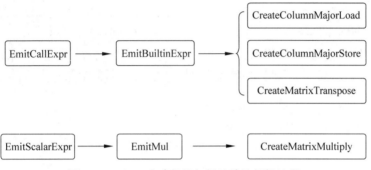

图 8-30   Clang 内建解析与标量乘法解析过程

CreateColumnMajorLoad 函数的详细代码如图 8-31 所示。

```
CallInst *CreateColumnMajorLoad(Value *DataPtr, Align Alignment,
                                Value *Stride, bool IsVolatile,
                                unsigned Rows, unsigned Columns,
                                const Twine &Name = "") {
  // 处理源指针
  PointerType *PtrTy = cast<PointerType>(DataPtr->getType());
  // 获取指针元素类型
  Type *EltTy = PtrTy->getElementType();
  // 根据指针元素类型创建（行*列）大小的向量
  auto *RetType = FixedVectorType::get(EltTy, Rows * Columns);
  // 创建调内建函数的参数
  Value *Ops[] = {DataPtr, Stride, B.getInt1(IsVolatile), B.getInt32(
Rows), B.getInt32(Columns)};
  Type *OverloadedTypes[] = {RetType};
  // 获取内建函数
  Function *TheFn = Intrinsic::getDeclaration(
      getModule(), Intrinsic::matrix_column_major_load, OverloadedTyp
es);
  // 创建对内建函数的调用
  CallInst *Call = B.CreateCall(TheFn->getFunctionType(), TheFn, Ops,
Name);
  Attribute AlignAttr =
      Attribute::getWithAlignment(Call->getContext(), Alignment);
  Call->addAttribute(1, AlignAttr);
  return Call;
```

图 8-31   构建列矩阵 Load 代码

实际上 LLVM x86 中的矩阵操作，最终都被转换成向量，所以这一步生成的 IR 还需要进一步降级，使用向量指令替换内建接口的调用指令，并且对已经替换的接口指令进行缓

存,当下次再调用同类矩阵接口指令时可以直接从缓存中取向量指令,而不需要再去执行矩阵转向量操作,从而提高性能。通过 clang -fenable-matrix -emit-llvm -S matrix_load. c,可以生成最终的 IR,该命令行在 Clang. cpp 文件中给后端传递了 -enable- matrix 选项,该选项会在 PassBuilder. cpp 文件中添加 LowerMatrixIntrinsicsPass 优化,该优化可将上述 IR 中的矩阵操作转换成向量操作,如图 8-32 所示。

假设一个 4×4 的矩阵,如图 8-33 所示,现在需要以 11 为基址,从中计算一个 2×3 的子矩阵,LLVM 提供了 computeVectorAddr 函数来计算子矩阵的地址。BasePtr 指矩阵(向量)起始元素的地址,VecIdx 指当前向量在子矩阵中的索引,Stride 指加载时的步长,NumElements 指每个向量中的元素个数,EltType 指元素类型。函数中 VecStart 变量通过 VecIdx 与 Stride 相乘得到,该变量表示当前计算的向量的起始位置,例如,示例矩阵中 13 对应的 VecStart=2×4=8;如果 VecStart=0,则代表第 0 列向量,需要将 BasePtr 赋给 VecStart,作为新向量的起始地址;如果 VecStart!=0,则通过 Builder. CreateGEP 创建一个 IR 操作 getelementptr,取对应列首地址,以此类推;最后通过 Builder. CreatePointerCast 把上述列的首地址转换成 VecPtrType 对应的向量地址,这样新向量就生成了,如图 8-34 所示。

```
// Clang.cpp
if (Args.hasArg(options::OPT_fenable_matrix)) {
  CmdArgs.push_back("-fenable-matrix");
  CmdArgs.push_back("-mllvm");
  CmdArgs.push_back("-enable-matrix");
}

// PassBuilder.cpp
if (EnableMatrix) {
  OptimizePM.addPass(LowerMatrixIntrinsicsPass());
  OptimizePM.addPass(EarlyCSEPass());
}
```

图 8-32　矩阵操作转换成向量操作

00	01	02	03
10	11	12	13
20	21	22	23
30	31	32	33

图 8-33　4×4 的矩阵示例

```
//    第0列:   computeVectorAddr(Base, 0 (column), 4 (stride), 2 (num rows), ..)
//           -> returns Base
//    第1列:   computeVectorAddr(Base, 1 (column), 4 (stride), 2 (num rows), ..)
//           -> returns Base + (1 * 4)
//    第2列:   computeVectorAddr(Base, 2 (column), 4 (stride), 2 (num rows), ..)
//           -> returns Base + (2 * 4)
Value *computeVectorAddr(Value *BasePtr, Value *VecIdx,
                         Value *Stride,
                         unsigned NumElements, Type *EltType,
                         IRBuilder<> &Builder) {
  assert((!isa<ConstantInt>(Stride) ||
          cast<ConstantInt>(Stride)->getZExtValue() >= NumElements) &&
         "Stride must be >= the number of elements in the result vector.");
  unsigned AS = cast<PointerType>(BasePtr->getType())->getAddressSpace();

  //计算索引为VecIndex*Stride的向量的开始
  Value *VecStart = Builder.CreateMul(VecIdx, Stride, "vec.start");

    //获取指向选定向量起点的指针。如果选择向量0, 则跳过GEP创建
  if (isa<ConstantInt>(VecStart) && cast<ConstantInt>(VecStart)->isZero())
    VecStart = BasePtr;
  else
    VecStart = Builder.CreateGEP(EltType, BasePtr, VecStart, "vec.gep");

    //将元素向量起始指针强制转换为指向向量的指针（EltType x
  NumElements) *
  auto *VecType = FixedVectorType::get(EltType, NumElements);
  Type *VecPtrType = PointerType::get(VecType, AS);
  return Builder.CreatePointerCast(VecStart, VecPtrType, "vec.cast");
```

图 8-34　计算子矩阵 computeVectorAddr 函数代码

有了以上 computeVectorAddr 函数，只要给定相应的参数，就可以计算出一个向量（子矩阵）的地址了，调用过程如图 8-35 所示。LLVM 中在加载（load）矩阵时，便根据矩阵的列数（行矩阵根据行数）来依次生成原始矩阵对应的向量，例如一个 int 5×4 的矩阵会被加载为 4 个<5×i32>向量，而一个 int 4×5 的矩阵会被加载为 5 个<4×i32>向量。

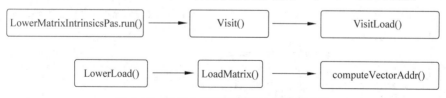

图 8-35　计算向量子矩阵地址的调用过程

由于矩阵的加减法是对应位置元素的加减运算，所以在拆成向量后即可复用向量的加减操作，由于乘法与加减法的运算规则不同，所以需要对拆出来的向量进一步进行处理。假设矩阵 **A** 乘以矩阵 **B** 等于矩阵 **C**，元素类型都是 int，如图 8-36 所示。

矩阵**A**

00	01	02	03
10	11	12	13
20	21	22	23
30	31	32	33
40	41	42	43

矩阵**B**

00	01	02	03	04
10	11	12	13	14
20	21	22	23	24
30	31	32	33	34

矩阵**C**

00	01	02	03	04
10	11	12	13	14
20	21	22	23	24
30	31	32	33	34
40	41	42	43	44

图 8-36　矩阵 **A** 乘以矩阵 **B** 等于矩阵 **C**

加载矩阵时，矩阵 **A** 被拆成了 4 个<5×i32>向量，矩阵 **B** 被拆成了 5 个<4×i32>向量。LLVM 会根据拆分后的向量的地址把向量进一步整合成适合目标架构宽度乘法运算的新向量，具体是通过目标架构寄存器宽度和当前向量元素类型宽度的比值得出要整合的向量的大小。当前 x86 架构的 VF 返回的是 4，也就是说，以 4 个元素为一组向量整合矩阵 **A** 和矩阵 **B**，整合完成后进行向量运算，代码如下：

```
//第 10 章/matric vector.c
< A00, A10, A20, A30 >×< B00, B00, B00, B00 >+
< A01, A11, A21, A31 >×< B10, B10, B10, B10 >+
< A02, A12, A22, A32 >×< B20, B20, B20, B20 >+
< A03, A13, A23, A33 >×< B30, B30, B30, B30 >=
< C00, C10, C20, C30 >
```

可以看到，C40 还没有被计算出来，此时就剩 1 个元素需要计算了，于是把矩阵 **A** 每列的最后 1 个元素和矩阵 **B** 第 1 列的每个元素转换成<1×i32>向量，然后将对应元素相乘后再相加，从而完成计算，代码如下：

```
//第 10 章/ C40 computation.c
< A40 >×< B00 > + < A41 >×< B10 > + < A42 >×< B20 > + < A43 >×< B30 > = < C40 >
```

那么,如何得到最后的向量是<1×i32>类型呢? 如前所述,VF 决定了整合的向量的元素个数,LLVM 通过以下代码实现,$C=4$,$R=5$,当 $I+\text{BlockSize}>R$ 时会不断地对 BlockSize 取半,确保除 1 以外的其他向量元素的个数都是偶数,BlockSize 的初值为 4,由于在第 0 列第 0 行时 $I+\text{BlockSize}=4<R$,所以取 4 个元素作为一组向量,由于在第 0 列第 5 行时 $I+\text{BlockSize}=8>R$,所以只有 BlockSize 在 while 循环中最终算得的结果为 1 时才满足条件,如图 8-37 所示。

```
for (unsigned J = 0; J < C; ++J) {
  unsigned BlockSize = VF;
  for (unsigned I = 0; I < R; I += BlockSize) {
    while (I + BlockSize > R)
      BlockSize /= 2;
```

图 8-37　计算 BlockSize 代码

实际在 IR 中使用了 shufflevector、extractelement 和 insertelement 来生成新的向量,如图 8-38 所示,%col. load 为矩阵 **A** 的第 0 列元素,%col. load2 为矩阵 **A** 的第 1 列素,%col. load10 为矩阵 **B** 的第 0 列元素,从%col. load 中取 4 个元素依次与%col. load10 中的第 0 个元素相乘,从%col. load2 中取 4 个元素依次与%col. load10 中的第 1 个元素相乘,再把乘积依次相加,如图 8-38 所示。

矩阵**A**

col.load	col.load2		
00	01	02	03
10	11	12	13
20	21	22	23
30	31	32	33
40	41	42	43

矩阵**B**

col.load10				
00	01	02	03	04
10	11	12	13	14
20	21	22	23	24
30	31	32	33	34

图 8-38　计算两个矩阵对应元素相乘

矩阵相乘汇编方式,代码如下:

```
//第10章/key value.asm
key    value
% block          < A00, A10, A20, A30 >
% splat. splat    < B00, B00, B00, B00 >
% block23        < A01, A11, A21, A31 >
% splat. splat25  < B10, B10, B10, B10 >
```

关于 key 与对应的 value 值,见表 8-2。

表 8-2　key 与对应的 value 值

key	value	key	value
%block	< A00,A10,A20,A30 >	%block23	< A01,A11,A21,A31 >
%splat. splat	< B00,B00,B00,B00 >	%splat. splat25	< B10,B10,B10,B10 >

计算两个矩阵对应元素相乘的代码如图 8-39 所示。

```
%1 = bitcast [25 x i32]* %element to i32*
store i32* %1, i32** %Ptr, align 8
%2 = load i32*, i32** %Ptr, align 8
%vec.cast = bitcast i32* %2 to <5 x i32>*
%col.load = load <5 x i32>, <5 x i32>* %vec.cast, align 4
%vec.gep = getelementptr i32, i32* %2, i64 5
%vec.cast1 = bitcast i32* %vec.gep to <5 x i32>*
%col.load2 = load <5 x i32>, <5 x i32>* %vec.cast1, align 4

%3 = load [20 x i32]*, [20 x i32]** %m2.addr, align 8
%4 = bitcast [20 x i32]* %3 to <20 x i32>*
%5 = bitcast <20 x i32>* %4 to i32*
%vec.cast9 = bitcast i32* %5 to <4 x i32>*
%col.load10 = load <4 x i32>, <4 x i32>* %vec.cast9, align 4

%block = shufflevector <5 x i32> %col.load, <5 x i32> poison, <4 x i32>
<i32 0, i32 1, i32 2, i32 3>
%6 = extractelement <4 x i32> %col.load10, i64 0
%splat.splatinsert = insertelement <4 x i32> poison, i32 %6, i32 0
%splat.splat = shufflevector <4 x i32> %splat.splatinsert, <4 x i32> po
ison, <4 x i32> zeroinitializer
%7 = mul <4 x i32> %block, %splat.splat
%block23 = shufflevector <5 x i32> %col.load2, <5 x i32> poison, <4 x i
32> <i32 0, i32 1, i32 2, i32 3>
%8 = extractelement <4 x i32> %col.load10, i64 1
%splat.splatinsert24 = insertelement <4 x i32> poison, i32 %8, i32 0
%splat.splat25 = shufflevector <4 x i32> %splat.splatinsert24, <4 x i32
> poison, <4 x i32> zeroinitializer
%9 = mul <4 x i32> %block23, %splat.splat25
```

图 8-39 计算两个矩阵对应元素相乘的代码

8.2.3 举例说明

1. 矩阵加载

编写一段测例 matrix_load.c,通过 matrix_type 属性指定行列数定义 5×5 的 int 类型矩阵,将步长设为 5,这样正好把数组中的 25 个元素都加载到矩阵中了,如图 8-40 所示。

```
typedef int ix5x5 __attribute__((matrix_type(5, 5)));

int main(){
  int element[25] = {1, 1, 1, 1, 1, 2, 2, 2, 2, 2, 3, 3, 3, 3, 3, 4, 4, 4, 4,
4, 5, 5, 5, 5, 5};
  int *Ptr = &element;
  ix5x5 m1 = __builtin_matrix_column_major_load(Ptr, 5, 5, 5);
  return 1;
```

图 8-40 矩阵加载代码

生成的 IR 正如前文所述,首先每次从数组元素中取出 5 个元素组成一个向量,如图 8-41 所示。

再依次保存到 m1 对应的矩阵的地址里,如图 8-42 所示。

生成的汇编部分截图,如图 8-43 所示,可以看到,长度 25 的数组元素先被拆成 4+4+4+4+4+4+1,然后被取出来放到对应地址,存储时按照 4+1 作为一组共保存了 5 次,正好构成 5×5 的矩阵。

2. Matrix transpose

矩阵转置同样也是将矩阵操作转换为向量操作,编写测试用例,如图 8-44 所示。

生成的部分 IR 如图 8-45 所示,从矩阵中加载每列向量,将第 0 列第 0 个元素插入%4

```
%1 = bitcast [25 x i32]* %element to i32*
store i32* %1, i32** %Ptr, align 8
%2 = load i32*, i32** %Ptr, align 8
%vec.cast = bitcast i32* %2 to <5 x i32>*
%col.load = load <5 x i32>, <5 x i32>* %vec.cast, align 4
%vec.gep = getelementptr i32, i32* %2, i64 5
%vec.cast1 = bitcast i32* %vec.gep to <5 x i32>*
%col.load2 = load <5 x i32>, <5 x i32>* %vec.cast1, align 4
%vec.gep3 = getelementptr i32, i32* %2, i64 10
%vec.cast4 = bitcast i32* %vec.gep3 to <5 x i32>*
%col.load5 = load <5 x i32>, <5 x i32>* %vec.cast4, align 4
%vec.gep6 = getelementptr i32, i32* %2, i64 15
%vec.cast7 = bitcast i32* %vec.gep6 to <5 x i32>*
%col.load8 = load <5 x i32>, <5 x i32>* %vec.cast7, align 4
%vec.gep9 = getelementptr i32, i32* %2, i64 20
%vec.cast10 = bitcast i32* %vec.gep9 to <5 x i32>*
```

图 8-41　从数组中取出元素组成向量

```
%3 = bitcast [25 x i32]* %m1 to <25 x i32>*
%4 = bitcast <25 x i32>* %3 to i32*
%vec.cast12 = bitcast i32* %4 to <5 x i32>*
store <5 x i32> %col.load, <5 x i32>* %vec.cast12, align 4
%vec.gep13 = getelementptr i32, i32* %4, i64 5
%vec.cast14 = bitcast i32* %vec.gep13 to <5 x i32>*
store <5 x i32> %col.load2, <5 x i32>* %vec.cast14, align 4
%vec.gep15 = getelementptr i32, i32* %4, i64 10
%vec.cast16 = bitcast i32* %vec.gep15 to <5 x i32>*
store <5 x i32> %col.load5, <5 x i32>* %vec.cast16, align 4
%vec.gep17 = getelementptr i32, i32* %4, i64 15
%vec.cast18 = bitcast i32* %vec.gep17 to <5 x i32>*
store <5 x i32> %col.load8, <5 x i32>* %vec.cast18, align 4
%vec.gep19 = getelementptr i32, i32* %4, i64 20
%vec.cast20 = bitcast i32* %vec.gep19 to <5 x i32>*
```

图 8-42　保存到矩阵的地址里

```
movl    .L__const.main.element+96(%rip), %eax   #eax对应element数组最后一个元素
movl    %eax, -16(%rbp) #最后一个元素取的整型
movaps  .L__const.main.element+80(%rip), %xmm0  #16字节对齐移动，表示4个打包的
单精
movaps  %xmm0, -32(%rbp)
movaps  .L__const.main.element+64(%rip), %xmm0
movaps  %xmm0, -48(%rbp)
movaps  .L__const.main.element+48(%rip), %xmm0
movaps  %xmm0, -64(%rbp)
movaps  .L__const.main.element+32(%rip), %xmm0
movaps  %xmm0, -80(%rbp)
movaps  .L__const.main.element+16(%rip), %xmm0
movaps  %xmm0, -96(%rbp)
movaps  .L__const.main.element(%rip), %xmm0     #从0偏移开始，对齐取4个单精
movaps  %xmm0, -112(%rbp)  #将上面取到的4个单精存到rbp-112
leaq    -112(%rbp), %rax   #装载后的数组地址传给rax
movq    %rax, -120(%rbp)
movq    -120(%rbp), %rax
movups  (%rax), %xmm4  #将16字节移入内存
movl    16(%rax), %edi  #移4字节整数
movups  20(%rax), %xmm3
movl    36(%rax), %esi
movups  40(%rax), %xmm2
movl    56(%rax), %edx
movups  60(%rax), %xmm1
movl    76(%rax), %ecx
movups  80(%rax), %xmm0
```

图 8-43　生成的汇编部分代码

```
void transpose_int_5x5(ix5x5_t *a) {
  ix5x5_t a_t = __builtin_matrix_transpose(*a);
  print_ix5x5(&a_t);
}

int main() {
  int element[25] = {1, 1, 1, 1, 1,  2, 2, 2, 2, 2, 3, 3, 3, 3, 3, 4, 4, 4, 4
, 4, 5, 5, 5, 5, 5};
  int *Ptr = &element;
  ix5x5_t s = __builtin_matrix_column_major_load(Ptr, 5, 5, 5);
  transpose_int_5x5(&s);
```

图 8-44　编写测试用例代码

代表的<5×double>新向量的第 0 位置,将第 1 列第 0 个元素插入%4 第 1 位置,将第 2 列第 0 个元素插入%4 第 2 个位置,依次提取,按序插入,这样就完成了矩阵的转置操作。

```
%3 = extractelement <5 x i32> %col.load, i64 0
%4 = insertelement <5 x i32> undef, i32 %3, i64 0
%5 = extractelement <5 x i32> %col.load2, i64 0
%6 = insertelement <5 x i32> %4, i32 %5, i64 1
%7 = extractelement <5 x i32> %col.load5, i64 0
%8 = insertelement <5 x i32> %6, i32 %7, i64 2
%9 = extractelement <5 x i32> %col.load8, i64 0
%10 = insertelement <5 x i32> %8, i32 %9, i64 3
%11 = extractelement <5 x i32> %col.load11, i64 0
```

图 8-45　生成的部分 IR,完成矩阵转置代码

## 第 9 章

光刻机技术分析

9.1 光刻机基本原理

根据 SEMI 预测,2022 年光刻机占半导体设备市场份额达 23%,市场规模达 232.3 亿美元,三大巨头垄断市场,其中,全球光刻机三大巨头 ASML、Canon、Nikon 光刻机营收分别为 161 亿、20 亿、15 亿美元,市场份额分别达 82%、10%、8%;出货量分别为 345、176、30 台,市场份额分别为 63%、32%、5%。从 EUV、ArFi、ArF 三个高端机型的出货量来看,ASML 仍维持领先地位,出货量分别占 100%、95%、87%,国内占 ASML 销售额的 14%。国内光刻机技术在国内领先,目前已可量产 90nm 分辨率的 ArF 光刻机,28nm 分辨率的光刻机也有望取得突破。光刻机主要由激光光源、物镜系统及工作台这 3 个核心部分组成,它们之间相互配合就是为了完成更为精确的光刻,数值越小芯片性能也就越强,当然难度也就越大。

(1) 激光光源:浸没式 193nm 准分析激光器突破,EUV 有新进展。就激光光源来讲,为了实现更精确的光刻,就必须提高分辨率,减少光源波长是重要手段。光源系统发展到今天,主流的 EUV 光源已确定为激光等离子体光源(LPP),目前只有两家公司能够生产:美国的 Cymer(2012 年被 ASML 收购)和日本的 Gigaphoton。国内自主研发设计生产的首台高能准分子激光器填补了在准分子激光技术领域的空白,其已完成了 6kHz、60W 主流 ArF 光刻机光源制造,激光器上的 KBFF 晶体由中国中科院旗下的福晶科技提供。

(2) 物镜系统:与海外差距较大,但已突破 90nm。物镜是光刻机中最昂贵最复杂的部件之一,二十余枚镜片的初始结构设计难度极大,不仅要控制物镜波像差,更要全面控制物镜系统的偏振像差。卡尔蔡司是 ASML 镜片、反射镜、照明器、收集器和其他关键光学元件的唯一供应商。在光学镜头方面,尽管与卡尔蔡司、尼康等公司还有非常大的差距,但国内提供的镜头已经可以做到 90nm。

(3) 双工作台和沉浸系统:双工作台突破 10nm,沉浸系统突破 ArFi。高端光刻机都采用了双工作台,负责测量和曝光晶圆,两个工作台交换位置和职能,从而提高 3 倍以上的生产效率。双工作台技术难度很高,精确度要求极高(高速运动下保持 2nm 精度),目前掌握该项技术的只有荷兰的 ASML。国内研发出光刻机双工作台,精度为 10nm,虽然比不上 ASML 的水平,但也算填补了国内空白。浸没系统环节,正在努力突破 ArFi 沉浸式光刻机,而近些年国内企业在浸液控制系统上取得了重大突破。

(4) 光刻胶:KrF 已突破,ArF 待突破。国内半导体光刻胶对外依赖程度达 80% 以上,据晶瑞股份公告数据显示,适用于 6 英寸晶圆的 g/i 线光刻胶自给率约为 20%,适用于 8 英寸晶圆的 KrF 光刻胶自给率小于 5%,适用于 12 英寸晶圆的 ArF 光刻胶目前基本靠进口。

(5) 涂胶/显影设备:国产突破 28nm。涂胶显影设备是光刻工序中与光刻机配套使用的涂胶、烘烤及显影设备,2022 年,涂胶显影领域国内在 28nm 及以上节点的光刻涂胶显影工艺上可实现全面国产替代,目前在客户端已完成验收。

9.2　光刻机核心设备

9.2.1　光刻机整机

国产 90nm 已攻克,推进 28nm 光刻技术是在特定波长的光照作用下,借助光刻胶将光掩模上的图形转移到基片上的技术工艺。从工艺原理上来看,光刻工艺首先使光穿过光掩模,并通过镜片使光掩模缩小,最终使光落于覆盖有光刻胶的基板上;在此过程中,光掩模遮盖区域的光刻胶底片不会变硬,在刻蚀过程中被剥落,从而完成对底片的雕刻。由于光刻工艺的一般流程包括涂胶、曝光、显影等核心过程,所以分别涉及涂胶机、光刻机和显影机,其中,光刻机由于技术壁垒高、单台成本高,为光刻工艺中最为重要的设备。光刻工艺用于在晶圆表面上和内部产生需要的图形和尺寸。将数字化图形转到晶圆上需要一些加工步骤。在光刻制程中,准备光刻母版(Reticle)是其中一个步骤。

(1) 光刻母版是在玻璃或石英板的镀薄膜铬层上生成分层设计电路图的复制图。

(2) 光刻母版可直接用于进行光刻,也可以用来制造掩模版。

(3) 掩模版是在玻璃底板表层镀铬。在加工完成后,在掩模版表面会覆盖许多电路图形的副本。掩模版是用整个晶圆表面来形成图形。表示光刻工艺流程图如图 9-1(a)所示,光刻工艺原理如图 9-1(b)所示。

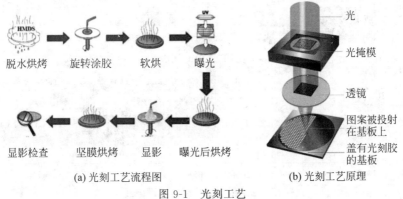

脱水烘烤　　旋转涂胶　　软烘　　曝光

显影检查　　坚膜烘烤　　显影　　曝光后烘烤

光
光掩模
透镜
图案被投射在基板上
盖有光刻胶的基板

(a) 光刻工艺流程图　　　　(b) 光刻工艺原理

图 9-1　光刻工艺

9.2.2　光刻机发展历程

瑞利准则 $CD=k_1\times\lambda/NA$，光源波长、数值孔径为影响分辨率的主要因素。芯片大小是决定芯片成本的重要因素，芯片越小，一张晶圆片上可切割的芯片越多，芯片成本就越低。芯片临界尺寸(光刻系统能够识别的最小尺寸，即光学分辨率)公式为 $CD=k_1\times\lambda/NA$，其中 CD 为芯片的临界尺寸，λ 为光源波长，NA 是光学器件的数值孔径，定义可以收集多少光，k_1 为与芯片制造相关的常数因子，ASML 认为其物理极限是 $k_1=0.25$。光刻机技术路线主要从前两方面进行技术突破：光源波长方面，光源由最初的 g 线发展至目前的极紫外 EUV，波长由 436nm 缩短至 13.5nm；EUV 光线下芯片制程可达 3nm，ASML 为目前全球唯一的 EUV 供应商，并且其正在进一步研发制造 2nm 甚至 1.x nm 制程芯片的光刻机。数值孔径方面，浸没式技术的应用大大减小了折射角度，使投影物镜的直径得以进一步增加。光刻机技术发展路线见表 9-1。

表 9-1　光刻机技术发展路线

技术阶段	光源		波长/nm	对 应 设 备	最小工艺节点/nm	特 点
第 1 代	UV	g 线	436	接触式光刻机	800～250	易受污染，掩模版寿命短
				接近式光刻机	800～251	成像精度不高
第 2 代	UV	i 线	365	接触式光刻机	800～252	易受污染，掩模版寿命短
				接近式光刻机	800～253	成像精度不高
第 3 代	DUV	KrF	248	扫描投影式光刻机	180～130	投影式光刻机大幅度增加了掩模版寿命
第 4 代	DUV	ArF	193	步进扫描投影式光刻机	130～65	最具代表性的光刻机
				浸没式步进扫描投影式光刻机	45～7	
第 5 代	EDU	EUV	13.5	极紫外光刻机	7～3	成本过高，技术突破困难

芯片临界尺寸演进路线如图 9-2 所示。

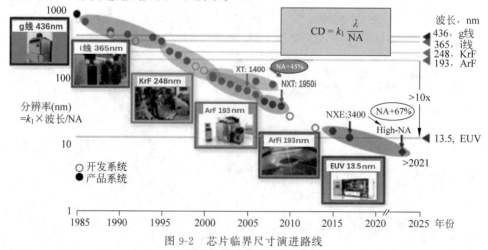

图 9-2　芯片临界尺寸演进路线

ASML 芯片性能演进路线如图 9-3 所示。

图 9-3 ASML 芯片性能演进路线

9.2.3 光刻机系统架构

光刻机结构复杂,核心部件达十余种。ASML 光刻机由照明光学模组、光罩模组和晶圆模组组成。光刻机技术复杂,往往生产一台光刻机需要上千家供应商,主要组件包括双工作台、光源系统、曝光系统、浸没系统、物镜系统、光栅系统等,配套设施包括光刻胶、掩模版、涂胶显影等。光刻机核心部件如图 9-4(a)所示,光刻机三大系统如图 9-4(b)所示。

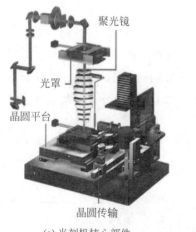

(a) 光刻机核心部件

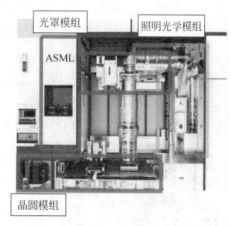

(b) 光刻机三大系统

图 9-4 光刻机

光刻机主要结构见表 9-2。

表 9-2 光刻机主要结构

设备及材料	功　能
测量台与曝光台	承载硅片的工作台,一版光刻机只有一个工作台,需要先测量,后曝光。ASML 的双工作台技术实现测量与曝光同时进行

续表

设备及材料	功能
激光源	光源,光刻机核心设备之一
光束矫正器	矫正光束射入方向,让激光束尽量平行
光束形状设置	将光束设置为圆形、环形等不同形状
遮光器	当不需要曝光时,阻止光束照射到硅片,控制最终照射到硅片上的能量是否符合曝光要求
能量控制器	控制最终照射到硅片上的能量
能量探测器	检测光束的最终入射能量是否符合曝光要求
掩模版	刻有线路设计图的玻璃板,贵的要数十万美元
掩模台	承载掩模版运动的装置,运动控制精度为纳米级
光刻胶	一种有机化合物,被曝光后,在显影液中的溶解度会发生变化
涂胶显影	配合光刻机完成晶圆的光刻胶涂覆、固化、显影等
光刻气体	光刻机产生深紫外激光的光源,不同气体能产生不同波长的光源,影响光刻机的分辨率
物镜	将掩模上的电路图按比率缩小
封闭框架、减震器	将工作台与外部环境隔离,减少外界振动干扰,维持稳定的温度、压力

9.2.4 光刻机三大巨头市场格局

2022 年全球光刻机市场规模约为 232.3 亿美元,三大巨头垄断市场。根据 SEMI 预测,2022 年光刻机占半导体设备市场份额 23%,其中,全球光刻机三大巨头 ASML、CanonNikon 光刻机营收分别为 161 亿、20 亿、15 亿美元,市场份额分别达 82%、10%、8%;出货量分别为 345、176、30 台,市场份额分别为 63%、32%、5%。从 EUV、ArFi、ArF 三个高端机型的出货量来看,ASM 仍维持领先地位,出货量分别占 100%、95%、87%。2022 年光刻机 ASML、Canon、Nikon 三大巨头的营收市场份额如图 9-5(a)所示,出货量份额如图 9-5(b)所示。2022 年不同机型光刻机市场格局,如图 9-6 所示。

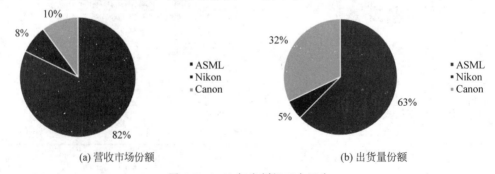

(a) 营收市场份额　　　　　　　　(b) 出货量份额

图 9-5　2022 年光刻机三大巨头

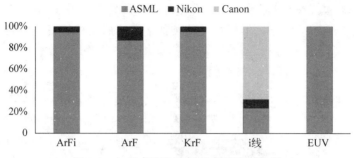

图 9-6　2022 年不同机型光刻机市场格局

9.2.5　上海微电子产品管线

国内占 ASML 销售额 14％,2019 年以来,ASML 对国内销售额呈现持续增长态势,2022 年国内销售额占比达 14％。国内目前已可量产 90nm 分辨率的 ArF 光刻机,28nm 分辨率的光刻机也有望取得突破。国内光刻产品管线见表 9-3。

表 9-3　国内光刻产品管线

类　　型	系　　列	型号	分辨率	曝 光 光 源	硅片尺寸
IC 前道制造	600 系列光刻机	SSA600/20	90nm	ArFexcimerlaser	200nm 或 300nm
		SSC600/20	90nm	KrFexcimerlaser	200nm 或 300nm
		SSB600/20	90nm	i-linemercurylamp	200nm 或 300nm
IC 后道先进封装	500 系列光刻机	SSB500/20	2μm	ghi-line/ghline/ i-linemercurylamp	200nm/300nm
		SSB500/20	1μm	ghi-line/ghline/ i-linemercurylamp	200nm/300nm
LED、MEMS、 PowerDevice 制造	300 系列光刻机	SSB300	0.82μm	i-linemercurylamp	
		SSB320	2μm	i-linemercurylamp	
		SSB380	1.5μm	i-linemercurylamp	
TFT 曝光	200 系列光刻机	SSB225/10			
		SSB225/20			
		SSB245/10			
		SSB245/20			
		SSB260/10T			
		SSB260/20T			

9.3　掩模版光刻过程的核心耗材

9.3.1　掩模版微电子制造的图形转移母版

掩模版(Photomask)又称光罩、光掩模、光刻掩模版等,是微电子制造过程中的图形转移工具或母版,是图形设计和工艺技术等知识产权信息的载体。在光刻过程中,掩模版是设计图形的载体。通过光刻,将掩模版上的设计图形转移到光刻胶上,再经过刻蚀,将图形刻到衬底上,从而实现图形到硅片的转移,功能类似于传统照相机的底片。掩模版的工作原理如图9-7所示。

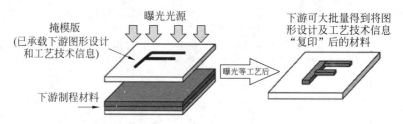

图 9-7　掩模版工作原理

以薄膜晶体管液晶显示器(TFT-LCD)制造为例,利用掩模版的曝光掩蔽作用将设计好的薄膜晶体管(TFT)阵列和彩色滤光片图形按照薄膜晶体管的膜层结构顺序,依次曝光转移至玻璃基板,最终形成多个膜层所叠加的显示器件;以晶圆制造为例,其制造过程需要经过多次曝光工艺,利用掩模版的曝光掩蔽作用,在半导体晶圆表面形成栅极、源极、漏极、掺杂窗口、电极接触孔等。相比较而言,半导体掩模版在最小线宽、CD精度、位置精度等重要参数方面均显著高于平板显示、PCB等领域掩模版产品。掩模版是光刻过程中的重要部件,其性能的好坏对光刻有着重要影响。根据基板材质的不同,掩模版主要可分为石英掩模版、苏打掩模版和其他(包含凸版、菲林等),如图9-8所示,这是半导体掩模版曝光示意图。平板显示掩模版曝光示意图如图9-9所示。掩模版产品图示及特点如图9-10所示。

图 9-8　半导体掩模版曝光示意图

图 9-9　平板显示掩模版曝光示意图

9.3.2　光刻技术是掩模版制造的重要环节

掩模版制造工艺复杂,加工工艺流程主要包括CAM图档处理、光阻涂布、激光光刻、显影、蚀刻、脱膜、清洗、宏观检查、自动光学检查、精度测量、缺陷处理、贴光学膜等环节,其中光刻技术是掩模版制造的重要环节。光刻需要先对掩模基板涂胶(通常是正性光刻胶),后通过光刻机对表面进行曝光,通常以130nm为分界,130nm以上的光刻设备采用激光直写设备,但随着掩模版的线宽线距越来越小,曝光过程中就会出现严重的衍射现象,导致曝光图形边缘分辨率较低,图形失真,因此130nm及以下通常需采用电子束光刻完成。

掩模版加工工艺流程,如图9-11所示。

产品	图示	特点
石英掩模版		石英掩模版使用石英玻璃作为基板材料，光学透过率高，热膨胀率低，相比苏打玻璃更为平整和耐磨，使用寿命长，主要用于高精度掩模版
苏打掩模版		苏打掩模版使用苏打玻璃作为基板材料，光学透过率较高，热膨胀率相对高于石英玻璃，平整度和耐磨性相对弱于石英玻璃，主要用于中低精度掩模版
凸版		凸版使用不饱和聚丁二烯树脂作为基板材料，主要用于液晶显示器（LCD）制造过程中定向材料移印
菲林		菲林使用 PET 作为基板材料，主要应用于电路板掩模

图 9-10　掩模版产品图示及特点

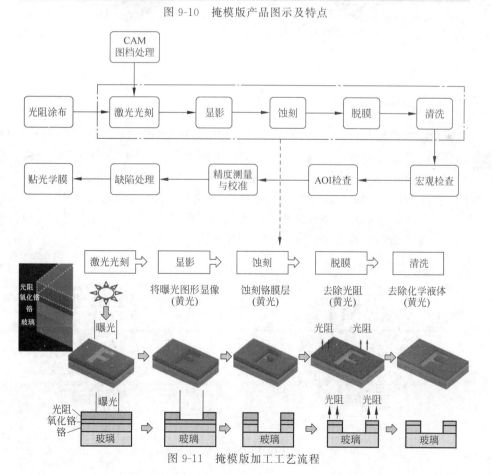

图 9-11　掩模版加工工艺流程

9.3.3　光刻机材料与掩模版结构

根据与下游晶圆厂商是否形成配套,当前半导体掩模版生产商主要分为晶圆厂自建(In-house)及独立第三方两大类。具体来看,28nm及以下先进制程由于制造工艺复杂及工艺机密等问题,晶圆厂所需掩模版主要依赖内部工厂生产,如英特尔、三星、台积电、中芯国际等公司;对于成熟制程而言,出于降低成本考虑,在满足技术要求的前提下,晶圆厂更倾向于向独立第三方采购。半导体材料市场占比如图9-12(a)所示,掩模版下游需求结构如图9-12(b)所示。

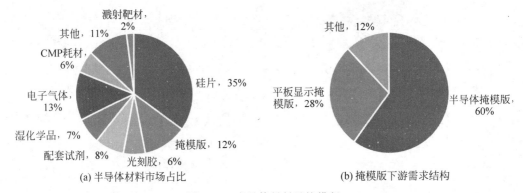

(a) 半导体材料市场占比　　　　　(b) 掩模版下游需求结构

图9-12　半导体材料及掩模版

9.3.4　光刻机掩模版厂商市场格局

海外掩模版生产商起步较早,技术积累相对深厚,当前仍占据全球第三方掩模版主要市场份额。三家龙头企业日本Toppan、美国Photronics及日本DNP占全球市场份额比重合计超80%。国内掩模版厂商整体处于加速追赶阶段,当前主要包括中芯国际光罩厂、华润迪思微(原华润掩模,华润微电子子公司)、中微掩模、龙图光罩、清溢光电、路维光电、台湾光罩等,其中,中芯国际光罩厂及华润迪思微均为晶圆厂配套工厂,华润迪思微部分掩模版对外销售。半导体掩模版厂商市场格局,如图9-13所示。

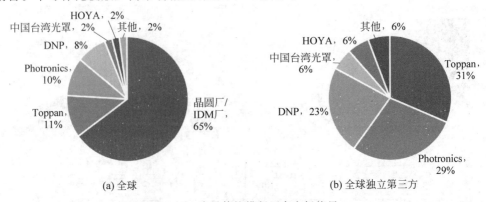

(a) 全球　　　　　　　　　(b) 全球独立第三方

图9-13　半导体掩模版厂商市场格局

9.3.5　EUV光刻机

福尼克斯(Photronics)成立于1969年,这是世界上领先的掩模版制造商之一,也是北美第一大掩模版制造厂商。公司于1987年在纳斯达克上市,在北美、英国、德国、日本等设有制造和销售中心。福尼克斯目前在全球范围内拥有十一家工厂,产品均为石英掩模版,主要用于半导体芯片和显示面板行业。福尼克斯作为独立第三方掩模版厂商,这是目前少数几家可以提供先进工艺所需掩模版的厂商之一,其二元OPC掩模版已经可以支持14~28nm的工艺节点,而PSM相移技术的加入,进一步提高了图形曝光分辨率,使其得以突破14nm,可以提供5nm及之后节点的EUV(Extreme Ultra-Violet,极紫外光刻)掩模版。EUV掩模版横截面,如图9-14所示。

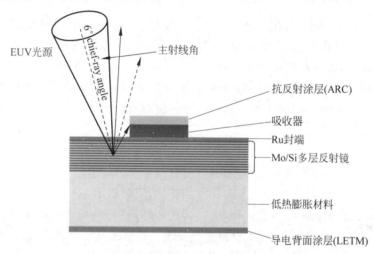

图9-14　EUV掩模版横截面

9.4　光刻是芯片制造最核心环节

9.4.1　光刻设备工艺流程

光刻机是芯片制造中最复杂、最昂贵的设备。芯片制造可以包括多种工艺,如初步氧化、涂光刻胶、曝光、显影、刻蚀、离子注入等。这个过程需要用到的设备种类繁多,包括氧化炉、涂胶显影机、光刻机、薄膜沉积设备、刻蚀机、离子注入机、抛光设备、清洗设备和检测设备等。在整个半导体芯片制造过程中,光刻是最复杂的工艺,光刻工艺的费用约占芯片制造成本的1/3左右,耗费时间占比约为40%～50%,光刻工艺所需的光刻机是最贵的半导体设备。

光刻机可分为前道光刻机和后道光刻机。光刻机既可以用在前道工艺,也可以用在后道工艺,前道光刻机用于芯片的制造,曝光工艺极其复杂,后道光刻机主要用于封装测试,实现高性能的先进封装,技术难度相对较小。光刻工艺流程如图9-15所示。

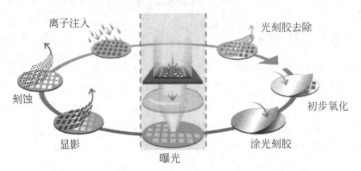

图 9-15　光刻工艺流程

9.4.2　光刻技术：从接触式到接近式

接触式光刻技术出现于 20 世纪 60 年代，良率低、成本高，是小规模集成电路时期最主要的光刻技术。接触式光刻技术中掩模版与晶圆表面的光刻胶直接接触，一次曝光整个衬底，掩模版图形与晶圆图形的尺寸关系是 1：1，分辨率可达亚微米级。

接触式光刻技术可以减小光的衍射效应，但在接触过程中晶圆与掩模版之间的摩擦容易形成划痕，产生颗粒沾污，降低了晶圆良率及掩模版的使用寿命，需要经常更换掩模版，故接近式光刻技术得以引入。

接近式光刻技术广泛应用于 20 世纪 70 年代，但分辨率有限。接近式光刻技术中的掩模版与晶圆，表明光刻胶并未直接接触，留有被氮气填充的间隙。

接近式光刻技术的最小分辨尺寸与间隙成正比，间隙越小，分辨率越高。缺点是掩模版和晶圆之间的间距会导致光产生衍射效应，因此，接近式光刻机的空间分辨率的极限约为 $2\mu m$。随着特征尺寸的缩小，出现了投影光刻技术。接触式光刻与接近式光刻，接触式光刻示意图如图 9-16(a)所示，接近式光刻示意图如图 9-16(b)所示。

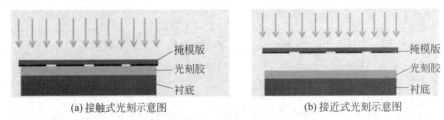

(a)接触式光刻示意图　　　　　　　　(b)接近式光刻示意图

图 9-16　接触式光刻与接近式光刻

9.4.3　光刻技术：从接近式到投影式

20 世纪 70 年代中后期出现了投影光刻技术，基于远场傅里叶光学成像原理，在掩模版和光刻胶之间采用了具有缩小倍率的投影成像物镜，有效地提高了分辨率。早期掩模版与衬底图形尺寸比为 1：1，随着集成电路尺寸的不断缩小，出现了缩小倍率的步进重复光刻技术。

步进重复光刻主要应用于 $0.25\mu m$ 以上工艺：光刻时掩模版固定不动，晶圆步进运动，完成全部曝光工作。随着集成电路的集成度不断提高，芯片面积变大，要求一次曝光的面积增大,促使更为先进的步进扫描光刻机问世。目前步进重复光刻主要应用于 $0.25\mu m$ 以上工艺及先进封装领域。

步进扫描光刻机在曝光视场尺寸及曝光均匀性上更有优势,在 $0.25\mu m$ 以下的制造中,减少了步进重复光刻机的应用。步进扫描采用动态扫描方式,掩模版相对晶圆同步完成扫描运动,完成当前曝光后,移至下一步扫描场位置,继续进行重复曝光,直到整个晶圆曝光完毕。从 $0.18\mu m$ 节点开始,硅基底 CMOS 工艺大量采用步进扫描光刻,7nm 以下工艺节点使用的 EUV 采用的也是步进扫描方式。投影光刻示意图如图 9-17(a)所示,步进重复光刻示意图如图 9-17(b)所示,步进扫描光刻示意图如图 9-17(c)所示。

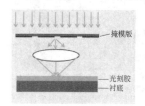
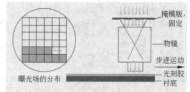
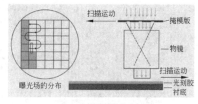

(a) 投影光刻　　　　　　　(b) 步进重复光刻　　　　　　　(c) 步进扫描光刻

图 9-17　投影光刻、步进重复光刻和步进扫描光刻示意图

9.4.4　光刻技术:干法光刻和浸润式光刻

投影光刻技术根据投影物镜下方和晶圆间是否有水作为介质,可以分为干式光刻和浸润式光刻。

干式光刻技术无法满足不断缩小的线宽:光从投影物镜射出,由玻璃介质进入空气介质会发生衍射,光角度发生变化,最终成像于晶圆表面。随着线宽不断地缩小,衍射效应不断地增加,需要增大投影物镜直径来接受更多的光,这导致物镜内聚焦的光角度越来越大,再经过折射效应,射出投影物镜的光角度接近水平,无法成像,因此出现了浸润式光刻技术。

浸润式光刻技术使光刻水平进一步提高:投影物镜下方和晶圆间充满水,由于水的折射率和玻璃接近(在 193nm 波长中,折射率空气为 1,水为 1.44,玻璃约为 1.5),从投影物镜射出的光进入水介质后,折射角较小,光可以正常从物镜中折射出来。ArF 光源加浸润技术实际等效的波长为 193nm/1.44=134nm。干式光刻示意图如图 9-18(a)所示,浸润式系统示意图如图 9-18(b)所示,光线在玻璃、空气、水中的折射如图 9-18(c)所示。

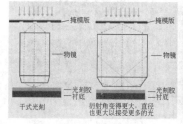

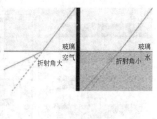

(a) 干式光刻　　　　　　　(b) 浸润式系统　　　　　　(c) 光线在玻璃、空气、水中折射

图 9-18　干式光刻、浸润式系统和光线在玻璃、空气、水中折射示意图

9.4.5 光刻机的技术决定集成电路的发展

各个工艺节点和光刻技术的关系如图 9-19 所示,以及 ASML 对客户节点演进的预测。

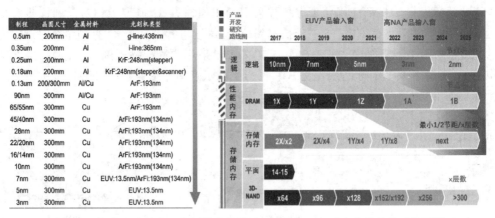

图 9-19 各个工艺节点和光刻技术的关系,以及 ASML 对客户节点演进的预测

9.4.6 多重曝光亦可实现更小线宽,但工艺难度大

1. 光刻技术利用多重曝光工艺实现更小线宽

三种多重曝光技术是 LELE、LFLE、SADP,误差较小的是 SADP。

(1) LELE(LITHO-ETCH-LITHO-ETCH,光刻-刻蚀-光刻-刻蚀):原理是把原来一层光刻图形拆分到两个或多个掩模上,利用多次曝光和刻蚀实现原来一层设计的图形。

(2) LFLE(LITHO-FREEZE-LITHO-ETCH,光刻-固化-光刻-刻蚀):原理是将第 2 层光刻胶加在第 1 层已被化学冻结,但没去除的光刻胶上,再次进行光刻,形成两倍结构。LELE 和 LFLF 技术的特点是流程简单,缺点是两次光刻之间存在对准问题,如果工艺不够严谨,每次曝光的线宽偏差和两次曝光图形之间套刻误差,则将导致图形局部周期性起伏。LELE 原理如图 9-20(a)所示,套刻误差引起的周期移动如图 9-20(b)所示。

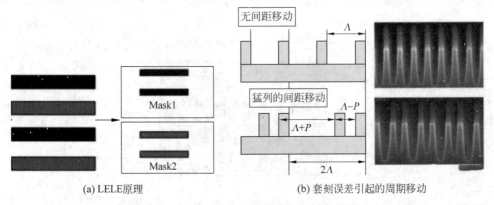

(a) LELE原理   (b) 套刻误差引起的周期移动

图 9-20 LELE 原理与套刻误差引起的周期移动

2. 多重曝光亦可实现更小线宽,但工艺难度大

SADP 又称侧墙图案转移,用沉积、刻蚀技术提高光刻精度。

(1) 在晶圆上沉积金属介质层、硬掩模材料和芯轴材料(牺牲层)。

(2) 旋涂光刻胶,曝光显影后留下所需图形并刻蚀核心芯轴。

(3) 在芯轴外围沉积一层间隔侧墙,侧墙的大小即互连线的线间距,要精确控制其均匀度,保证互连线间距的均一性。

(4) 清除掉芯轴材料,仅留下侧壁,再一次刻蚀将侧壁图形转移到下层掩模层。

(5) 侧墙清除,经过掩模层修饰后的图形,经过再一次刻蚀后传递给金属介质层,形成最终图形,线宽仅为原来的 1/2,称为自对准双重成像技术(Self-Aligned Double Patterning,SADP),可以两次达到 4 倍精度。

总结:以沉积形成的侧墙为掩模,在金属介质层上刻蚀形成最终图形。

难点:工艺过程对侧壁沉积的厚度、刻蚀形貌的控制极其重要。

SADP 技术工艺流程如图 9-21 所示。

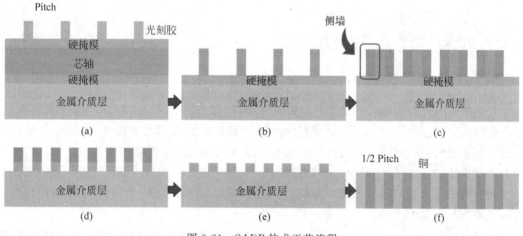

图 9-21　SADP 技术工艺流程

3. 多重曝光亦可实现更小线宽,但工艺难度大

多重曝光可实现 7nm 制程,但技术复杂且成本高:多次 LE 或 SADP 可以实现 7nm 制程,但多重曝光技术提高了对刻蚀、沉积等工艺的技术要求并且增加了使用次数,使晶圆光刻成本增加了 2～3 倍。

EUV 可实现 5nm 及以下制程且成本低:目前只有通过 EUV 才能达到 5nm 及以下制程。此外,EUV 的使用可以有效地减少刻蚀、沉积等工艺步骤,工艺简单且光刻成本低。

4. ASML 是全球唯一的 EUV 供应商

ASML 光刻机种类最齐全,是目前全球唯一可生产 EUV 光刻机的公司,制程最小可达 3nm。

(1) 从类型来看,ASML 覆盖了干式 DUV 光刻机、浸没式 DUV 光刻机及 EUV 光刻机,这是全球唯一可生产 EUV 光刻机的公司,具有绝对领先优势。

（2）从光源来看，ASML覆盖了 I-line、KrF、ArF 和极紫外光源，最小光源波长为 13.5nm。

（3）从分辨率来看，ASML覆盖了 220nm、110nm、80nm、38nm、13nm 等节点，EUV 光刻机是目前全球分辨率最高的光刻机，经过多重曝光等工艺叠加制程，可达到 5～3nm。ASML 光刻机产品系列与参数如图 9-22 所示。

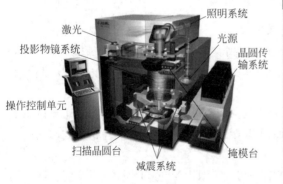

产品系列	产品名	光源	光源波长	数值孔径 NA	最高生产分辨率
	TWINSCAN XT:400L	i-line	365nm	0.65	220nm
	TWINSCAN XT:860M	KrF	248nm	0.8	110nm
	TWINSCAN XT:860N	KrF	248nm	0.8	110nm
Dry systems（干式DUV）	TWINSCAN NXT:870	KrF	248nm	0.8	110nm
	TWINSCAN XT:1060K	KrF	248nm	0.93	80nm
	TWINSCAN XT:1460K	ArF	193nm	0.93	65nm
	TWINSCAN NXT:1470	ArF	193nm	0.93	57nm
	TWINSCAN NXT:1980Di	ArFi	193nm（等效 134nm）	1.35	38nm
Immersion systems（浸没式DUV）	TWINSCAN NXT:2000i	ArFi	193nm（等效 134nm）	1.35	38nm
	TWINSCAN NXT:2050i	ArFi	193nm（等效 134nm）	1.35	38nm
EUV光刻系统	TWINSCAN NXE:3400C	极紫外 EUV	13.5nm	0.33	13nm
	TWINSCAN NXE:3600D	极紫外 EUV	13.5nm	0.33	13nm

$$CD = k_1 \frac{\lambda}{NA}$$

图 9-22　ASML 光刻机产品系列与参数

9.5　光刻机是人类科技之巅

9.5.1　光刻机结构

光刻机是一种投影曝光系统：光刻机由光源、照明系统、物镜、工作台等部件组装而成。在芯片制作中，光刻机会投射光束，穿过印有图案的光掩模版及光学镜片，将线路图曝光在带有光感涂层的硅晶圆上。通过蚀刻曝光或未受曝光的部分来形成沟槽，再进行沉积、蚀刻等工艺形成线路。

光刻机的三大核心系统是光源系统、光学镜头、双工作台系统。光刻机总体结构与光刻机核心系统如图 9-23 所示。

核心系统	作　用
照明系统	提供高均匀性的照明光场并精确控制曝光剂量
投影物镜系统	将掩模图形以一定的缩小比例成像到硅片上，直接影响光刻机的分辨率、套刻精度、良率
工作台/掩模台系统	工作台负责承载传输硅片，掩模台用于承载掩模版
自动对准系统	控制套刻误差，保证两次光刻精准对齐
调焦调平测量系统	测量硅片表面相对于投影物镜的高度和转角，保证硅片当前场在曝光过程中始终处于投影物镜的焦深范围内
掩模传输系统	负责运输掩模版，控制掩模版整个运动流程
硅片传输系统	承载硅片整个运动过程，实现硅片以高精度和高效率从片盒传送至工件台的功能
框架/减振/环境控制系统	将工作台与外部环境隔离，保持水平，减少外界振动干扰，并维持稳定的温度、压力
整机控制系统	光刻机的"大脑"和"神经"，将各分系统有机地连接起来并使其进行有序工作

图 9-23　光刻机总体结构与光刻机核心系统介绍

光刻机结构如图 9-24(a)所示，光刻机核心部件结构如图 9-24(b)所示。

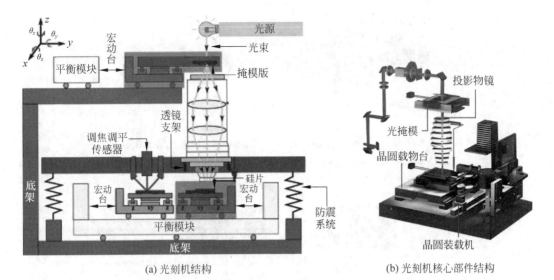

(a) 光刻机结构　　　　　　　　(b) 光刻机核心部件结构

图 9-24　光刻机结构与光刻机核心部件结构

9.5.2　光刻机分辨率由光源波长、数值孔径、光刻工艺因子决定

光刻机分辨率是光刻曝光系统最重要的技术指标,由光源波长、数值孔径、光刻工艺因子决定。根据瑞利准则,分辨率公式为 $R=k_1 \times \lambda / \mathrm{NA}$,$\lambda$ 代表光源波长,NA 代表物镜的数值孔径,k_1 代表光刻工艺因子。数值孔径指镜片与被检物体之间介质的折射率(n)和孔径角($2a$)半数的正弦之乘积。公式为 $\mathrm{NA}=n \times \sin\alpha$。$n$ 为投影物镜系统上方介质的折射率,α 为投影物镜上方半孔径角。孔径角又称镜口角,这是镜片光轴上的物体点与物镜前镜片的有效直径所形成的角度。孔径角越大,进入镜片的光通量就越大,它与镜片的有效直径成正比,与焦点的距离成反比。

瑞利准则指衍射极限系统中的分辨率极限。理想的成像系统,一个点所成的像是一个完美的点,但在实际光学系统中镜片具有一定的孔径大小,由此导致所成的像不是一个点,而是一个艾里斑。对于两个距离较近的点,所成的光斑的距离比较近。能够区分两个光斑的最小距离就是分辨率。当一个艾里斑的中心与另一个艾里斑的第一极小值重合时,达到极限点,该极限被称为瑞利准则。分辨率极限示意图如图 9-25(a)所示,孔径角示意图如图 9-25(b)所示。

通过增大数值孔径、缩短波长、减小光刻工艺因子可提高光刻机分辨率。分辨率指投影光学系统在晶圆上可实现的最小线宽。光刻机分辨率由光源波长、数值孔径、光刻工艺因子等决定,因此可以从以下三方面提高分辨率。

1. 增大投影光刻物镜的数值孔径

增大投影光刻物镜的数值孔径一方面可以改进投影式镜片系统来增大入射角;另一方面可以采用折射率高的介质-浸润式。非球面的使用能够在不增加独立像差数的前提下,增加自变量的个数,有利于改善像质,同时在同等约束条件下,减少了光学元件的数量。非球

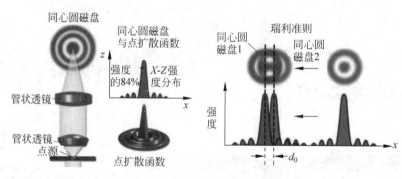

(a) 分辨率极限示意图

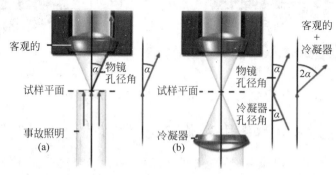

(b) 孔径角示意图

图 9-25　分辨率极限与孔径角示意图

面的应用使物镜 NA 可以增加到 0.9,接近物理极限(干式光刻);引入浸没式技术后,物镜 NA 可以增加到 1.1 以上(浸没式光刻);加入反射镜组成折反式结构理论上物镜 NA 可到 1.35(极限值)。趋势为(干式)球面镜→非球面镜→(浸没式)非球面镜→折返式。

2. 缩短曝光波长

缩短曝光波长:由于晶体管越做越小,元件线路越来越密集,光刻机需要达到更高的分辨率,因此必须寻找波长越来越短的光源。数值孔径变化趋势如图 9-26(a)所示,提高数值孔径的方法如图 9-26(b)所示。

$$\text{Res} = k_1 \times \frac{\lambda}{\text{NA}}$$

	David Mann (GCA) 4800	ASML 40	ASML 300	ASML 1400	ASML 1900i
第一个原型年份	1975	1987	1995	2003	2007
权重[kg]	2	20	250	800	1080
波长[nm]	436	365	248	193	193
NA	0.28	0.4	0.57	0.93	1.35
k1	0.90	0.77	0.57	0.28	0.27
分辨率	1400	700	250	58	33

(a) 数值孔径变化趋势　　(b) 提高数值孔径的方法

图 9-26　数值孔径变化趋势与提高数值孔径的方法

3.减小光刻工艺因子

计算光刻 OPC 在掩模上增加辅助结构来消除图像失真,实现分辨率的提高;离轴照明 OAI 通过采用特殊光源让正入射方式光变成斜入射方式,其目的是在同等数值孔径内容纳更多的高阶光,从而曝光更小尺寸结构,提高分辨率;当两个光源进行成像时会在重合部分产生干涉效应,使光强增大,导致两个光源不能有效地区分开,如果通过改变掩模结构,在其中一个光源处采用 180°相移,则这两处光源产生的光会产生相位相消,光强相消,两个光源可以区分开,提高分辨率。

工艺因子已突破理论极限,理论上对于单次曝光 k_1 的最小极限约为 0.25,通过组合使用 OPC、多重图形等分辨率增强技术,光刻工艺因子已突破其理论极限 0.25。光刻 OPC 如图 9-27(a)所示,离轴照明 OAI 如图 9-27(b)所示,相移掩模 PSM 如图 9-27(c)所示。

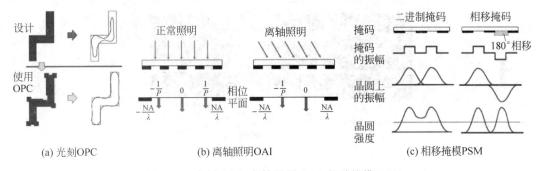

图 9-27　光刻 OPC、离轴照明 OAI、相移掩模 PSM

9.6　光源系统:能量的来源,光刻工艺的首要决定项

9.6.1　光源波长与可见光谱

光源是光刻机核心系统之一,光刻机的工艺能力首先取决于其光源的波长。

光源分为汞灯产生的紫外光、深紫外光、极紫外光,目前光源波长已发展到 13.5nm;为了追求更小的芯片制程,需要光源波长不断变短,最早光刻机的光源采用高压汞灯产生的紫外光源,高压汞灯可产生 436nm(G-Line)、365nm(I-Line)波长紫外光。

随后,业界选用了准分子激光器产生的深紫外光源,深紫外光激光(DUV Laser)可达 KrF(248nm)、ArF(193nm)、F2(157nm)。

制程突破 7nm 以下时,需要极紫外光激光(EUV Laser),可达 13.5nm 极短波长的光源,该光源无法从激光器中产生,须由高能激光轰击金属锡激发的等离子体而产生。光源波长发展历程及光谱图(可见光谱)如图 9-28 所示。

光刻光源系统不断发展,从高压汞灯光刻光源到深紫外光光源,再到极紫外光光源。

(1)高压汞灯:一种气体放电电光源,汞蒸气被能量激发,汞原子最外层电子受到激发从而跃迁,落回后放出光子。放电管内充有启动用的氩气和放电用的汞。

光源类型		波长	制程节点	对应光刻机	代数
EUV光源(Extreme Ultraviolet Lithography)		13.5nm	7~3nm	极紫外式光刻机	第五代
DUV光源(Deep Ultraviolet Lithography)	ArF+immersion	193nm(等效134nm)	45~7nm/130~65nm	浸入步进式/步进投影式光刻机	第四代
	F2	157nm			
	ArF	193nm			
	KrF	248nm	180~13nm	扫描投影光刻机	第三代
汞灯光源	i-line	365nm	800~250nm	接触式/接近式光刻机	第二代
	h-line	405nm			第一代
	g-line	436nm			

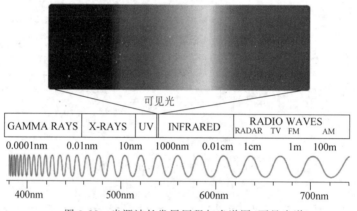

图 9-28 光源波长发展历程与光谱图(可见光谱)

（2）深紫外光光源：一般采用准分子激光器作为光源。准分子激光光源的工作介质一般为稀有气体及卤素气体，并充入惰性气体作为缓冲剂，工作气体受到放电激励，在激发态形成短暂存在的准分子，准分子受激辐射跃迁，形成紫外激光输出。准分子激光器在输出能量、波长、线宽、稳定性等方面远超越前期的汞灯光源。高压汞灯光刻光源系统结构图如图 9-29 所示。紫外激光器照明系统结构图如图 9-30 所示。Cymer 准分子激光器的工作原理如图 9-31 所示。

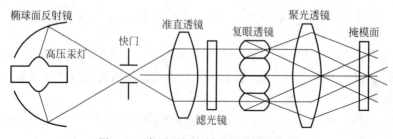

图 9-29 高压汞灯光刻光源系统结构图

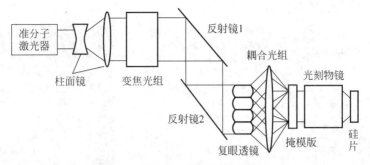

图 9-30　紫外激光器照明系统结构图

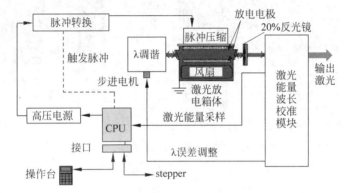

图 9-31　Cymer 准分子激光器的工作原理

9.6.2　EUV 光源

极紫外光光源由光的产生、光的收集、光谱的纯化与均匀化三大单元组成。工作元器件包括大功率 CO_2 激光器、多层涂层镜、负载、光收集器、掩模版等。

极紫外光光源原理：高功率激光击打金属锡，产生等离子体，辐射出极紫外光。将高功率的二氧化碳激光打在直径为 $30\mu m$ 的锡液滴上，通过高功率激光蒸发锡滴，把融化的锡从高处以每秒 5 万次的频率滴下，每一滴锡为 $20\mu m$ 的大小，瞄准每一滴锡滴，以 CO_2 激光器产生的高能激光击中并产生等离子体，从而发出 13.5nm 波长的 EUV 光。实际上激光会发出两个脉冲——预脉冲和主脉冲。预脉冲首先击中锡珠，将其变成正确的形状，然后主脉冲将压扁的锡珠转换为等离子体，发射出 EUV 光。EUV 光源系统结构图如图 9-32(a)所示，EUV 光源双脉冲方案如图 9-32(b)所示，EUV 光产生的过程如图 9-32(c)所示。

9.6.3　EUV 光源参数

EUV 光刻机技术难点主要是光源功率高。为满足极紫外光刻需求，光源应具有以下性能。

(1) 光源功率达 250W，并且功率波动小。

(2) 较窄的激光线宽，具有频率噪声和很小的相对强度噪声，减少光学损耗。

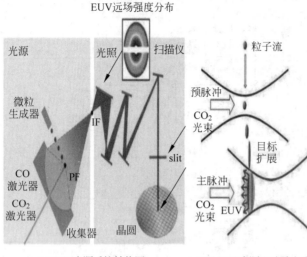

(a) EUV光源系统结构图　　　　(b) EUV光源双脉冲方案　　　　(c) EUV光产生的过程

图 9-32　EUV 光源系统结构、双脉冲方案及产生的过程

（3）较高的系统效率。光源转化率最终要实现 250W 以上的功率，因此激光器的平均功率要达到 20kW。为了让激光束以极大的功率稳定传输，系统非常复杂。EUV 激光系统由大约 45 万个零件组成，重约 17t。从种子光发生器到锡珠有 500 多米的光路，对所有零部件的要求非常苛刻。

Gigaphoton(EU 光源供应商之一)的激光器功率达 27kW；Gigaphoton 成立以来一直为 ASML、Nikon 和 Canon 提供激光光源。共设计了三款 EUV 光源，分别为 Proto♯1、Proto♯12、Pilot♯1，其中 Pilot♯1 为商业化应用的产品，激光器功率为 27kW，输出功率达到 250W。目前 EUV 光源只有两家公司能够生产：一家是美国的 Cymer；另外一家是日本的 Gigaphoton。

Gigaphoton 公司的 EUV 光源产品参数，见表 9-4。

表 9-4　EUV 光源产品参数

目标性能及技术参数		Proto♯1	Proto♯2	Pilot♯1
目标性能	EUV 功率	25W	＞100W	250W
	脉冲功率	100kHz	100kHz	100kHz
	输出角度	水平	向上 62°	向上 62°
技术参数	CO_2 激光器功率	5kW	20kW	27kW
	反射膜收集镜寿命	实验平台	10 天	超过 3 个月

9.7　曝光系统：照明系统＋投影物镜

曝光系统包含照明系统(光源加工)和投影物镜(高分辨成像)，是光刻机中最昂贵最复杂的部件之一。物镜的性能决定了光刻机的线宽、套刻精度，这是光刻机的核心部件，其技术水平很大程度上代表了光刻机的技术水平。光刻机照明与投影物镜系统的工作流程图，如图 9-33 所示。

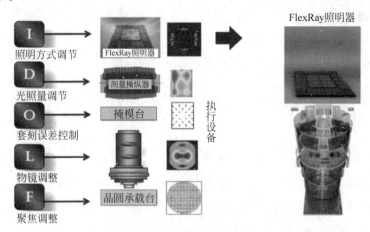

图 9-33　光刻机照明与投影物镜系统的工作流程图

照明系统为投影物镜成像提供特定光线角谱和强度分布的照明光场。照明系统位于光源与投影物镜之间，这是复杂的非成像光学系统。照明系统的主要功能是为投影物镜成像提供特定光线角谱和强度分布的照明光场。照明系统包括光束处理、光瞳整型、能量探测、光场匀化、中继成像和偏振照明等单元。

9.7.1　照明系统：光源高质量加工的关键

照明系统结构如图 9-34 所示。照明系统的组成部件如下。

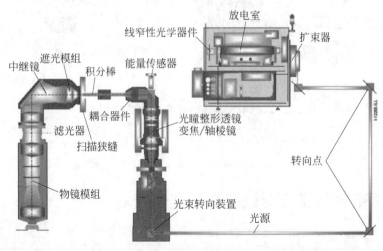

图 9-34　照明系统结构

（1）光束处理单元：与光源相连，主要实现光束扩束、光束传输、光束稳定和透过率控制等功能，其中光束稳定由光束监测和光束转向两部分组成。

（2）光瞳整型单元：光刻机需要针对不同的掩模结构采用不同的照明模式，以增强光刻分辨力，提高成像对比度。光瞳整型单元通过光学元件，调制激光束的强度或相位分布，实现多种照明模式。

（3）光场匀化单元：用于生成特定强度分布的照明光场。引入透射式复眼微镜片阵列，每个微镜片将扩束准直后的光源分割成多个子光源，每个子光源经过科勒照明镜组后在掩模面叠加，从而实现高均匀性的照明光场。

（4）中继镜：在掩模面上形成严格的光束强度均匀的照明区域，并将中间的平面精确成像在掩模版平面。

9.7.2　衍射光与环形光成像

为了使光能在晶圆上完美成像，需要进行高质量加工，这是照明系统技术难点。

（1）提升光均匀度：光刻要以来回扫描的方式成像，这束条形光的任何位置的能量都需一致。需要通过镜子进行多次反射，提升光的均匀度。

（2）控制扫描条形光的开合：晶圆上曝光单元的所有位置需要接受等量的光，因此，扫描的条形光必须是能开合的。

（3）调节光形状，需要用到光瞳整型技术：不同的照明方式，例如圆形、环形、二级、四级光源下，光刻机分辨率不同。例如，光穿过掩模版上的图案时会产生衍射效应，线宽越小，衍射角度越大，1阶衍射光超过投影物镜外就无法成像。如果将点光的形状改成环状光或其他形状，则1阶衍射光就可以被收进物镜且图像对比度清晰。衍射光无法成像如图9-35（a）所示，环形光成像如图9-35（b）所示。

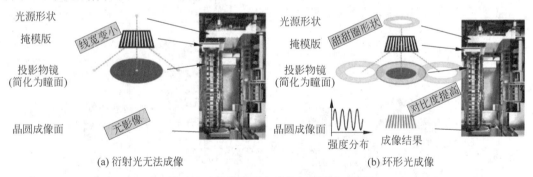

(a) 衍射光无法成像　　　　　　　　(b) 环形光成像

图9-35　衍射光无法成像与环形光成像

9.7.3　衍射与微反射镜的光瞳整型技术

光瞳整型单元是照明系统中技术难度较大的部件，主要技术有基于衍射光学元件（DOE）的光瞳整型技术和基于微反射镜阵列（MMA）的自由光瞳整型技术。

（1）衍射光学元件的光瞳整型：光瞳整型单元主要包括衍射光学元件、变焦距傅里叶变换镜组、锥形镜组和光瞳补偿器。衍射光学元件用于实现照明光瞳的角向调制，傅里叶变换镜组、锥形镜组用于照明光瞳的径向调制。缺点：1个衍射光学元件只能实现1种照明模式。

（2）微反射镜阵列的自由光瞳整型：主要由能量均衡组件、光束分割组件、微反射镜阵列和傅里叶变换镜组组成。核心器件是微反射镜阵列，由数千个二维转角连续可调的微反射镜组成，通过调整微反射镜阵列的角位置分布可实现任意照明模式，ASML 先进机型中较多使用自由光瞳整型技术。

9.8　投影物镜系统：精准成像，对线宽起重要作用

投影物镜是精准成像的关键，投影物镜要将照明模组发射出的 1 阶衍射光收进物镜内，再把掩模版上的电路图案缩小，聚焦成像在晶圆上，并且还要补偿光学误差。投影物镜主要由多枚镜片组成。随着分辨率要求的不断提高，光刻机投影物镜结构越来越复杂，对光学材料、光学加工、光学镀膜等要求达到目前工业水平的极限，这是光刻机中技术壁垒最高的零部件之一。

投影物镜的结构型分为折射式和折反式：

（1）折射式：光学元件旋转对称并沿着同一个光轴对准，视场位于光轴中央，结构简单且易于装调。

（2）折反式（NA＞1.1）：反射镜有着正光焦度和负值场曲，不依赖传统腰肚结构，使用较少数量和较小口径的光学元件满足对场曲的校正，在一定物镜尺寸限制内实现更大的 NA。

物镜特点是直径大、镜片多、镜片可动。

（1）物镜直径大：ASML DUV 光刻机中的先进机种的投影物镜直径大于 40cm，增加投影物镜的直径可以提高数值孔径，进而提高光刻机分辨率。

（2）多片镜片组合：ASML DUV 光刻机投影物镜的高度超过 1m，镜片数量超过 15 片。与相机一样，单个镜片的光学特性会导致图像失真，需要组合镜片来修正图像形变。

（3）可动镜片：用运动着的镜片来消除镜头组装及光刻生产等过程中所产生的各种像差。可动镜片覆盖了垂直修正、倾斜修正和多向修正。

典型折射式投影物镜示意图如图 9-36（a）所示，折反式投影物镜示意图如图 9-36（b）所示。

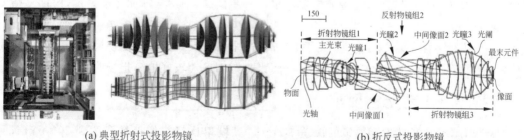

(a) 典型折射式投影物镜　　　　　　　　　(b) 折反式投影物镜

图 9-36　典型折射式投影物镜与折反式投影物镜示意图

9.8.1　像差与光刻机成像过程

投影物镜技术的难点是像差调节要求高、工艺精密。

波像差是实际波面与理想波面之间发生的偏离。光在介质中传播时,从物点发出的同心光束相当于球面波,球面波经过光学系统时,其曲率发生改变。如果是理想的光学系统,则会形成另外一个球面波,但在实际的光学系统中会受到投影物镜自身材料、特性、厚度、粗糙度、环境等因素的影响,经过投影物镜的出射,波面会发生变形。实际波面与理想波面之间发生的偏离就是波像差。波像差直接影响光刻机的成像质量、光刻分辨率,因此光刻机的投影物镜系统需要对像差进行校正。

像差示意图如图 9-37(a)所示,光刻机成像过程如图 9-37(b)所示。

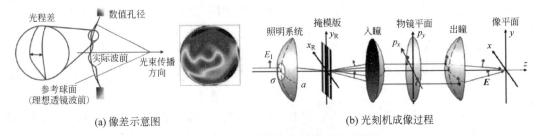

(a) 像差示意图　　　　　　　　　　　　　(b) 光刻机成像过程

图 9-37　像差示意图与光刻机成像过程

9.8.2　从双腰到单腰、引入非球面镜片与反射式镜片

为了更好地调节像差,物镜发展趋势为从双腰到单腰、引入非球面镜片与反射式镜片。

(1) 从双腰到单腰:为了实现场曲的矫正,投影物镜采用的都是腰肚式结构。最初系统的结构依次为正组、负组、正组、负组、正组,形成腰肚,随着非球面数量的增加,双腰结构逐渐从 1.5 腰结构变为单腰结构,光学元件数减少。

(2) 引入非球面镜片:当 NA 大于 0.75 时,需引入非球面镜片。一方面,如果采用全球面结构形式,则光学元件的孔径尺寸及体积随着 NA 的增加急剧增加;另一方面,物镜投影物镜 NA 增加,分辨率增强,成像质量要求也进一步提高,采用全球面光学系统,设计复杂度随之增加。

(3) 引入反射式镜片:当 NA 大于 1.1 时,需采用折反式投影光刻物镜。加入凹面反射元件。凹面有正的光焦度,对场曲的贡献是负值,凹面镜能较好地矫正场曲。

9.8.3　工艺精密要求

ASML DUV 高端投影物镜的像差≤2nm。高端单反镜头像差最多达到 200＋nm,而 ASML DUV 高端投影物镜的像差≤2nm,因此,光刻机镜片的平整度要求非常高,同时物镜内还需要可动镜片,垂直、倾斜和多向修正镜头组装及生产过程中产生的像差还要尽量消除光损失产生的热量。

光刻机所要求的镜面光洁度非常高,需要采用精度最高的打磨机和最细的镜头磨料,此外,还需要顶级的技术工人。在光学镜头的生产工序中,仅 CCOS 的抛光就有小磨头抛光、应力盘抛光、磁流变抛光、离子束抛光等超精密抛光高难度工序。蔡司生产的最新一代 EUV 光刻机反射镜的最大直径为 1.2m,面形精度峰谷值为 0.12nm,表面粗糙度为 20 皮米(0.02nm),达到了原子级别的平坦。

蔡司物镜参数,如图 9-38 所示。

	MET	ADT	3100	3300/3400	
照片显示相对镜像大小	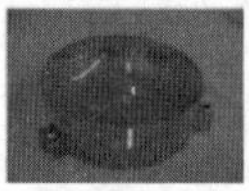				
图[pm, rms]	350	250	140	<50	像差
MSFR[pm, rms]	250	200	130	<80	闪烁
HSFR[pm, rms]	300	250	150	<100	光源损失

图 9-38 蔡司物镜参数

9.9 双工作台系统:精确对准＋光刻机产能的关键

双工作需要速度快、对准精度高、运动稳定。

(1) 速度快:目前最先进的 DUV 光刻机,晶圆的光刻生产速度为 300 片/h,1 个影像单元的曝光成像需约 0.1s,实现这个成像速度,晶圆平台需以高达 7g 的加速度高速移动。7g 的加速度意味着从 0 加速到 100km/h 只要约 0.4s,而 F1 赛车需要 2.5s。

(2) 精确对准:面临的难点有巨大偏移,芯片制造需一层层向上叠加,每次重叠的误差称为套刻精度,要求是 1~2nm。晶圆从传送模组到晶圆平台上会产生机械误差,一般是数千纳米的偏移;高低差,投影物镜太大,对焦点上下可接受的影像范围小于 100nm,而晶圆表面高低不平,累加晶圆平台的高低差,晶圆表面不同位置的光阻高度可相差 500~1000nm,因此,每次曝光前,须针对每片晶圆做精密量测,截取到晶圆每个区块纳米等级的微小误差,在曝光阶段实时校正。

(3) 运动稳定:稳定运动利用平衡质量吸收平衡晶圆平台所施加于机座的反作用力,使整座机台完全静止。稳定定位晶圆在完成量测后,要在极短的曝光时间内完美定位,ASM 光刻机可达到精度为 0.06nm 的传感器确认精准定位。稳定运作时晶圆平台为减少磨损通常会采用悬浮的移动方式,以便达成极高速的运动和持久稳定的运作。TWINSCAN 双工作台结构示意图如图 9-39(a)所示,晶圆平台如图 9-39(b)所示。

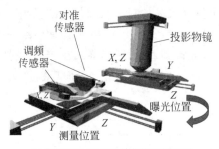

(a) TWINSCAN双工作台结构示意图   (b) 晶圆平台

图 9-39 TWINSCAN 双工作台结构示意图与晶圆平台

9.10 芯片制造核心设备应用概述：光刻机

芯片前道工艺七大设备包括光刻机、刻蚀机、镀膜设备、量测设备、清洗机、离子注入机及其他设备，光刻机的主要作用为将掩模版上的芯片电路转移到硅片，这是 IC 制造过程中最为核心的环节。

半导体芯片产业链主要分为上游端 IC 设计、中游端 IC 制造、下游端 IC 封测三大环节，而整个芯片制造中 IC 制造是最复杂、最为关键的工艺步骤。

光刻机分为三类：一是主要用于生产芯片的光刻机；二是用于封装的光刻机；三是用于 LED 制造领域的投影光刻机，其中用于生产芯片的光刻机涉及众多世界先进技术，国内光刻机与国外顶尖光刻机存在的差距比较明显。

随着物联网的高速发展，芯片不限用于手机和计算机，已涉及生活日常用品，如冰箱、洗衣机、空调和电视等。全球集成电路行业销售额，由 2012 年的 2382 亿美元增长至 2018 年的 3933 亿美元，CAGR 达 8.72%。

芯片晶圆加工流程，如图 9-40 所示。

9.10.1 EUV 光刻机工作原理分析

芯片性能受晶体管密度影响，同样面积下晶体管越多，即晶体管线宽越小，芯片性能越强，其中纳米单位即代表了相应的光刻工艺能制造出的晶体管线宽。ASML TWINSCAN 简易工作原理图，如图 9-41 所示。

光刻技术是指光刻胶在特殊波长光线或者电子束发生化学变化，通过曝光、显影、刻蚀等工艺过程，将设计在掩模版上的图形转移到衬底上的图形精细加工技术。

光刻机的工作原理是将激光器作为光源发射光束穿透掩模版及镜片，经物镜补偿光学误差，将线路图曝光在带有光感涂层的硅晶圆上，然后显影在硅片上，相当于照相机加投影仪组合。

光刻机的构造分为照明系统（光源＋产生均匀光的光路）、Stage 系统、镜头组、搬送系统、对齐系统。此外光刻机的工作温度必须保持在 23℃，确保硅片在恒温和无尘环境。

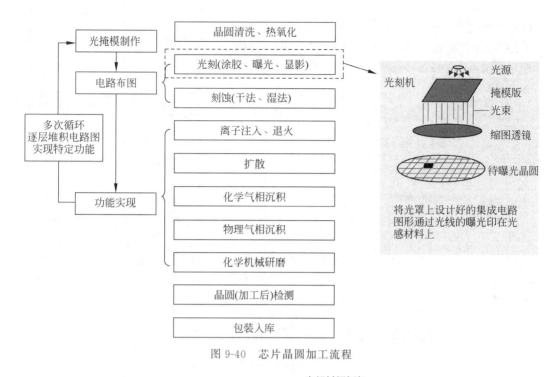

图 9-40 芯片晶圆加工流程

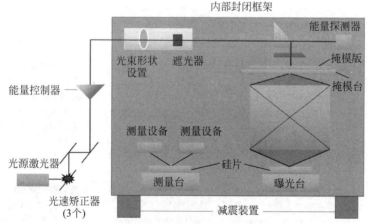

图 9-41 ASML TWINSCAN 简易工作原理图

光刻机的主要性能指标有支持基片尺寸范围、分辨率、对准精度、曝光方式、光源波长、光强均匀性、生产效率等。光刻机的性能决定了晶体管的尺寸,晶体管的尺寸对于芯片的性能具有重大意义。随着科技的高速发展,对高性能芯片需求越来越高,不断地追求尺寸更小、性能更强的芯片。

9.10.2 EUV 光刻机制造工艺难点与优势

EUV 极紫外光刻机是全球光刻机发展的历史转折点,被称为现代光学工业制造之花,其制造难度之大全球目前唯有 ASML 公司才能生产。

EUV 光刻机解析,如图 9-42 所示。

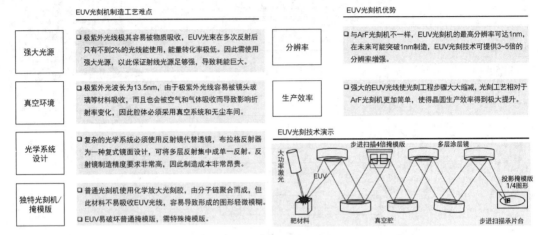

图 9-42　EUV 光刻机解析

9.10.3　前道制程光刻机主流产品分析对比

EUV 与 DUV 光刻的区别在于所使用的理论分辨率、物镜组和光源不同,ArF 则是 DUV 深紫外光刻机所用的光。EUV 与 ArF 光刻机分析,如图 9-43 所示。

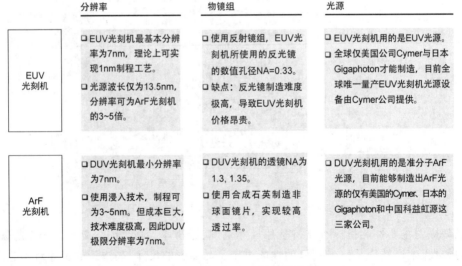

图 9-43　EUV 与 ArF 光刻机分析

2007 年,ASML 推出第一台浸没式光刻机 TWINSCAN XT:1900i。

浸入技术指镜头和硅片之间的空间浸泡于液体之中,采用纯净水且折射率为 1.44,所以 ArF 光线加浸入技术实际等效的波长为 134nm(193nm 波长/水折射率 1.44＝134nm)。

2017 年,ASML 成功地研发出第 5 代 EUV 光刻机,采用将准分子激光照射在锡等靶材,激发出 13.5nm 光子,作为光刻机光源。

ASML 目前使用的 EUV 光源是将高能脉冲激光打击到锡液滴靶上,形成等离子体,等离子体的发光被聚光镜收集作为光刻机光源,在这个过程中要控制锡液滴的流速,让高能脉冲激 光每发射一次都能够打击到锡液滴靶上,从而形成等离子体。

在摩尔定律的驱动下,光学光刻技术经历五代变革。光刻设备由最早的普通光源到使用 193nm 波长的 DUV 激光,技术上跨越了多个重要节点,最新光刻技术达到波长 13.5nm,制程节点提高到 7～3nm。

9.11　部分光刻机配套设备

9.11.1　光刻胶

目前进展到 KrF,ArF 待突破光刻胶,又称光致抗蚀剂,是在通过紫外光、电子束、离子束、X 射线等照射或辐射后,其溶解度发生变化的耐蚀剂刻薄膜材料。按形成的图像来分类,光刻胶分为正性、负性两大类,涂层曝光并显影后,如果曝光部分被溶解,未曝光部分留下来,则为正性光刻胶,反之则是负性光刻胶。

按曝光光源和辐射源的不同,又可分为紫外正/负性光刻胶、深紫外光刻胶、X 射线胶、电子束胶、离子束胶等;根据下游不同的应用,光刻胶可分半导体光刻胶(24%)、LCD 光刻胶(27%)、PCB 光刻胶(25%)及其他光刻胶(24%)。

光刻胶的分类,如图 9-44 所示。

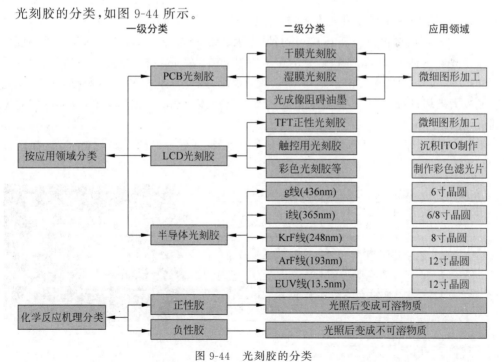

图 9-44　光刻胶的分类

ASML 技术领先,国产光刻机任重道远。

(1) 在产品设计上,EUV 领域 ASML 掌握着绝对核心技术,处于满产满销状态。目前尼康在 ArFimmersio、ArFdry(干式 DUV)、KrF 领域已有不少产品对标 ASML 的产品,但其生产效率与 ASML 相比仍存在差距。

(2) 国产光刻机与 ASML、佳能、尼康相比仍有较大差距。我国自主研发的 600 系列光刻机突破了外国光刻机卡脖子问题,可批量生产 90nm 工艺的芯片,可用于 WiFi 芯片、LCD 驱动芯片、电源管理芯片、射频芯片、各种数模混合电路。在制程上,其与国际三大光刻机厂商仍有一定的差距。

(3) 伴随荷兰、日本、美国加大半导体设备出口限制,光刻机国产化意义重大。早于十二五期间国家启动 02 专项(极大规模集成电路制造装备及成套工艺):重点进行 45~22nm 关键制造装备攻关等项目。

9.11.2 EUV 反射:原子级平整度

不同于 DUV 光刻机的物镜系统,EUV 光刻机采用的是带有镀膜的非球面镜组成的离轴反射系统,难点有以下几点。

(1) 原子级平整度要求。ASML 的 EUV 光刻技术采用了极紫外线作为光源。极紫外线又称为软 X 射线,其波长短、穿透性强,DUV 所用的透射式系统无法使极紫外线偏折,故而在物镜系统中只能使用全反射的投影系统。由于 EUV 能量很高,可以引起反射镜表面的化学反应和损伤。反射镜需要通过高度纯净的材料和表面镀层,同时也需要非常精确的表面形状和光学特性来最小化能量损失。镀膜方面,由钼和硅的交替纳米层制作,最高达 100 层,并且多层膜厚度误差在 0.025nm(原子级别)。平整度方面,非球面镜面型精度误差低于 0.25nm,因此 EUV 反射镜被誉为宇宙中最光滑的人造结构、世界上最精确的反射镜。

(2) 真空洁净度要求。由于绝对的平整度要求,任何环境中的微小颗粒都会对工艺质量造成极大破坏,所以整套系统要求极高的真空洁净度,蔡司位于 Oberkochen 的实验室能达到该要求。

EUV 光刻光学工艺更为复杂,EUV 特性要求采用全反射的投影物镜系统,如图 9-45 所示。

光刻技术	DUV光刻机	EUV光刻机
光源	193nm 深紫外线光源	13.5nm 极紫外线光源
物镜系统	折射式物镜	反射式物镜
制造过程	复杂	非常复杂,要求极度纯净的材料和高度精密的加工工艺

图 9-45 EUV 光刻光学工艺以及全反射的投影物镜系统

9.12 自研光刻机与光刻机技术分析

9.12.1 自研光刻机背景分析

半导体被誉为第二产业皇冠上的明珠,已经渗透到了生活的方方面面,这是现代工业的基础,谁掌握了半导体核心技术,谁就获得了未来科技发展的话语权。

ASML 光刻机的整体外观,如图 9-46 所示。

图 9-46 ASML 光刻机整体外观

EUV 光刻机的核心技术主要有三项,即顶级的光源系统、高精度的物镜系统及工作台。在工作台方面,国内自研的双工作台成为全球第二家掌握双工作台核心技术的国家。国产光刻机自研部件如图 9-47 所示。

图 9-47 国产光刻机自研部件

2023 年 2 月,国内自研了超精密高速激光干涉仪。2023 年 4 月又实现了电能转化等离子体线路,意味着终于实现了 DPP-EUV 光源。也就是实现了高端光刻机核心之一的光源系统。这些技术频频突破,自研光刻机目标直指 7nm 工艺。

9.12.2　自研光刻机技术分析

1. 光刻是芯片制造最核心环节

（1）光刻是芯片制造最核心环节。光刻机是芯片制造中最复杂、最昂贵的设备。芯片制造包括多种工艺，如初步氧化、涂光刻胶、曝光、显影、刻蚀、离子注入。这个过程需要用到的设备种类繁多，包括氧化炉、涂胶显影机、光刻机、薄膜沉积设备、刻蚀机、离子注入机、抛光设备、清洗设备和检测设备等。在整个半导体芯片制造过程中，光刻是最复杂的工艺，光刻工艺的费用约占芯片制造成本的1/3左右，耗费时间占比为40%～50%，光刻工艺所需的光刻机是最贵的半导体设备。

光刻机可分为前道光刻机和后道光刻机。光刻机既可以用在前道工艺，也可以用在后道工艺，前道光刻机用于芯片的制造，曝光工艺极其复杂，后道光刻机主要用于封装测试，实现高性能的先进封装，技术难度相对较小。

（2）光刻机研发难度大，零部件海外垄断。全球2022年前五大半导体设备厂商研发费用率如图9-48所示。

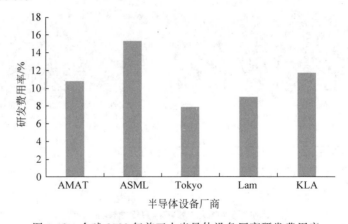

图 9-48　全球 2022 年前五大半导体设备厂商研发费用率

光刻机厂商研发费用率高：2022年全球前五大半导体设备厂商的平均研发费用率为11%，其中ASML研发费用率为15%，高于其他设备厂商。

光刻机零部件供应商遍布全球，核心零部件来自德国和美国：代表光刻机最高端技术的EUV光刻机里有10万多个零部件，全球超过5000家供应商。在整个光刻机中，荷兰腔体和英国真空占32%，美国光源占27%，德国光学系统占14%，日本的材料占27%。UV光刻机零部件占比，如图9-49所示。

2. 光刻设备单价最高，市场规模全球第二

2021年全球前道光刻设备市场规模为172亿美元，其市场份额在晶圆生产设备中的占比为20%，仅次于刻蚀设备。光刻机价格昂贵，ASML当前EUV光刻机的单价为1.5亿～2亿美元。

IGBT 相比 MOSFET,可在更高电压下持续工作,同时需要兼顾高功率密度、低损耗、高可靠性、散热好、低成本等因素。一颗高性能、高可靠性与低成本的 IGBT 芯片,不仅需要在设计端不断地优化器件结构,对晶圆制造和封装也提出了更高的要求。

2021 年晶圆生产设备的市场份额占比,如图 9-50 所示。

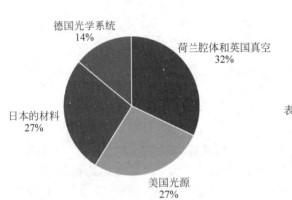

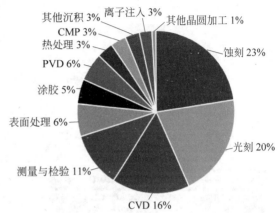

图 9-49　UV 光刻机零部件占比　　　　图 9-50　2021 年晶圆生产设备的市场份额占比

3. 从接触式到 EUV

1961 年,第一台接触式光刻机由美国 GCA 推出,历经 60 年的发展,ASML 后来者居上,成为当前光刻机行业的绝对龙头。

(1) 光刻机问世:1955 年,贝尔实验室开始采用光刻技术。1961 年,GCA 公司制造出第一台接触式光刻机。

(2) 步进式光刻机推出:1978 年,步进式光刻机推出。1984 年尼康和 GCA 各占 30% 份额,同年 ASML 成立。

(3) 浸没式光刻机推出:2000 年,ASML 推出双工作台光刻机。2003 年 ASML 推出浸没式光刻机,至此 ASML 一举超越其他厂商,后来者居上。

(4) EUV 光刻机推出:2013 年,ASML 推出第一台 EUV 量产产品,进一步加强了行业垄断地位。

4. 光刻技术:干法光刻和浸润式光刻

投影光刻技术根据投影物镜下方和晶圆间是否有水作为介质可以分为干式光刻和浸润式光刻。

(1) 干式光刻技术无法满足不断缩小的线宽:光从投影物镜射出,由玻璃介质进入空气介质会发生衍射,光角度发生变化,最终成像于晶圆表面。随着线宽不断缩小,衍射效应不断增加,需要增大投影物镜直径来接受更多的光,这导致物镜内聚焦的光角度越来越大,再经过折射效应,射出投影物镜的光角度接近水平,无法成像,因此出现了浸润式光刻技术。干式光刻示意图,如图 9-51 所示。

(2) 浸润式光刻技术使光刻水平进一步提高:投影物镜下方和晶圆间充满水,由于水

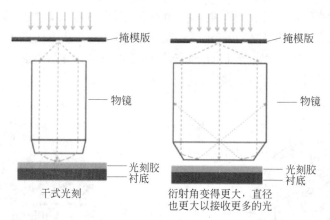

图 9-51　干式光刻示意图

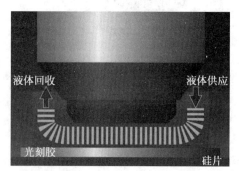

图 9-52　浸润式系统示意图

的折射率和玻璃接近(在 193nm 波长中,空气的折射率为 1,水的折射率为 1.44,玻璃的折射率约为 1.5),从投影物镜射出的光进入水介质后,折射角较小,光可以正常从物镜中折射出来。ArF 光源加浸润技术实际等效的波长为 193nm/1.44≈134nm。浸润式系统示意图,如图 9-52 所示。

5. 光刻机的技术水平决定了集成电路的发展水平

光刻机的技术水平很大程度上决定了集成电路的发展水平。随着 EUV 光刻机的出现,芯片制程最小达到 3nm。目前 ASML 正在研发 High-NA EUV 光刻机,制程可达 2nm、1.8nm,预计 2025 年量产。同时,英伟达在 2023 年 GTC 大会上也表示其通过突破性的光刻计算库 cuLitho,将计算光刻加速 40 倍以上,使 2nm 及更先进芯片的生产成为可能,ASML、台积电已参与合作,届时将带动芯片性能再次提高。

6. ASML 成为龙头

ASML 凭借浸润式光刻机垄断市场。在浸润式光刻技术出现之前,各厂商专注于 157nm 波长技术的研发,浸润式微影技术被提出后,ASML 开始与台积电合作开发浸润式光刻机,并于 2007 年推出浸润式光刻机,成功垄断市场,而同为光刻巨头的日本尼康、日本佳能主推的 157nm 光源干式光刻机被市场逐渐抛弃,两家公司由盛转衰。

ASML 一家独大,Nikon 和 Canon 瓜分剩余市场。

(1) 全球光刻机市场的主要竞争公司为 ASML、Nikon 和 Canon。ASML 在超高端光刻机领域独占鳌头,旗下产品覆盖面最广。Canon 光刻机主要集中在 i-line 光刻机,Nikon 除 EUV 外均有涉及。

(2) 光刻机市场份额主要被 ASML、Canon、Nikon 包揽,从这三家的占比情况来看,2022 年 ASML 占据 82%,Canon 占据 10%,Nikon 占据 8%。

第 10 章

芯片制造技术分析

10.1 芯片制造系列全流程：设计、制造、封测

10.1.1 芯片制造全流程概述

芯片制造分为三大步骤，分别是芯片设计、芯片制造、封装测试。

1. 芯片设计

高通、苹果、英伟达、AMD、联发科，这些大名鼎鼎的公司都是芯片设计公司。芯片设计，首先，需要设定芯片的目的，分为三类，即逻辑芯片、储存芯片、功率芯片，编写芯片细节，形成一份完整的 HDL 代码；其次，把代码转换成图，EDA 软件可以将这份 HDL 代码一键变成逻辑电路图，再把逻辑电路图通过 EDA 软件变成物理电路图；最后，将物理电路图制作成光掩模。

目前在芯片设计领域国内与全球水平是一致的，达到了 3nm。

2022 年上半年三星量产 3nm 芯片时，首批客户就是国内的矿机厂，所以 3nm 芯片，2022 年就能够设计出来了，国内在设计领域不落后，但是，设计芯片需要指令集、EDA、IP 核等，大多使用 ARM 指令集及 IP 核等。

2. 芯片制造

(1) 将沙子(二氧化硅硅石)冶炼为工业硅(金属硅)，接着提纯为多晶硅，然后直拉出更高纯度的单晶硅棒，再经过打磨、切割、倒角、抛光等一系列操作就得到了硅片。

(2) 沉积、光刻、刻蚀、离子注入的循环往复。获得硅片，首先需要进行无尘清洁，清理干净后放入机器中进行沉积氧化加膜，再均匀地涂上光刻胶，放入光刻机利用紫外光线透过光掩模照射到光刻胶上进行曝光，把电路图刻下来，再送去刻蚀机刻蚀，利用等离子体物理冲击离子注入，将未被光刻胶覆盖的氧化膜和下方的硅片刻蚀掉，形成所谓的鳍式场效应管中的鳍，刻蚀完后送去清洗，把覆盖的光刻胶和杂质清洗干净后，送去离子注入机，利用高速度高能量的离子束流注入硅片改变其载流子浓度和导电类型，形成 PN 结，再用气相沉积加覆保护膜，最后经过一种叫作 CMP 化学研磨技术，将其打磨平整抛光，让后续薄膜沉积更加顺利，重复上述工艺数十次后，才能将晶体管和上方的电路刻在晶片上面，来来回回几百

次,才能在一块 12 英寸的晶圆上制作出约 700 块芯片。

3. 封装测试

先对晶圆进行检查,检查完毕后对底部打磨,使其达到封装要求,打磨前贴膜保护电路,打磨后送去切片机进行切割,从而成为一块块晶片,将切割完的晶片放入已经涂上了银胶的引线框,再烘烤固化,贴片完成后进行焊线处理,经过最后的测试分选就可以送去芯片封装厂了。

封测的门槛相对最低,国内外很多公司已经实现了 3nm 芯片的封测。

2023 年很多公司实现了 4nm 的芯粒(Chiplet)的封测,封测设备的制造并不那么难,目前国内封测水平与国际水平基本是一致的。

可见,关键设备是 EDA、指令集、IP 核等,还有光刻机等设备,以及光刻胶等材料。

以前的芯片企业(如英特尔、德州仪器等)大多能够对芯片进行设计、制造、封测,这种企业被称为 IDM 企业。后来台积电崛起,只负责制造这一环节,将 IDM 形式分拆开后,于是后来慢慢就形成了设计、制造、封测三大环节,很多企业只负责其中的一个环节,IDM 企业越来越少。

不得不说,这种专注于某个环节的方式,极大地促进了全球的分工合作,也极大地推动了芯片技术的向前发展,毕竟只负责一个环节,更精更专,比 IDM 企业更有优势。

所以看到台积电的工艺超过英特尔,日月光的封测技术全球第一,设计方面更是高通、苹果等崛起,超过传统的 IDM 企业。国内在设计、封测上已基本达到全球顶尖水平。

4. 芯片设计、芯片制造、封装测试完整解读

集成电路产业通常被分为芯片设计、芯片制造、封装测试三大领域,如图 10-1 所示。

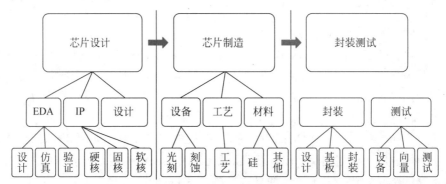

图 10-1　芯片设计、芯片制造、封装测试

芯片设计主要从 EDA、IP、设计 3 方面来分析;芯片制造主要从设备、工艺和材料 3 方面来分析;封装测试则从封装和测试两方面来分析。

10.1.2　芯片设计

如何开始一款芯片的设计呢? 首先要有工具(EDA),然后借助现有的资源(IP),加上自己的构思和规划,就可以开始芯片的设计了。

这里,就从芯片设计工具EDA,知识产权(IP),以及集成电路的设计流程来分析芯片的设计。

1. EDA

电子设计自动化(Electronic Design Automation,EDA)常指代用于电子设计的软件。现在的大规模集成电路在1平方毫米大小内,可以集成1亿只以上的晶体管,这些晶体管之间的连接网络更是多达数亿个。主流的SoC芯片,其晶体管数量已经超过百亿量级。如果没有精准的功能强大的EDA工具,怎样设计呢?

EDA是芯片设计的必备工具,目前,Synopsys、Cadence和Mentor(西门子EDA)占据着超过90%以上的市场份额。在10nm以下的高端芯片设计上,其占有率甚至高达100%。也就是说,现在研发一款10nm以下的芯片,没有以上三家的EDA工具几乎是很难实现的。

当前芯片设计中主流的EDA工具,见表10-1。

表 10-1　芯片设计中主流的 EDA 工具

集成电路设计类型	设 计 阶 段	对应的 EDA 工具
数字前端设计	RTL 仿真	Synopsys 的 VSC,Mentor 的 Modelsim,Questa
	综合	Synopsys 的设计编译器,Cadence 的 Genus
数字后端设计	IC 版图设计	Synopsys 的 ICC,Cadence 的 EDI/Innovus
DFT 可测试性设计	BSCAN	Mentor 的 BSDArchit,Synopsys 的 BSD 编译器
	MBIST	Mentor 的 MBITarchit,Tessentmbist
	ATPG	Mentor 的 TestKompress,Synopsys 的 Tetra
	MAX Scan Chain	Synopsys 的 DFT 编译器
Signoff 设计审签	Timing 时序仿真	Synopsys 的 PT 占主导地位,Cadence tempus 也有部分份额
	Physical 物理验证	Mentor 的 Calibre 占主导地位,Synopsys 的 ICV,Cadence 的 PVS 也占小部分份额
模拟电路设计	模拟电路图及版图	Cadence Virtuoso 目前使用最普遍

芯片设计分为设计、仿真、验证等环节,对应的EDA工具分为设计工具、仿真工具、验证工具等。

设计工具解决的是模型的构建,也就是从0到1(从无到有)的问题,仿真和验证工具解决的是模型的确认,也就是1是1还是0.9或者1.1的问题,因此,从EDA开发的角度来比较,设计工具的开发难度更大。

此外,设计规模越大,工艺节点要求越高,EDA工具的开发难度也越大。

2. IP

IP(Intelligent Property)代表着知识产权的意思,在业界是指一种事先定义的、经过验证的、可以重复使用的、能完成特定功能的模块,IP是构成大规模集成电路的基础单元,SoC是基于IP核的复用技术。

IP一般分为硬核、软核和固核。

(1) IP硬核一般已经被映射到特定工艺,经过芯片制造验证,具有面积和性能可预测的特点,但灵活性较小。

（2）IP 软核以 HDL 形式提交,灵活性强,但性能方面具有不可预测性。

（3）IP 固核通过布局布线或利用通用工艺库,对性能和面积进行了优化,比硬核灵活,比软核在性能和面积上更可预测,这是硬核和软核折中的结果。

目前全球前十大 IP 提供商,见表 10-2,其中 ARM 一家就占据了 40% 以上的市场份额,全球最大的两家 EDA 公司 Synopsys 和 Cadence,在 IP 领域也同样占据着第二、第三的位置。

表 10-2　全球前十大 IP 提供商

排　　名	厂　　商	营业额/亿元人民币	市场份额/%	国家或地区
1	ARM	1608.0	40.8	英国
2	Synopsys	716.9	18.2	美国
3	Cadence	232.0	5.9	美国
4	SST	115.0	2.9	美国
5	Imagination	101.1	2.6	英国
6	Ceva	87.2	2.2	以色列
7	Verisilicon	69.8	1.8	中国
8	Achronix	50.0	1.3	美国
9	Rambus	49.9	1.2	美国
10	eMemory	46.8	1.2	中国台湾
合计	前 10 名供应商	2075.6	78.1	中国占 3%

3．设计流程

芯片的设计流程通常可分为数字 IC 设计和模拟 IC 设计。

数字 IC 的设计流程为芯片定义→逻辑设计→逻辑综合→物理设计→物理验证→版图交付。

（1）芯片定义（Specification）指根据需求制定芯片的功能和性能指标,完成设计规格文档。

（2）逻辑设计（Logic Design）指基于硬件描述语言,在 RTL（Register-Transfer Level）级实现逻辑设计,并通过逻辑验证或者形式验证等验证功能是否正确。

（3）逻辑综合（Logic Synthesis）是指将 RTL 转换成特定目标的门级网表,并优化网表时延、面积和功耗。

（4）物理设计（Physical Design）指将门级网表根据约束布局、布线并最终生成版图的过程,其中又包含数据导入→布局规划→单元布局→时钟树综合→布线。

①　数据导入指导入综合后的网表和时序约束的脚本文件,以及代工厂提供的库文件。

②　布局规划指在芯片上规划输入/输出单元,宏单元及其他主要模块位置的过程。

③　单元布局是根据网表和时序约束自动放置标准单元的过程。

④　时钟树综合指插入时钟缓冲器,生成时钟网络,最小化时钟延迟和偏差的过程。

⑤　布线指在满足布线层数限制、线宽、线间距等约束条件下,根据电路关系自动连接各

个单元的过程。

（5）物理验证（Physical Verification）通常包括版图设计规则检查（DRC）、版图原理图一致性检查（LVS）和电气规则检查（ERC）等。

（6）版图交付（Tape Out）是在所有检查和验证都正确无误的前提下，将版图文件传递给代工厂生成掩模图形，并生产芯片。

模拟 IC 设计的流程为芯片定义→电路设计→版图设计→版图验证→版图交付，其中芯片定义和版图交付和数字电路相同，模拟 IC 在电路设计、版图设计、版图验证等方面和数字电路有所不同。

（1）模拟电路设计是指根据系统需求，设计晶体管级的模拟电路结构，并采用 SPICE 等仿真工具验证电路的功能和性能。

（2）模拟版图设计是按照设计规则，绘制电路图对应的版图几何图形，并仿真版图的功能和性能。

（3）模拟版图验证是验证版图的工艺规则、电气规则及版图电路图一致性检查等。

总之，芯片设计过程就是在 EDA 工具的支持下，通过购买 IP 授权＋自主研发（合作开发）的 IP，并遵循严格的集成电路设计仿真验证流程，完成芯片设计的整个过程。在这个过程中，EDA、IP、严格的设计流程三者缺一不可。

目前看来，在这三要素中最先可能实现自主可控的就是设计流程了。

10.1.3 芯片制造

芯片制造目前是集成电路产业门槛最高的行业，如何看待门槛的高低呢？投资越高、玩家越少，就表明门槛越高，目前在高端芯片的制造上，也仅剩下台积电（TSMC）、三星（SAMSUNG）和英特尔三家了。

下面分别从设备、工艺和材料 3 方面来分析芯片制造，寻找和先进制造技术的差距。

1. 设备

芯片制造需要经过 2000 多道工艺才能完成，每个步骤都要依赖特定设备才能实现。在芯片制造中，有三大关键工序：光刻、刻蚀、沉积。三大工序在生产过程中不断地重复，最终制造出合格的芯片。

三大关键工序要用到 3 种关键设备，分别是光刻机、刻蚀机、薄膜沉积设备。三大设备分别占所有设备投入的 22％、22％、20％左右，这是三种占比最高的半导体设备，如图 10-2 所示。

下面就以最为典型的光刻机和刻蚀机为例进行介绍并分析是否自主可控。

1）光刻机

光刻机的原理其实像幻灯机一样，也就是把光通过带电路图的掩模（Mask，也叫光罩）投影到涂有光刻胶的晶圆上。20 世纪 60 年代末，日本尼康和佳能开始进入这个领域，当时的光刻机并不比照相机复杂多少。

为了实现摩尔定律，光刻技术需要每两年把曝光关键尺寸（CD）降低 30％～50％。需要不断地降低光刻机的波长 λ，然而，波长被卡在 193nm 无法进步长达 20 年。后来通过工

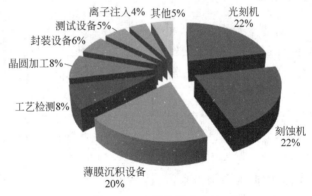

图 10-2　半导体设备占比

程上最简单的方法解决,在晶圆光刻胶上方加 1mm 厚的水,把 193nm 的波长折射成 134nm,称为浸入式光刻。

浸入式光刻成功地翻越了 157nm 大关,加上后来不断改进的镜头、多光罩、节距分割、波段灵敏光刻胶等技术,浸入式 193nm 光刻机一直可以做到今天的 7nm 芯片。

2) EVU 光刻机

EUV 极紫外光刻(Extreme Ultra-Violet)是一种使用极紫外(EUV)波长的新一代光刻技术,其波长为 13.5nm。由于光刻精度只有几纳米,所以 EUV 对光的集中度要求极高,相当于拿个手电照到月球后光斑不超过一枚硬币大小。反射的镜子要求直径为 30cm,但起伏不到 0.3nm,相当于北京到上海的铁轨起伏不超过 1mm。一台 EUV 光刻机重达 180t,超过 10 万个零件,需要 40 个集装箱运输,安装调试要超过一年时间。

直到 2000 年,日本尼康还是光刻机领域的龙头企业,但到了 2009 年 ASML 已经遥遥领先,市场占有率近 7 成。目前,最先进的光刻机也只有 ASML 一家可以提供了。

在集成电路制造中,光刻只是其中的一个环节,另外还有无数先进科技用于前后道工艺中。

3) 刻蚀机

刻蚀是将晶圆表面不必要的材质去除的过程。刻蚀工艺位于光刻之后。光刻机用光将掩模上的电路结构复制到硅片上,刻蚀机对复制到硅片上的电路结构进行微雕,雕刻出沟槽和接触点,让线路能够放进去。

按照刻蚀工艺分为干法刻蚀及湿法刻蚀,干法刻蚀主要利用反应气体与等离子体进行刻蚀,湿法刻蚀工艺主要是将刻蚀材料浸泡在腐蚀液内进行刻蚀。

干法刻蚀在半导体刻蚀中占据主流,市场占比达到 95%,其最大优势在于能够实现各向异性刻蚀,即刻蚀时可控制仅垂直方向的材料被刻蚀,而不影响横向材料,从而保证细小图形的保真性。湿法刻蚀由于刻蚀方向的不可控性,在先进制程很容易降低线宽,甚至破坏线路本身,从而导致芯片品质变差。

目前普遍采用多重模板工艺原理,即通过多次沉积、刻蚀工艺实现需要的特征尺寸。例如,14nm 制程所需使用的刻蚀步骤达到 64 次,较 28nm 提升 60%;7nm 制程所需刻蚀步骤更是高达 140 次,较 14nm 提升 118%。

刻蚀机的多次刻蚀原理,如图 10-3 所示。

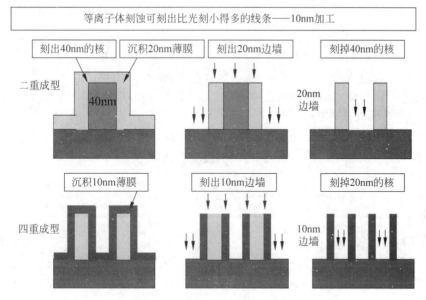

图 10-3 刻蚀机多次刻蚀原理

与光刻机一样,刻蚀机的厂商也相对较少,代表企业主要是美国的 Lam Research(泛林半导体)、AMAT(应用材料)、日本的 TEL(东京电子)等企业。这三家企业占据全球半导体刻蚀机的 94% 的市场份额,而其他参与者合计仅占 6%,其中,Lam Research 占比高达 55%,为行业龙头企业,东京电子与应用材料分别占比 20% 和 19%。

国内的情况,目前刻蚀设备的工艺节点已经达到 5nm。

2. 工艺制程

芯片制造过程需要两千多道工艺,下面按照 8 大步骤,对芯片制造工艺进行简单介绍。

1) 光刻(光学显影)

光刻是经过曝光和显影程序把光罩上的图形转换到光刻胶下面的晶圆上。光刻主要包含感光胶涂布、烘烤、光罩对准、曝光和显影等程序。曝光方式包括紫外线、极紫外光、X 射线、电子束等。

2) 刻蚀(蚀刻)

刻蚀是将材料使用化学反应或物理撞击作用而移除的技术。干刻蚀(Dry Etching)利用等离子体撞击晶片表面所产生的物理作用,或等离子体与晶片表面原子间的化学反应,或者两者的复合作用。湿刻蚀(Wet Etching)使用的是化学溶液,经过化学反应达到刻蚀的目的。

3) 化学气相沉积(CVD)

CVD 利用热能、放电或紫外光照射等化学反应的方式使反应物在晶圆表面沉积而形成稳定固态薄膜(Film)的一种沉积技术。CVD 技术在芯片制程中运用极为广泛,如介电材料

（Dielectrics）、导体或半导体等材料都能用 CVD 技术完成。

4）物理气相沉积（PVD）

PVD 是物理制程而非化学制程，一般使用氩等气体，在真空中将氩离子加速以撞击溅镀靶材后，可将靶材原子一个个溅击出来，并使被溅击出来的材质如雪片般沉积在晶圆表面。

5）离子植入（Ion Implant）

离子植入可将掺杂物以离子形态植入半导体组件的特定区域上，以获得精确的电特性。离子先被加速至具有足够能量与速度，以穿透（植入）薄膜，到达预定的植入深度。离子植入可对植入区内的掺质浓度加以精密控制。

6）化学机械研磨（CMP）

化学机械研磨技术具有研磨性物质的机械式研磨与酸碱溶液的化学式研磨两种作用，可以使晶圆表面达到全面性的平坦化，以利后续薄膜沉积。

7）清洗

清洗的目的是去除金属杂质、有机物污染、微尘与自然氧化物；降低表面粗糙度；绝大多数制程前后需要清洗。

8）晶片切割（Die Saw）

晶片切割是将加工完成的晶圆上的一颗颗晶粒裸芯片（Die）切割分离，便于后续封装测试。

虽然不同的 Foundry 厂的流程大致相同，但不同的工艺控制能力造就了各厂家在先进制程上的区别，随着制程进入 5nm，能够量产的芯片制造商就屈指可数了，目前能够量产 5nm 芯片的制造商只有台积电和三星。

在两千多道工艺中，隐藏着 Foundry 的无穷智慧和雄厚的财力，并不是说有了先进的设备，就能造出合格的芯片。虽然先进制程是技术发展的方向，但不能忽视成熟制程。成熟制程依然有很大市场份额。这是按成熟制程（节点≥40nm）产能排序的全球晶圆代工厂商 Top 榜单，如图 10-4 所示。

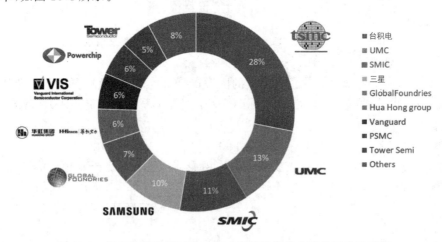

图 10-4　按成熟制程（节点≥40nm）产能排序的全球晶圆代工厂商

可以看出,成熟制程产能排名前四的厂商分别为台积电(市占率为28%)、联电(13%)、中芯国际(11%)、三星(10%)。成熟制程在2020年非常火爆,产能严重短缺,这给各大晶圆代工厂带来了巨大的商机。

3.材料

生产集成电路的材料有成千上万种,接下来以最为典型的硅晶圆和光刻胶进行分析。

1)硅晶圆

硅晶圆是集成电路行业的"粮食",是最主要最基础的集成电路材料,90%以上的芯片在硅晶圆上制造,目前300mm硅晶圆是芯片制造的主流材料,使用比例超过70%。曾经,国内300mm半导体硅片100%依赖进口,是国内集成电路产业链建设与发展的主要瓶颈。

全球主要的半导体硅晶圆供应商包括日本信越化学(Shin Estu)、日本盛高(SUMCO)、德国Siltronic、韩国SK Siltron等公司。

国内的情况,半导体硅晶圆销售额年均复合增长率达到41.17%,远高于同期全球半导体硅片市场的25.75%,但这块市场并没有掌握在本土厂商手中,在打造国产化产业链的今天,还有很大的空间供国内晶圆制造商发展。

2)光刻胶

光刻胶是光刻过程最重要的耗材,光刻胶的质量对光刻工艺有着重要影响。光刻胶可分为半导体光刻胶、面板光刻胶和PCB光刻胶,其中,半导体光刻胶的技术壁垒最高。

目前全球光刻胶主要企业有日本合成橡胶(JSR)、东京应化(TOK)、信越化学(ShinEtsu)、富士电子(FUJI)、美国罗门哈斯(Rohm&Hass)等,市场集中度非常高,所占市场份额超过85%,如图10-5所示。

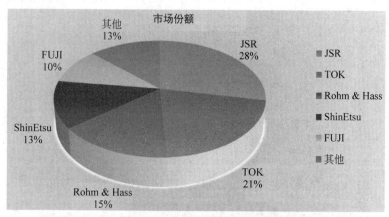

图10-5　全球光刻胶主要企业

高分辨率的半导体光刻胶是半导体化学品中技术壁垒最高的材料。

在PCB领域,国产光刻胶具备了一定的量产能力,已经实现了对主流厂商供货。

10.1.4　封装测试

封装测试是集成电路三大产业中的最后一个环节。一般认为封装测试的技术含量和实现难度比前两者低,但是随着 SiP 及先进封装技术的出现和迅速发展,需要重新定义芯片的封装和测试。

　　SiP 及先进封装在封装原来的 3 个特点(芯片保护、尺度放大、电气连接)的基础上,增加了 3 个新特点:提升功能密度、缩短互联长度、进行系统重构,因此其复杂程度和实现难度与传统的封装相比有很大程度的提升。

　　同时,SiP 及先进封装也给封装测试提出了新的机遇和挑战。

1. 芯片封装

从封装设计和产品封装两方面来分析芯片封装。

1) 封装设计

早先的封装中没有集成(Integration)的概念,封装设计是比较简单的,对工具要求也很低,AutoCAD 就是常用的封装设计工具,随着 MCM、SiP 技术的出现,封装设计变得越来越复杂,加上目前 SiP、先进封装、芯粒、异构集成概念的市场接受度越来越高,封装内集成的复杂度和灵活度急剧上升,对封装设计的要求也越来越高,SiP 和先进封装设计工具目前只有 Cadence 和 西门子 EDA(Mentor)两家,Cadence 是老牌的封装设计 EDA 提供商,市场占有率高,用户的忠诚度也比较高。

　　西门子 EDA(Mentor)是封装设计领域的后起之秀,但其技术先进性上则体现了"后浪"的特点。业界台积电、英特尔、三星纷纷选择西门子 EDA 作为其先进封装(HDAP)的首选工具,主要在于两点:先进的设计工具和强悍的验证工具。

　　不同于传统封装设计,先进封装和 SiP 设计对 3D 环境要求很高,3D 设计环境不在于是否看上去很直观、绚丽,而在于对客观元素的精准描述,包括键合线、腔体、芯片堆叠、硅转接板、2.5D 集成、3D 集成、Bump……

　　在这一点上,西门子 EDA 的 SiP 及先进封装设计工具已经远远将其竞争对手抛在身后。先进封装版图设计工具 XPD 中的封装设计 3D 截图如图 10-6 所示,在 4 组芯片堆叠中,每组 5 颗芯片(4HBM＋1Logic)以 3D TSV 连接在一起,与 GPU 一起集成在硅转接板(2.5D TSV)上,硅转接板和电阻、电容等一起被集成在封装基板上。

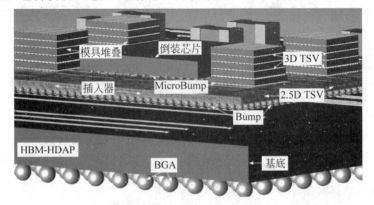

图 10-6　先进封装版图设计工具 XPD 中的封装设计 3D 截图

该设计中包含了 3D 集成、2.5D 集成、倒装焊、Bump、多基板集成等多种方式,在 XPD 设计环境中得到了精准实现。

先进封装验证工具包括电气验证和物理验证,电气验证包含 80 多条规则,对整个系统进行信号完整性、电源完整性、EMI\EMC 等电气相关的检查和验证,物理验证则是基于 IC 验证工具 Calibre,整合出 Calibre 3D STACK,专门用于 3D 先进封装的物理验证。

随着封装内的集成度、设计复杂度越来越高,对工具的要求也越来越高,另外,在先进封装领域,封装设计和芯片设计的协同度日益提高,在某种程度上有逐渐融合的趋势,因此对协同设计的要求也日益提升。

2) 产品封装

根据材料和工艺的不同,封装主要可以分为塑料封装、陶瓷封装和金属封装 3 种类型。

(1) 塑封主要基于有机基板,多应用于商业级产品,体积小、质量轻、价格便宜,具有大批量、低成本优势,但在芯片散热、稳定性、气密性方面相对较差。

陶瓷封装和金属封装则主要基于陶瓷基板,陶瓷封装一般采用 HTCC 基板,金属封装则多采用 LTCC 基板,对于大功耗产品,对散热要求高,可选用氮化铝基板,如图 10-7 所示。

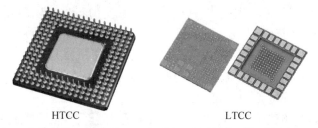

HTCC　　　　　　　　　　　　　LTCC

图 10-7　陶瓷封装一般采用 HTCC 基板,金属封装则多采用 LTCC 基板

(2) 陶瓷封装的特点包括密封性好,散热性能良好,对极限温度的抵抗性好,容易拆解,便于问题分析;与金属封装相比体积相对小,适合大规模复杂芯片,适合航空航天等对气密性有要求的严苛环境应用,但价格昂贵,生产周期长,质量和体积都比同类塑封产品大。

(3) 金属封装的特点包括密封性好、散热性能良好、容易拆解、灵活性高,但体积相对较大、引脚数量较少、不适合复杂芯片、价格贵、生产周期长、需要组装金属外壳和基板、工序复杂、多应用于 MCM 设计、航空航天领域应用较为普遍。

陶瓷封装和金属封装内部均为空腔结构,具有可拆解的优势,便于故障查找和问题归零,因此受到航空航天等领域用户的欢迎。

2. 芯片测试

芯片测试的项目非常多,这里重点介绍机台测试和系统测试。

1) 机台测试

一般是指采用自动测试设备(Automatic Test Equipment,ATE)进行芯片测试,测试芯片的基本功能和相应的电参数。机台可以提供待测器件(Device Under Test,DUT)所需的电源、不同周期和时序的波形、驱动电平等。

测试向量(Test Vector)是每个时钟周期应用于器件引脚的用于测试的逻辑 1 和逻辑 0

数据,是由带定时特性和电平特性的波形代表,与波形形状、脉冲宽度、脉冲边缘或斜率及上升沿和下降沿的位置都有关系。

测试向量是可基于 EDA 工具的仿真向量(包含输入信号和期望的输出),经过优化和转换,形成 ATE 格式的测试向量。利用 EDA 工具建立器件模型,通过建立一个 Testbench 仿真验证平台,对其提供测试激励,进行仿真,验证结果,将输入激励和输出响应存储起来,按照 ATE 向量格式,生成 ATE 向量文件,如图 10-8 所示。

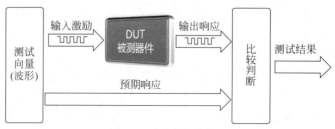

图 10-8　测试向量流程

2)系统测试

系统测试也称为板级系统测试,是指模拟芯片真实的工作环境,对芯片进行各种操作,确认其功能和性能是否正常。

除了机台测试和系统测试之外,还需要对芯片进行了一系列试验和考核,内容包括热冲击、温度循环、机械冲击、扫频震动、恒定加速度、键合强度、芯片剪切强度、稳态寿命、密封、内部水汽含量、耐湿气等试验。

只有所有的测试都顺利通过了,一颗芯片才能算成功,作为合格的产品应用到下一个环节。

3)自主可控总结

最后,对自主可控芯片作一个简单总结,见表 10-3。

表 10-3　自主可控芯片统计

集 成 电 路	设计生产相关环节	自主可控占比
芯片设计	EDA	0~5%
	IP	0~3%
	IC 设计流程	80%~100%
芯片制造	光刻机	5%
	刻蚀机	20%
	工艺流程	30%
	硅晶元	5%
	光刻胶	5%
芯片封装	封装设计 EDA	0~3%
	封装(SiP)设计	80%~100%
	产品封装	80%
	芯片测试	80%
总结	一颗芯片从规划到产品	

从表 10-3 中可以看出,在 IC 设计流程、封装(SiP)设计,以及在产品封装、芯片测试环节的自主可控程度比较高;在刻蚀机、芯片工艺制程上有一定的自主可控性,而在 EDA、IP、光刻机、硅晶元、光刻胶等环节自主可控的程度非常低,所以高端芯片很容易被卡脖子,因为高端芯片所用到的 EDA、IP、光刻机、硅晶元、光刻胶绝大部分依赖进口。

自主可控相对较高的 IC 设计流程、封装(SiP)设计绝大部分依赖进口的 EDA 工具,在产品封装和芯片测试环节,封装设备和测试设备大约 80% 以上是进口设备;工艺制程上高端芯片同样也无法自主生产。考虑到这些,不由得让我们无法盲目乐观,因为越往源头挖掘,自主可控的比例就越低。

10.2　半导体全景

10.2.1　芯片简介

1. 种类

(1) 按照性质可分为数字芯片和模拟芯片。

(2) 按照用途可分为计算机、家电、手机、医疗、汽车等。

(3) 按照功能可分为思考功能(CPU、NPU、DSP、FPGA、AI)、感知功能(MEME、Sensor)、传递功能(蓝牙、WiFi)等。

2. PN 结:具有单向导电性

(1) N 型半导体(Negative,电子带负电荷):在掺入少量杂质磷/锑元素的硅/锗晶体中,N 型半导体含电子浓度较高,其导电性主要因为自由电子导电。

(2) P 型半导体(Positive,空穴带正电):在掺入少量杂质硼/铟元素的硅/锗晶体中,P 型半导体含有较高浓度的空穴(相当于正电荷),成为能够导电的物质。

(3) PN 结是由一个 N 型掺杂区和一个 P 型掺杂区紧密接触所构成的,其接触界面称为冶金结界面。

晶圆处理是前道工艺部分,主要在晶圆上制作电路与电子元件(电晶体、电容体、逻辑闸等),如图 10-9 所示。

3. 芯片制造过程

芯片制造需要硅片和光刻机。

制作硅片需要将二氧化硅中加入碳进行高温提炼,两者结合发生氧化反应,二氧化硅被逐渐提炼成高纯度的硅单晶,再通过化学反应把硅晶体提炼成更高程度的多晶硅。

接下来要把高纯度的多晶硅,变成纯度高达 99.9999% 的单晶硅棒(直拉法首先将多晶硅放入密封堆塌中,用氩气将空气排空后,将多晶硅加热至 1420℃ 融化,接着将一条长条单晶硅的晶种慢慢地放进已经融化的硅中,然后插入融化硅后慢慢旋转拉升,拉出来的融化硅冷凝形成单晶硅,从而拉出一整根纯度在 99.9999% 的单晶硅棒)。

再经过打磨、切割、倒角、抛光等一系列操作,就变成了所需要的硅片,清洁干净后放入

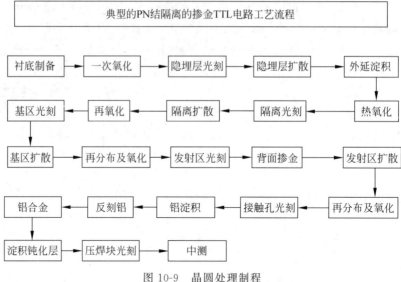

图 10-9　晶圆处理制程

机器中进行氧化加膜,再均匀涂上光刻胶,然后将涂上光刻胶的硅片放入光刻机,利用紫外线透过掩模照射到光刻胶上进行曝光,曝光的光刻胶会发生反应,利用掩模把电路图刻下来,把未曝光的光刻胶冲洗干净,涂上显影液,就可以看见刻在上面的电路图了。

再送去蚀刻机,利用等离子体物理冲击,将未被光刻胶覆盖的氧化膜和下方的硅片刻蚀掉,形成所谓的鳞式场效应管,刻蚀完的硅片要送出清洗,把覆盖的光刻胶和杂质清洗干净后送入离子注入机,利用高速度高能量的离子束流注入硅片改变其载流子浓度和导电类型,再用气象沉积技术,对晶片涂上一层绝缘保护层,让其耐腐蚀能力更强。

最后经过一种叫作 CMP 化学研磨技术,将其打磨平整抛光,让后续薄膜沉积更加顺利,重复上述步骤数十次后,才能将晶体管和上方的电路刻在晶片上面,来来回回几百次才能在一块 12 英寸的晶片上制作出约 700 颗的芯片。

最后一个步骤是封装。

在进行封装之前要先对晶圆进行检查,看一看有没有破损及坏点等情况出现,检查完毕后,对其底部进行打磨,使其达到封膜要求,不过在打磨之前要先贴上一层膜去保护电路,打磨完成后就可以送往切片机进行切割了,沿着芯片切割线隔成一块块晶片,然后将切割完的晶片放入已经涂上了银胶的引线框,再烘烤固化,贴片完成后还要进行焊线处理,采用一种叫作热超声键合技术,通过高频振动波传递到两个需要焊接的表面,使两个金属表面相互摩擦融合,然后就可以封胶切割了,芯片就基本完成了。

10.2.2　半导体简介

1. 半导体材料与设备

半导体支撑产业,卡脖子的关键环节半导体材料与设备是半导体支撑产业,在复杂国际贸易关系下,成为重中之重,也是国内被卡脖子的关键环节。SEMI 曾预计,2021 年全球半导体材料市场规模将达到 587 亿美元,半导体设备市场规模将达到 953 亿美元。

2. 半导体制造

成熟制程产能紧张,先进制程扮演着重要角色,受益于数据中心、5G、自动驾驶、AI 等领域的强劲需求,晶圆代工市场迅速成长,先进制程占比较快提升。IC Insights 数据显示,2021 年全球晶圆代工市场规模首次突破 1000 亿美元,2025 年将增长至 1251 亿美元。

3. 半导体设计

在 Fabless 模式下,国产替代化进程较快,社会数字化转型加快;在碳中和背景下,汽车电子化势不可挡,下游需求旺盛,推动产业成长。WSTS 曾预计,2021 年全球半导体市场规模将达 5 529 亿美元,同比增长 26%;2022 年将进一步增长 9%,至 6014 亿美元。

4. 半导体行业介绍

(1) 半导体材料:半导体硅片、光刻胶。

(2) 半导体设备:清洗设备、光刻机、刻蚀设备、离子注入机、检测设备。

(3) 半导体制造:成熟制程、先进制程。

(4) 半导体芯片:射频前端芯片、电源管理芯片、信号链模拟芯片、FPGA、存储芯片、功率器件、CMOS 芯片、分立器件。

5. 未来新增长点

(1) 砥砺前行,国产替代坚定推进:国内晶圆厂加速扩产,推动设备、材料国产化进程。

(2) 世纪变革,新能源车重塑汽车产业链:单车硅含量 900 美元+销量逆势成长,汽车半导体竿头日上。

半导体行业全景梳理,如图 10-10 所示。

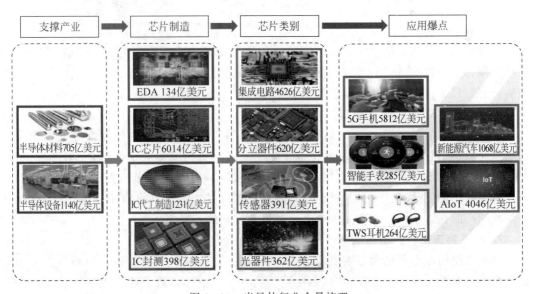

图 10-10　半导体行业全景梳理

10.2.3　芯片产业链

1.湿电子化学品

湿电子化学品（Wet Chemicals）又称超净高纯试剂或工艺化学品，指主体成分纯度大于99.99%，并且杂质离子和微粒数符合严格标准的化学试剂。湿电子化学品是化学试剂产品中对品质、纯度要求最高的细分领域，这是纯度极高的特种化学试剂。一般要求控制杂质颗粒粒径低于 $0.5\mu m$，金属杂质含量低于 ppm 级（10^{-6} 为 ppm，10^{-9} 为 ppb，10^{-12} 为 ppt）。

湿电子化学品纯度，如图 10-11 所示。

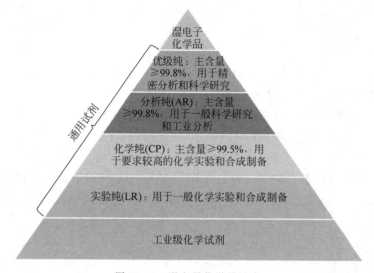

图 10-11　湿电子化学品纯度

湿电子化学品属于电子化学品领域的分支，这是微电子、光电子湿法工艺制程中使用的各种液体化工材料，广泛用于芯片、显示面板、太阳能电池、LED 等电子元器件微细加工的清洗、光刻、显影、蚀刻、掺杂等工艺环节。

湿电子化学工艺流程，如图 10-12 所示。

湿电子化学品种类繁多，可以按组成成分与应用工艺的不同分为通用性湿电子化学品和功能性湿电子化学品，其中功能性湿电子化学品又可分为光刻胶配套试剂、刻蚀液、清洗液等。此外，湿电子化学品也可以按照下游应用领域的不同分为集成电路、显示面板及光伏电池用湿电子化学品，由于应用领域不同，客户对产品洁净度和纯度有不同要求，因此此细分领域的产品在需求结构和产品价格上存在较为明显的差异。

2.按下游应用行业领域划分

集成电路用湿电子化学品主要用于晶圆制造的清洗、显影、刻蚀、剥离等环节。由于集成电路生产对产品纯度要求高，客户黏性强，因此产品价格高，盈利能力较好。液晶显示用湿电子化学品主要用于平板显示制造工艺环节的薄膜制程清洗、光刻、显影、蚀刻等工艺环节。下游客户对液晶显示类湿电子化学品的纯度要求略低于集成电路类产品。太阳能电池

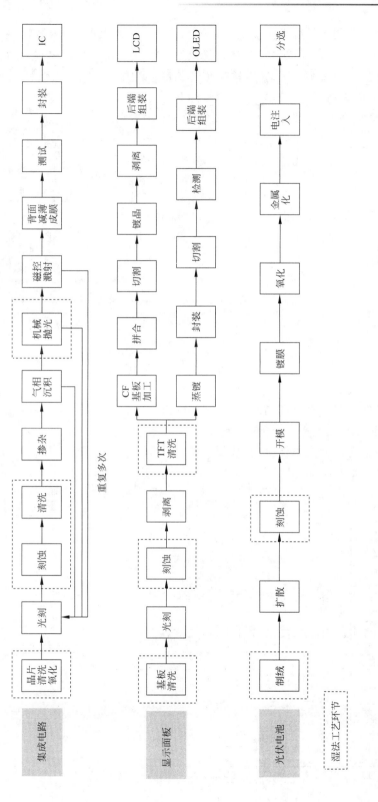

图 10-12　湿电子化学工艺流程

用湿电子化学品主要用于晶硅太阳能电池片的制绒加工及清洗等工艺环节。一般而言,太阳能用湿电子化学品的技术标准要求最低,盈利能力较弱。

不同下游使用的湿电子化学品,如图 10-13 所示。

不同下游使用的湿电子化学品

领域	环节	常用湿电子化学品
集成电路	清洗	双氧水、氨水、硫酸、盐酸、氢氟酸
	刻蚀	氢氟酸等混酸刻蚀液
显示面板	清洗	乙醇、丙酮、氢氧化钠、清洗液
	刻蚀	刻蚀液
	显影	氢氧化钠
	脱模	盐酸、硝酸
太阳能电池板	清洗	清洗液
	表面腐蚀	氢氧化钠、硝酸、乙酸等腐蚀液
	制绒	氢氧化钠、硝酸、氢氟酸及其混合液
	刻蚀	氢氟酸、氟化铵
	去磷硅玻璃清洗	氢氟酸

技术难度递减　盈利能力递减

图 10-13　不同下游使用的湿电子化学品

从产业链角度来看,湿电子化学品位于电子信息产业偏中上游的电子专用材料领域,是精细化工和电子信息行业交叉的领域,上游是基础化工产业,以硫酸、盐酸、氢氟酸、氨水、氢氧化钠、氢氧化钾、丙酮、乙醇、异丙醇等为原料,经过预处理、过滤、纯化、混配等工艺生产得到的高纯度产品。下游为太阳能电池、显示面板、半导体等领域。

湿电子上中下游化学品,如图 10-14 所示。

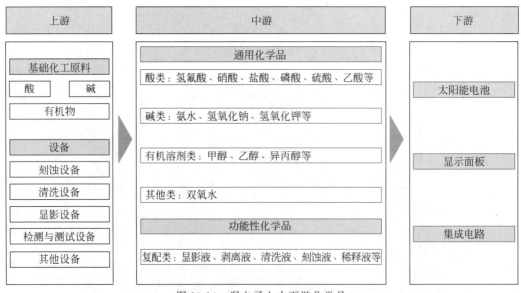

图 10-14　湿电子上中下游化学品

湿电子化学品对产品品质、纯度有着较高工艺要求,其主要工艺流程为原料接收、纯化、吸收、混配、包装等工艺,成品产品入桶包装或装车后,经检验合格后入库。之后根据客户订单发货并回收包装桶和槽车,再次循环使用。生产过程涉及的核心工艺包括分离纯化,分析检测,混配及包装运输技术等,需生产企业掌握产品制备、产品检验、包装物及瓶阀处理等核心技术,对生产过程中各类杂质含量进行有效控制,具备较高的技术门槛。此外,企业具有较高的认证壁垒(认证周期长,通常2～3年,客户黏性强)及人才、资金壁垒(人才稀缺,资金投入大)。

湿电子化学品工艺检测流程,如图10-15所示。

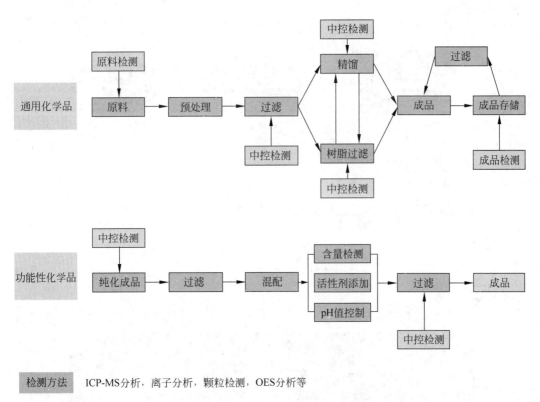

图 10-15　湿电子化学品工艺检测流程

10.3　芯片封测技术

芯片封测包括集成电路的系统集成、设计仿真、技术开发、产品认证、晶圆中测、晶圆级中道封装测试、系统级封装测试、芯片成品测试,并可向半导体客户提供封测服务。

通过高集成度的晶圆级(WLP)、2.5D/3D、系统级(SiP)封装技术和高性能的倒装芯片和引线互联封装技术,封测企业的产品、服务和技术,可涵盖主流集成电路系统应用,包括网络通信、移动终端、高性能计算、车载电子、大数据存储、人工智能与物联网、工业智造等领域。

10.3.1 2.5D/3D 集成技术

随着市场对便携式移动数据访问设备需求的快速增长,市场对功能融合和封装复杂性的要求也在提升。同时对更高集成度,更好电气性能、更低时延,以及更短垂直互连的要求正在迫使封装技术从 2D 封装向更先进的 2.5D 和 3D 封装设计转变。为了满足这些需求,各种类型的堆叠集成技术将多个具有不同功能的芯片集成到越来越小的尺寸中。

推动传统封装技术的突破,率先在晶圆级封装、倒装芯片互连、硅通孔(TSV)等领域中采用多种创新集成技术,以开发差异化的解决方案,帮助客户在其服务的市场中取得成功。

1. 解决方案

不同的封装技术方案如图 10-16 所示。

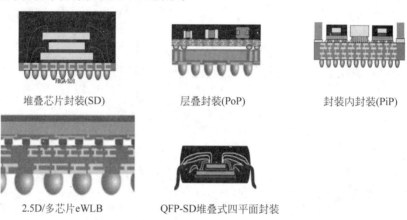

图 10-16　不同的封装技术方案

2. 应用市场

不同封装技术的不同应用场景如图 10-17 所示。

图 10-17　不同封装技术的不同应用场景

10.3.2 晶圆级封装技术

1. 晶圆级封装(WLP)与扇出封装技术

当今的消费者正在寻找性能强大的多功能电子设备,这些设备不仅要提供前所未有的性能和运算速度,还要具有小巧的体积和低廉的成本。这给半导体制造商带来了复杂的技术和制造挑战,试图寻找新的方法,在小体积、低成本的器件中,提供更出色的性能和功能。

晶圆级技术解决方案包括扇入型晶圆级封装(FIWLP)、扇出型晶圆级封装(FOWLP)、集成无源器件(IPD)、硅通孔(TSV)、包封芯片封装(ECP)、射频识别(RFID)。

2. 解决方案

各种晶圆级封装技术解决方案如图 10-18 所示。

包封芯片封装(ECP)

嵌入型晶圆级BGA封装(eWLB)

晶圆级芯片尺寸封装(WLCSP)

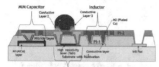
集成型被动器件(IPD)

图 10-18 各种晶圆级封装技术解决方案

3. 应用市场

晶圆级封装技术的应用场景如图 10-19 所示。

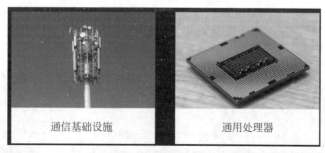
通信基础设施　　通用处理器

5G移动处理器　WiFi路由器及功放　车载信息与娱乐系统　可穿戴设备　人工智能、功能性服务器

图 10-19 晶圆级封装技术的应用场景

10.3.3 系统级封装技术

1. 系统级封装(SiP)

半导体公司不断面临复杂的集成挑战,因为消费者希望电子产品体积更小、速度更快、性能更高,并将更多功能集成到单部设备中。半导体封装对于解决这些挑战具有重大影响。当前和未来对于提高系统性能、增加功能、降低功耗、缩小外形尺寸的要求,需要一种被称为

系统集成的先进封装方法。

系统集成可将多个集成电路和元器件组合到单个系统或模块化子系统中,以实现更高的性能、功能和处理速度,同时大幅降低电子器件内部的空间。

SiP封装的优势体现在3种先进技术:双面塑形技术、EMI电磁屏蔽技术、激光辅助键合(LAB)技术。

(1)双面成型有效地降低了封装的外形尺寸,缩短了多个裸芯片和无源器件的连接,降低了电阻,并改善了系统的电气性能。

(2)对于EMI屏蔽,JCET使用背面金属化技术,有效地提高了热导率和EMI屏蔽。

(3)JCET使用激光辅助键合,克服了传统的回流键合问题,例如CTE不匹配、高翘曲、高热机械应力等导致的可靠性问题。

2. 解决方案

系统级封装技术解决方案如图10-20所示。

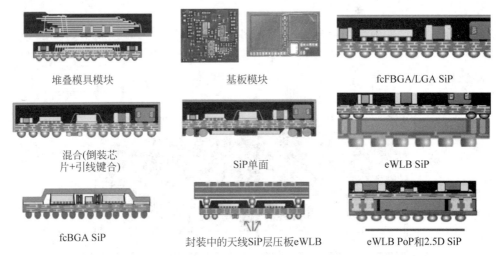

图 10-20　系统级封装技术解决方案

3. 应用市场

系统级封装技术的应用场景如图10-21所示。

图 10-21　系统级封装技术的应用场景

10.3.4　倒装封装技术

1．倒装封装技术介绍

在倒装芯片封装中，硅芯片使用焊接凸块而非焊线直接固定在基材上，提供密集的互连，具有很高的电气性能和热性能。倒装芯片互连实现了终极的微型化，减少了封装寄生效应，并且实现了其他传统封装方法无法实现的芯片功率分配和地线分配新模式。

倒装芯片产品组合，从搭载无源元器件的大型单芯片封装，到模块和复杂的先进 3D 封装，包含多种不同的低成本创新选项。

2．解决方案

倒装芯片封装技术解决方案如图 10-22 所示。

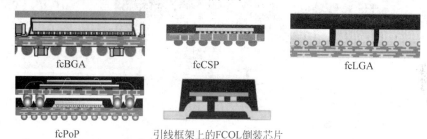

图 10-22　倒装芯片封装技术解决方案

3．应用市场

倒装芯片封装技术的应用场景如图 10-23 所示。

图 10-23　倒装芯片封装技术的应用场景

10.3.5　焊线封装技术

1．焊线封装技术介绍

焊线形成芯片与基材、基材与基材、基材与封装之间的互连。焊线被普遍视为最经济高效和灵活的互连技术，目前用于组装绝大多数的半导体封装。

可以使用金线、银线、铜线等多种金属线进行焊线封装。作为金线的低成本替代品，铜线正在成为焊线封装中首选的互连材料。铜线具有与金线相近的电气特性和性能,而且电阻更低,在需要较低的焊线电阻以提高器件性能的情况下,这将是一大优势。可以提供各类焊线封装类型,最大程度地节省物料成本,从而实现最具成本效益的铜焊线解决方案。

2. 解决方案

焊线封装技术解决方案如图 10-24 所示。

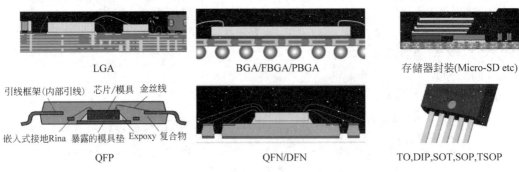

图 10-24　焊线封装技术解决方案

3. 应用市场

焊线封装技术的应用场景如图 10-25 所示。

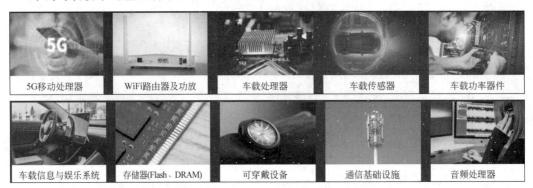

图 10-25　焊线封装技术的应用场景

10.3.6　MEMS 与传感器

1. MEMS 与传感器介绍

随着消费者对能够实现传感、通信、控制应用的智能设备需求的日益增长,MEMS 和传感器因其更小的尺寸、更薄的外形和功能集成能力,正在成为一种非常关键的封装方式。MEMS 和传感器可广泛应用于通信、消费、医疗、工业和汽车市场等众多系统中。

MEMS 服务包括封装协同设计、模拟、物料清单(BOM)验证、组装、质量保证和内部测试解决方案。能够为客户的终端产品提供更小外形尺寸、更高性能、更低成本的解决方案。创新集成解决方案能够帮助企业实现 MEMS 和传感器应用的尺寸、性能和成本要求。

2.解决方案

MEMS 和传感器封装技术解决方案如图 10-26 所示。

嵌入式晶圆级球栅阵列(eWLB)

晶圆级芯片级封装(WLCSP)

倒装芯片级封装

细间距球栅阵列(FBGA)

陆地网格阵列(LGA)

四平面无引线(QFN)

图 10-26 MEMS 和传感器封装技术解决方案

3.应用市场

MEMS 和传感器封装技术应用场景如图 10-27 所示。

图 10-27 MEMS 和传感器封装技术应用场景

10.4 FinFET 存储器的设计、测试和修复方法

10.4.1 FinFET 存储器介绍

1. FinFET 存储器的挑战

同任何 IP 模块一样,存储器必须接受测试,但与很多别的 IP 模块不同,存储器测试不是简单地通过/失败检测。存储器通常设计了能够用来应对制程缺陷的冗余行列,从而使片上系统(SoC)的良率提高到 90% 或更高。相应地,由于知道缺陷是可以修复的,冗余性允许存储器设计者将制程节点推向极限。测试过程已经成为设计-制造过程越来越重要的补充。存储器测试始终要面临一系列特有的问题。现在,随着 FinFET 存储器的出现,需要克服更多的挑战如下:

(1) FinFET 存储器带来的新的设计复杂性、缺陷覆盖和良率挑战。

（2）怎样综合测试算法以检测和诊断 FinFET 存储器的具体缺陷。

（3）如何通过内建自测试（BIST）基础架构、高效测试和维修能力的结合，来帮助保证 FinFET 存储器的高良率。

虽然以 FinFET 工艺制程为重点，但其中很多挑战并非针对特定制程的。这里呈现的存储器测试的新问题与所有存储器都有关，无论是 Synopsys，还是第三方 IP 供应商提供的，或是内部设计的。

FinFET 与平面工艺比较，英特尔首先使用了 22nm FinFET 工艺，其他主要代工厂则在 14/16nm 及以下工艺中相继加入。自此，FinFET 工艺的流行性和重要性始终在增长。

要理解 FinFET 架构，设计人员首先应与平面架构进行沟道对比，如图 10-28 所示，左图标识平面晶体管。改为 FinFET 的制程相关的主要动机是制程工程师所谓的短沟道效应和设计工程师所谓的漏电。当栅极下面的沟道太短且太深，以至于栅极无法正常地控制它时，即使在其关闭的情况下，其仍然会局部打开而有漏电电流流动，从而造成极高的静态功率耗散。

FinFET 如图 10-28 所示。鳍片（灰色）较薄，栅极将它周围完全裹住。鳍片穿过栅极的所有沟道部分充分受控，漏电很小。

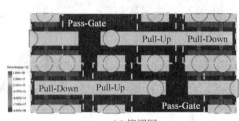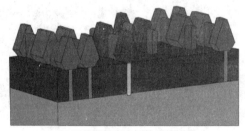

(a) 俯视图　　　　　　　　　　(b) 不带栅极和金属的三维视图

图 10-28　实现 FinFET LV SRAM 单元

图 10-28 显示了在 3D-TCAD 中建模的 LV SRAM 单元。与该示例性单元不同，最紧凑的 HD 配置不会在单元的每一侧都具有 F_n 列，而 HP 配置将在 PG 中显示两个 F_n。为了再现工业设备，只有 HD 和 LV 单元使用在 F_n 上具有硅多面体的源极和漏极区域。

注意，与 HP 单元相比，这些结构不会在晶体管中引起相当大的电流变化。在电学上，LV 模型对于读取操作具有更稳健的 SNM，并且 HP 模型在读取和写入操作期间更快。

2. FinFET 工艺

从工艺上说，这种沟道将载流子完全耗尽。这种架构一般使用多个鳍片（两个或 3 个），但未来工艺可能使用更多鳍片。多鳍片的使用提供了比单鳍片更好的控制。使用多鳍片突出了 FinFET 与平面架构之间的重大差异。平面工艺使用晶体管宽度和长度的二维界面，而在 FinFET 中，鳍片大小是固定不变的，栅极厚度定义了沟道长度，也是固定不变的。改变 FinFET 的唯一参数是鳍片数量，而且必须是整数。例如，不可能有 2½（两个半）鳍片。

平面架构与 FinFET 架构对比，如图 10-29 所示。

场效应晶体管(FET)：来自栅极的场控制沟道

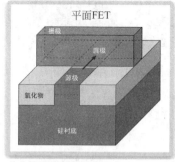
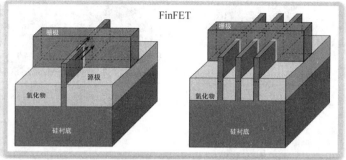

单个栅极沟道控制限制在 20nm 及以下

"多个"栅极包围一个薄沟道，可以"完全耗尽"载流子。获得更理想的电气特性

图 10-29　平面架构与 FinFET 架构对比

FinFET 降低了工作电压，提高了晶体管效率，对静态功耗(线性)和动态功耗(二次方)都有积极作用。可节省高达 50% 的功耗。性能也更高——在 0.7V 上，性能(吞吐量)比平面工艺高 37%。

FinFET 的复杂性带来了制造困难，与平面工艺相比，FinFET 的复杂性一般会导致更加昂贵的制造工艺，至少初期是这样。随着代工厂经验的不断丰富和对工艺过程的控制越来越娴熟，这些成本可能会下降，但就目前而言，放弃平面工艺会增加成本。

FinFET 还存在热挑战。由于鳍片直立，晶片的基体(衬底)起不到散热片的作用，这可能导致性能下降和容易老化。热挑战还会影响修复，因为在某些情况下，存储器不仅需要在生产测试中修复，以后还需要在现场修复。

在使该工艺投产、扩大到量产等情况下，代工厂必须考虑这些挑战。一般来讲，代工厂还要负责存储器位单元，需要对其做全面分析(通过模拟)和鉴定(通过运行晶圆)。IP 提供商，无论是存储器、标准单元还是接口提供商，都要在构建自己的布局的同时考虑这些问题。SoC 设计人员受到的影响不大，至少对于数字设计流程来讲是这样的。一般来讲，设计人员见到鳍片的次数绝不会比他们以往见到的晶体管的次数更多，除非他们想在其布局与布线工具所使用的采用金属结构进行连接的标准单元内部一探究竟。

10.4.2　STAR 存储器系统

1. Synopsys 生态系统原理

Synopsys 生态系统，如图 10-30 所示，包括创建布局、完成提取、模拟等所需要的所有工具。Synopsys 内部各 IP 小组能够充分地利用完整的 Synopsys 工具套件，用来设计、验证并测试 Synopsys IP，包括存储器在内。

Synopsys 已经从最底层起搭建了自己的自测试和修复平台。他们与所有不同的 FinFET 厂家均构建了多个测试芯片：三星、台积电、英特尔、全球基金会和 UMC。截至 2015 年 8 月，Synopsys 运行过的 FinFET 测试芯片有 50 个以上。这些芯片均使用了被称

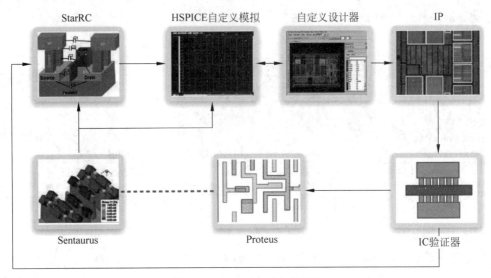

图 10-30　Synopsys 生态系统

为 DesignWare®STAR 存储器系统®的 Synopsys 测试和修复解决方案,其中 STAR 表示自测试与修复。

2. 自测试和修复

自测试和修复曾经在很多代工艺制程上使用过,不只是 FinFET。通过不断投入,Synopsys 改善了 STAR 存储器系统。STAR 存储器系统如图 10-31 所示。它们包含 STAR 存储器系统 IP 编译器生成的 RTL 模块,用以应对各种存储器:SRAM、双端口、单端口、寄存器文件等。包装器通过 STAR 存储器系统的处理器联系在一起,这些处理器向整个系统的总管理器(STAR 存储器系统的服务器)报告,而服务器则转而提供所有必要的调度和握手信号。外部接口则经由 JTAG 测试访问端口(TAP)控制器。

针对制程优化了存储器测试、修复 & 诊断,每个 STAR 存储器系统的处理器的能力都足以处理芯片上的检测、诊断和缺陷修复。连接和配置所有紫色方框,可能比较耗时且容易出错,所以 STAR 存储器系统,还实现了以下工作的自动化:

(1)生成、插入和确认配置。

(2)完成测试向量的生成。

(3)执行故障分类。

(4)定位失效。

(5)纠错(如果可能)。

Synopsys 将所有这些自动化步骤映射在 FinFET 工艺上,以便处理与 FinFET 存储器有关的新的分类和失效问题。自 2012 年起,Synopsys 就一直与产业生态系统中得以较早接触制程参数的存储器设计人员合作。在多个 FinFET 厂家的配合下,Synopsys 分析了他们的位单元,也检查、验证了他们的模型,创建了测试芯片,并在 Synopsys 内部实验室中,直接对硅芯片进行了分析。这个过程让 Synopsys 加深了对 FinFET 缺陷问题的认识,使

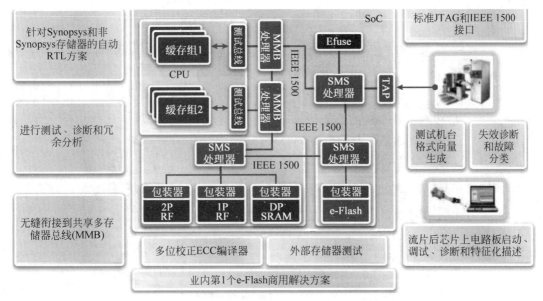

图 10-31　STAR 存储器系统(见彩插)

Synopsys 可以优化 STAR 存储器系统来解决缺陷问题,因此,如今 STAR 存储器系统已被使用在多方面。

(1) 工艺开发:利用 STAR 存储器系统特征化描述理解晶圆制造工艺。

(2) IP 鉴定:特征化描述和鉴定存储器 IP 本身。

(3) SoC 设计:将 STAR 存储器系统纳入 SoC 设计分析中,包括生产测试和修复。

(4) 管理现场可靠性和老化问题:处理 FinFET 工艺中固有的与鳍片突出和底层热隔离有关的热问题。SoC 寿命中出现的问题可能是小到软性错误的小问题,可以通过纠错代码(ECC)自动纠正,但是高可靠性系统中的老化问题可能需要定期或在上电时使用 STAR 存储器系统修复生产测试,解决很久以后可能会在现场出现的故障。

当然,存储器并非芯片上唯一需要测试的部分。还有逻辑模块、接口 IP 模块、模拟混合信号(AMS)模块等(也需要测试)。Synopsys 提供了一组能与 STAR 存储器系统平滑整合的全面的测试和 IP 方案,如图 10-32 所示。对于逻辑模块,Synopsys 提供的是 DFTMAX™ 和 TetraMax®。接口 IP(如 DDR、USB 和 PCIE)有自己的自测试引擎,但它们都能无缝地配合 STAR 层次化系统(Synopsys 的系统级测试方案)一起工作。仅有针对单个模块的解决方案是不够的,SoC 必须流畅地在顶层工作。

认识 FinFET 存储器的故障和缺陷,在理解如何测试和修复存储器之前,设计人员需搞清楚存储器失效的方式。例如,电阻性故障显现出来的是逻辑上的性能问题,虽然逻辑通过了测试但无法全速工作。在存储器中,电阻性故障可以表现为更加微妙的方式。这种故障可能只有在多次操作(一次写入操作后接着几次读操作)之后才会引起可检测性的错误,而不是在更标准的一次操作(一次读操作)后。

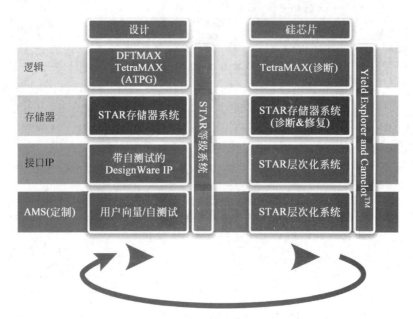

图 10-32　Synopsys 测试和良率解决方案：提高质量、可靠性和良率

　　设计人员还必须通过研究布局确定哪些错误可能真正发生。在数字逻辑测试中，可以通过分析哪些金属是相邻的，而且可能出现短路现象来大幅提高覆盖率。在存储器中通过分析信号线，可能出现失效等问题所在位置的潜在电阻性短路，亦可做到这点。这需要综合研究布局和分析测试芯片，以此发现可能出现的故障。深度分析的需求是 Synopsys，这是在多家代工厂中运行 50 多个 FinFET 测试芯片的理由之一。来自这些测试的信息用于改进 STAR 存储器系统。

3．几种不同的缺陷类型

　　FinFET 工艺可能存在的几种不同的缺陷类型如图 10-33 所示。图中每个晶体管只有一个鳍片，而实际上每个晶体管的鳍片通常不止一个。当然，开路和短路都可能发生，但在 FinFET 中它们可能产生不同的表现：鳍片开路、栅极开路、鳍片粘连、栅极-鳍片短路等。每种情形都可能是硬开路或短路，也可能是电阻性的，其中高低不等的电阻值会产生不同的表现。

　　（1）分析布局后，设计人员必须研究拓扑结构，根据晶体管的物理结构，判断故障是否真的会发生。

　　（2）要从纯晶体管上升一个层级。由于一个 SRAM 单元包含 6 个晶体管，所以要分析这个单元在内部节点中的开路，以及可能发生的方式和会产生什么结果。

　　（3）设计人员分析整个存储器阵列的故障，如位线中的开路、字线之间的短路等。

　　（4）在模块级上，整个存储器，包括周围的模块（如地址解码器）都需要检验，就如同读出放大器那样。

　　实际分析通过缺陷注入继续进行。这基于 GDS（版图）本身。缺陷注入在版图和

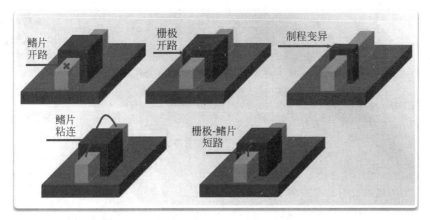

图 10-33 潜在的 FinFET 缺陷类型

SPICE 模型上进行,使用了针对每个库的缺陷库,然后观察它们会如何表现。缺陷注入在所有 14/16nm FinFET 提供商的晶体管上进行,不论是 IDM 还是代工厂。缺陷注入也在较高节点(如 45nm 和 28nm)的平面工艺上进行。

缺陷注入展示了每种缺陷的行为方式。接下来的任务就是通过测试序列识别(TSI)找到检测缺陷的测试序列。对于每种潜在的缺陷,一个或多个测试序列得以识别,同样其检测的条件及对应的故障模型也被确定。通常需要使用大量的测试序列、应力角和模拟设置,直至找出一个能明显区别于零缺陷单元的序列。

dDRDF-7 来自 Synopsys 关于 FinFET 工艺故障建模的部分普遍结论如下:

(1) FinFET 存储器比平面存储器对动态故障更敏感。

(2) FinFET 存储器对制程变异故障更稳定。

(3) 静态单元和耦合故障在两种存储器中均很常见。

(4) 应力角(电压、温度、频率)对于检测 FinFET 故障非常重要,仅使用标称角会遗漏一些问题。

10.4.3　生成测试序列

故障建模背景完成后,设计人员要明确测试的电压、温度和频率要求。给定应力角的序列与称为测试算法发生器(TAG)的引擎结合。TAG 将与针对个别故障类型的小测试序列组合在一起,产生使测试时间和测试成本最小化的最小测试算法。

针对 FinFET 的 TAG 如图 10-34 所示。图中的过程是全自动的,从缺陷注入、测试序列识别再到 TAG 本身。不同的算法片段可以分割,以应对不同的应力角和不同的故障检测级别。分割形成了一个针对不同条件的测试序列池,这是由于不同用户和应用具有不同的要求。例如,生产测试期间,设计人员必须识别故障,以便能够纠错,但是确定每个故障根源的完整分析可能十分耗时,然而,如果某种错误经常发生,则设计人员会执行更加复杂而昂贵的测试,以缩小发生故障的范围,从而采取相应的纠错措施。

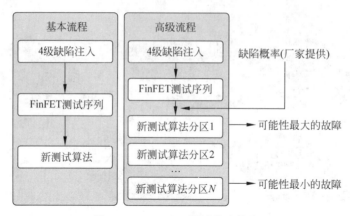

图 10-34　FinFET 测试算法综合

这些过程和测试全部在 STAR 存储器系统中得以实现,考虑了来自大多数 FinFET 提供商的故障,这些故障在不同提供商之间具有很大的共性,尽管位单元彼此相差很大。

STAR 存储器系统还将可编程能力纳入其中。可以通过 JTAG 端口和 TAP 控制器更新算法,修改测试序列本身或为调试和诊断而升级算法,或者就是简单的算法升级,甚至是在现场。

10.4.4　使用 STAR 存储器系统检测并修复故障

Synopsys 对 FinFET 潜在的故障和缺陷进行了深入而彻底的分析,内建在 STAR 存储器系统之中,使该系统可以在很多层次上使用,如图 10-35 所示。最高层次用于了解哪个存储器单元出现失效,这对于生产测试和纠错可能就足够了。下一个层次是故障的逻辑地址和物理地址。STAR 存储器系统可以确定故障位的物理 x 坐标和 y 坐标。缺陷可以分类(单个位、成对位、整列等),故障可以分类并最终精确定位到故障部位。注意,所有这些都由芯片外面的 STAR 存储器系统确定,而不是使用电子显微镜或其他更精细/昂贵的方式。

多层次精密诊断开发为 SoC 用户(或存储器 IP 设计人员)带来高质量结果的工具和 IP,这是一个漫长而持续的过程。从深入的存储器设计知识开始,早期接触多家代工厂的制程参数、大量的故障注入模拟、硅芯片特征化和精确的行为和结构模型,该过程可能需要三年以上时间。深入理解 FinFET 特有缺陷,得到了对面积影响更小和测试时间更少的优化测试算法,外加对使缺陷易于显现的应力条件的认识。最后,所有这些知识全部结合在 STAR 存储器系统中,用于创建自动插入、快速测试和使产出最大化。

FinFET 为使用预先插入的一组可调度的存储器优化时序提供了更多的可能性。BIST 多路复用器可随共享测试总线落实到位。这些测试总线可由定制数据通路创建者和处理器内核进行复用。Synopsys 创立了多存储器总线(MMB)处理器,用来充分利用 FinFET 提供的可能性。MMB 与映射到该总线上的所有缓存共享 BIST/BISR 逻辑,因此不再需要存储器包装器,减小了面积占用和功率消耗,如图 10-36 所示。

一个 SoC 实例如图 10-37 所示,其中部分存储器使用传统的 STAR 存储器系统,而

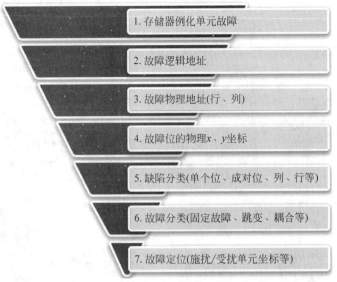

图 10-35　DesignWare STAR 存储器系统

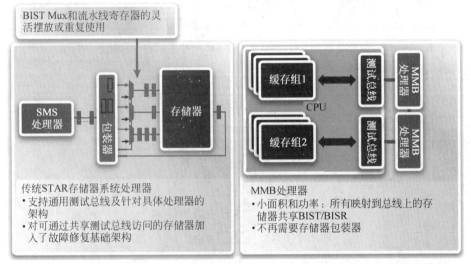

图 10-36　搭建 STAR 存储器上的 MMB 处理器，获得更高 FinFET 性能及更小面积

CPU 内核中的存储器则通过 MMB 处理器访问。MMB 处理器不直接处理包装器，而红色方框代表的是总线端口。MMB 处理器从 CPU RTL 中读取信息，理解存储器细节和写入总线的配置，引起即时握手。

10.4.5　维修故障

现代存储器同时具有行和列冗余性，如图 10-38 所示。当检测到故障时，可以在非易失性存储器中记录问题和使用维修方案配置冗余列。STAR 存储器系统通过缩小故障范围和确定置换出故障的方法来自动进行维修。这个过程可以对所有应力角进行优化，故障在一

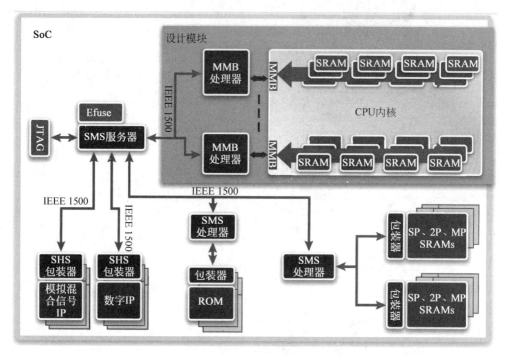

图 10-37　STAR 存储器系统 MMB 使用模型(见彩插)

个应力角被检出,并扩大到下一个应力角,以此类推。

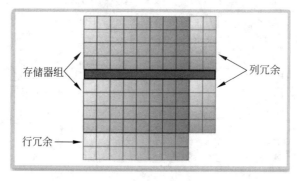

图 10-38　使用行、列修复维持 FinFET 高良率

　　由于 STAR 存储器系统的自动化程度如此之高,所以诊断和修复可以按预定间隔在现场重复进行,例如,系统上电时或按预定的时间长度。这种重复可以通过内建冗余性来消除因老化而产生的故障。

　　负偏压温度不稳定性(NBTI)是 FinFET 最令人头痛的一个特殊的老化问题(平面晶体管没有这样的问题)。NBTI 主要与温度有关,并且会导致取决于 FinFET 工作温度范围的性能逐渐下降。单粒子效应和纠错,不仅会发生可预测的错误,间歇性的软性错误也会发生。间歇性软性错误不需要用内建冗余性修复。一般是由高能粒子引起的。随着位单元在较小的制程节点中靠得越来越近,单粒子效应(SEE)可能会影响不止一位,而多位缺陷必须检测并纠正。

为了应对此类错误,STAR 存储器系统包含一个 ECC 编译器。该编译器不仅提供了经典存储器 ECC(一般允许检测多位错误),而且还能处理一位纠错问题。另外,该 ECC 编译器还能处理多位纠错问题。STAR 存储器系统中的 ECC 编译器定义了相关的存储器配置,用 ECC 存储器取代了原来的存储器(当然,它比需要的数据更宽:一个 32 位存储器的宽度约为 40 位),然后用所有系统测试和修复逻辑包装该存储器。

10.4.6　3D SoC/IC

外部 DRAM 或逻辑存储器呈现出一组新的挑战。利用硅通孔(TSV)或其他方法,DRAM 的物理位置处在芯片上方,如图 10-39 所示。不过,外界不可以直接访问存储器,或者至少没有达到测试它们所需要的性能。如果它们使用高速接口(如 DDR4、JEDEC Wide I/O 或 Micron 的混合存储器立方体),则测试工具无法轻易地拦截存储器与逻辑芯片之间的信号;相反,坐落在 SoC 上能够与芯片之外的 DRAM 交互的引擎,则能以需要的高速度驱动这些接口。就像使用片上存储器一样,使用外部 DRAM 的 SoC,必须找出哪个存储器、哪一位或者芯片堆叠中的哪个互联失效及失效原因。STAR 存储器系统能够满足这个要求,并经常对其进行修复。

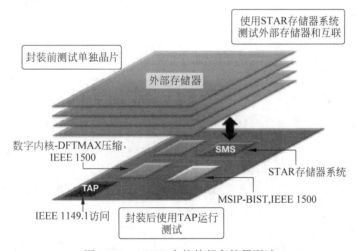

图 10-39　3D IC 中的外部存储器测试

10.4.7　STAR 层次化系统

所有 FinFET SoC 都包括存储器之外的其他模块。它们会有其他混合信号 IP,如 PCIE、USB、DDR、PLL 等。所有这些接口都需要自测试,在很多情况下,故障需要检测和维修。对快速 I/O 接口来讲,维修意味着调整、校准和组帧。有些接口 IP 本身就包含存储器,使测试和维修更加复杂化。这种复杂系统需要像 STAR 层次化系统那样全面测试和维修基础架构,如图 10-40 所示。

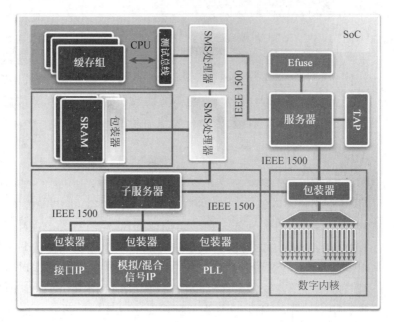

图 10-40　DesignWare STAR 层次化系统

STAR 层次化系统是对 STAR 存储器系统的补充,可以测试、调试和纠正混合信号非存储器 IP。作为一种层次化解决方案,STAR 层次化系统能从次芯片级直至整个 SoC 取得 IP 及其测试向量,创建存取访问和接口,并在下一个级别上建立测试向量。

10.4.8　小结

如今 Synopsys 全面支持各种制程节点,包括 16nm、14nm、10nm、7nm 工艺 FinFET。

利用从这些制程节点的测试芯片中获得的知识,STAR 存储器系统的各项创新将继续提高针对嵌入式存储器的测试和诊断能力,同时,增加了优化 SoC 良率的功能。

Synopsys 还提供了 STAR 层次化系统,通过利用任何现有标准互连(如 IEEE 1500)及 TAP 控制器全面测试各种其他混合信号和接口 IP。

10.5　基于 FinFET 的设计:机遇与挑战

10.5.1　FinFET 器件的拓扑结构

在双重图形和其他先进光刻技术的帮助下,CMOS 技术继续向 20nm 及更小的尺寸迈进,但是,凭借其卓越的特性,FinFET 正在替代平面 FET(也被称为平面 CMOS),成为这些先进工艺节点的首选器件技术。尤其是 FinFET 在性能、漏电、动态功耗、片内变异,以及 SRAM 保持电压方面表现更佳。

FinFET 器件的拓扑结构比平面 FET 器件复杂得多。此外,它们的设计特性和特点也完全不同,这给设计人员提出了很多问题。

(1)在平面 FET 设计领域所积累的经验,有多少可以适用于和转移至 FinFET 设计领域?几十年时间好不容易形成的设计流程和方法能否被重新利用?或者,是否正在彻底改变设计方法?

(2)EDA 工具是否已为这一过渡做好准备?考虑到行业在 FinFET 器件领域的经验有限,这些工具的就绪程度有多高?

(3)考虑到 FinFET 及其相关寄生效应的复杂器件模型,设计人员(尤其是模拟设计人员)能否将这些器件模型视为良好的预测,用于设计可靠的电路?还有很多问题没有列出。为了避免设计陷阱和代价高昂的返工,代工厂和 EDA 公司必须解决与这些问题相关的各种问题。

与定制设计流程,尤其是与设计实现步骤有关的一种粗浅观点,可得出以下结论:

从平面 FET 到 FinFET 的过渡,对于设计人员而言将是无缝和透明的,但事实上,FinFET 器件对设计流程的影响可能非常大。

10.5.2 FinFET:器件

平面 FET 和 FinFET 结构如图 10-41 和图 10-42 所示。在平面 FET 中,单个栅极负责控制源漏沟道。在远离靠近该栅极的沟道的表面时,这种栅极不具备良好的静电场控制,因此,即使栅极处于离线状态,源极和漏极之间也可能存在漏电流。

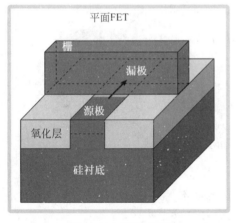

图 10-41 平面 FET

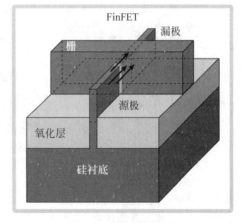

图 10-42 FinFET 结构

相比之下,在 FinFET 中,晶体管沟道是一个薄的垂直鳍片,栅极完全包裹住源极和漏极之间的沟道。FinFET 的栅极可以被视为包围在薄沟道周围的一个多重栅极。这种栅极可以完全耗尽载流子沟道,从而可以对沟道更好地进行静电控制,因此,也具备更好的电气特性。薄的鳍片是确保包裹式栅极能够完全控制沟道的一个必要条件。值得注意的是,鳍片也能在绝缘衬底上的硅(SOI)上形成。

FinFET 最重要的几何参数是其高度(HFIN)、宽度或管体厚度(T_{Si})和沟道长度(L_g)。

这些参数如图 10-43 所示。一个 FinFET 的有效电气宽度等于平面宽度/管体厚度 T_{Si},加上鳍片高度 HFIN 的两倍。

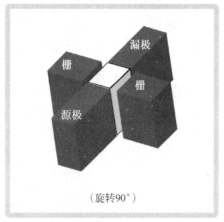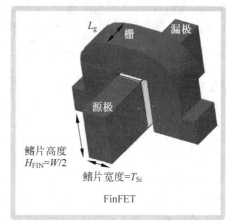

图 10-43　FinFET 的几何参数,图中尺寸不成比例

10.5.3　制造 FinFET 结构的关键阶段

制造 FinFET 结构的不同关键阶段如图 10-44 所示,有源器件区域显示为蓝色心轴,或临时支撑结构。鳍片(红色)通过蚀刻心轴而形成,如图 10-44(a)所示,然后使用一个刻版掩模去除结构中的无用部分,如图 10-44(b)所示;生成最终的图形结构,如图 10-44(c)所示。

（a) 心轴　　　　　　（b) 刻版掩模　　　　（c) 生成图形后的结构

图 10-44　制造 FinFET 结构的不同关键阶段(见彩插)

考虑到 FinFET 技术,将在 20nm 或更小的几何尺寸上采用,所有关键层都需要采用双重图形技术。隔离层双重图形技术通常被用于生成鳍片图形。

对于任何工艺节点,FinFET 都比平面 FET 具有优势,其中包括(但不限于):卓越的沟道静电控制。可以更加轻松地阻塞沟道。FinFET 具备一个近乎理想的亚阈值行为模式(与漏电相关),如果不进行精心设计,则这一特性在平面工艺中很难实现。

大幅减少短沟道效应(当沟道长度与源漏结的耗尽层的宽度处于同一个数量级时,晶体管的行为将不同于标准的拥有更长沟道的晶体管,从而产生这个效应)。平面工艺的短沟道效应较为复杂,可严重影响栅极长度变异,因而影响电气性能。

较高的集成密度或 3D。由于 FinFET 的沟道为垂直方向,即使在考虑了鳍片之间的隔离死区之后,FinFET 的每线性 W 的性能也高于平面 FET。

更小的变异,尤其是由随机掺杂波动(主要由无掺杂沟道引发)导致的变异。此外,FinFET 中与线边缘粗糙度(LER)(栅极线边缘对理想图形的随机偏离,将导致沟道长度不一致)相关的变异也更小。

(1) 未掺杂或轻度掺杂沟道: 沟道区域所需的掺杂浓度要低得多。

(2) 栅极的定义: 栅极从鳍片顶部定义。栅极的主要部分由蚀刻工艺确定,而蚀刻工艺的 LER 非常低。

FinFET 为 IP 设计带来了机遇,自 IC 行业问世以来,优化性能、功耗、面积、成本和产品上市时间(机遇成本)等设计指标的愿望从未改变。事实上,摩尔定律就是有关优化这些参数的,然而,随着制造工艺节点迈向 20nm,某些器件参数无法进一步降低,尤其是电源电压,它是决定动态功耗的主导因素。不仅如此,对性能等某个变量的优化,将自动转换为功耗等其他领域的巨大让步。随着制造工艺接近 20nm,另一个限制是光刻技术停滞在波长为 193nm 的 ArF 照明源上,而工艺关键特性却低于 20nm。虽然浸没式光刻和双重图形等创新光学技术能够使之成为可能,但却是以增加的变异性为代价的。

高 K 金属栅极等其他创新技术,在某种程度上也能缓解栅极极漏电问题,但是,优化上述设计变量的设计窗口依然在缩小。基于 FinFET 的设计又一次扩展了设计窗口。工作电压继续下降,从而大幅降低了动态和静态功耗。短沟道效应也大幅减小,从而减小了处理变异性所需的保护带。此外,与相同工艺节点的平面 FET 相比,性能方面也有所提升。事实上,由于 FinFET 中卓越的沟道栅极控特性,FinFET 与平面 FET 相比,具有较大的性能优势。

对于存储器设计人员而言,FinFET 的另一个优势是与平面 FET 相比,基于 FinFET 的 SRAM 对保持电压的要求要低得多。

从新的单位功率性能指标的角度而言,与平面 FET 相比,FinFET 的一大设计优化优势是在相同的功率预算下可大幅提升性能,或者,使用低得多的功率预算,就能实现相同的性能。这一优势能够让设计人员以最低的功耗获得最高的性能,这对于单元驱动型设备而言是一项重大优化。

能够略微简化从基于平面 FET 的设计到基于 FinFET 的设计的转变的一个因素是后端流程基本相同,因此,与物理实现有关的设计流程将保持不变。

10.5.4　FinFET 设计挑战

虽然 FinFET 具备很多优势,但却是更难建模的器件。与平面 FET 相比,精确提取 FinFET 的寄生参数及形成良好、紧凑的 SPICE 模型都更具挑战性。

对于大多数设计工作而言,上述复杂性对于设计人员是透明的,但是,对于那些希望利用 FinFET 工艺的电路设计人员而言,仍然存在很多设计优化挑战。FinFET 具有较低的 DIBL/SS(亚阈值摆幅),对于漏电问题,这是一个很好的特性,但是,这一行为特性意味着,若要实现与平面 FET 中相同的 I_{off} 减幅,则需要更大的衬底偏置。平面 FET 中所使用的衬底偏置技术已经失效,需要采用其他技术。

对于一个给定的结构,鳍片宽度的有限粒度和沟道长度的有限自由度增加了优化模拟和数字设计的复杂性。虽然可以将很多鳍片组织在一起,以便形成所需的鳍片宽度,但长度和宽度并非完全自由的参数。这是因为 FinFET 是 3D 结构的,因此,对于间距不一致或间距随处变化的高纵横比工艺而言,控制蚀刻的变异度可能存在问题,因此,FinFET 有大量的受限设计规则(RDR)。

对于 SRAM 设计,优化每个位单元的 beta(β)率,将会更加困难,因为 W 已被量子化,而调整参数 L 的灵活性也很有限。实际而言,β 只有两个选择:1 或 2。这意味着,需要更加先进的辅助技术才能提升 SRAM 的良率。

一个不太明显但却重大的挑战(尤其是对于模拟电路设计人员而言)是:物理版图和电路行为之间的紧密联系。这是一个反复而痛苦的过程,没有替代方案(目前为止还没有)。这与 FinFET 器件复杂的寄生参数有关。使用一个模型设计、仿真,然后在提取版图后调整电路,这种方法可能行不通。由模型生成的电路与实际电路之间的差距可能非常大,无法通过调整来缩小。在这方面,工具的增强特性及丰富的设计经验,对于减少该问题所产生的影响至关重要。

最后还有一个物理特性挑战,即 NBTI 和 PBTI 老化所带来的可靠性问题,它们能够改变器件的行为特性。FinFET 器件领域的经验,也是取得设计成功的关键因素。

10.5.5　TCAD 和 EDA 工具的就绪程度

FinFET 设计流程包含一个复杂的生态系统,它的绝大部分生态系统与平面 CMOS 设计的生态系统类似,但是,FinFET 设计流程的某些步骤的复杂性不同于平面 FET。图 10-45 显示了受 FinFET 工艺直接影响的主要工具,以及它们之间的关系。

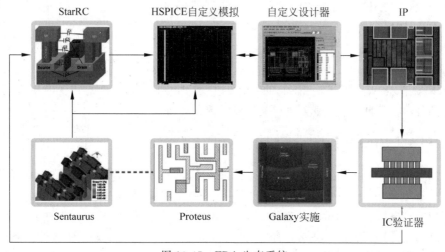

图 10-45　EDA 生态系统

　　TCAD 包括详尽、全面的前端 3D 仿真和器件行为建模。在工艺建模领域，FinFET 的高纵横比蚀刻/沉积(形貌)增加了分析的深度。在 TAD 中，通常还没有为这些工艺建模，只是完成了几何近似。由于蚀刻/沉积步骤的纵横比更高，所以人们对形貌物理仿真的兴趣越来越高。2D 工艺建模可用于鳍片生产工艺，但是，若要真正捕获更复杂的行为和邻近效应，则需要 3D 仿真。EDA 生态系统如图 10-45 所示。

　　在器件建模领域，器件仿真需要捕获新表面定向效应、表面散射效应、准弹道输运和拐角效应。需要对迁移率模型进行调整和校准。

　　此外，TCAD 工具还用于精准的 FinFET 器件 3D 建模，以解决版图邻近效应、拓扑及结构应力依赖效应，以及电迁移问题。它通常包含直接指向 RC 提取引擎，以及仿真器的 BSIM SPICE 建模功能的连接。

　　3D 仿真的一个例子是，不同版图图形和 STI 蚀刻图形的应力模型。迁移率的版图依赖效应(由应力引发)是平面 CMOS 中的一个常见问题，由于鳍片的 3D 性质和 STI 蚀刻模型，所以这个问题在 FinFET 中更加严重。相邻鳍片的邻近程度(或对于末端鳍片，邻近的欠缺)及蚀刻(STI)的深度是 FinFET 的两个重要参数。FinFET 的应力仿真如图 10-46 所示。

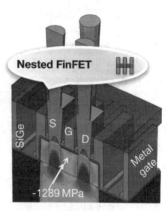

图 10-46　FinFET 的应力仿真

　　用于平面器件的传统 SPICE 模型还不够好。Berkeley 提供了一个 BSIM-CMG(共多栅极)模型，它能够对 FinFET (单栅极、多栅极)和环栅极(GAA)器件(完全被栅极包围的晶体管，如纳米线或柱晶体管)建模。

　　此外，NBTI/PBTI 等新的可靠性问题要求采用精确的老化和寿终(EOL)模型，这些模型可以精确地反映指定时间段内和指定条件下的器件行为。

　　FinFET 的寄生参数器件模型比平面 FET 的寄生参数器件要复杂得多，一个典型的 FinFET 器件模型如图 10-47 所示。

　　RC 电路的寄生参数模型要处理日益复杂的 FinFET 电路相关寄生参数，需要有效且精确的 RC 模型 OPC/LITHO。从 OPC/MDP 的角度来看，FinFET 图形生成和对应的挑战与平面 FET 图形生成并没有本质性的不同，只是鳍片生成过程不同而已，目前被认为是生成了波纹衬底。由于鳍片对厚度变化敏感，所以最好采用隔离层图形生成。支持 DPT 着色和分解合规检查与使用 DPT 的所有先进节点相比没有什么不同。

　　从物理布图来看，FinFET 设计的 RDR 数量不成比例。光刻技术只是实施受限设计规则的一个原因。鳍片图形生成/成型工艺、高纵横比蚀刻和提高迁移率所需的鳍片高应力下的脆弱特性是造成更高限制的进一步因素。

　　布图和设计数据库工具：现有原理图和布图工具必须进行改进和重新设计结构，使生产力达到最大化。它必须是一个设计规则驱动的布图平台，这些平台与仿真器、验证和数据准备工具进行互动。这些工具必须同时对数百条规则进行实时检查，并实现错误可视化。

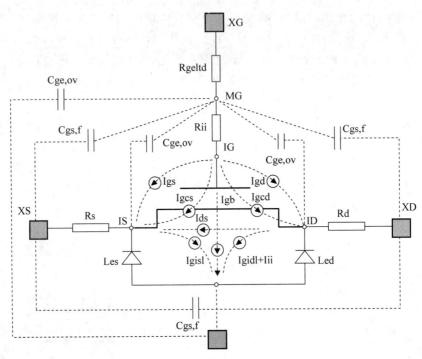

图 10-47　FinFET 的寄生参数模型

（1）提取、仿真和验证：除了能够有效地处理老化问题和 EOL 仿真的仿真包之外，没有影响到提取、仿真和验证 FinFETs EDA 生态系统的较大变化，但是，由于器件和寄生模型复杂性的显著增加，所以处理显著增大的数据库需要有高效准确的提取、仿真和验证技术。

（2）低功耗设计：FinFET 技术将提供更多的性能与漏电权衡选择，从而为电源系统设计人员提供更多的选择。由于设计人员努力从每毫瓦中获得最大性能，基于 FinFET 的设计，将具有更多的芯片上的电源门控，并将更广泛地使用动态电压频率调整（DVFS）。

10.5.6　小结

FinFET 器件技术从各方面来看都是将摩尔定律扩展至 5nm 工艺所需的最具前景的器件技术。它在体硅和 SOI 上都与 CMOS 完全兼容。它为解决亚阈值漏电、不良的短沟道静电行为，以及器件参数高变异性等困扰平面 CMOS，扩展至 20nm 的问题，提供了非常好的解决方案，而且，FinFET 技术能够以非常低的电源电压工作，并且可以扩大电压调节范围，而过去在 CMOS 器件中电压则难以更低。它还能够进一步节省静态功耗和动态功耗。此外，FinFET 技术与 CMOS 后端设计流程完全兼容，因此，这一领域无须进行新的 FinFET 针对性开发。

但是，任何一种新技术都无法完全避免风险或挑战。FinFET 器件含有大量的寄生参数，它们需要精确建模，并需要在所有电路的布图中，尤其是在模拟电路中考虑周全。从电路设计方面来看，除了在布图阶段需要更多考虑寄生参数的影响之外，在衬底偏置和读/写方面,还需要有新的电路技术来取代在平面 FET 非常有效但对 FinFET 不太有效的技术。

总之,FinFET 技术为器件缩小带来了一个光明的未来,是设计下一代智能手机、企业计算与网络等高性能、功耗敏感性应用不可或缺的技术。这一技术也带来了新的设计挑战。随着人们对基于 FinFET 设计知识和经验的日益增加,这些挑战将得到有效应对,并最终确保设计成功和与众不同的终端产品。

10.6 光刻的基本原理

10.6.1 光刻过程概述

光刻使用光在硅上印刷微小的图案,这是批量生产计算机芯片的基本步骤,如图 10-48 所示。

光刻系统的本质是投影,光刻机发出的光投射,通过具有图形的光罩并对感光硅晶圆进行曝光,晶圆上的光刻胶见光后性质会发生变化,从而使光罩上的图形复印到薄片上,产生具有电子线路图的作用。

光罩一般是芯片预设图案面积的 4 倍,设计好的图案暴露在光线下,系统的光学器件会收缩,并将图案聚焦到感光硅晶圆上。完成一个芯片图案后,通过晶圆微调,便可以继续另一次图案打印。重复此过程,直到晶片被图案覆盖为止,从而完成了晶片芯片的一层,如图 10-49 所示。

图 10-48 光刻是使用光在硅上印刷微小的图案

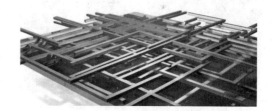

图 10-49 芯片的多层次网络结构

制造一颗完整的微芯片,单层过程需要重复 100 次或以上,建立起一系列具有多层次的网络结构,构造出一个具有街道和建筑物的纳米级城市。根据每层的差异化,打印出的特征尺寸也不同,意味着所需求的光刻系统和光源技术也有所不同,例如,用于最小特征尺寸的 EUV(极紫外光)系统和较大特征尺寸的 DUV(深紫外光)系统。

10.6.2 核心的光源系统

1. 光源系统的基本参数与性能

光刻机主要分为紫外光源(Ultraviolet,UV)、深紫外光源(Deep Ultraviolet,DUV)、极紫外光源(Extreme Ultraviolet,EUV)。

最早的光刻机光源为汞灯产生的紫外光源,其特征尺寸在微米级别,可以满足 $0.8\sim$ $0.35\mu m$ 制程芯片的生产,为了适应 IC 集成度逐步提高的要求,之后行业领域内采用准分子激光的深紫外光源,将波长进一步缩小到 ArF 的 193nm,业内实际上通过浸入技术实现更高的分辨率,可以将最小制程工艺提高到 22nm。

所谓浸入技术,就是让镜头和硅片之间的空间浸泡于液体之中,由于液体的折射率大于1,所以可以使激光的实际波长大幅度缩小。由于主流采用的纯净水的折射率为 1.44,所以 ArF 加浸入技术实际的等效波长为 193nm/1.44≈134nm,但是由于 157nm 波长的光线无法穿透纯净水,所以浸入技术出现了局限,因此,准分子激光光源只发展到了 ArF,见表 10-4。

表 10-4　浸没式光刻参数性能

	光　　源	波长/nm	类　　型	制程/nm
第 1 代	G-line	436	接触式	$800\sim250$
第 2 代	i-line	365	接近式	$800\sim250$
第 3 代	KrF	248	扫描投影式	$180\sim130$
第 4 代	ArF	193	步进投影式	$130\sim65$
			浸没式步进扫描投影式	$45\sim22$
第 5 代	EUV	13.5	极紫外式	$22\sim7$

通过浸没式光刻和步进光刻等工艺,第 4 代 ArF 光刻机最高可以实现 22nm 制程的芯片生产,接近了它的能力终点,但是在摩尔定律的推动下,半导体产业对于芯片制程的需求已经发展到 14nm、10nm,甚至 7nm,ArF 光刻机已无法满足这一需求,一种全新的极紫外光刻技术 EUV 出现了,EUV 的吸收波长从 193nm 直接下降到了 13.5nm,最小制程达到了 7nm,半导体产业将希望寄予了第 5 代极紫外光刻机。极紫外光刻机 EUV 光源路径,如图 10-50 所示。

图 10-50　极紫外光刻机 EUV 光源路径

为了获得波长更短的极紫外光源,目前 ASML 主要采用的办法是将高功率二氧化碳激光脉冲照射在直径为 $30\mu m$ 的锡滴液靶材上,激发出高功率的 13.5nm 的等离子体,以此作为光刻机的光源。

整个光源系统除了光的产生之外,还包括光的收集、光谱的纯化与均匀化。由于气体跟玻璃材料都会影响光源的收集,所以整个腔体必须是真空系统,同时镜片也需要使用高反射的布拉格镜片。同时光谱在实现均匀化之后才可以得到平行的均匀光,这样曝光效果才会得到保证。

EUV 光刻机,如此高精密的芯片生产设备,目前仅有荷兰 ASML 可提供可供量产用的 EUV 光刻机,每台光刻机的装配大约需要 50 000 个零件,像德国蔡司的光学设备,美国

Cymer 的光源都是 ASML 的上游供应商。据说一台 EUV 光刻机价值 1.2 亿美元,比一架波音 737 都贵。

ASML EUV 光刻技术是一个真正的未来技术,利用 EUV 光刻技术规划生产的产品路线,已经布局到了 2030 年以后,当然 ASML 的技术垄断是否可以持续这么长的时间?

介绍一个 ASML 的弹性波技术,这种技术在网上很难找到资料,但是有出版的书籍有过简单介绍,所以不涉及商业机密问题。

光刻机作为高端精密光学设备,它的光学镜头还是不可避免地有像差存在,导致成像发生畸变。对于光刻机来讲,图形发生畸变会导致实际曝光的图形和所需的图形不一致,从而使需要实现电学连接的层与层之间不能很好地对准(套刻误差),最终导致芯片失效。发生畸变的照片如图 10-51(a)所示,畸变前的原图如图 10-51(b)所示。

(a) 发生畸变的照片   (b) 畸变前的原图

图 10-51 照片对比

所以,当芯片制程越来越小时,对套刻误差的要求也越来越高,这样对光刻机的像差控制要求也越来越高。一般通过更复杂的镜片系统设计可以弥补像差,还有对镜片施加压力也可以达到修正光程差来减小像差,但是这些方法对像差的补正比较有限,而且一些像差补偿调节工作非常花费时间,而且由于镜片不可避免地不完美,所以每台设备都不可避免地有一些固有像差,从而影响光刻机最终的实际曝光的图形,如图 10-52 所示。

2. 光刻机镜头波前阵面

针对像差的补偿问题,蔡司联合 ASML 开发出了弹性波技术。理想的波前是一个球面(或者平面),而有像差存在时波前就不再是一个规则的球面(或者平面),因此如果可以对波前平面上不同位置的点的相位进行调节,就可以把不规则的波前调整成规则的球面(或者平面),也就可以做到对像差的补偿修正。光刻机镜头波前阵面示意图如图 10-53 所示。

光在通过不同折射率的介质时相位会发生变化,如果可以控制一个物体的折射率,就可以实现对相位的调制,而一种可以灵活控制物体折射率的方法就是通过温度调节实现折射率的自由变化,进而实现对相位的控制。

弹性波就是使用一个透光的介质,将其放在光路中,透光介质被划分成面积相同的网格,每个网格中分布着由透明电极制成的电热丝,每个网格的电热丝都可以单独控制,以此来对局部进行加热,从而实现对每个网格的折射率进行调节。控制原理和液晶显示器类似,通过栅极线和数据线的选择来对每个像素进行实时开关控制,所以通过合适的电路控制就可以精确地控制这个透光介质上每个像素的折射率,从而对经过的光线相位进行调制,实现对整个成像的像差进行控制,如图 10-54 所示。

图 10-52　对像差进行矫正

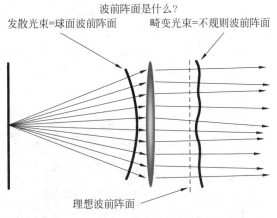

波前阵面是什么?

发散光束=球面波前阵面　　畸变光束=不规则波前阵面

理想波前阵面

图 10-53　光刻机镜头波前阵面示意图

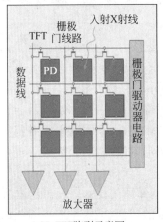

LCD TFT阵列示意图

弹性波示意图

图 10-54　TFT 阵列与弹性波示意图

　　弹性波的最大优点可以实时快速地进行像差调节,而且调节范围几乎覆盖从低阶到高阶的所有像差,从而可以使整个成像的像差大大降低,极大地提高了光刻机的套刻精度。

　　弹性波这么好用,只用来控制减小像差还有点太可惜了,既然可以补偿像差,当然也就可以引入像差;像差会使成像发生畸变,那么引入特定的像差就可以实现特定形状的畸变,从而将最终成像修正成想要的结果,并且整个过程还可以在曝光的同时快速完成,所以弹性波几乎相当于光刻机的 Photoshop 功能,极大地提高了对曝光图形的精确度控制。

　　像差可以通过 Zernike 多项式分解成不同成分,每种成分对应一种特定的像差,每种像差会导致成像发生特定畸变,如图 10-55 所示。

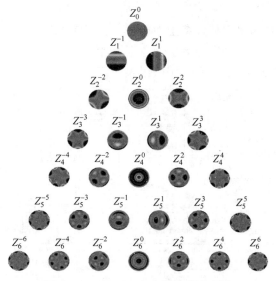

图 10-55　Zernike 金字塔像差示意图

10.6.3　光刻机与制程流程

在半导体设计、制造到封装 3 个环节中,半导体制造是国内急需突破的领域,但它也是技术门槛最高的,但是芯片制造都离不开一个设备——光刻机,它是整个半导体制造行业的明珠。

荷兰 ASML 拥有高精尖的光刻机设备,通过光刻机设备可以制造 CPU,如图 10-56 所示。

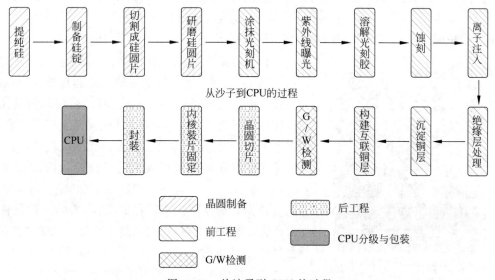

图 10-56　从沙子到 CPU 的过程

针对这些问题,现在来介绍光刻机,其中光刻的过程是 CPU 生产的核心,这一过程就是在光刻机中完成的。

1. 光刻机为何被称为半导体设备上的明珠? 它到底有多重要?

其实,简单的流程图并不能反映出光刻在芯片制造过程中的重要性。这是一个更简单、直接的有关芯片是如何研发、生产的,如图 10-57 所示。

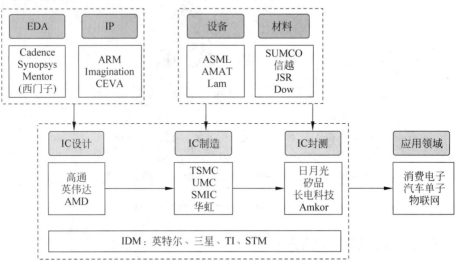

图 10-57　如何研发、生产芯片示例

如果 AMD、英伟达、高通要研发新一代 CPU/GPU 芯片,就会用到 Cadence、Synospsys 提供的 EDA 工具来辅助设计芯片,期间会用到各种 IP 核心,有的是来自 ARM 等第三方公司授权,也有的是公司自己研发的,设计完成之后他们会把芯片交给 TSMC(台积电)、UMC(联电)、SMIC(中芯国际)等晶圆代工厂,这些代工厂的生产设备则来自 ASML、AMAT(应用材料)、Lam 等,8 英寸、12 英寸硅片则来自日本信越、Sumco(胜高)等公司,当然半导体制造中使用的材料还有很多,例如光刻胶、清洗剂等,这些都可以归类于半导体材料行业中。

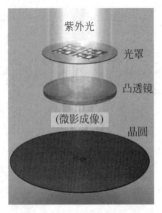

图 10-58　晶圆代工厂代工芯片的过程

台积电能给 AMD、英伟达、高通等公司代工处理器,难道不怕台积电偷偷学习他们的芯片技术,然后自己生产吗? 先不说这么做的法律风险,单从技术上来讲代工厂复制芯片设计,也没普通人想象得那么容易,因为 IC 设计公司并不是把芯片设计图给代工厂,代工厂是通过制作好的光罩或者说光掩模版(Mask)来生产芯片的。

台积电等晶圆代工厂做的工作,实际上就是将 IC 设计公司做好的光罩,通过光刻工艺复制到买来的晶圆上,所以这也是他们为什么被称为晶圆代工厂的原因,做的就是帮助别人加工成芯片的工作,如图 10-58 所示。

半导体芯片的实际制造过程非常复杂,如今的半导体芯片越来越强大,从28nm节点开始已经不是一次光刻就能实现的了,所以出现了多重曝光这样的技术,也就是多次光刻处理,工艺越先进,芯片越复杂,所需的光刻次数就会越多,但需要多次消耗光刻胶及多次清洗,这样就会增加芯片生产的时间,提高了生产的复杂度,带来的后果就是芯片成本越来越高。

半导体芯片在整个生产过程中可能需要20~30次光刻,耗时占到了生产环节的一半,成本能占到总成本的三分之一。

光刻不仅会影响代工厂的生产效率及成本,更主要的是光刻机的技术水平决定了芯片的制程工艺,这个才是最关键的,这也是光刻机最重要的功能。

2. 光刻机的原理及结构,堪称人类最精密的设备之一

光刻在芯片生产过程中如此重要,这也奠定了光刻机在半导体制造设备中的地位——没有先进的光刻机,其他过程都是舍本逐末。

光刻机按照不同的用途及光源有多种分类,现在主要是紫外光光刻机,这里提到的主要有DUV深紫外光及EUV极紫外光,DUV光刻机是目前大量应用的光刻机,波长是193nm,光源是ArF(氟化氩)准分子激光器,从45~10nm工艺都可以使用这种光刻机,而EUV极紫外光波长是13.5nm,波长为何影响制程工艺后面再介绍,EUV光刻机主要用于7nm及以下节点。

以ASML典型的沉浸式步进扫描光刻机为例来看一下光刻机是怎么工作的。首先是激光器发光,经过矫正、能量控制器、光束成型装置等之后进入光掩模台,上面放的就是设计公司做好的光掩模,之后经过物镜投射到曝光台,这里放的就是8英寸或者12英寸晶圆,上面涂抹了光刻胶,具有光敏感性,紫外光就会在晶圆上蚀刻出电路。

同样地,这个过程说起来很简单,实际上超级复杂,ASML的光刻机靠着沉浸式及双机台等技术打败了原本由日本佳能、尼康公司占据的光刻机市场,别的不说,光是双机台技术就不知道有多高的要求了,芯片生产是纳米级别的精度,两个机台的精度控制需要极高的工艺水平,也许差了几纳米就可能导致芯片报废。

从这里也可以看出光刻机的结构也很复杂,其中最重要的部分主要有激光器、物镜及工作台,其中激光器负责光源的产生,而光源对制程工艺有着决定性的影响,而且激光的产生过程需要消耗能量,这也是光刻机需要消耗大量电力的根源。

还有物镜系统,光刻机里面的光学镜片不是一两片,而是一套多达数十个光学镜片组成的系统,视不同结构,镜片数量可能达到20片以上,而且面积很大,有如锅盖一般大小,不仅制作复杂,还需要精确的反射控制,玩单反相机的爱好者就知道镜头设计是多么复杂的了,更何况光刻机使用的是超大、超多组镜片了。

还有就是工作机台,双机台大幅地提高了晶圆生产的效率,可以一边测量一边曝光,但是双机台的控制又提高了复杂度,对工艺要求非常高。如果只看光刻机的示意图,则同样不会理解光刻机到底有多大。这是2006年ASML公布过的一张光刻机真身图,也是全球首台EUV光刻机原型,如图10-59所示。

图 10-59　全球首台 EUV 光刻机原型

3. 为何需要 EUV 光刻机？先进工艺要么改光源要么改物镜

193nm 的 DUV 光刻机已经使用多年，而且售价普遍在 5000 万美元，产能也高，为什么台积电、三星还要找 ASML 买单价不低于 1.2 亿美元的 EUV 光刻机，而且还要忍受产量低、能耗大等问题？这是因为要想实现 7nm 及更先进的工艺，现有的 DUV 光刻机已经不够用了，需要 13.5nm 波长的 EUV 光刻机。EUV 各种参数性能如图 10-60 所示。

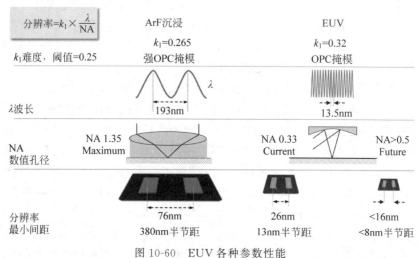

图 10-60　EUV 各种参数性能

光刻机的分辨率取决于波长、NA 孔径等。

前面讲解过，光刻机决定了半导体工艺的制程工艺，光刻机的精度跟光源的波长、物镜

的数值孔径是有关系的,可以用式(10-1)来计算:

$$光刻机分辨率 = k_1 \times \lambda / NA \tag{10-1}$$

其中,k_1 是常数,不同的光刻机 k_1 不同;λ 指的是光源波长;NA 是物镜的数值孔径,所以光刻机的分辨率就取决于光源波长及物镜的数值孔径,波长越短越好,NA 越大越好,这样光刻机分辨率就越高,制程工艺就越先进。

在现有技术条件下,NA 数值孔径并不容易提升,目前使用的镜片 NA 值是 0.33,曾经 ASML 投入 20 亿美元入股卡尔·蔡司公司,双方将合作研发新的 EUV 光刻机,许多人不知道 EUV 光刻机跟蔡司有什么关系。实际上,ASML 跟蔡司合作就是研发 NA 0.5 的光学镜片,这是 EUV 光刻机未来进一步提升分辨率的关键,不过高 NA 的 EUV 光刻机至少是 2025—2030 年的事了,光学镜片的进步比电子产品难多了。

由于 NA 数值短时间内不能提升,所以光刻机就选择了改变光源,用 13.5nm 波长的 EUV 取代 193nm 的 DUV 光源,这样也能大幅提升光刻机的分辨率。

但是 EUV 光刻机的研制并不容易,不要以为只是换了个光源,从 DUV 换到 EUV 对整个光刻机的结构都有重大影响,ASML 公司研发 EUV 光刻机已经有十几年甚至二十年的历史了,期间英特尔、台积电及三星都给 ASML 提供支持,先后投资数十亿美元给 ASML,即便是这样,现在的 EUV 光刻机依然谈不上完全成熟。

首先 EUV 极其耗电,因为 13.5nm 的紫外光容易被吸收,导致转换效率非常低,据说只有 0.02%,目前 ASML 的 EUV 光刻机输出功率是 250W,工作一天就要耗电 3 万千瓦时——考虑到这个转换率是多年前的数值,多年来可能会有进步,但即便 ASML 大幅改进了 EUV 光源的效率,EUV 光刻机超级耗电也是不争的事实,台积电在权衡未来的 3nm 晶圆厂选址时,首要考虑的就是台湾地区是否有稳定的电力供应。

此外,即便有如此高的电力消耗,EUV 光刻机现在的生产效率仍不够好,ASML 的量产型 EUV 光刻机 NXE:3400B 的生产能力是 125WPH,也就是一小时只可处理 125 片晶圆,而 193nm 光刻机 NXT:1980Di 的生产能力是 275WPH,其他型号也能达到 250WPH,产量能相差一倍。

10.6.4 什么是芯片

芯片指载有集成电路的半导体元件,而集成电路就是将设计好的电路以堆叠的方式组合起来,对数十亿个晶体管进行封装,从而形成一个能够实现一定电路功能的微型电子器件或部件。晶体管堪称所有现代电子产品的核心,它是一个比头发丝细微 10 000 倍的微型开关,控制着电子在电路中的流动。芯片的主体材料是硅,硅是一种半导体材料,导电性能介于导体与绝缘体之间。半导体材料的一大特性就是可以通过掺杂的方式实现对材料导电性能的控制。

通过掺杂硼元素(最外层有 3 个电子,与硅掺杂形成空穴导电型半导体)或磷元素(最外层有 5 个电子,与硅掺杂形成电子型半导体),从而可以形成晶体管的核心 PN 结。

台积电公布的 0.1nm 芯片是氢原子大小的极限芯片,如图 10-61 所示。

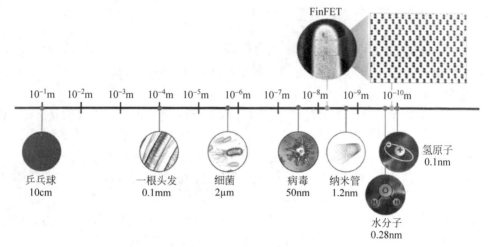

图 10-61　台积电公布的 0.1nm 芯片

　　在现场的幻灯片中,台积电甚至前瞻到了 2050 年,晶体管来到氢原子尺度,即 0.1nm。关于未来的技术路线,像碳纳米管(1.2nm 尺度)、二维层状材料等可以将晶体管变得更小。

　　同时,相变内存(PRAM)、旋转力矩转移随机存取内存(STT-RAM)等会直接和处理器封装在一起,以此缩小体积,加快数据传递的速度。此外,还有 3D 堆叠封装技术,如图 10-62 所示。

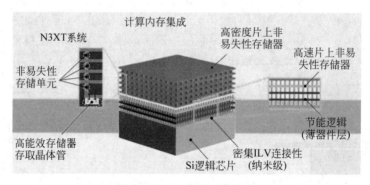

图 10-62　3D 堆叠封装技术

参 考 文 献

[1] 张臣雄.AI 芯片：前沿技术与创新未来[M].北京：人民邮电出版社,2021.

[2] 托尔加·索亚塔.基于 CUDA 的 GPU 并行程序开发指南[M].唐杰,译.北京：机械工业出版社,2019.

[3] 塔米·诺尔加德.嵌入式系统：硬件、软件及软硬件协同：原书第 2 版[M].马志欣,苏锐丹,付少锋,译.北京：机械工业出版社,2018.

[4] 约翰·马迪厄.Linux 设备驱动开发[M].袁鹏飞,刘寿永,译.北京：人民邮电出版社,2021.

[5] 王健.了不起的芯片[M].北京：电子工业出版社,2023.

[6] 田民波.图解芯片技术[M].北京：化学工业出版社,2019.

[7] 王超,姜晶,牛夷,等.芯片制程设备[M].北京：机械工业出版社,2023.

[8] 谢志峰,陈大明.芯事：一本书读懂芯片产业[M].上海：上海科学技术出版社,2018.

[9] 布鲁诺·卡多索·洛佩斯,拉斐尔·奥勒.LLVM 编译器实战教程[M].边敏意,冷静文,译.北京：机械工业出版社,2019.

[10] 龙良曲.TensorFlow 深度学习：深入理解人工智能算法设计[M].北京：清华大学出版社,2020.

[11] 孙玉林,余本国.PyTorch 深度学习入门与实战：案例视频精讲[M].北京：水利水电出版社,2020.

[12] 胡正伟,谢志远,王岩.OpenCL 异构计算[M].北京：清华大学出版社,2021.

[13] 陈雷.深度学习与 MindSpore 实践[M].北京：清华大学出版社,2020.

[14] 刘祥龙,杨晴虹,胡晓光,等.飞桨 PaddlePaddle 深度学习实战[M].北京：机械工业出版社,2020.

[15] 杨世春,曹耀光,陶吉,等.自动驾驶汽车决策与控制[M].北京：清华大学出版社,2020.

[16] 董文军.GNU GCC 嵌入式系统开发[M].北京：北京航空航天大学出版社,2010.

[17] 王爽.汇编语言[M].4 版.北京：清华大学出版社,2019.

图 书 推 荐

书　　　名	作　　　者
数字 IC 设计入门(微课视频版)	白栎旸
鲲鹏架构入门与实战	张磊
鲲鹏开发套件应用快速入门	张磊
ARM MCU 嵌入式开发——基于国产 GD32F10x 芯片(微课视频版)	高延增、魏辉、侯跃恩
华为 HCIA 路由与交换技术实战	江礼教
华为 HCIP 路由与交换技术实战	江礼教
数字电路设计与验证快速入门——Verilog＋SystemVerilog	马骁
LiteOS 轻量级物联网操作系统实战(微课视频版)	魏杰
物联网——嵌入式开发实战	连志安
边缘计算	方娟、陆帅冰
巧学易用单片机——从零基础入门到项目实战	王良升
Cadence 高速 PCB 设计——基于手机高阶板的案例分析与实现	李卫国、张彬、林超文
Altium Designer 20 PCB 设计实战(视频微课版)	白军杰
openEuler 操作系统管理入门	陈争艳、刘安战、贾玉祥 等
5G 核心网原理与实践	易飞、何宇、刘子琦
OpenHarmony 开发与实践——基于瑞芯微 RK2206 开发板	陈鲤文、陈婧、叶伟华
OpenHarmony 轻量系统从入门到精通 50 例	戈帅
UVM 芯片验证技术案例集	马骁
ANSYS Workbench 结构有限元分析详解	汤晖
ANSYS 19.0 实例详解	李大勇、周宝
西门子 S7-200SMART PLC 编程及应用(视频微课版)	徐宁、赵丽君
CATIA V5-6 R2019 快速入门与深入实战(微课视频版)	邵为龙
SOLIDWORKS 2023 快速入门与深入实战(微课视频版)	赵勇成、邵为龙
Creo 8.0 快速入门教程(微课视频版)	邵为龙
UG NX 快速入门教程(微课视频版)	邵为龙
Octave 程序设计	于红博
Octave GUI 开发实战	于红博
Octave AR 应用实战	于红博
AR Foundation 增强现实开发实战(ARKit 版)	汪祥春
AR Foundation 增强现实开发实战(ARCore 版)	汪祥春
ARKit 原生开发入门精粹——RealityKit＋Swift＋SwiftUI	汪祥春
HoloLens 2 开发入门精要——基于 Unity 和 MRTK	汪祥春
云原生开发实践	高尚衡
云计算管理配置与实战	杨昌家
虚拟化 KVM 极速入门	陈涛
虚拟化 KVM 进阶实践	陈涛
华为方舟编译器之美——基于开源代码的架构分析与实现	史宁宁
从数据科学看懂数字化转型——数据如何改变世界	刘通
Java＋OpenCV 高效入门	姚利民
Java＋OpenCV 案例佳作选	姚利民
自动驾驶规划理论与实践——Lattice 算法详解(微课视频版)	樊胜利、卢盛荣

书　名	作　者
Diffusion AI 绘图模型构造与训练实战	李福林
图像识别——深度学习模型理论与实战	于浩文
网络攻防中的匿名链路设计与实现	杨昌家
HuggingFace 自然语言处理详解——基于 BERT 中文模型的任务实战	李福林
动手学推荐系统——基于 PyTorch 的算法实现(微课视频版)	於方仁
人工智能算法——原理、技巧及应用	韩龙、张娜、汝洪芳
跟我一起学机器学习	王成、黄晓辉
深度强化学习理论与实践	龙强、章胜
自然语言处理——原理、方法与应用	王志立、雷鹏斌、吴宇凡
TensorFlow 计算机视觉原理与实战	欧阳鹏程、任浩然
计算机视觉——基于 OpenCV 与 TensorFlow 的深度学习方法	余海林、翟中华
深度学习——理论、方法与 PyTorch 实践	翟中华、孟翔宇
Pandas 通关实战	黄福星
深入浅出 Power Query M 语言	黄福星
深入浅出 DAX——Excel Power Pivot 和 Power BI 高效数据分析	黄福星
从 Excel 到 Python 数据分析:Pandas、xlwings、openpyxl、Matplotlib 的交互与应用	黄福星
FFmpeg 入门详解——音视频原理及应用	梅会东
FFmpeg 入门详解——SDK 二次开发与直播美颜原理及应用	梅会东
FFmpeg 入门详解——流媒体直播原理及应用	梅会东
FFmpeg 入门详解——命令行与音视频特效原理及应用	梅会东
FFmpeg 入门详解——音视频流媒体播放器原理及应用	梅会东
Flink 原理深入与编程实战——Scala＋Java(微课视频版)	辛立伟
Spark 原理深入与编程实战(微课视频版)	辛立伟、张帆、张会娟
PySpark 原理深入与编程实战(微课视频版)	辛立伟、辛雨桐
HarmonyOS 移动应用开发(ArkTS 版)	刘安战、余雨萍、陈争艳 等
HarmonyOS 应用开发实战(JavaScript 版)	徐礼文
HarmonyOS 原子化服务卡片原理与实战	李洋
鸿蒙操作系统开发入门经典	徐礼文
鸿蒙应用程序开发	董昱
鸿蒙操作系统应用开发实践	陈美汝、郑森文、武延军、吴敬征
HarmonyOS 移动应用开发	刘安战、余雨萍、李勇军 等
HarmonyOS App 开发从 0 到 1	张诏添、李凯杰
JavaScript 修炼之路	张云鹏、戚爱斌
JavaScript 基础语法详解	张旭乾
Android Runtime 源码解析	史宁宁
恶意代码逆向分析基础详解	刘晓阳
深度探索 Go 语言——对象模型与 runtime 的原理、特性及应用	封幼林
深入理解 Go 语言	刘丹冰
Python 游戏编程项目开发实战	李志远
编程改变生活——用 Python 提升你的能力(基础篇·微课视频版)	邢世通
编程改变生活——用 Python 提升你的能力(进阶篇·微课视频版)	邢世通